量子线路

高　岩　编著

刮开涂层，使用微信扫码，即可获取本书配套教学资源。

注意：本书使用“一书一码”版权保护技术，该二维码仅可扫描并绑定一次。

北京交通大学出版社
·北京·

内容简介

本书共分 4 章。第 1 章从量子系统的基本概念出发，引出量子系统状态的描述，量子态演化、测量及量子系统复合所遵循的规则。它们对应量子力学的 4 个基本假设，是量子线路的基础。第 2 章以量子门为核心介绍量子线路的要素，重点介绍量子线路中常用的单比特量子门、双比特量子门、三比特量子门、多比特量子门、量子线及量子测量的描述符号和属性。通过简单量子线路讨论可逆性、叠加性、纠缠性、不可克隆性及量子线路等效，通过可逆性介绍 Landauer 原理。第 3 章介绍量子线路分析方法，重点介绍矩阵分析法、矩阵表分析法、状态演化分析法、二叉决策图分析法及仿真分析法。第 4 章介绍通信量子线路，重点介绍量子隐形传态、量子超密编码、量子纠缠交换、BB84 量子密钥分配、B92 量子密钥分配等通信量子线路。

本书可作为量子信息、电子信息、计算机类高年级本科生或研究生 32 学时教学用教材，也可作为相关专业技术人员培训或自学用参考书。

图书在版编目（CIP）数据

量子线路 / 高岩编著. —北京：北京交通大学出版社，2024.1

ISBN 978-7-5121-5006-5

Ⅰ. ① 量… Ⅱ. ① 高… Ⅲ. ① 量子–通信线路–研究 Ⅳ. ① TN913.3

中国国家版本馆 CIP 数据核字（2023）第 105094 号

量子线路
LIANGZI XIANLU

责任编辑：严慧明
出版发行：北京交通大学出版社 电话：010-51686414 http://www.bjtup.com.cn
地 址：北京市海淀区高梁桥斜街 44 号 邮编：100044
印 刷 者：北京虎彩文化传播有限公司
经 销：全国新华书店
开 本：185 mm×260 mm 印张：15 字数：347 千字
版 印 次：2024 年 1 月第 1 版 2024 年 1 月第 1 次印刷
定 价：45.00 元

本书如有质量问题，请向北京交通大学出版社质监组反映。对您的意见和批评，我们表示欢迎和感谢。
投诉电话：010-51686043，51686008；传真：010-62225406；E-mail：press@bjtu.edu.cn。

前　言

1687 年牛顿的《自然哲学之数学原理》一书成为此后 200 多年解释自然现象的经典理论。20 世纪初，人们在解释某些自然现象时发现牛顿体系似乎不再那么好用了，甚至是错误的。

在探索更好理论过程中诞生了 20 世纪的两项最伟大的科学成就，即相对论和量子力学，最终导致 1947 年晶体管的诞生。1959 年人类制造出了第一块集成电路，从此微电子技术进入飞速发展时期。1965 年 G. Moore 提出了著名的摩尔定律，即集成电路上可容纳的晶体管数目大约每两年增加一倍。此后几十年的发展证明了该定律的正确性，但现在人们有充分理由怀疑该定律在不久的将来是否还会有效。

经典系统是基于对包含大量微观粒子的批量控制实现的。随着器件越来越小，制造尺度将达到原子级的纳米水平。当制造工艺达到纳米级水平时，摩尔定律最终将失效，单量子调控技术给物理学家和工程师带来巨大挑战。

20 世纪 70 年代的原子阱和扫描隧道显微镜对单个量子控制的成功给人类带来了巨大希望，基于量子理论的量子调控技术应运而生。随着小规模量子计算和量子密码实验的成功，量子信息技术变得越来越现实。量子信息技术将是未来科技的制高点。

量子信息时代正一步步向我们走来，跟上科技发展的步伐，掌握先进的量子技术无疑会使我们更加充满信心地迎接量子时代的到来。

本书采用类似研究经典系统的电路模型的方法，将量子线路作为研究量子系统的工具。

经典比特用于描述经典系统的状态，量子比特用于描述量子系统的状态。经典比特经过经典系统的处理得到新的经典系统的状态。量子比特经过量子系统的处理可以得到新的量子系统的状态，这个过程称为量子态的演化。

量子比特的描述及其演化必须符合量子系统的物理规律。量子力学的基本假设给出了量子系统遵循的物理规律。

一些经典系统理论多有对应的量子版的量子理论，学习过经典系统的读者可十分容易地进入量子系统理论，本书采用了比对方式介绍量子线路。

量子系统具有经典系统不具备的大量资源，比如可逆性、叠加性、纠缠性、不可克隆性等。这些资源对于熟悉经典系统的读者来说可能是反直观的、难以置信的，但这些确实是量子系统具有的，能被大量实验证实的，并且还未发现有实验能否定其正确的资源。培养量子的思考方式对理解量子系统十分重要。特有的量子资源使量子系统能实现经典系统无可比拟的强大功能，这也是人们将其视为科技发展方向的原因所在。

本书面向量子信息、电子信息、计算机类读者，不以量子力学作为阅读本书的必要前提，涉及相关内容时简要介绍了有关数学与物理知识，不进行系统深入的讨论，做到浅显易懂。

阅读本书需要具备的主要背景知识包括线性代数、数字逻辑。对于数学方面的相关知识，为了避免抽象的叙述，未采用集中、系统的介绍，而将重点放在物理概念、分析与设计方法和数学知识的应用上。读者如需要系统地了解相关数学及物理知识，可阅读相关参考文献。

本书每章开头附有导读（二维码），简要介绍辅助阅读文献。本书每章后设计了习题，完成这些习题有利于读者更好地理解本书内容。

本书介绍了一款基于 MATLAB 平台的 QCircuit 仿真软件，可用于小规模量子线路仿真分析；还介绍了一款用于量子线路仿真分析的 QCLab 专业软件，该软件用 C++语言编写了核心仿真引擎，用 VC++平台编写图形界面，可采用图形方式编辑量子线路，并通过菜单命令启动仿真引擎，以图形方式给出仿真结果。

限于作者水平，本书难免有不妥之处，敬请读者指正。

高 岩
2023 年 9 月

教学课件

目　　录

第1章 基本概念

提要 经典数字逻辑系统状态与一组经典二进制比特相对应，采用布尔代数的方法进行描述和分析。量子系统的状态与被称为完备的复内积向量空间（希尔伯特空间）的单位向量相对应，可以采用线性代数方法进行描述和演化。本章介绍量子比特和量子态的基本概念及量子力学 4 个基本假设，给出量子系统的描述、演化、测量、复合的方法。这些知识是量子线路的基础。

1.1 引 言

量子力学是 20 世纪最伟大的科学成就之一，最终导致 1947 年晶体管的诞生。1959 年人类制造出了第一块集成电路，从此微电子技术进入高速发展时期。1965 年 G. Moore 提出了著名的摩尔定律，即集成电路上可容纳的晶体管数目大约每两年增加一倍，此后几十年的发展证明了该定律一直是正确的。

随着集成度的提高，集成电路的特征尺寸已接近原子水平的纳米尺度。对批量量子进行总体控制的经典系统逐步向单量子精细控制的量子系统方向发展。量子系统所具有的某些属性与人们的直观感觉有着巨大差异，而量子力学可以给出很好的解释。

认识量子系统是为了更好地利用量子系统所具有的各种资源。量子系统所具有的可逆性、叠加性、纠缠性、不可克隆性等重要资源，可以用于完成经典系统无法完成的任务。

1961 年 R. Landauer 提出了著名的 Landauer 原理。计算机每擦除 1 比特的信息，散发到环境中的能量的总量至少是 $k_B T\ln 2$，其中 k_B 为 Boltzmann 常量，T 是计算机所在环境的热力学温度。经典逻辑电路中使用的大量逻辑门属于非可逆逻辑门。例如，每个两输入/单输出的与门存在 1 比特信息的损失。这种由计算方式而非制造工艺带来的能耗无疑会限制进一步提高经典系统的集成密度。而量子系统可以在不擦除任何信息的条件下完成计算，量子系统是可逆系统，可逆系统在计算方式意义下具有零功耗下限。

量子态的叠加性使量子系统所能描述的状态比具有相同比特的经典系统所描述的状态具有指数量级的增加，随之带来比经典系统具有指数量级增加的超强并行计算能力。随着器件尺寸接近原子尺度的纳米水平，面对量子效应，摩尔定律最终将失效。若每两年能为量子系统增加一个量子比特，取而代之的将是量子版的摩尔定律。

量子态的纠缠使处于不同位置两个或多个量子系统即使不存在任何实质上的物质联系也会彼此之间相互影响。量子隐形传态、量子超密编码等一系列看似神奇的应用范例正是这种纠缠性的体现。

信息安全是信息时代需要考虑的重要因素。基于数学难解问题的经典加密系统面对具有超强计算能力的量子计算机会显得十分脆弱。基于量子力学物理原理而非数学难解问题的量子加密技术为量子信息时代的信息安全带来了可靠保障。量子密钥分配技术利用非正交量子态不可克隆定理使窃听者无法在不被发现的条件下窃取加密密钥。量子加密技术也为量子签名、量子认证技术奠定了坚实基础。

量子信息技术涉及量子调控、量子计算、量子通信、量子仿真、量子信息论等一系列领域。认识量子系统需要掌握量子系统的描述、演化、测量与复合遵循的物理规律及基本分析方法。在此基础上理解量子系统的重要资源，并利用这些资源完成应用任务。

经典系统所表现的行为是量子系统的特例，量子系统可以实现经典系统的功能。量子系统的属性决定了量子系统还可以实现经典系统无法实现的功能。有些经典系统的概念大多具有对应的量子版的概念，为理解量子系统提供了方便。但是，为了充分利用各种量子资源，设计具有量子意义的量子系统，需要用量子的思考方式，而非经典的思考方式。

1.2 量子系统

量子系统概述.mp4

每个物理系统本身都具有一些固有属性，这些属性按照物理系统的自然规则进行演化。人们通过大量试验观察和研究发现并归纳出这些具有普遍意义的属性及其演化规则，即客观规律，形成对物理系统较为深刻、清晰和系统的认识，其目的是利用这些客观规律为人类服务。

物理学家开尔文曾经说过：**“当你能够测量你正在谈到的东西，并且用数字来表达它时，你就知道关于它的一些事情了。而当你不能测量它，不能用数字来表达它时，你的知识就是贫乏的，不能让人满意的。它可能是知识的开始，但在思想里你几乎还未前进到科学的阶段。”**

只有当我们能够用数字描述一个物理系统及其演化过程，并通过测量来观察一个物理系统时，才能够使我们的研究具有科学意义。所以科学地研究一个物理系统离不开必要的数学知识。

19 世纪中叶，英国数学家布尔（G. Boole）在《逻辑的数学分析》和《思维规律》著作中提出用数学方法研究人的逻辑思维和推理的代数，即布尔代数。20 世纪 30 年代，美国数学家香农（C. E. Shannon）在论文《继电器与开关电路的符号分析》中提出用布尔代数描述、分析和设计开关电路的方法，奠定了现代经典计算机的数学基础。美国数学家图基（J. W. Tukey）在贝尔实验室研究时提出了经典比特这一术语。香农在其标志经典信息论诞生的程碑式的《通信的数学原理》一文中首次正式使用了经典比特这一概念。

这里之所以使用“经典比特”（classical bit）一词是为了区别将要提出的量子比特（quantum bit 或 qubit）这一概念。本书将经常使用这一术语区别“经典系统”与“量子系统”。

经典系统的状态用经典比特描述。借用这一基本思想，量子系统的状态用量子比特描述。布尔代数提供了研究经典系统的数学工具，量子力学提供了研究量子系统的数学框架。本章介绍的量子系统的数学框架归纳为 4 个基本假设，这 4 个基本假设是建立量子线路模型的重要依据。

在有限的人类历史过程中，人类对客观世界的认识还是有限的。“基本假设”体现了对客观世界认识的科学性。量子力学中所用的“基本假设”这一术语，不同于我们对该词的一般理解，因为到目前为止人们还未发现违背这些“基本假设”的物理现象。使用“基本假设”

而不用“基本定理”的另一个原因是这些“基本假设”不是由其他定律推导出来的，而是基于目前人们对物理实验现象的规律性总结。随着人们对客观世界认识的不断深入，也许未来会发现违背这些“基本假设”的物理现象。不过也不必担心，正如牛顿力学到量子力学的演变过程一样，对新的物理现象的解释一定会伴随新理论的诞生。

1.2.1　量子态与量子比特

本节介绍的量子态与量子比特的基本概念是描述量子系统的基础。量子态和量子比特的具体描述形式涉及集合和空间的概念，要用到线性代数的知识。

借用经典比特一词，用量子比特描述一个量子系统的状态。量子比特是一个数学对象，在具体的物理系统中对应某种具体的物理实体，比如光子或电子等。

一个量子系统无论由何种物理实体构成，都具有某些共同属性，量子比特是这些具有共同属性的物理实体的数学抽象。这种抽象的数学对象不依赖于特定的物理系统，为研究量子系统带来许多方便。

在理论研究中，数学抽象是十分必要的。例如，研究一个经典的电路系统时使用的元件模型就是实际元件的数学抽象。元件模型体现了一类实际物理元件的单一的电磁共性，可以用同一数学关系描述。

量子比特的状态，即量子态（quantum state）描述了该量子比特所具有的属性。在不引起误解的前提下，量子态与量子比特可互换使用。

一个量子系统可能包含一个量子比特，也可能包含多个量子比特。构成量子系统的全部量子比特的状态描述了该量子系统的状态。本书使用量子态这一术语有时指量子系统中的一个或几个量子比特的状态，有时指构成量子系统的全部量子比特的状态。

量子力学基本假设 1 给出了量子态描述的方法。

量子力学基本假设 1　任意孤立物理系统都有一个被称为复内积向量空间（希尔伯特空间）的状态空间（state space）与之对应，系统状态可以用该状态空间的一个单位向量描述。

通俗地讲，任何一个单位向量（或单位矢量）都是一个合法的量子态。

复内积向量空间（complex vector space with inner product）是定义了复内积运算的向量空间。同维数的向量空间和线性空间具有相同结构，称为同构。这些概念涉及线性代数知识。下面简单介绍一下本书用到的与复内积向量空间相关的必要知识。

由浅到深，我们将从熟悉的集合概念出发引出复内积向量空间。

集合是符合一定条件的元素（或对象）的全体。例如氢原子的状态可以用以下一系列函数（在量子力学中称为波函数）描述。

$$\psi_{n,l,m}(r,\theta,\phi)=R_{n,l}(r)Y_{l,m}(\theta,\phi) \tag{1-1}$$

其中

$$\begin{cases} n=1,2,3,\cdots \\ l=0,1,2,\cdots,n-1 \\ m=0,\pm1,\cdots,\pm l \end{cases} \tag{1-2}$$

这里不必关心该函数是如何得到的，总之将满足式（1-1）的所有函数作为元素就构成了一个集合$\psi=\{\psi_{n,l,m}\}$。

集合仅定义了符合一定条件的元素的全体，但没有定义这些元素的运算性质（有时用运算规则或附加结构表达这一含义）。线性空间是附加了加法和数乘运算规则（结构）的集合。

数乘中用到的数可以是全体实数或全体复数等，称为数集合。

包含 0 和 1，并且对加、减、乘、除都封闭的数集合称为数域。

封闭的特点是数集合中任意两个数经加、减、乘、除（除数不为零）运算后得到的数仍然是该数集合中的元素。在量子系统中用到的是复数域，用 **C** 表示。

线性空间就是对所定义的加法和数乘运算都封闭，并满足以下 8 条性质的非空集合（设e_1,e_2,e_3为集合V中元素，λ,μ为复数域 **C** 中的元素）。

（1）$e_1+e_2=e_2+e_1$（加法交换律）

（2）$(e_1+e_2)+e_3=e_1+(e_2+e_3)$（加法结合律）

（3）$e_1+0=e_1$（存在“零”元素）

（4）$e_1+(-e_1)=0$（存在负元素）

（5）$1e_1=e_1$

（6）$\lambda(e_1+e_2)=\lambda e_1+\lambda e_2$（右分配率）

（7）$(\lambda+\mu)e_1=\lambda e_1+\mu e_1$（左分配率）

（8）$\lambda(\mu e_1)=(\lambda\mu)e_1$（数乘结合律）

C 为复数域，所以该线性空间称为复线性空间。

线性空间定义了加法和数乘结构。若在线性空间基础上再定义内积运算（结构），就构成了内积空间。若在复线性空间基础上定义复内积运算（结构），就构成了复内积空间。

设e_1,e_2,e_3是复线性空间中的任意 3 个元素，λ为复数域 **C** 中的元素。定义e_1和e_2的内积为某种运算规则使e_1和e_2对应一个复数，记为$(e_1,\ e_2)$，并且满足以下条件：

（1）$(e_1,\ e_2+e_3)=(e_1,\ e_2)+(e_1,\ e_3)$；

（2）$(e_1,\ \lambda e_2)=\lambda(e_1,\ e_2)$；

（3）$(e_1,\ e_2)=(e_2,\ e_1)^*$；

（4）$(e_1,\ e_1)\geqslant 0$，当且仅当$e_1=0$时，$(e_1,\ e_1)=0$。

条件（1）和（2）称为线性性质，有时将这两条合为一条，即

$$(e_1,\ \lambda_1 e_2+\lambda_2 e_3)=\lambda_1(e_1,\ e_2)+\lambda_2(e_1,\ e_3)$$

其中$\lambda_1,\lambda_2,\lambda$为复数域 **C** 中的元素。

条件（3）中的星号*为共轭操作，即交换内积的两元素顺序，对应的内积取共轭。

内积结构引入了距离的度量，（4）定义了元素长度的度量，在矩阵论中称为范数。

复内积空间是在复线性空间基础上通过附加复内积运算（结构）构成的，复内积空间的元素自然满足复线性空间所定义的运算。

理解复线性空间和复内积空间并不难，它们只不过是附加了某些运算结构的集合。由于定义了运算，从而引入了变化与运动，此处称之为空间。在特定条件下，这些空间确实类似我们所熟悉的一般意义下的一维空间、二维空间或三维空间。

设线性空间V中存在n个元素$e_1,e_2,\cdots,e_n$满足

（1）$e_1, e_2, \cdots, e_n$ 线性无关；

（2）V 中任意一个元素 e 总可以由 $e_1, e_2, \cdots, e_n$ 线性表示。

则称 $e_1, e_2, \cdots, e_n$ 为线性空间 V 的一个基，n 称为线性空间 V 的维数。维数为 n 的线性空间称为 n 维线性空间，记作 V^n。

量子力学基本假设 1 中用到的是复内积向量空间或希尔伯特空间，它们和复线性空间或复内积空间有何联系？解释这一点需要引入同构（isomorphism）概念。

两个复线性空间同构是指两个复线性空间的元素之间有一一对应的关系，且这种一一对应关系保持线性运算结构的对应，即这两个复线性空间具有相同的结构。

量子系统的状态是量子系统状态空间的元素，全部状态构成了复内积线性空间。状态的具体形式取决于具体量子系统是如何构成的。在研究量子系统一般性问题时，状态是一个抽象的物理对象。

向量是由有序数构成的数组，可以构成向量空间。若量子系统的状态空间与向量空间同构，抽象的量子系统状态空间的研究可以转化为具体的向量空间的研究。

线性代数将 n 维向量定义为 n 个有序数 $\alpha_1, \alpha_2, \cdots, \alpha_n$ 构成的数组 $\boldsymbol{\alpha} = (\alpha_1, \alpha_2, \cdots, \alpha_n)$，并将 $\alpha_1, \alpha_2, \cdots, \alpha_n$ 称为向量 $\boldsymbol{\alpha}$ 的分量。

若 $\alpha_1, \alpha_2, \cdots, \alpha_n$ 为复数域 $\mathbf{C}$ 中的元素，则称为 n 维复向量。

将 $\mathbf{0} = (0, 0, \cdots, 0)$ 称为零向量。

将 $-\boldsymbol{\alpha} = (-\alpha_1, -\alpha_2, \cdots, -\alpha_n)$ 称为 $\boldsymbol{\alpha}$ 的负向量。

若两个复向量 $\boldsymbol{\alpha}$ 和 $\boldsymbol{\beta}$ 对应的分量都相等，则称复向量 $\boldsymbol{\alpha}$ 与复向量 $\boldsymbol{\beta}$ 相等，记作 $\boldsymbol{\alpha} = \boldsymbol{\beta}$。相等的两个复向量的维数一定相同。

任意两个维数相同的复向量 $\boldsymbol{\alpha}$ 和 $\boldsymbol{\beta}$ 的加法运算规则是将两个复向量对应的分量相加，得到的向量记作 $\boldsymbol{\alpha} + \boldsymbol{\beta}$。

复向量 $\boldsymbol{\alpha}$ 与复数域 $\mathbf{C}$ 中的元素 λ 的数乘规则是用 λ 乘复向量 $\boldsymbol{\alpha}$ 的各分量，得到的向量记作 $\lambda\boldsymbol{\alpha}$。

一个由全部 n 维复向量构成的集合在上述规则下对加法和数乘两种运算封闭，且满足线性空间中的 8 条性质，称该线性空间为 n 维复向量空间（complex vector space）。

在研究一般性问题时，向量空间的元素是具体的数，线性空间的元素是抽象的物理对象。狭义上，向量空间是一种特殊的线性空间，线性空间不一定是向量空间。由后面的讨论可知任意线性空间与同维向量空间同构，线性空间的研究可转化为同维向量空间的研究。向量空间的研究可利用成熟的矩阵理论，抽象的物理对象构成的线性空间的分析可以转化为具体的矩阵分析。

设 $e_1, e_2, \cdots, e_n$ 为线性空间 V^n 的一个基，则 V^n 中的任意一个元素 e，总有且仅有一组有序数 $x_1, x_2, \cdots, x_n$，使 $e = x_1 e_1 + x_2 e_2 + \cdots + x_n e_n$。将 $x_1, x_2, \cdots, x_n$ 这组有序数称为元素 e 在 $e_1, e_2, \cdots, e_n$ 这个基上的坐标，并记作 $\boldsymbol{X} = (x_1, x_2, \cdots, x_n)$。

有了坐标的概念，就可以把抽象的 n 维线性空间 V^n 中任意一个元素 e 与一个具体的 n 维数组 $(x_1, x_2, \cdots, x_n)$ 联系起来，并且还可以把 n 维线性空间 V^n 中抽象的线性运算与具体的 n 维数组运算联系起来。

总之，n 维线性空间 V^n 的某个基上的元素 e 与 n 维数组向量 $(x_1, x_2, \cdots, x_n)$ 之间就有一一对应的关系，且这种对应关系具有以下性质。

设 n 维线性空间 V^n 中任意两个元素 e_1 和 e_2 分别与 n 维数组 $(x_1,x_2,\cdots,x_n)$ 和 $(y_1,y_2,\cdots,y_n)$ 对应，即 $e_1 \leftrightarrow (x_1,x_2,\cdots,x_n)$ 和 $e_2 \leftrightarrow (y_1,y_2,\cdots,y_n)$，则

（1）$e_1+e_2 \leftrightarrow (x_1,x_2,\cdots,x_n)+(y_1,y_2,\cdots,y_n)$；

（2）$\lambda e_1 \leftrightarrow \lambda(x_1,x_2,\cdots,x_n)$。

满足这种线性运算结构对应关系的线性空间称为同构。线性空间是否同构由维数决定。任何 n 维复线性空间都与 n 维复向量空间同构。

式（1-1）给出的是氢原子系统状态的描述。不同具体量子系统状态的描述可能有所不同，但任何一个量子系统，只要其维数相同，就与一个同维向量空间同构。不同具体量子系统问题的研究，只要其维数相同，就可以转化为同维向量空间的研究，而不必考虑物理系统状态的具体形式。

当然，在研究某个具体物理系统时还是需要求解该具体物理系统的状态，这需要建立并求解微分方程。量子线路是研究量子系统一般性问题的工具，不需要考虑具体物理系统状态求解问题。

量子力学基本假设 1 中用到的是复内积向量空间。由于同维数的复内积线性空间与复内积向量空间同构，常常将两个概念互换，但不会导致不相容。

量子力学基本假设 1 中的状态空间与复内积向量空间或希尔伯特空间具有相同的含义。之所以用状态空间这一术语是因为复内积向量空间或希尔伯特空间中的单位向量描述的是该量子系统的状态。所有向量的集合描述了所有可能的量子态，构成的空间称为状态空间。

对于有限维的量子系统，希尔伯特空间与复内积向量空间完全是一回事，只是在讨论量子系统时常常习惯使用希尔伯特空间这一术语。

无穷维希尔伯特空间与复内积向量空间有所不同，本书仅涉及有限维量子系统，所以两种说法完全等效。

图 1-1 归纳了量子系统描述中涉及的知识。在讨论量子系统的共性问题时，图 1-1 左侧涉及的是抽象的物理对象，右侧涉及的是具体的数学矩阵。图 1-1 左侧部分与右侧部分一一对应，相互同构，可看作相互等价。量子系统涉及的一系列有关状态的操作都与向量运算一一对应。下面介绍图 1-1 右侧所涉及的主要向量运算。

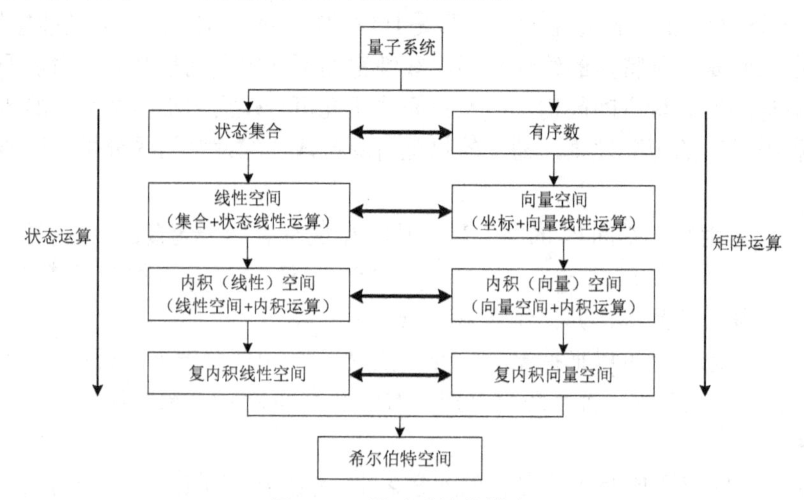

图 1-1　量子系统的描述

利用线性代数工具可以将复内积向量空间中的复向量用一个列矩阵形式描述。n 维复内积向量空间中的某个向量为

$$\begin{bmatrix} \alpha_1 \\ \vdots \\ \alpha_n \end{bmatrix} \tag{1-3}$$

该向量空间的一个基为

$$\begin{bmatrix} 1 \\ 0 \\ \vdots \\ 0 \end{bmatrix}, \begin{bmatrix} 0 \\ 1 \\ \vdots \\ 0 \end{bmatrix}, \cdots, \begin{bmatrix} 0 \\ 0 \\ \vdots \\ 1 \end{bmatrix} \tag{1-4}$$

矩阵形式便于利用熟知的矩阵运算规则进行向量运算。下面分别给出如何通过矩阵运算完成向量的加法、数乘和内积运算。

加法：
$$\begin{bmatrix} \alpha_1 \\ \vdots \\ \alpha_n \end{bmatrix} + \begin{bmatrix} \beta_1 \\ \vdots \\ \beta_n \end{bmatrix} = \begin{bmatrix} \alpha_1 + \beta_1 \\ \vdots \\ \alpha_n + \beta_n \end{bmatrix} \tag{1-5}$$

数乘：
$$\lambda \begin{bmatrix} \alpha_1 \\ \vdots \\ \alpha_n \end{bmatrix} = \begin{bmatrix} \lambda\alpha_1 \\ \vdots \\ \lambda\alpha_n \end{bmatrix} \tag{1-6}$$

内积：
$$\left[\alpha_1^*, \cdots, \alpha_n^*\right] \begin{bmatrix} \beta_1 \\ \vdots \\ \beta_n \end{bmatrix} = \alpha_1^*\beta_1 + \cdots + \alpha_n^*\beta_n \tag{1-7}$$

其中，向量$\begin{bmatrix} \alpha_1 \\ \vdots \\ \alpha_n \end{bmatrix}$与向量$\begin{bmatrix} \beta_1 \\ \vdots \\ \beta_n \end{bmatrix}$的内积为列矩阵$\begin{bmatrix} \alpha_1 \\ \vdots \\ \alpha_n \end{bmatrix}$的共轭转置$[\alpha_1^*, \cdots, \alpha_n^*]$左乘列矩阵$\begin{bmatrix} \beta_1 \\ \vdots \\ \beta_n \end{bmatrix}$。

利用式（1－5）和式（1－6）的加法和数乘规则，可将式（1－3）所示向量用式（1－4）所示基的线性组合表示，即

$$\begin{bmatrix} \alpha_1 \\ \vdots \\ \alpha_n \end{bmatrix} = \alpha_1 \begin{bmatrix} 1 \\ \vdots \\ 0 \end{bmatrix} + \cdots + \alpha_n \begin{bmatrix} 0 \\ \vdots \\ 1 \end{bmatrix} \tag{1-8}$$

量子力学基本假设 1 中指出一个量子系统与复内积向量空间（希尔伯特空间）的状态空间对应，系统状态可以用该状态空间的一个单位向量描述。单位向量的特征是向量的长度为 1，即向量和自身向量的内积为 1。利用式（1－7）给出的内积规则可得式（1－3）复向量为量子态的条件为

$$\left[\alpha_1^*, \cdots, \alpha_n^*\right] \begin{bmatrix} \alpha_1 \\ \vdots \\ \alpha_n \end{bmatrix} = \alpha_1^*\alpha_1 + \cdots + \alpha_n^*\alpha_n = 1 \tag{1-9}$$

最简单的量子系统为单量子比特的二维系统，该系统的任意量子态为

$$\begin{bmatrix} \alpha \\ \beta \end{bmatrix} \tag{1-10}$$

根据内积性质（4）给出的长度的定义及量子态为单位向量的条件可知

$$\left[\alpha^*, \beta^*\right]\begin{bmatrix} \alpha \\ \beta \end{bmatrix} = \alpha^*\alpha + \beta^*\beta = 1 \tag{1-11}$$

一般用模的平方表示$\alpha^*\alpha$和$\beta^*\beta$，即

$$\begin{cases} |\alpha|^2 = \alpha^*\alpha \\ |\beta|^2 = \beta^*\beta \end{cases} \tag{1-12}$$

单量子比特构成的量子系统的状态（量子态）用式（1－10）描述，并且满足式（1－11）给出的单位向量条件。

式（1－3）和式（1－10）给出的用矩阵形式描述的量子态可以用一个简单的记号$|*\rangle$表示，称为狄拉克（Dirac）符号。其中的星号“*”可以用不同的字母或数字等区分不同的量子态。该符号读作“右失”，英文为“ket”。例如，用右失表示的式（1－10）描述的二维量子态为

$$|\psi\rangle = \begin{bmatrix} \alpha \\ \beta \end{bmatrix} \tag{1-13}$$

与右失对偶的符号为“左失”，英文为“bra”，并定义左失是对应的右失列矩阵的复共轭转置。式（1－13）描述的量子态的对偶左失为

$$\langle\psi| = \left[\alpha^*, \beta^*\right] \tag{1-14}$$

这两个符号合在一起发音正好是英文“bracket”（括号）的发音。右失和左失符号为量子态的描述和计算带来了极大方便。例如，用右失可表示以下两个量子态。

$$\begin{cases} |\psi_1\rangle = \begin{bmatrix} \alpha_1 \\ \vdots \\ \alpha_n \end{bmatrix} \\ |\psi_2\rangle = \begin{bmatrix} \beta_1 \\ \vdots \\ \beta_n \end{bmatrix} \end{cases} \tag{1-15}$$

根据右失和左失的定义，式（1－15）所示的两个量子态的内积可写成

$$\langle\psi_1||\psi_2\rangle = \langle\psi_1|\psi_2\rangle = \left[\alpha_1^*, \cdots, \alpha_n^*\right]\begin{bmatrix} \beta_1 \\ \vdots \\ \beta_n \end{bmatrix} = \alpha_1^*\beta_1 + \cdots + \alpha_n^*\beta_n \tag{1-16}$$

用右失和左失表示的内积可简写为$\langle\psi_1|\psi_2\rangle$。当两个量子态的内积为零时，称这两个量子态正交。

单量子比特有两个特殊的状态，即

$$|0\rangle = \begin{bmatrix} 1 \\ 0 \end{bmatrix} \tag{1-17}$$

$$|1\rangle = \begin{bmatrix} 0 \\ 1 \end{bmatrix} \tag{1-18}$$

这两个状态构成了单量子系统的一个基，不难证明$\langle 0|1\rangle = \langle 1|0\rangle = 0$，即$|0\rangle$和$|1\rangle$正交，所以$|0\rangle$和$|1\rangle$构成单量子系统的一个正交基。任意单量子态都可以用正交基的线性组合表示，即

$$|\psi\rangle = \begin{bmatrix} \alpha \\ \beta \end{bmatrix} = \alpha|0\rangle + \beta|1\rangle \tag{1-19}$$

对于量子态的描述，有以下 3 个要点。

（1）任何形如式（1－19）的单位向量均是一个合法的单比特量子态。满足式（1－19）的单量子态有无穷多个可能的状态，这和我们熟知的单个经典比特的状态只有两种可能，即或 0 或 1（与一个实际的经典电子系统的高电平和低电平相对应）有着很大区别。

（2）将量子态$|0\rangle$对应经典状态 0，将量子态$|1\rangle$对应经典状态 1。单个经典比特的状态只能取 0 或 1，若单个量子比特也取$|0\rangle$或$|1\rangle$，则单量子比特系统与经典单比特系统完全等效。量子系统包含了经典系统，或者说经典系统是量子系统的特例。

（3）量子系统还能取$|0\rangle$和$|1\rangle$的线性组合，即$|\psi\rangle = \alpha|0\rangle + \beta|1\rangle$。这是经典系统无法做到的。

下面介绍量子态的概率解释。

以式（1－19）所描述的一般单量子态为例。$|0\rangle$和$|1\rangle$是构成单量子系统的正交基，称为基态。它可以对应一个两能级单量子系统的两个能级，或对应单光子水平偏振和垂直偏振两个状态。按照上面讨论的单比特的量子系统与单比特的经典系统的对应关系可知，量子态$|0\rangle$可以与经典系统的状态 0（比如低电平）对应，量子态$|1\rangle$可以与经典系统的状态 1（比如高电平）对应。而一般的量子态$|\psi\rangle = \alpha|0\rangle + \beta|1\rangle$没有与之对应的经典系统的状态。使用量子力学如何解释这样一个一般的量子态？

根据德国物理学家玻恩（M. Born）给出的概率解释（该解释与实验现象相符），该量子态以概率$|\alpha|^2 = \alpha^*\alpha$处于状态$|0\rangle$，以概率$|\beta|^2 = \beta^*\beta$处于状态$|1\rangle$。

由量子力学基本假设 1 中单位向量的规定及式（1－11）给出的用内积计算长度的公式可知$|\alpha|^2 + |\beta|^2 = 1$，即量子态处于状态$|0\rangle$和状态$|1\rangle$的概率之和为 1。量子力学基本假设 1 中单位向量的规定与玻恩给出的概率解释完美地相互吻合。

量子态的概率解释涉及物理系统的实在性问题。经典系统具有实在性，而量子系统具有非实在性。量子力学以概率方式给出了微观现象的精确解释，而经典理论以确切方式给出了微观现象的非精确解释。

有了概率解释，α和β就有了明确的物理含义，称为复概率（在量子力学中称为几率幅）。复概率为复数，即

$$\begin{cases} \alpha = |\alpha| e^{i\varphi_\alpha} \\ \beta = |\beta| e^{i\varphi_\beta} \end{cases} \tag{1-20}$$

$|\alpha|$和$|\beta|$为复概率的模或幅度，φ_α和φ_β为复概率的相位。式（1－19）描述的量子态以复概率模平方$|\alpha|^2=\alpha^*\alpha$为概率处于状态$|0\rangle$，以复概率模平方$|\beta|^2=\beta^*\beta$为概率处于状态$|1\rangle$。

有了如式（1－20）所示的复指数形式的复概率，式（1－19）又可以写成

$$\begin{aligned}|\psi\rangle &= \begin{bmatrix}\alpha\\ \beta\end{bmatrix}\\ &= |\alpha|\mathrm{e}^{\mathrm{i}\varphi_\alpha}|0\rangle+|\beta|\mathrm{e}^{\mathrm{i}\varphi_\beta}|1\rangle\\ &= \frac{|\alpha|}{\sqrt{|\alpha|^2+|\beta|^2}}\mathrm{e}^{\mathrm{i}\varphi_\alpha}|0\rangle+\frac{|\beta|}{\sqrt{|\alpha|^2+|\beta|^2}}\mathrm{e}^{\mathrm{i}\varphi_\beta}|1\rangle\\ &= \mathrm{e}^{\mathrm{i}\varphi_\alpha}\left(\frac{|\alpha|}{\sqrt{|\alpha|^2+|\beta|^2}}|0\rangle+\frac{|\beta|}{\sqrt{|\alpha|^2+|\beta|^2}}\mathrm{e}^{\mathrm{i}(\varphi_\beta-\varphi_\alpha)}|1\rangle\right)\end{aligned} \tag{1-21}$$

令

$$\begin{cases}\dfrac{\theta}{2}=\arccos\dfrac{|\alpha|}{\sqrt{|\alpha|^2+|\beta|^2}}\\ \varphi=\varphi_\beta-\varphi_\alpha\\ \gamma=\varphi_\alpha\end{cases} \tag{1-22}$$

式（1－21）变为

$$|\psi\rangle=\mathrm{e}^{\mathrm{i}\gamma}\left(\cos\frac{\theta}{2}|0\rangle+\mathrm{e}^{\mathrm{i}\varphi}\sin\frac{\theta}{2}|1\rangle\right) \tag{1-23}$$

式（1－23）是单量子系统状态的另一种十分有用的通用表达式。其中$\mathrm{e}^{\mathrm{i}\gamma}$称为全局相位因子，$\gamma$称为全局相位，$\mathrm{e}^{\mathrm{i}\varphi}$称为相对相位因子，$\varphi$称为相对相位。

在本章后面将会说明全局相位因子与物理系统的可观测性质无关，可忽略，式（1－23）可改写为

$$|\psi\rangle=\cos\frac{\theta}{2}|0\rangle+\mathrm{e}^{\mathrm{i}\varphi}\sin\frac{\theta}{2}|1\rangle \tag{1-24}$$

式（1－24）有很好的几何解释，θ和φ定义了三维单位球面上的一个点，如图1－2所示。

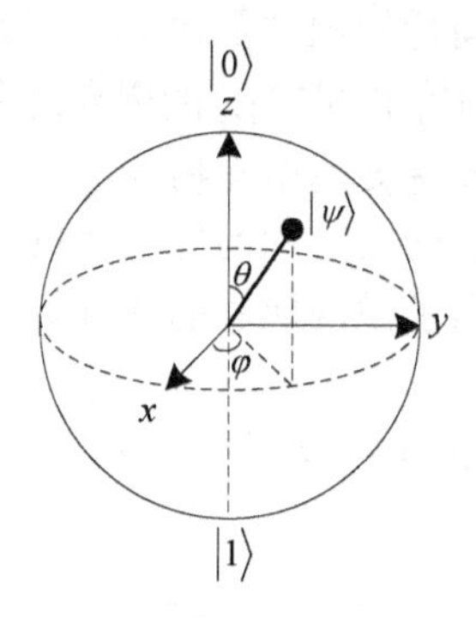

图1－2　单比特量子态的几何表示（布洛赫球）

该球面称为布洛赫（Bloch）球面。利用布洛赫球面可以形象地描述单比特量子态，其中

z 轴正方向球面上的点表示状态 $|0\rangle$，z 轴负方向球面上的点表示状态 $|1\rangle$。球面上任意一点都是一个合法的单比特量子态，单比特量子系统有无穷多个可能的状态。

1.2.2　量子态的演化

量子态的演化.mp4

世界是运动的，运动是有规律的。量子系统的状态是随时间变化的，这种变化可以通过量子调控技术实现。量子态随时间的变化称为演化。由量子力学基本假设 1 可知任意时刻量子系统的状态可以用希尔伯特空间的一个单位向量描述，具体形式为列矩阵。量子系统状态演化需要符合什么规律？量子力学基本假设 2 给出了量子态的演化假设。

量子力学基本假设 2　一个封闭量子系统的演化可以由一个酉变换描述，系统由时刻 t_1 的状态 $|\psi_1\rangle$ 到时刻 t_2 的状态 $|\psi_2\rangle$ 的演化，可以通过一个酉算符 $\boldsymbol{U}$ 描述，即 $|\psi_2\rangle = \boldsymbol{U}|\psi_1\rangle$。

通俗地讲，量子态的演化就是单位向量左乘酉矩阵。

量子力学基本假设 2 中用到了算符（operator）、酉算符（unitary operator）和酉演化（unitary evolution）这些术语，下面逐一解释。

算符：算符就是运算符号。对于向量空间，算符与矩阵完全等价。

酉算符：酉算符即酉矩阵。

酉矩阵：n 维向量演化的酉矩阵是一个 $n\times n$ 的方阵 $\boldsymbol{U}$，该方阵具有酉性。酉性是指 $\boldsymbol{U}^\dagger\boldsymbol{U} = \boldsymbol{I}$（$\boldsymbol{U}^\dagger$ 是 $\boldsymbol{U}$ 的共轭转置）或 $\boldsymbol{U}^\dagger = \boldsymbol{U}^{-1}$。

共轭转置就是将矩阵所有元素取复共轭后再转置。酉矩阵就是矩阵的共轭转置与矩阵的逆相等。

酉演化：将一个量子态的列矩阵左乘酉矩阵得到一个新的量子态，称为量子态的酉演化。

酉演化性质：酉演化保持长度不变。

对于单量子比特，酉演化将布洛赫球面上一点演化到另外一点。下面证明酉演化保持长度不变这一性质。

设一个合法的量子态为 $|\psi\rangle$，其长度为 $\langle\psi|\psi\rangle = 1$，且 $\boldsymbol{U}$ 为酉矩阵。

该量子态经酉演化后的状态为 $|\psi'\rangle = \boldsymbol{U}|\psi\rangle$。

酉演化后量子态的长度为 $\langle\psi'|\psi'\rangle = \langle\psi|\boldsymbol{U}^\dagger\boldsymbol{U}|\psi\rangle = \langle\psi|\psi\rangle = 1$。

一个合法的量子态经酉演化后仍然是一个合法的量子态。酉演化是量子态演化的唯一限制，任何一个酉矩阵都是一个合法的演化矩阵。

量子力学基本假设 2 给出了量子态的演化方法。

例如，单比特量子态 $|\psi_1\rangle = |0\rangle = \begin{bmatrix}1\\0\end{bmatrix}$，经酉矩阵 $\boldsymbol{X} = \begin{bmatrix}0 & 1\\1 & 0\end{bmatrix}$ 演化后的状态 $|\psi_2\rangle$ 为

$$|\psi_2\rangle = \boldsymbol{X}|\psi_1\rangle = \begin{bmatrix}0 & 1\\1 & 0\end{bmatrix}\begin{bmatrix}1\\0\end{bmatrix} = \begin{bmatrix}0\\1\end{bmatrix} = |1\rangle$$

该酉演化可以将状态 $|0\rangle$ 演化为状态 $|1\rangle$，将状态 $|1\rangle$ 演化为状态 $|0\rangle$，相当于经典非门的作用。

1.2.3　量子态的测量

量子态的测量.mp4

测量就是使用测量设备观察一个物理系统的状态。先来考察一下经典系

统是如何测量的。

以测量电路某两点间的电压为例。测量电路两点间的电压可将电压表与电路中的这两点间的电路并联，其效果使原来流过该电路两点间的带电粒子（通常是电子）的一小部分流过电压表，电压表与流过的这一小部分带电粒子进行能量交换。专门设计的电压表可以对这一小部分交换的能量进行处理，并利用某种物理效应（比如偏转机械指针或点亮发光数码管）显示单位正电荷交换能量的大小，即电压值。实际上该电压值是流过电压表带电粒子的电压值，由于电压是与位置有关的物理量，所以认为该电压值就是电路两点间的电压。

经典测量的关键是需要从原来流过电路两点间的带电粒子中取出一小部分，物理效应是针对这一小部分带电粒子的。

由于测量时流过电路两点间的带电粒子发生了变化，测量时电路的状态与未测量时电路的状态有所不同，所以测量电压时要求取出的带电粒子不能太多，即只有对于原来流过电路两点间的带电粒子来讲忽略不计，才能满足测量误差的要求，否则测量的结果将毫无意义。

根据分流原理，要求电压表的阻抗相对电路两点间的阻抗足够大，使流过电压表的带电粒子足够少，才能保证测量的精度。但又不能太少，否则电压表表现出的物理效应过于微弱以至于观察不到或观察精度过低。总之，测量过程必将伴随对原系统的干扰，只有当干扰足够小且物理效应足够明显时，测量才有意义。

量子态的测量又是如何实现的？与经典系统测量一样，量子态的测量也需要专门的测量装置。要想观察原量子系统的状态，同样需要从该量子系统取出物理粒子，使用专门设计的测量装置并利用某些物理效应给出测量结果。

考虑一下单量子比特的量子系统，比如单光子系统。该量子系统只有一个光子，测量装置至少需要从该系统中取出一个光子才能完成测量，其结果将导致原量子系统中不再有光子了。

经典系统中有大量的物理粒子，取出极少部分拿去处理，对原系统的影响可以忽略不计。但是，像单光子系统这样的量子系统只有一个光子，取走就没了，测量对原系统的干扰巨大，不能再忽略不计了。

多量子系统也存在同样问题，因为多量子系统的状态取决于每个量子态，少一个量子的量子系统的状态都将不再是原量子系统的状态。

量子测量与经典测量有着本质的不同，而且具有更深邃的含义，是研究量子系统的重要内容。

本书不讨论具体的测量装置，而是给出任何量子测量所符合的一般规则，即量子力学基本假设3。

量子力学基本假设 3　一组测量算子 $\{\boldsymbol{M}_m\}$ 作用在被测系统状态空间上可实现量子状态的测量，m 表示实验中可能的测量结果。若被测量的量子态为 $|\psi\rangle$，则测量结果 m 发生的概率为 $p(m)=\langle\psi|\boldsymbol{M}_m^{\dagger}\boldsymbol{M}_m|\psi\rangle$，并且测量后的状态将变为 $\dfrac{\boldsymbol{M}_m|\psi\rangle}{\sqrt{\langle\psi|\boldsymbol{M}_m^{\dagger}\boldsymbol{M}_m|\psi\rangle}}$。测量算符应满足完备性方程 $\sum_m \boldsymbol{M}_m^{\dagger}\boldsymbol{M}_m=\boldsymbol{I}$。

量子力学基本假设 3 给出了一般测量假设。由一般测量假设可引出特定测量。根据本书的需要，不展开讨论这一问题，把重点放在量子线路用到的计算基上的投影测量。

首先解释测量算子，然后讨论量子测量的含义。

在 1.2.2 节中介绍了算符的概念，这里用到的算子与算符和矩阵完全等价，只是叫法不同而已。所以，测量就是单位向量与测量矩阵的乘法运算。运算结果与测量算子有关，不同测量算子会导致不同测量结果。

测量算子与酉算子不同，测量算子不要求具有酉性，但要求完备性。

式（1－4）给出了用式（1－3）描述的 n 维量子系统状态的一个基，称为 n 维量子系统状态的一个计算基。本书用到的是如式（1－4）所示计算基上的投影测量，当讨论测量问题时，计算基可以理解为测量基。

首先讨论在计算基上进行测量时测量算子的矩阵形式。

用$|\alpha_0\rangle, |\alpha_1\rangle, \cdots, |\alpha_{n-1}\rangle$表示形式如式（1－4）所示的某个 n 维量子系统的一个计算基，即

$$|\alpha_0\rangle = \begin{bmatrix} 1 \\ 0 \\ \vdots \\ 0 \end{bmatrix},\quad |\alpha_1\rangle = \begin{bmatrix} 0 \\ 1 \\ \vdots \\ 0 \end{bmatrix},\quad \cdots,\quad |\alpha_{n-1}\rangle = \begin{bmatrix} 0 \\ 0 \\ \vdots \\ 1 \end{bmatrix} \tag{1-25}$$

根据式（1－16）给出的内积运算规则，不难证明

$$\langle \alpha_i | \alpha_j \rangle = \delta_{i,j} = \begin{cases} 1, i = j \\ 0, i \neq j \end{cases}$$

即任意两个基态的内积为零，称这个基为标准（或规范）正交基。所谓标准（或规范）指的是$\langle \alpha_k | \alpha_k \rangle = 1$。

在该计算基上的一组投影测量算子为

$$\begin{cases} \boldsymbol{M}_0 = |\alpha_0\rangle\langle\alpha_0| = \begin{bmatrix} 1 \\ 0 \\ \vdots \\ 0 \end{bmatrix}[1,0,\cdots,0] = \begin{bmatrix} 1 & 0 & \cdots & 0 \\ 0 & 0 & \cdots & 0 \\ \vdots & \vdots & & \vdots \\ 0 & 0 & \cdots & 0 \end{bmatrix} \\ \boldsymbol{M}_1 = |\alpha_1\rangle\langle\alpha_1| = \begin{bmatrix} 0 \\ 1 \\ \vdots \\ 0 \end{bmatrix}[0,1,\cdots,0] = \begin{bmatrix} 0 & 0 & \cdots & 0 \\ 0 & 1 & \cdots & 0 \\ \vdots & \vdots & & \vdots \\ 0 & 0 & \cdots & 0 \end{bmatrix} \\ \qquad\vdots \\ \boldsymbol{M}_{n-1} = |\alpha_{n-1}\rangle\langle\alpha_{n-1}| = \begin{bmatrix} 0 \\ 0 \\ \vdots \\ 1 \end{bmatrix}[0,0,\cdots,1] = \begin{bmatrix} 0 & 0 & \cdots & 0 \\ 0 & 0 & \cdots & 0 \\ \vdots & \vdots & & \vdots \\ 0 & 0 & \cdots & 1 \end{bmatrix} \end{cases} \tag{1-26}$$

式（1－26）中的$|*\rangle\langle*|$称为外积运算。计算基上的投影测量算子可以用基态的外积运算得到。

对于最小的单量子系统，若采用$|0\rangle=\begin{bmatrix}1\\0\end{bmatrix}$和$|1\rangle=\begin{bmatrix}0\\1\end{bmatrix}$作为标准正交计算基，则在该计算基上的一组测量算子为

$$\begin{cases}\boldsymbol{M}_0=|0\rangle\langle 0|=\begin{bmatrix}1\\0\end{bmatrix}[1,0]=\begin{bmatrix}1&0\\0&0\end{bmatrix}\\ \boldsymbol{M}_1=|1\rangle\langle 1|=\begin{bmatrix}0\\1\end{bmatrix}[0,1]=\begin{bmatrix}0&0\\0&1\end{bmatrix}\end{cases}\tag{1-27}$$

由式（1-27）可知测量算符不是酉算符，即测量操作是不可逆操作，不能根据测量结果恢复测量前的量子态。根据第 2 章将要介绍的 Landauer 原理可知测量将导致信息损失，从而带来损耗。

将式（1-26）所示的一组测量算子作用到n维量子系统状态空间的某个量子态$|\psi\rangle$上有n种测量结果，常用 $0,1,\cdots,n-1$ 与 $\boldsymbol{M}_0,\boldsymbol{M}_1,\cdots,\boldsymbol{M}_{n-1}$ 对应。测量结果为 m 的概率为 $p(m)=\langle\psi|\boldsymbol{M}_m^{\dagger}\boldsymbol{M}_m|\psi\rangle$。而且若测量结果为$m$，则该量子系统的状态将变为$\dfrac{\boldsymbol{M}_m|\psi\rangle}{\sqrt{\langle\psi|\boldsymbol{M}_m^{\dagger}\boldsymbol{M}_m|\psi\rangle}}$，称为量子态的坍缩（collapse）。

对于被测量的量子态$|\psi\rangle$，内积$\langle\psi|\psi\rangle=1$。测量后的量子态为$\dfrac{\boldsymbol{M}_m|\psi\rangle}{\sqrt{\langle\psi|\boldsymbol{M}_m^{\dagger}\boldsymbol{M}_m|\psi\rangle}}$，长度为$\dfrac{\langle\psi|\boldsymbol{M}_m^{\dagger}}{\sqrt{\langle\psi|\boldsymbol{M}_m^{\dagger}\boldsymbol{M}_m|\psi\rangle}}\dfrac{\boldsymbol{M}_m|\psi\rangle}{\sqrt{\langle\psi|\boldsymbol{M}_m^{\dagger}\boldsymbol{M}_m|\psi\rangle}}=1$，仍然是一个单位向量。

测量后可能的量子态$\dfrac{\boldsymbol{M}_0|\psi\rangle}{\sqrt{\langle\psi|\boldsymbol{M}_0^{\dagger}\boldsymbol{M}_0|\psi\rangle}},\dfrac{\boldsymbol{M}_1|\psi\rangle}{\sqrt{\langle\psi|\boldsymbol{M}_1^{\dagger}\boldsymbol{M}_1|\psi\rangle}},\cdots,\dfrac{\boldsymbol{M}_{m-1}|\psi\rangle}{\sqrt{\langle\psi|\boldsymbol{M}_{m-1}^{\dagger}\boldsymbol{M}_{m-1}|\psi\rangle}}$与$\boldsymbol{M}_0$，$\boldsymbol{M}_1,\cdots,\boldsymbol{M}_{m-1}$一一对应，通常用测量后的状态表示测量结果。

测量假设对测量算子的唯一要求是完备性，即$\sum\limits_m\boldsymbol{M}_m^{\dagger}\boldsymbol{M}_m=\boldsymbol{I}$，其中$\boldsymbol{I}$为单位矩阵。

式（1-26）给出的测量算子显然满足完备性，即

$$\sum_m\boldsymbol{M}_m^{\dagger}\boldsymbol{M}_m=\sum_m\boldsymbol{M}_m=\boldsymbol{I}$$

用式（1-26）给出的测量算子的测量结果为m的概率具有以下介绍的简单形式。

设用式（1-25）计算基表示的量子系统的状态为

$$|\psi\rangle=\begin{bmatrix}z_0\\\vdots\\z_m\\\vdots\\z_{n-1}\end{bmatrix}=z_0|\alpha_0\rangle+\cdots+z_m|\alpha_m\rangle+\cdots+z_{n-1}|\alpha_{n-1}\rangle\tag{1-28}$$

测量结果为m的概率为

$$
\begin{aligned}
p(m) &= \langle\psi|\boldsymbol{M}_m^{\dagger}\boldsymbol{M}_m|\psi\rangle \\
&= \langle\psi|\boldsymbol{M}_m|\psi\rangle \\
&= \left[z_0^*,\cdots,z_m^*,\cdots,z_{n-1}^*\right]\begin{bmatrix} 0 & \cdots & 0 & \cdots & 0 \\ \vdots & & \vdots & & \vdots \\ 0 & \cdots & 1 & \cdots & 0 \\ \vdots & & \vdots & & \vdots \\ 0 & \cdots & 0 & \cdots & 0 \end{bmatrix}\begin{bmatrix} z_0 \\ \vdots \\ z_m \\ \vdots \\ z_{n-1} \end{bmatrix} \\
&= \left[z_0^*,\cdots,z_m^*,\cdots,z_{n-1}^*\right]\begin{bmatrix} 0 \\ \vdots \\ z_m \\ \vdots \\ 0 \end{bmatrix} \\
&= z_m^* z_m \\
&= |z_m|^2
\end{aligned} \tag{1-29}
$$

用式（1－25）给出的测量算子的测量结果为 m 后的量子态也具有十分简单的形式，即

$$
\begin{aligned}
\frac{\boldsymbol{M}_m|\psi\rangle}{\sqrt{\langle\psi|\boldsymbol{M}_m^{\dagger}\boldsymbol{M}_m|\psi\rangle}} &= \frac{\boldsymbol{M}_m|\psi\rangle}{|z_m|} \\
&= \frac{z_m|\alpha_m\rangle}{|z_m|}
\end{aligned} \tag{1-30}
$$

设复数 $z_m = |z_m|\mathrm{e}^{\mathrm{i}\varphi_m}$，则式（1－30）变为 $\mathrm{e}^{\mathrm{i}\varphi_m}|\alpha_m\rangle$。其中的 $\mathrm{e}^{\mathrm{i}\varphi_m}$ 称为全局相位因子。从观察的角度出发考虑，全局相位因子与系统的可观测性无关，可以忽略全局相位因子，认为这两个状态等同。因为对状态 $|\psi'\rangle = \mathrm{e}^{\mathrm{i}\theta}|\psi\rangle$ 和状态 $|\psi\rangle$ 测量结果为 m 的概率相等，即

$$
\langle\psi'|\boldsymbol{M}_m^{\dagger}\boldsymbol{M}_m|\psi'\rangle = \langle\psi|\mathrm{e}^{-\mathrm{i}\theta}\boldsymbol{M}_m^{\dagger}\boldsymbol{M}_m\mathrm{e}^{\mathrm{i}\theta}|\psi\rangle = \langle\psi|\boldsymbol{M}_m^{\dagger}\boldsymbol{M}_m|\psi\rangle
$$

除了全局相位因子，状态 $|\alpha_m\rangle$ 与 $\mathrm{e}^{\mathrm{i}\varphi_m}|\alpha_m\rangle$ 相等，所以也常讲测量结果为 $|\alpha_m\rangle$ 的概率为 $|z_m|^2$。

相对相位因子不能忽略，相对相位不同的量子态不能等价。

总之，根据测量假设，对量子态

$$
|\psi\rangle = \begin{bmatrix} z_0 \\ \vdots \\ z_m \\ \vdots \\ z_{n-1} \end{bmatrix} = z_0|\alpha_0\rangle + \cdots + z_m|\alpha_m\rangle + \cdots + z_{n-1}|\alpha_{n-1}\rangle \tag{1-31}
$$

在计算基 $|\alpha_0\rangle,\cdots,|\alpha_m\rangle,\cdots,|\alpha_{n-1}\rangle$ 上测量得到结果为 m 的概率为 $|z_m|^2$，且测量后系统的状态将坍缩为基态 $|\alpha_m\rangle$。这个结论十分简单，本书关于测量问题将采用这个结论。

为了对测量有直观的认识，下面举一个单光子系统的例子。

一个单光子系统的基可看作是由水平偏振和垂直偏振两个状态构成。用$|\leftrightarrow\rangle=\begin{bmatrix}1\\0\end{bmatrix}$表示水平偏振状态，用$|\updownarrow\rangle=\begin{bmatrix}0\\1\end{bmatrix}$表示垂直偏振状态。

这两个状态构成了单光子系统的一个基。任意一个单光子状态$|\psi\rangle$可以看作是这两个基态的线性组合，即$|\psi\rangle=\alpha|\leftrightarrow\rangle+\beta|\updownarrow\rangle$。假设有一个单光子处在以下状态：

$$|\psi\rangle=\begin{bmatrix}\frac{1}{\sqrt{2}}\\\frac{1}{\sqrt{2}}\end{bmatrix}=\frac{1}{\sqrt{2}}(|\leftrightarrow\rangle+|\updownarrow\rangle) \tag{1-32}$$

根据量子态的概率解释可知该光子各以50%的概率处于水平偏振状态$|\leftrightarrow\rangle$和垂直偏振状态$|\updownarrow\rangle$。实际上该光子的偏振方向为45°。

若用水平偏振片和垂直偏振片作为测量算子的装置，该测量装置将各以50%的概率测量到水平偏振状态$|\leftrightarrow\rangle$和垂直偏振状态$|\updownarrow\rangle$。

当测量结果为水平偏振状态$|\leftrightarrow\rangle$时，该光子的量子态将由45°偏振状态坍缩为水平偏振状态$|\leftrightarrow\rangle$。当测量结果为垂直偏振状态$|\updownarrow\rangle$时，该光子的量子态将由45°偏振状态坍缩为垂直偏振状态$|\updownarrow\rangle$。

若用这个测量装置测量100个具有45°偏振的光子，尽管事先无法以100%的概率确定每次测量的结果，但是当测量完成时，会发现大约各有50个光子处于水平偏振状态和垂直偏振状态。

这是一个理想的随机数发生器。与经典随机数发生器不同，用经典计算机产生随机数的方法通常是用一个等概率分布的长周期函数产生，称为伪随机数。而用量子系统产生的随机数被称为真随机数。因为这些随机数不是用长周期函数的算法产生的，而是基于物理原理产生的，没有周期性。

上述单光子系统的例子看起来违反了人们的直观感觉，即一个客观对象在被观察前和观察后会处在截然不同的两个状态（光子在测量前处于45°偏振状态，在测量后处于水平偏振状态或垂直偏振状态)。换句话说，当我们希望观察一个客观对象的状态时，观察的结果根本就不是该对象原来的状态。而且更麻烦的是，观察后原来的状态竟然发生了变化，是不可逆的，无法通过多次测量来推测该对象原来的状态。

有人可能会说在测量前可以通过复制的方法复制多个一模一样的状态，然后再经过多次测量推测原来的状态。不幸的是，第 2 章我们将介绍的量子态不可克隆定理禁止克隆未知量子态。

退一步讲，即使允许克隆量子态，由于测量结果的概率性，要想准确地推测出原来的量子态，理论上要求克隆出无穷多个量子态，并且需要进行无穷多次测量才有可能推测出原来的量子态，这显然是做不到的。

在计算基上的测量将导致量子态变为某个基态，在量子力学中用“坍缩”一词来描述这一现象。

测量导致量子态的坍缩违反了人们的直观感觉，但这确实是量子力学给出的结论。有人会提出疑问，这种现象为什么会感觉不到？难道我们通过观察看到的一切实际上都不是其原有的样子？一定是量子力学在某个地方出了错。

这涉及量子系统的实在性问题。经典系统具有实在性，而量子系统不具有实在性。下面从宏观现象和微观现象两方面进行简要讨论。

我们生活在宏观世界，宏观世界表现出的现象是大量粒子的集体现象（或平均现象）。而上面的例子是微观世界，量子力学是研究微观世界的有效工具，给出的是微观现象的正确解释。即使像经典电子电路这样的对象，也是大量电子表现出的集体现象。在量子力学看来，经典电子电路仍然是宏观对象。

难道量子力学只能用来解释微观现象吗？答案是否定的。量子力学是目前人类发现能够正确解释宏观与微观现象的普遍而正确的理论，对宏观世界仍然能够给出正确的解释。将量子力学的基本假设应用到宏观世界，然后去掉我们感觉不到的细微误差，将会得到和我们对宏观世界直观感觉一样的结论。

量子力学既可以用于研究微观现象，也可以用于研究宏观现象。通过近似的方法，对于宏观世界，量子力学和经典理论可以给出相同的解释。我们不必担心如果根据经典理论分析经典电路的状态为高电平，而根据量子力学会预测出低电平这种荒诞的结论，因为量子力学也一定会预测出高电平。

问题是在微观世界，大量实验结果已证明微观世界具有非实在性，利用经典理论给出的结论是完全错误的。或更严格地讲，使用经典理论给出的结论与通过实验观察到的现象之间的误差太大了，无法使人满意，只有量子力学才能给出与实验观察一致的满意解释。而且到目前为止，还未发现量子力学给出的解释与实验现象不相符合的任何实验现象。

微观现象是否都违反了我们的直观感觉？答案也是否定的。还是考虑上面讨论的单光子系统的例子。

假设一个单光子处在水平偏振状态，即$|\psi\rangle=|\leftrightarrow\rangle$。根据量子力学的概率解释，该光子以100%概率处于水平偏振状态$|\leftrightarrow\rangle$。若还是采用上面用的测量装置测量该光子的状态，根据量子力学的测量假设，将以 100%的概率测量到水平偏振状态，不可能测量到垂直偏振状态。而且测量后该光子的状态仍然为水平偏振状态，和我们的直观感觉完全相同。

这到底是怎么回事？为什么量子力学对于微观现象的解释有时和我们的直观感觉相同，有时又不相同？

关键是量子所处的状态，这次给出的量子态是基态，测量也是计算基上的测量。换句话说，当量子态处于基态，测量也是在计算基上测量时，量子系统表现出的现象将和经典系统表现出的现象完全相同。看上去一切又回到了经典系统，即经典系统是量子系统的特例。

对于观察者来讲，测量前的量子态是概率意义上的叠加态，具有非实在性。测量使观察者以一定概率观察到量子态的部分信息，而非全部信息。测量操作是观察者将测量装置作用到量子系统上实现的，使量子系统不再孤立，是不可逆的，测量得到的量子态是坍缩后的量子态。

经典系统有的资源，量子系统中都有。经典系统没有的资源，量子系统中还有。这就是人们为什么如此期待量子信息时代的原因。

最后讨论一下经典的电子系统与量子系统的关系。20 世纪下半叶发展起来的半导体技术实际上是以量子力学为基础的。只不过经典半导体技术还不能称为量子力学的直接应用，而应该看作是大量量子系统的批量样本的总体应用。随着集成度的提高，这些批量样本越来越接近量子水平，量子现象变得越来越突出。按照目前的发展速度，不久的将来将达到原子水平的纳米尺度，现有经典技术将达到极限，而量子技术将一显身手。

从量子力学的诞生到现在已经历 100 年左右的时间。目前人们对主要量子理论的认识已基本成熟，量子调控技术也日趋完善，部分技术已应用到了实际工程上。一旦量子调控、量子计算机、量子通信等一系列相关应用像今天的电子控制、电子计算机、电子通信等应用那样普及，将给我们的生活带来巨大变化。

1.2.4 复合量子系统

复合量子系统.mp4

分析和设计经典电子系统时，往往先进行小系统的分析和设计，然后采用复合的方法构成大的电子系统。以双口电路为例，两个双口电路可以通过串联、并联、串并联、并串联或链接等复合方法构成一个大的双口电路，所得到的大的双口电路的特性由被复合的这些小的双口电路的特性及复合方式决定。

小的量子系统通过复合也可以构成大的量子系统。大的量子系统的描述、演化、测量的规则由小的量子系统的描述、演化、测量的规则，以及量子系统复合规则决定。量子力学基本假设 4 给出了复合量子系统（composite system）的基本规则。

量子力学基本假设 4　若两个分物理系统状态空间分别为$\boldsymbol{V}$和$\boldsymbol{W}$，则由这两个分系统复合成的复合物理系统的状态空间是分物理系统状态空间的张量积，记作$\boldsymbol{V}\otimes\boldsymbol{W}$。复合系统的状态向量用该复合系统的状态空间的一个单位向量描述，且为分系统量子态的张量积。

通俗地讲，两个分系统量子态的张量积为复合系统的量子态，两个分系统酉演化矩阵的张量积为复合系统的酉演化矩阵，两个分系统测量算子的张量积为复合系统的测量算子。

下面介绍如何通过张量积运算由分系统的状态、酉算子和测量算子得到复合系统的状态、酉算子和测量算子的方法。

设分系统$\boldsymbol{V}$和$\boldsymbol{W}$状态空间上任意一个量子态分别为$|\psi_V\rangle$和$|\psi_W\rangle$。这两个分系统状态空间的维数可以相同，也可以不相同。$|\psi_V\rangle$和$|\psi_W\rangle$都是单位向量，即$\langle\psi_V|\psi_V\rangle=1$和$\langle\psi_W|\psi_W\rangle=1$。

设分系统$\boldsymbol{V}$和$\boldsymbol{W}$状态空间上任意一个酉算子分别为$\boldsymbol{U}_V$和$\boldsymbol{U}_W$。这两个酉算子满足酉性，即$\boldsymbol{U}_V^{\dagger}\boldsymbol{U}_V=\boldsymbol{I}_V$和$\boldsymbol{U}_W^{\dagger}\boldsymbol{U}_W=\boldsymbol{I}_W$（或$\boldsymbol{U}_V^{\dagger}=\boldsymbol{U}_V^{-1}$和$\boldsymbol{U}_W^{\dagger}=\boldsymbol{U}_W^{-1}$）。

设分系统$\boldsymbol{V}$和$\boldsymbol{W}$状态空间上某个计算基上的一组测量算子分别为$\{\boldsymbol{M}_{Vl}\}$和$\{\boldsymbol{M}_{Wm}\}$。这两组算子满足完备性，即$\sum_l \boldsymbol{M}_{Vl}^{\dagger}\boldsymbol{M}_{Vl}=\boldsymbol{I}_V$，$\sum_m \boldsymbol{M}_{Vm}^{\dagger}\boldsymbol{M}_{Vm}=\boldsymbol{I}_W$

分系统$\boldsymbol{V}$和$\boldsymbol{W}$的维数可能不相同，算子及单位阵的维数也可能不相同，用下标区分。

设复合后系统状态空间为$\boldsymbol{Z}$，$|\psi_V\rangle$和$|\psi_W\rangle$复合后的量子态为$|\psi_Z\rangle$，$\boldsymbol{U}_V$和$\boldsymbol{U}_W$复合后的酉算子为$\boldsymbol{U}_Z$，$\{\boldsymbol{M}_{Vl}\}$和$\{\boldsymbol{M}_{Wm}\}$复合后的测量算子为$\{\boldsymbol{M}_{Zn}\}$。

量子力学基本假设 4 给出的结论是

$$\boldsymbol{Z}=\boldsymbol{V}\otimes\boldsymbol{W} \tag{1-33}$$

其中⊗为张量积运算符，即

$$\begin{cases} |\psi_Z\rangle = |\psi_V\rangle \otimes |\psi_W\rangle \\ \boldsymbol{U}_Z = \boldsymbol{U}_V \otimes \boldsymbol{U}_W \\ \boldsymbol{M}_{Zn} = \boldsymbol{M}_{Vl} \otimes \boldsymbol{M}_{Wm} \end{cases} \tag{1-34}$$

张量积是一种矩阵运算，下面给出向量和方阵的张量积运算规则。

定义： 向量$|\boldsymbol{x}\rangle = \begin{bmatrix} x_1 \\ \vdots \\ x_l \end{bmatrix}$和向量$|\boldsymbol{y}\rangle = \begin{bmatrix} y_1 \\ \vdots \\ y_m \end{bmatrix}$的张量积为

$$|\boldsymbol{x}\rangle \otimes |\boldsymbol{y}\rangle = \begin{bmatrix} x_1|\boldsymbol{y}\rangle \\ \vdots \\ x_l|\boldsymbol{y}\rangle \end{bmatrix} = \begin{bmatrix} x_1y_1 \\ \vdots \\ x_1y_m \\ \vdots \\ x_ly_1 \\ \vdots \\ x_ly_m \end{bmatrix} \tag{1-35}$$

l 维向量$|\boldsymbol{x}\rangle$与 m 维向量$|\boldsymbol{y}\rangle$的张量积是一个$l \times m$ 维向量。

在量子力学中，有时会省略张量积运算符，将量子态的张量积简写为

$$|\boldsymbol{x}\rangle \otimes |\boldsymbol{y}\rangle = |\boldsymbol{x}\rangle|\boldsymbol{y}\rangle = |\boldsymbol{x},\boldsymbol{y}\rangle = |\boldsymbol{xy}\rangle \tag{1-36}$$

利用内积运算规则，不难证明两个单位向量的张量积仍然为单位向量，即向量张量积保持单位向量的长度不变，仍然是一个合法的量子态。

例如

$$|\boldsymbol{x}\rangle = \begin{bmatrix} 1 \\ 0 \end{bmatrix}，\quad |\boldsymbol{y}\rangle = \begin{bmatrix} 1 \\ 0 \end{bmatrix}，\quad 则|\boldsymbol{x}\rangle|\boldsymbol{y}\rangle = \begin{bmatrix} 1|\boldsymbol{y}\rangle \\ 0|\boldsymbol{y}\rangle \end{bmatrix} = \begin{bmatrix} 1 \\ 0 \\ 0 \\ 0 \end{bmatrix}$$

两个分系统的计算基张量积后可得到复合系统计算基。

设$\boldsymbol{V}$和$\boldsymbol{W}$均为单量子二维系统的状态空间，采用前面介绍的二维系统的计算基，即

$$|0\rangle = \begin{bmatrix} 1 \\ 0 \end{bmatrix}，\quad |1\rangle = \begin{bmatrix} 0 \\ 1 \end{bmatrix}$$

由这两个分系统构成的复合系统为双量子四维系统，复合后的计算基为

$$|00\rangle = \begin{bmatrix} 1 \\ 0 \\ 0 \\ 0 \end{bmatrix}，\quad |01\rangle = \begin{bmatrix} 0 \\ 1 \\ 0 \\ 0 \end{bmatrix}，\quad |10\rangle = \begin{bmatrix} 0 \\ 0 \\ 1 \\ 0 \end{bmatrix}，\quad |11\rangle = \begin{bmatrix} 0 \\ 0 \\ 0 \\ 1 \end{bmatrix}$$

不难证明这 4 个基态为单位向量，且两两正交，即复合后的计算基仍然是标准正交基。

定义：酉算子$\boldsymbol{U}_V=\begin{bmatrix} v_{11} & v_{12} & \cdots & v_{1l} \\ v_{21} & v_{22} & \cdots & v_{2l} \\ \vdots & \vdots & & \vdots \\ v_{l1} & v_{l2} & \cdots & v_{ll} \end{bmatrix}$和$\boldsymbol{U}_W=\begin{bmatrix} w_{11} & w_{12} & \cdots & w_{1m} \\ w_{21} & w_{22} & \cdots & w_{2m} \\ \vdots & \vdots & & \vdots \\ w_{m1} & w_{m2} & \cdots & w_{mm} \end{bmatrix}$的张量积为

$$\boldsymbol{U}_V\otimes\boldsymbol{U}_W=\begin{bmatrix} v_{11}\boldsymbol{U}_W & v_{12}\boldsymbol{U}_W & \cdots & v_{1l}\boldsymbol{U}_W \\ v_{21}\boldsymbol{U}_W & v_{22}\boldsymbol{U}_W & \cdots & v_{2l}\boldsymbol{U}_W \\ \vdots & \vdots & & \vdots \\ v_{l1}\boldsymbol{U}_W & v_{l2}\boldsymbol{U}_W & \cdots & v_{ll}\boldsymbol{U}_W \end{bmatrix} \tag{1-37}$$

l维酉算子$\boldsymbol{U}_V$与m维酉算子$\boldsymbol{U}_W$的张量积是一个$l\times m$维酉算子。

利用酉算子$\boldsymbol{U}_V$与酉算子$\boldsymbol{U}_W$的酉性可以证明酉算子的张量积也具有酉性。张量积保持酉性表明分系统酉算子的张量积可得到复合系统的一个合法的酉算子。

例如，两个相同的酉算子$\boldsymbol{H}=\frac{1}{\sqrt{2}}\begin{bmatrix} 1 & 1 \\ 1 & -1 \end{bmatrix}$的张量积为

$$\begin{aligned} \boldsymbol{H}^{\otimes 2} &= \boldsymbol{H}\otimes\boldsymbol{H} \\ &= \frac{1}{\sqrt{2}}\begin{bmatrix} 1 & 1 \\ 1 & -1 \end{bmatrix}\otimes\frac{1}{\sqrt{2}}\begin{bmatrix} 1 & 1 \\ 1 & -1 \end{bmatrix} \\ &= \frac{1}{2}\begin{bmatrix} 1\times\begin{bmatrix} 1 & 1 \\ 1 & -1 \end{bmatrix} & 1\times\begin{bmatrix} 1 & 1 \\ 1 & -1 \end{bmatrix} \\ 1\times\begin{bmatrix} 1 & 1 \\ 1 & -1 \end{bmatrix} & -1\times\begin{bmatrix} 1 & 1 \\ 1 & -1 \end{bmatrix} \end{bmatrix} \\ &= \frac{1}{2}\begin{bmatrix} 1 & 1 & 1 & 1 \\ 1 & -1 & 1 & -1 \\ 1 & 1 & -1 & -1 \\ 1 & -1 & -1 & 1 \end{bmatrix} \end{aligned}$$

测量算子也是矩阵，测量算子张量积的规则与酉算子张量积的规则相同。

复合系统维数的增长不是线性的。例如由n个单量子比特（单量子系统的状态空间为二维）构成的复合系统的状态空间的维数是2^n，即复合系统状态空间呈几何级数增长。如此巨大的希尔伯特空间蕴含着大量的资源，意味着量子系统强大的计算能力。

根据量子系统的复合假设可知通过分系统量子态的张量积可得到复合系统的量子态，反过来是否可行？即是否能将任意一个复合量子态分解为分系统量子态的张量积？

由上面讨论的两个二维系统的复合方法可知

$$|01\rangle=\begin{bmatrix} 0 \\ 1 \\ 0 \\ 0 \end{bmatrix}=\begin{bmatrix} 1 \\ 0 \end{bmatrix}\otimes\begin{bmatrix} 0 \\ 1 \end{bmatrix}=|0\rangle|1\rangle$$

表明复合系统的状态$|01\rangle$可分解为一个分系统状态$|0\rangle$与另一个分系统状态$|1\rangle$的张量积。

即若复合系统处于状态$|01\rangle$，则一个分系统处于状态$|0\rangle$，另一个分系统处于状态$|1\rangle$。

再讨论一个例子。设某个双量子构成的复合系统处于状态$|\psi\rangle=\frac{|01\rangle+|10\rangle}{\sqrt{2}}$，这是一个合法的双比特量子态。下面用反证法证明无法将该状态分解为两个单比特量子态的张量积。

设状态$|\psi\rangle$可以分解为两个单比特量子状态的张量积，即$|\psi\rangle=|\psi_1\rangle|\psi_2\rangle$。

其中$|\psi_1\rangle$和$|\psi_2\rangle$为单比特量子态，用计算基态$|0\rangle$和$|1\rangle$的线性组合表示为$|\psi_1\rangle=a|0\rangle+b|1\rangle$和$|\psi_2\rangle=c|0\rangle+d|1\rangle$。

下面分析是否存在 a,b,c,d 使

$$
\begin{aligned}
|\psi\rangle &= |\psi_1\rangle|\psi_2\rangle \\
&= (a|0\rangle+b|1\rangle)(c|0\rangle+d|1\rangle) \\
&= ac|00\rangle+ad|01\rangle+bc|10\rangle+bd|11\rangle \\
&= \frac{|01\rangle+|10\rangle}{\sqrt{2}}
\end{aligned}
$$

上式成立的条件为

$$
\begin{cases}
ac=bd=0 \\
ad=bc=\dfrac{1}{\sqrt{2}}
\end{cases}
$$

第一个条件要求 a 和 c 至少有一个为零，并且 b 和 d 至少有一个为零。这样的 a,b,c,d 无法满足第二个条件。

这有点违反我们的直观感觉。若双比特量子系统状态为$|\psi\rangle=\frac{|01\rangle+|10\rangle}{\sqrt{2}}$，将无法将每个量子态分别看待。

由量子态的概率解释可知这个双比特量子态各以 50%的概率处于$|01\rangle$和$|10\rangle$，而且两个比特处于$|0\rangle$和$|1\rangle$的概率均为 50%。

进一步观察$|\psi\rangle=\frac{|01\rangle+|10\rangle}{\sqrt{2}}$可知当测量其中一个量子态后，根据测量结果就可以确定另一个量子的状态。例如，当测量其中的一个量子态（可以是其中任何一个），结果可能是 0，也可能是 1，各占 50%的概率。若测量结果为 0，不用测量另一个量子态，就可以用 100%的概率确定其测量结果必为 1。若测量结果为 1，也不必测量另一个量子态，就可以用 100%的概率确定其测量结果必为 0。

测量前，两个分系统的量子态都不确定。一旦测量其中一个分系统的量子态，并且得到测量结果，则无须测量另一个分系统的量子态，就可以用 100%的概率确定其状态。这两个量子态看上去存在某种神奇的相互作用，即复合系统的两个量子比特的状态虽然都具有不确定性，而在测量其中一个量子态并得到结果的同时，另一个量子的状态将立刻不再具有不确定性。

更重要的是大量实验已经证明，即使这两个量子处于不同位置，并且不存在任何实质上的物质联系也具有这种关联性。这涉及物理系统的定域性问题。经典系统具有定域性，而量子系统具有非定域性。

无法分解为分系统张量积的量子状态称为纠缠态，是量子系统的重要资源，在量子通信中起着重要的作用。

1.3 小　结

量子系统小结.mp4

本章给出了量子系统、量子态和量子比特的基本概念。通过量子力学的 4 个基本假设并结合线性代数知识给出了量子态的向量描述形式、酉演化矩阵及演化规则、测量算子及测量规则、量子系统复合的方法。

本章涉及的线性代数知识包括集合、向量、向量空间、线性空间、内积空间、状态空间及矩阵运算。矩阵运算主要包括矩阵的加法、数乘、共轭转置、内积、外积和张量积。本章引入了便于量子态表示的左矢和右矢这两个狄拉克符号及含义，介绍了计算基、测量基、酉算子、测量算子等基本概念。

本章通过量子态的概率解释及量子态的测量介绍了量子系统所具有的非实在性，通过量子态的复合及纠缠现象介绍了量子系统所具有的非定域性。非实在性和非定域性是量子系统的两个重要概念。

总之，经典系统有的，量子系统都有。经典系统没有的，量子系统还有。量子系统包含了经典系统，经典系统是量子系统的特例。熟悉经典系统对理解量子系统有一定帮助，但是需要注意的是，真正意义上的量子系统应该具备经典系统所不具备的特性，这也是理解量子系统的难点所在。

习　题

1-1　已知$|0\rangle=\begin{bmatrix}1\\0\end{bmatrix}$和$|1\rangle=\begin{bmatrix}0\\1\end{bmatrix}$。证明$|0\rangle$和$|1\rangle$都是单位向量，且相互正交。

1-2　已知$|0\rangle=\begin{bmatrix}1\\0\end{bmatrix}$和$|1\rangle=\begin{bmatrix}0\\1\end{bmatrix}$。证明量子态$|\psi\rangle=\begin{bmatrix}\alpha\\\beta\end{bmatrix}$可用$|0\rangle$和$|1\rangle$的线性组合表示，并用$|0\rangle$和$|1\rangle$的线性组合表示量子态$|\psi\rangle=\frac{1}{\sqrt{2}}\begin{bmatrix}1\\-1\end{bmatrix}$。

1-3　用$|+\rangle=\frac{1}{\sqrt{2}}\begin{bmatrix}1\\1\end{bmatrix}$和$|-\rangle=\frac{1}{\sqrt{2}}\begin{bmatrix}1\\-1\end{bmatrix}$分别表示$45^\circ$和$135^\circ$偏振光子的状态。证明$|+\rangle$和$|-\rangle$都是单位向量，且相互正交。

1-4　用$|+\rangle=\frac{1}{\sqrt{2}}\begin{bmatrix}1\\1\end{bmatrix}$和$|-\rangle=\frac{1}{\sqrt{2}}\begin{bmatrix}1\\-1\end{bmatrix}$分别表示$45^\circ$和$135^\circ$偏振光子的状态。证明光子偏振状态$|\psi\rangle=\begin{bmatrix}\alpha\\\beta\end{bmatrix}$可用$|+\rangle$和$|-\rangle$的线性组合表示，并用$|+\rangle$和$|-\rangle$的线性组合表示水平光子偏振

状态 $|\leftrightarrow\rangle=\begin{bmatrix}1\\0\end{bmatrix}$ 和垂直光子偏振状态 $|\updownarrow\rangle=\begin{bmatrix}0\\1\end{bmatrix}$。

1－5 已知 $|0\rangle=\begin{bmatrix}1\\0\end{bmatrix}$，$|1\rangle=\begin{bmatrix}0\\1\end{bmatrix}$，且量子态 $|\psi\rangle=\frac{1}{\sqrt{2}}\begin{bmatrix}1\\-1\end{bmatrix}$。计算内积 $\langle\psi|0\rangle$ 及 $\langle\psi|1\rangle$，并判断是否正交。

1－6 已知量子态 $|1\rangle=\begin{bmatrix}0\\1\end{bmatrix}$ 和 $|\psi\rangle=\begin{bmatrix}0\\\mathrm{i}\end{bmatrix}$，求 $\langle1|\psi\rangle$ 和 $\langle\psi|1\rangle$。

1－7 已知 $|00\rangle=\begin{bmatrix}1\\0\\0\\0\end{bmatrix}$，$|01\rangle=\begin{bmatrix}0\\1\\0\\0\end{bmatrix}$，$|10\rangle=\begin{bmatrix}0\\0\\1\\0\end{bmatrix}$，$|11\rangle=\begin{bmatrix}0\\0\\0\\1\end{bmatrix}$。证明 $|00\rangle,|01\rangle,|10\rangle$ 和 $|11\rangle$ 都是单位向量，且相互正交。

1－8 已知 $|00\rangle=\begin{bmatrix}1\\0\\0\\0\end{bmatrix}$，$|01\rangle=\begin{bmatrix}0\\1\\0\\0\end{bmatrix}$，$|10\rangle=\begin{bmatrix}0\\0\\1\\0\end{bmatrix}$，$|11\rangle=\begin{bmatrix}0\\0\\0\\1\end{bmatrix}$。证明量子态 $|\psi\rangle=\begin{bmatrix}a\\b\\c\\d\end{bmatrix}$ 可用 $|00\rangle$，$|01\rangle$，$|10\rangle$ 和 $|11\rangle$ 的线性组合表示，并用 $|00\rangle$，$|01\rangle$，$|10\rangle$ 和 $|11\rangle$ 的线性组合表示量子态 $|\psi\rangle=\frac{1}{\sqrt{2}}\begin{bmatrix}0\\1\\-1\\0\end{bmatrix}$。

1－9 已知 3 比特量子态 $|\psi\rangle=\frac{|000\rangle+|001\rangle}{2}+\frac{1}{\sqrt{2}}|100\rangle$，给出该量子态的概率解释。

1－10 用复概率形式表示量子态 $|\psi\rangle=\frac{|00\rangle-\mathrm{i}|01\rangle-|10\rangle+\mathrm{i}|11\rangle}{2}$，并给出该量子态的概率解释。

1－11 指出单比特量子态 $|0\rangle=\begin{bmatrix}1\\0\end{bmatrix}$，$|1\rangle=\begin{bmatrix}0\\1\end{bmatrix}$，$|+\rangle=\frac{1}{\sqrt{2}}\begin{bmatrix}1\\1\end{bmatrix}$ 和 $|-\rangle=\frac{1}{\sqrt{2}}\begin{bmatrix}1\\-1\end{bmatrix}$ 在布洛赫球面上的位置。

1－12 证明下面矩阵为酉矩阵。

$$\boldsymbol{X}=\begin{bmatrix}0&1\\1&0\end{bmatrix},\ \boldsymbol{Y}=\begin{bmatrix}0&-\mathrm{i}\\\mathrm{i}&0\end{bmatrix},\ \boldsymbol{Z}=\begin{bmatrix}1&0\\0&-1\end{bmatrix},\ \boldsymbol{P}(\varphi)=\begin{bmatrix}1&0\\0&\mathrm{e}^{\mathrm{i}\varphi}\end{bmatrix},\ \boldsymbol{S}=\begin{bmatrix}1&0\\0&\mathrm{i}\end{bmatrix},$$

$$\boldsymbol{T}=\begin{bmatrix}1&0\\0&\mathrm{e}^{\mathrm{i}\pi/4}\end{bmatrix},\ \boldsymbol{H}=\frac{1}{\sqrt{2}}\begin{bmatrix}1&1\\1&-1\end{bmatrix}。$$

1－13 求量子态 $|0\rangle=\begin{bmatrix}1\\0\end{bmatrix}$ 和 $|1\rangle=\begin{bmatrix}0\\1\end{bmatrix}$ 经过酉矩阵 $\boldsymbol{X}=\begin{bmatrix}0&1\\1&0\end{bmatrix}$ 演化后的状态。

1-14 求量子态$|0\rangle=\begin{bmatrix}1\\0\end{bmatrix}$和$|1\rangle=\begin{bmatrix}0\\1\end{bmatrix}$经过酉矩阵$\boldsymbol{H}=\frac{1}{\sqrt{2}}\begin{bmatrix}1&1\\1&-1\end{bmatrix}$演化后的状态。

1-15 证明下面矩阵为酉矩阵。

$$C(\boldsymbol{X})=\begin{bmatrix}1&0&0&0\\0&1&0&0\\0&0&0&1\\0&0&1&0\end{bmatrix},\ \mathbf{SWAP}=\begin{bmatrix}1&0&0&0\\0&0&1&0\\0&1&0&0\\0&0&0&1\end{bmatrix}。$$

1-16 求量子态$|00\rangle,|01\rangle,|10\rangle$和$|11\rangle$经过酉矩阵$C(\boldsymbol{X})=\begin{bmatrix}1&0&0&0\\0&1&0&0\\0&0&0&1\\0&0&1&0\end{bmatrix}$演化后的状态。

1-17 求量子态$|00\rangle,|01\rangle,|10\rangle$和$|11\rangle$经过酉矩阵$\mathbf{SWAP}=\begin{bmatrix}1&0&0&0\\0&0&1&0\\0&1&0&0\\0&0&0&1\end{bmatrix}$演化后的状态。

1-18 已知$|0\rangle=\begin{bmatrix}1\\0\end{bmatrix}$，$|1\rangle=\begin{bmatrix}0\\1\end{bmatrix}$。计算外积$\boldsymbol{M}_0=|0\rangle\langle 0|$和$\boldsymbol{M}_1=|1\rangle\langle 1|$。证明$\{\boldsymbol{M}_0,\ \boldsymbol{M}_1\}$构成一组测量算子，并且$\boldsymbol{M}_0$和$\boldsymbol{M}_1$都不是酉矩阵。

1-19 已知三比特量子态$|\psi\rangle=\frac{|000\rangle+|001\rangle}{2}+\frac{1}{\sqrt{2}}|100\rangle$。若采用计算基上的投影测量，给出测量结果为0,1,2,3,4,5,6,7的概率，以及坍缩后的量子态。

1-20 已知三比特量子态$|\psi\rangle=\frac{|000\rangle+|001\rangle}{2}+\frac{1}{\sqrt{2}}|100\rangle$，量子态中量子比特从左到右的排列顺序为$q_2\prec q_1\prec q_0$。采用计算基上的投影测量。(1) 若仅测量$q_2q_1$，给出测量结果为00和10的概率，以及得到该结果后坍缩的量子态。(2) 若对测量结果为00的坍缩量子态再测量q_2q_1，给出测量结果为00和10的概率。

1-21 已知两个单比特量子态为$|q_1\rangle=\frac{|0\rangle+|1\rangle}{\sqrt{2}}$和$|q_0\rangle=\frac{|0\rangle+|1\rangle}{\sqrt{2}}$。求复合量子态$|q_1q_0\rangle$。

1-22 已知两个单比特量子系统的酉矩阵分别为$\boldsymbol{X}=\begin{bmatrix}0&1\\1&0\end{bmatrix}$和$\boldsymbol{H}=\frac{1}{\sqrt{2}}\begin{bmatrix}1&1\\1&-1\end{bmatrix}$，求$\boldsymbol{X}\otimes\boldsymbol{H}$和$\boldsymbol{H}\otimes\boldsymbol{X}$。

1-23 两个单比特量子态分别为$|q_1\rangle=|0\rangle$和$|q_0\rangle=|1\rangle$。用酉矩阵$\boldsymbol{X}=\begin{bmatrix}0&1\\1&0\end{bmatrix}$演化$|q_1\rangle=|0\rangle$，用酉矩阵$\boldsymbol{H}=\frac{1}{\sqrt{2}}\begin{bmatrix}1&1\\1&-1\end{bmatrix}$演化$|q_0\rangle=|1\rangle$。复合量子态中量子比特从左到右的顺序为$q_1\prec q_0$。(1) 求各单量子态演化后的复合量子态。(2) 将演化前的量子态复合，将两个酉矩

阵复合，求复合量子态经过复合酉矩阵演化后的状态。

1－24　两个单比特量子态分别为 $|q_1\rangle=|1\rangle$ 和 $|q_0\rangle=|0\rangle$。用酉矩阵 $\boldsymbol{H}=\frac{1}{\sqrt{2}}\begin{bmatrix}1 & 1\\1 & -1\end{bmatrix}$ 演化 $|q_1\rangle=|1\rangle$，用酉矩阵 $\boldsymbol{X}=\begin{bmatrix}0 & 1\\1 & 0\end{bmatrix}$ 演化 $|q_0\rangle=|0\rangle$。复合量子态中量子比特从左到右的顺序为 $q_1 \prec q_0$。将演化前的量子态复合，将两个酉矩阵复合，求复合量子态经过复合酉矩阵演化后的状态。

1－25　已知两个单比特量子系统的测量算子均为 $|0\rangle\langle 0|$ 和 $|1\rangle\langle 1|$。求复合量子系统的测量算子。

1－26　由单比特量子系统 q_1 和 q_0 构成的双比特复合量子系统，复合量子态中量子比特从左到右的顺序为 $q_1 \prec q_0$。复合量子系统的酉矩阵为 $C(\boldsymbol{X})=\begin{bmatrix}1 & 0 & 0 & 0\\0 & 1 & 0 & 0\\0 & 0 & 0 & 1\\0 & 0 & 1 & 0\end{bmatrix}$。求 $|q_1q_0\rangle$ 为下列状态时，经 $C(\boldsymbol{X})$ 演化后的状态。

（1）$|q_1q_0\rangle=\frac{|0\rangle+|1\rangle}{\sqrt{2}}|0\rangle$；（2）$|q_1q_0\rangle=\frac{|0\rangle+|1\rangle}{\sqrt{2}}|1\rangle$；

（3）$|q_1q_0\rangle=\frac{|0\rangle-|1\rangle}{\sqrt{2}}|0\rangle$；（4）$|q_1q_0\rangle=\frac{|0\rangle-|1\rangle}{\sqrt{2}}|1\rangle$。

1－27　证明习题 1－26 演化后的 4 个状态都是纠缠态。

第 2 章　量子线路基础

导读

提要　本章介绍量子门、演化矩阵及演化规律，主要包括单比特量子门、双比特量子门、三比特量子门及多比特量子门，重点是 $\boldsymbol{X}$、$\boldsymbol{Y}$、$\boldsymbol{Z}$、$\boldsymbol{P}$、$\boldsymbol{S}$、$\boldsymbol{T}$、$\boldsymbol{H}$、**SWAP** 门。然后介绍由量子门、量子线、测量等构成的量子线路及量子线路的无环、无扇入、无扇出等一些重要特点。通过分析简单量子线路介绍量子线路的可逆性、量子态的叠加性、纠缠性和不可克隆性等量子系统特有资源，并给出 Landauer 原理、不可克隆定理、退计算技术及并行计算基本概念。最后介绍量子线路的等效、单比特量子门的旋转分解及量子黑箱。

2.1　量　子　门

量子门.mp4

量子力学基本假设 2 指出酉矩阵（$\boldsymbol{U}^{\dagger}\boldsymbol{U}=\boldsymbol{I}$）是量子系统演化的合法描述，是量子系统演化的唯一限制。目前，科学家已经能够实现部分酉矩阵所对应的物理装置。如何实现酉矩阵对应的物理装置不在本书讨论范围内，读者可查阅相关参考文献。借用经典数字逻辑“门”这一术语，将这样的装置称为量子门（quantum gate），并用图 2－1 表示一个 n 比特量子门。

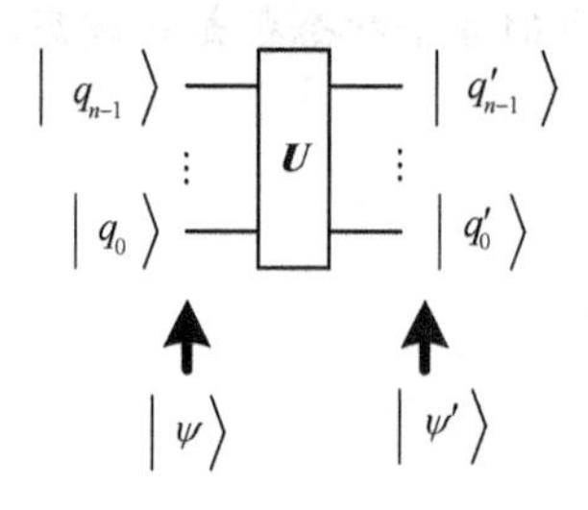

图 2－1　量子门

$|q_0\rangle,\cdots,|q_{n-1}\rangle$ 为演化前各量子比特的量子态，$|q'_0\rangle,\cdots,|q'_{n-1}\rangle$ 为演化后各量子比特的量子态。$|\psi\rangle$ 为演化前量子系统的状态，$|\psi'\rangle=\boldsymbol{U}|\psi\rangle$ 为演化后量子系统的状态。若演化前后各量子比特间不存在纠缠，则

$$|\psi\rangle=|q_{n-1}\cdots q_0\rangle=|q_{n-1}\rangle\cdots|q_0\rangle \tag{2-1}$$

$$|\psi'\rangle=|q'_{n-1}\cdots q'_0\rangle=|q'_{n-1}\rangle\cdots|q'_0\rangle \tag{2-2}$$

若存在纠缠，量子系统的状态无法用个单量子态的张量积描述，只存在系统状态的描述，即 $|\psi\rangle$ 和 $|\psi'\rangle$。

经典数字逻辑电路存在“与非”门和“或非”门这样的通用门，仅用“与非”门或“或非”门就可实现任意布尔逻辑。在量子线路中也存在通用量子门（universal quantum gate），通用量子门可实现任意酉演化。本章将给出通用量子门的结论。

对于数字逻辑电路，虽然“与非”门或“或非”门是通用门，但是当设计一个实际数字逻辑电路时还会用到其他门，比如“非”门和“或”门等。所以尽管存在通用量子门，还会涉及其他量子门，便于分析和设计。

本节将依次介绍常用的单比特量子门、双比特量子门、三比特量子门、多比特量子门，重点介绍量子门的符号、酉矩阵及演化规律。

2.1.1　单比特量子门

作用在一个量子比特上的量子门称为单比特量子门，本节介绍 9 个常用的单比特量子门的符号、演化酉矩阵及量子态演化规律。

1. 一般单比特量子门（单比特 $\boldsymbol{U}$门）

一般单比特量子门如图 2-2 所示。

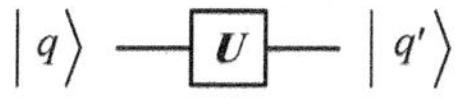

$$|q\rangle \text{ —}\boxed{\boldsymbol{U}}\text{— } |q'\rangle$$

图 2-2　单比特 $\boldsymbol{U}$ 门

单比特量子 $\boldsymbol{U}$ 门的酉矩阵为

$$\boldsymbol{U}=\begin{bmatrix} u_{00} & u_{01} \\ u_{10} & u_{11} \end{bmatrix} \tag{2-3}$$

设演化前量子态为

$$|q\rangle=a|0\rangle+b|1\rangle=a\begin{bmatrix}1\\0\end{bmatrix}+b\begin{bmatrix}0\\1\end{bmatrix}=\begin{bmatrix}a\\b\end{bmatrix} \tag{2-4}$$

量子态 $|q\rangle$ 经 $\boldsymbol{U}$ 门演化后的状态为

$$\begin{aligned} |q'\rangle &= \boldsymbol{U}|q\rangle \\ &= \begin{bmatrix} u_{00} & u_{01} \\ u_{10} & u_{11} \end{bmatrix}\begin{bmatrix}a\\b\end{bmatrix} \\ &= \begin{bmatrix} au_{00}+bu_{01} \\ au_{10}+bu_{11} \end{bmatrix} \\ &= (au_{00}+bu_{01})|0\rangle+(au_{10}+bu_{11})|1\rangle \end{aligned} \tag{2-5}$$

量子态演化规律：

（1） $a|0\rangle \to (au_{00}+bu_{01})|0\rangle$ 。

（2） $b|1\rangle \to (au_{10}+bu_{11})|1\rangle$ 。

2. $\boldsymbol{I}$门（恒等门）

$\boldsymbol{I}$ 门（恒等门）如图 2-3 所示。

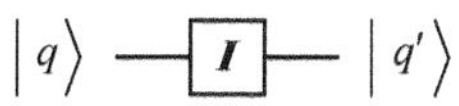

$$|q\rangle \text{ —}\boxed{\boldsymbol{I}}\text{— } |q'\rangle$$

图 2-3　$\boldsymbol{I}$ 门

$\boldsymbol{I}$门的酉矩阵为

$$\boldsymbol{I}=\boldsymbol{\sigma}_0=\begin{bmatrix}1 & 0\\ 0 & 1\end{bmatrix} \tag{2-6}$$

设演化前量子态$|q\rangle$如式（2-4）所示，经$\boldsymbol{I}$门演化后的状态为

$$\begin{aligned}|q'\rangle&=\boldsymbol{I}|q\rangle\\ &=\begin{bmatrix}1 & 0\\ 0 & 1\end{bmatrix}\begin{bmatrix}a\\ b\end{bmatrix}\\ &=\begin{bmatrix}a\\ b\end{bmatrix}\\ &=a|0\rangle+b|1\rangle\\ &=|q\rangle\end{aligned} \tag{2-7}$$

量子态演化规律：

（1）$|0\rangle\to|0\rangle$。

（2）$|1\rangle\to|1\rangle$。

量子态$|q\rangle$经该$\boldsymbol{I}$门演化后的状态保持不变，称为恒等门。

3. *X*门（非门，NOT门）

$\boldsymbol{X}$门如图2-4所示。

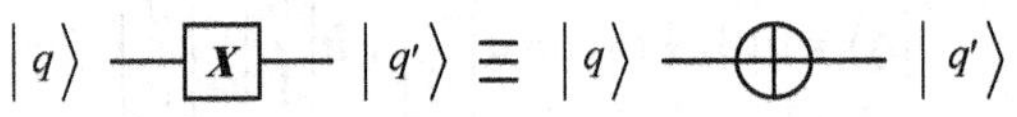

$|q\rangle$ —[X]— $|q'\rangle$ ≡ $|q\rangle$ —⊕— $|q'\rangle$

图2-4 $\boldsymbol{X}$门

图2-4给出了$\boldsymbol{X}$门的两种符号，在量子线路中经常使用第二个符号。

$\boldsymbol{X}$门的酉矩阵为

$$\boldsymbol{X}=\boldsymbol{\sigma}_1=\boldsymbol{\sigma}_x=\begin{bmatrix}0 & 1\\ 1 & 0\end{bmatrix} \tag{2-8}$$

设演化前量子态$|q\rangle$如式（2-4）所示，经$\boldsymbol{X}$门演化后的状态为

$$\begin{aligned}|q'\rangle&=\boldsymbol{X}|q\rangle\\ &=\begin{bmatrix}0 & 1\\ 1 & 0\end{bmatrix}\begin{bmatrix}a\\ b\end{bmatrix}\\ &=\begin{bmatrix}b\\ a\end{bmatrix}\\ &=b|0\rangle+a|1\rangle\end{aligned} \tag{2-9}$$

量子态演化规律：

（1）$|0\rangle\to|1\rangle$。

（2）$|1\rangle\to|0\rangle$。

若演化前状态为基态，$\boldsymbol{X}$ 门的作用与经典逻辑非门的作用相同。$\boldsymbol{X}$ 门又叫非门，或NOT门。

当演化前量子态$|q\rangle$为式（2-4）所示的一般情况时，$\boldsymbol{X}$门的作用相当于将$|q\rangle$中的$|0\rangle$变为$|1\rangle$，将$|q\rangle$中的$|1\rangle$变为$|0\rangle$。这表明$\boldsymbol{X}$门的作用可同时完成将$|0\rangle$演化为$|1\rangle$和将$|1\rangle$演化为$|0\rangle$两个操作，体现了量子系统的并行计算的能力，所有量子门都具有这种并行计算能力。

与经典系统并行计算原理不同，经典门需要用两个物理装置同时完成两种计算，或者用一个物理装置执行两次。量子门可以只用一个物理装置，做到时间和空间的并行计算。

量子系统的这种并行计算是在概率意义下的并行计算，利用这种超强并行计算能力需要从量子态的描述、演化和测量的特点出发进行设计。

4. *Y*门

$\boldsymbol{Y}$门如图2-5所示。

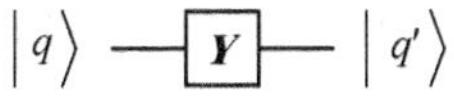

$$|q\rangle \text{ —}\boxed{\boldsymbol{Y}}\text{— } |q'\rangle$$

图2-5　$\boldsymbol{Y}$门

$\boldsymbol{Y}$门的酉矩阵为

$$\boldsymbol{Y}=\boldsymbol{\sigma}_2=\boldsymbol{\sigma}_y=\begin{bmatrix}0 & -\mathrm{i}\\ \mathrm{i} & 0\end{bmatrix} \tag{2-10}$$

设演化前量子态$|q\rangle$如式（2-4）所示，经$\boldsymbol{Y}$门演化后的状态为

$$\begin{aligned}|q'\rangle &= \boldsymbol{Y}|q\rangle\\ &=\begin{bmatrix}0 & -\mathrm{i}\\ \mathrm{i} & 0\end{bmatrix}\begin{bmatrix}a\\ b\end{bmatrix}\\ &=\begin{bmatrix}-\mathrm{i}b\\ \mathrm{i}a\end{bmatrix}\\ &=-\mathrm{i}b|0\rangle+\mathrm{i}a|1\rangle\end{aligned} \tag{2-11}$$

量子态演化规律：

（1）$|0\rangle\rightarrow \mathrm{i}|1\rangle$。

（2）$|1\rangle\rightarrow -\mathrm{i}|0\rangle$。

5. *Z*门

$\boldsymbol{Z}$门如图2-6所示。

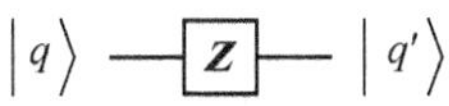

$$|q\rangle \text{ —}\boxed{\boldsymbol{Z}}\text{— } |q'\rangle$$

图2-6　$\boldsymbol{Z}$门

$\boldsymbol{Z}$门的酉矩阵为

$$\boldsymbol{Z}=\boldsymbol{\sigma}_3=\boldsymbol{\sigma}_z=\begin{bmatrix}1 & 0\\ 0 & -1\end{bmatrix} \tag{2-12}$$

设演化前量子态$|q\rangle$如式（2-4）所示，经$\boldsymbol{Z}$门演化后的状态为

$$\begin{aligned}|q'\rangle &= \boldsymbol{Z}|q\rangle \\ &= \begin{bmatrix}1 & 0\\ 0 & -1\end{bmatrix}\begin{bmatrix}a\\ b\end{bmatrix} \\ &= \begin{bmatrix}a\\ -b\end{bmatrix} \\ &= a|0\rangle - b|1\rangle\end{aligned} \tag{2-13}$$

量子态演化规律：

（1）$|0\rangle \to |0\rangle$。

（2）$|1\rangle \to -|1\rangle$。

由于$-1=\mathrm{e}^{\mathrm{i}\pi}$，所以$\boldsymbol{Z}$门演化的作用是将状态$|1\rangle$进行相位翻转。

$\boldsymbol{X}$、$\boldsymbol{Y}$、$\boldsymbol{Z}$也称为泡利（Pauli）矩阵，称$\boldsymbol{I}$、$\boldsymbol{X}$、$\boldsymbol{Y}$、$\boldsymbol{Z}$这一组门为泡利门，分别用$\boldsymbol{\sigma}_0$、$\boldsymbol{\sigma}_1$、$\boldsymbol{\sigma}_2$、$\boldsymbol{\sigma}_3$或$\boldsymbol{\sigma}_I$、$\boldsymbol{\sigma}_x$、$\boldsymbol{\sigma}_y$、$\boldsymbol{\sigma}_z$表示。

6. $\boldsymbol{P}(\varphi)$门

$\boldsymbol{P}(\varphi)$门如图2-7所示。

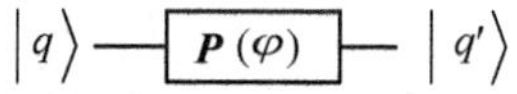

$|q\rangle$ —[$\boldsymbol{P}(\varphi)$]— $|q'\rangle$

图2-7　$\boldsymbol{P}(\varphi)$门

$\boldsymbol{P}(\varphi)$门的酉矩阵为

$$\boldsymbol{P}(\varphi)=\begin{bmatrix}1 & 0\\ 0 & \mathrm{e}^{\mathrm{i}\varphi}\end{bmatrix} \tag{2-14}$$

设演化前量子态$|q\rangle$如式（2-4）所示，经$\boldsymbol{P}(\varphi)$门演化后的状态为

$$|q'\rangle = \boldsymbol{P}(\varphi)|q\rangle = \begin{bmatrix}1 & 0\\ 0 & \mathrm{e}^{\mathrm{i}\varphi}\end{bmatrix}\begin{bmatrix}a\\ b\end{bmatrix} = \begin{bmatrix}a\\ b\mathrm{e}^{\mathrm{i}\varphi}\end{bmatrix} = a|0\rangle + b\mathrm{e}^{\mathrm{i}\varphi}|1\rangle \tag{2-15}$$

量子态演化规律：

（1）$|0\rangle \to |0\rangle$。

（2）$|1\rangle \to \mathrm{e}^{\mathrm{i}\varphi}|1\rangle$。

量子态经$\boldsymbol{P}(\varphi)$门演化后，状态$|0\rangle$保持不变，状态$|1\rangle$附加了一个相位因子$\mathrm{e}^{\mathrm{i}\varphi}$。

$\boldsymbol{P}(\varphi)$门又可以写成$\mathrm{e}^{\mathrm{i}\frac{\varphi}{2}}\begin{bmatrix}\mathrm{e}^{-\mathrm{i}\frac{\varphi}{2}} & 0\\ 0 & \mathrm{e}^{\mathrm{i}\frac{\varphi}{2}}\end{bmatrix}$，$\boldsymbol{P}(\varphi)$门也被称为$\frac{\varphi}{2}$相位门。当$\varphi$取不同值时可得到$\boldsymbol{S}$门和$\boldsymbol{T}$门。本书将$\boldsymbol{P}(\varphi)$门简称为$\boldsymbol{P}$门。

7. $\boldsymbol{S}$门

$\boldsymbol{S}$门如图2-8所示。

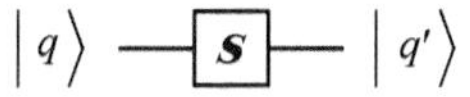

$$|q\rangle \;—\boxed{S}—\; |q'\rangle$$

图 2-8　**S** 门

S 门的酉矩阵为

$$\boldsymbol{S}=\begin{bmatrix}1 & 0\\ 0 & \mathrm{e}^{\mathrm{i}\pi/2}\end{bmatrix}=\begin{bmatrix}1 & 0\\ 0 & \mathrm{i}\end{bmatrix} \tag{2-16}$$

设演化前量子态 $|q\rangle$ 如式（2-4）所示，经 **S** 门演化后的状态为

$$\begin{aligned}|q'\rangle&=\boldsymbol{S}|q\rangle\\&=\begin{bmatrix}1 & 0\\ 0 & \mathrm{i}\end{bmatrix}\begin{bmatrix}a\\ b\end{bmatrix}\\&=\begin{bmatrix}a\\ \mathrm{i}b\end{bmatrix}\\&=a|0\rangle+\mathrm{i}b|1\rangle\end{aligned} \tag{2-17}$$

量子态演化规律：

（1）$|0\rangle \rightarrow |0\rangle$。

（2）$|1\rangle \rightarrow \mathrm{i}|1\rangle$。

S 门是 $\boldsymbol{P}\left(\frac{\pi}{2}\right)$ 门，也被称为 $\frac{\pi}{4}$ 门，或相位门。

8. T 门

T 门如图 2-9 所示。

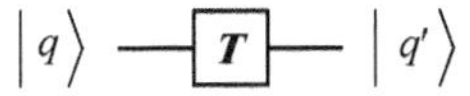

$$|q\rangle \;—\boxed{T}—\; |q'\rangle$$

图 2-9　**T** 门

T 门的酉矩阵为

$$\boldsymbol{T}=\begin{bmatrix}1 & 0\\ 0 & \mathrm{e}^{\mathrm{i}\pi/4}\end{bmatrix} \tag{2-18}$$

设演化前量子态 $|q\rangle$ 如式（2-4）所示，经 **T** 门演化后的状态为

$$\begin{aligned}|q'\rangle&=\boldsymbol{T}|q\rangle\\&=\begin{bmatrix}1 & 0\\ 0 & \mathrm{e}^{\mathrm{i}\pi/4}\end{bmatrix}\begin{bmatrix}a\\ b\end{bmatrix}\\&=\begin{bmatrix}a\\ b\mathrm{e}^{\mathrm{i}\pi/4}\end{bmatrix}\\&=a|0\rangle+b\mathrm{e}^{\mathrm{i}\pi/4}|1\rangle\end{aligned} \tag{2-19}$$

量子态演化规律：

（1）$|0\rangle \to |0\rangle$。

（2）$|1\rangle \to e^{i\pi/4}|1\rangle$。

$\boldsymbol{T}$门是$\boldsymbol{P}\left(\frac{\pi}{4}\right)$门，或$\frac{\pi}{8}$门。

9. *H*门（Hadamard 门）

$\boldsymbol{H}$门如图 2-10 所示。

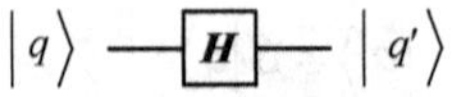

$$|q\rangle \text{ —}\boxed{\boldsymbol{H}}\text{— } |q'\rangle$$

图 2-10　$\boldsymbol{H}$门

$\boldsymbol{H}$门的酉矩阵为

$$\boldsymbol{H}=\frac{1}{\sqrt{2}}\begin{bmatrix}1 & 1\\ 1 & -1\end{bmatrix} \tag{2-20}$$

设演化前量子态$|q\rangle$如式（2-4）所示，经$\boldsymbol{H}$门演化后的状态为

$$\begin{aligned}|q'\rangle &= \boldsymbol{H}|q\rangle\\ &=\frac{1}{\sqrt{2}}\begin{bmatrix}1 & 1\\ 1 & -1\end{bmatrix}\begin{bmatrix}a\\ b\end{bmatrix}\\ &=\frac{a}{\sqrt{2}}\begin{bmatrix}1\\ 1\end{bmatrix}+\frac{b}{\sqrt{2}}\begin{bmatrix}1\\ -1\end{bmatrix}\\ &=a\frac{|0\rangle+|1\rangle}{\sqrt{2}}+b\frac{|0\rangle-|1\rangle}{\sqrt{2}}\end{aligned} \tag{2-21}$$

量子态演化规律：

（1）$|0\rangle \to \frac{|0\rangle+|1\rangle}{\sqrt{2}}$。

（2）$|1\rangle \to \frac{|0\rangle-|1\rangle}{\sqrt{2}}$。

$\boldsymbol{H}$门在量子计算及量子通信中起着重要作用，将在本书后续章节中讨论。

2.1.2　双比特量子门

作用在两个量子比特上的量子门称为双比特量子门。设复合量子态中量子比特从左到右排列顺序为$q_1 \prec q_0$，即

$$|q_1 q_0\rangle \tag{2-22}$$

1. 一般双比特量子门（双比特 *U*门）

一般双比特量子门如图 2-11 所示。

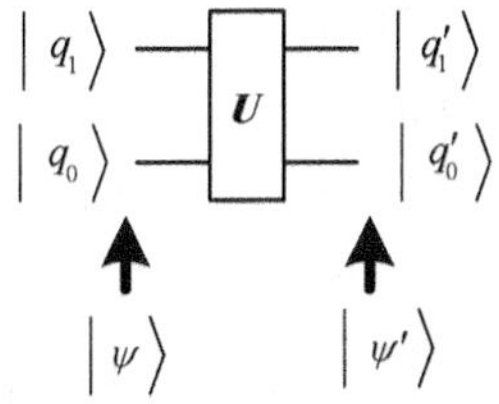

$$|q_1\rangle \quad |q_0\rangle \quad U \quad |q_1'\rangle \quad |q_0'\rangle \quad |\psi\rangle \quad |\psi'\rangle$$

图 2-11　双比特 **U** 门

双比特 **U** 门的酉矩阵为

$$\boldsymbol{U}=\begin{bmatrix} u_{00} & u_{01} & u_{02} & u_{03} \\ u_{10} & u_{11} & u_{12} & u_{13} \\ u_{20} & u_{21} & u_{22} & u_{23} \\ u_{30} & u_{31} & u_{32} & u_{33} \end{bmatrix} \tag{2-23}$$

设演化前量子态为

$$\begin{aligned} |\psi\rangle &= \begin{bmatrix} a \\ b \\ c \\ d \end{bmatrix} \\ &= a\begin{bmatrix} 1 \\ 0 \\ 0 \\ 0 \end{bmatrix} + b\begin{bmatrix} 0 \\ 1 \\ 0 \\ 0 \end{bmatrix} + c\begin{bmatrix} 0 \\ 0 \\ 1 \\ 0 \end{bmatrix} + d\begin{bmatrix} 0 \\ 0 \\ 0 \\ 1 \end{bmatrix} \\ &= a|00\rangle + b|01\rangle + c|10\rangle + d|11\rangle \end{aligned} \tag{2-24}$$

量子态 $|q\rangle$ 经 **U** 门演化后的状态为

$$\begin{aligned} |\psi'\rangle &= \boldsymbol{U}|\psi\rangle \\ &= \begin{bmatrix} u_{00} & u_{01} & u_{02} & u_{03} \\ u_{10} & u_{11} & u_{12} & u_{13} \\ u_{20} & u_{21} & u_{22} & u_{23} \\ u_{30} & u_{31} & u_{32} & u_{33} \end{bmatrix} \begin{bmatrix} a \\ b \\ c \\ d \end{bmatrix} \end{aligned} \tag{2-25}$$

由于没有给出矩阵中元素的具体数值，这里未给出矩阵相乘后的形式。

根据量子力学基本假设 4（复合量子系统），两个单量子比特门复合后可构成一个双比特量子门，如图 2-12 所示。

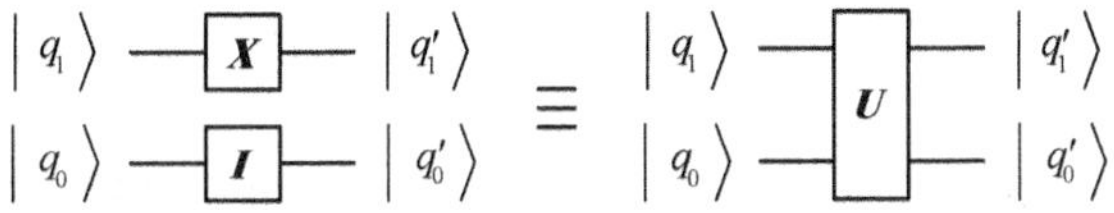

$$|q_1\rangle - X - |q_1'\rangle,\ |q_0\rangle - I - |q_0'\rangle \quad \equiv \quad |q_1\rangle, |q_0\rangle - U - |q_1'\rangle, |q_0'\rangle$$

图 2-12　**I** 门和 **X** 门的复合

该双比特量子 **U** 门是 **X** 门和 **I** 门的张量积，即

$$
\begin{aligned}
\boldsymbol{U} &= \boldsymbol{X} \otimes \boldsymbol{I} \\
&= \begin{bmatrix} 0 & 1 \\ 1 & 0 \end{bmatrix} \otimes \begin{bmatrix} 1 & 0 \\ 0 & 1 \end{bmatrix} \\
&= \begin{bmatrix} 0\begin{bmatrix} 1 & 0 \\ 0 & 1 \end{bmatrix} & 1\begin{bmatrix} 1 & 0 \\ 0 & 1 \end{bmatrix} \\ 1\begin{bmatrix} 1 & 0 \\ 0 & 1 \end{bmatrix} & 0\begin{bmatrix} 1 & 0 \\ 0 & 1 \end{bmatrix} \end{bmatrix} \\
&= \begin{bmatrix} 0 & 0 & 1 & 0 \\ 0 & 0 & 0 & 1 \\ 1 & 0 & 0 & 0 \\ 0 & 1 & 0 & 0 \end{bmatrix}
\end{aligned}
\tag{2-26}
$$

张量积的顺序应与式（2－22）规定的量子比特的顺序对应。

设演化前量子态$|\psi\rangle$如式（2－24）所示，经式（2－26）所示$\boldsymbol{U}$门演化后的状态为

$$
\begin{aligned}
|\psi'\rangle &= \boldsymbol{U}|\psi\rangle \\
&= \begin{bmatrix} 0 & 0 & 1 & 0 \\ 0 & 0 & 0 & 1 \\ 1 & 0 & 0 & 0 \\ 0 & 1 & 0 & 0 \end{bmatrix} \begin{bmatrix} a \\ b \\ c \\ d \end{bmatrix} \\
&= \begin{bmatrix} c \\ d \\ a \\ b \end{bmatrix} \\
&= c|00\rangle + d|01\rangle + a|10\rangle + b|11\rangle \\
&= (c|0\rangle + a|1\rangle)|0\rangle + (d|0\rangle + b|1\rangle)|1\rangle
\end{aligned}
\tag{2-27}
$$

将式（2－24）改写为

$$
|\psi\rangle = (a|0\rangle + c|1\rangle)|0\rangle + (b|0\rangle + d|1\rangle)|1\rangle \tag{2-28}
$$

根据式（2－22）给出的量子比特的顺序可知该双比特$\boldsymbol{U}$门的作用为：使$|q_0\rangle$保持不变，$|q_1\rangle$进行如下演化

$$
\begin{cases} a|0\rangle + c|1\rangle \rightarrow c|0\rangle + a|1\rangle \\ b|0\rangle + d|1\rangle \rightarrow d|0\rangle + b|1\rangle \end{cases} \tag{2-29}
$$

即$|0\rangle \rightarrow |1\rangle$和$|1\rangle \rightarrow |0\rangle$，相当$\boldsymbol{X}$演化。这和$\boldsymbol{X}$门作用到$|q_1\rangle$、$\boldsymbol{I}$门作用到$|q_0\rangle$上的解释完全吻合。

类似图 2－12 这类由两个单比特量子门复合为双比特量子门可通过张量积分析。下面主要介绍两个量子比特间存在相互作用的双比特量子门，其中最常用的双比特量子门为受控门和交换门。

2. 双比特受控 *U* 门

一般双比特受控 *U* 门如图 2－13 所示。

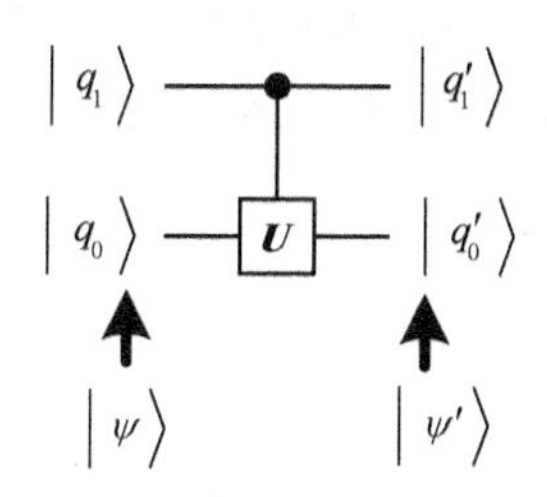

图 2－13 双比特受控 *U* 门

量子线路中的控制用一端实心点，另一端附在某个量子门上的线段表示。如图 2－13 中控制的实心点表示控制量子比特（control qubit）为 q_1。控制的另一端附在对量子比特 q_0 演化的 *U* 门上，q_0 称为目标量子比特（target qubit）。

双比特受控 *U* 门的酉矩阵为

$$C(\boldsymbol{U})=\begin{bmatrix}1&0&0&0\\0&1&0&0\\0&0&u_{00}&u_{01}\\0&0&u_{10}&u_{11}\end{bmatrix}=\begin{bmatrix}\boldsymbol{I}&\boldsymbol{0}\\\boldsymbol{0}&\boldsymbol{U}\end{bmatrix} \tag{2-30}$$

设演化前量子态 $|\psi\rangle$ 如式（2－24）所示，经双比特受控 *U* 门演化后的状态为

$$\begin{aligned}|\psi'\rangle&=C(\boldsymbol{U})|\psi\rangle\\&=\begin{bmatrix}1&0&0&0\\0&1&0&0\\0&0&u_{00}&u_{01}\\0&0&u_{10}&u_{11}\end{bmatrix}\begin{bmatrix}a\\b\\c\\d\end{bmatrix}\\&=\begin{bmatrix}a\\b\\cu_{00}+du_{01}\\cu_{10}+du_{11}\end{bmatrix}\\&=a|00\rangle+b|01\rangle+(cu_{00}+du_{01})|10\rangle+(cu_{10}+du_{11})|11\rangle\\&=|0\rangle(a|0\rangle+b|1\rangle)+|1\rangle[(cu_{00}+du_{01})|0\rangle+(cu_{10}+du_{11})|1\rangle]\end{aligned} \tag{2-31}$$

式（2－24）给出的演化前的状态 $|\psi\rangle$ 可改写为

$$|\psi\rangle=|0\rangle(a|0\rangle+b|1\rangle)+|1\rangle(c|0\rangle+d|1\rangle) \tag{2-32}$$

对比式（2－31）和式（2－32），双比特受控 *U* 门的演化规律为：

（1）控制量子比特的状态 $|q_1\rangle$ 演化前后保持不变。

（2）当控制量子比特的状态 $|q_1\rangle$ 为 $|0\rangle$ 时，目标量子比特的状态 $|q_0\rangle$ 保持不变。

（3）当控制量子比特的状态 $|q_1\rangle$ 为 $|1\rangle$ 时，目标量子比特的状态 $|q_0\rangle$ 进行 *U* 演化。

受控量子门又称为条件演化量子门。

双比特受控 $\boldsymbol{U}$ 门中的 $\boldsymbol{U}$ 矩阵可以是任意单比特 $\boldsymbol{U}$ 矩阵，常用单比特 $\boldsymbol{U}$ 门所对应的双比特受控 $\boldsymbol{U}$ 门也非常有用，下面介绍这些常用双比特受控 $\boldsymbol{U}$ 门。

3. 双比特受控 $\boldsymbol{X}$ 门（双比特受控非门，CNOT 门）

双比特受控 $\boldsymbol{X}$ 门如图 2－14 所示。

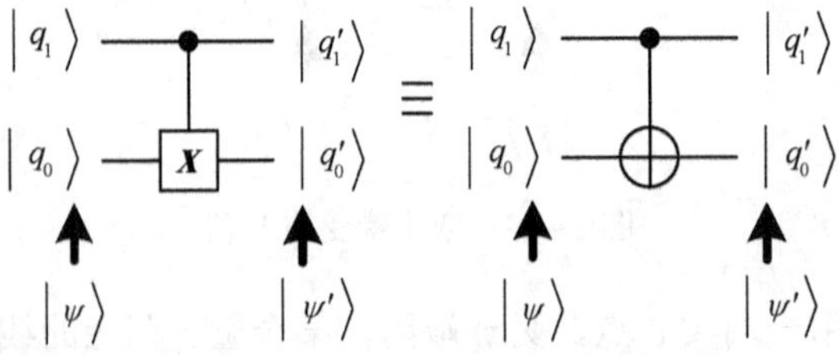

图 2－14　双比特受控 $\boldsymbol{X}$ 门

双比特受控 $\boldsymbol{X}$ 门的酉矩阵为

$$C(\boldsymbol{X})=\begin{bmatrix}1&0&0&0\\0&1&0&0\\0&0&0&1\\0&0&1&0\end{bmatrix}=\begin{bmatrix}\boldsymbol{I}&\boldsymbol{0}\\\boldsymbol{0}&\boldsymbol{X}\end{bmatrix}\tag{2-33}$$

设演化前量子态 $|\psi\rangle$ 如式（2－24）所示，经双比特受控 $\boldsymbol{X}$ 门演化后的状态为

$$\begin{aligned}|\psi'\rangle&=C(\boldsymbol{X})|\psi\rangle\\&=\begin{bmatrix}1&0&0&0\\0&1&0&0\\0&0&0&1\\0&0&1&0\end{bmatrix}\begin{bmatrix}a\\b\\c\\d\end{bmatrix}\\&=\begin{bmatrix}a\\b\\d\\c\end{bmatrix}\\&=a|00\rangle+b|01\rangle+d|10\rangle+c|11\rangle\\&=|0\rangle(a|0\rangle+b|1\rangle)+|1\rangle(d|0\rangle+c|1\rangle)\end{aligned}\tag{2-34}$$

量子态演化规律：

（1）控制量子比特的状态 $|q_1\rangle$ 保持不变。

（2）当 $|q_1\rangle$ 为 $|0\rangle$ 时，$|q_0\rangle$ 保持不变。

（3）当 $|q_1\rangle$ 为 $|1\rangle$ 时，$|q_0\rangle$ 进行 $\boldsymbol{X}$ 演化。

4. 双比特受控 $\boldsymbol{Y}$ 门

双比特受控 $\boldsymbol{Y}$ 门如图 2－15 所示。

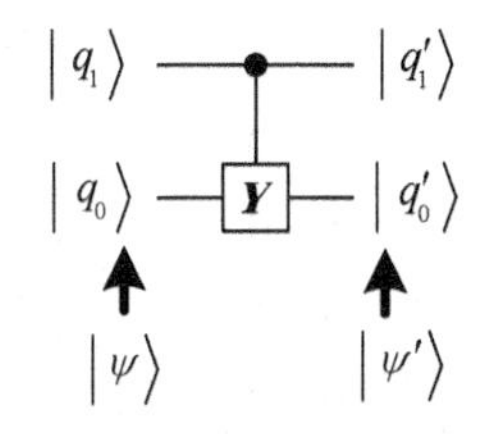

图 2-15　双比特受控 ***Y*** 门

双比特受控 ***Y*** 门的酉矩阵为

$$C(\boldsymbol{Y})=\begin{bmatrix}1&0&0&0\\0&1&0&0\\0&0&0&-\mathrm{i}\\0&0&\mathrm{i}&0\end{bmatrix}=\begin{bmatrix}\boldsymbol{I}&\boldsymbol{0}\\\boldsymbol{0}&\boldsymbol{Y}\end{bmatrix} \tag{2-35}$$

设演化前量子态 $|\psi\rangle$ 如式（2-24）所示，经双比特受控 ***Y*** 门演化后的状态为

$$\begin{aligned}|\psi'\rangle&=C(\boldsymbol{Y})|\psi\rangle\\&=\begin{bmatrix}1&0&0&0\\0&1&0&0\\0&0&0&-\mathrm{i}\\0&0&\mathrm{i}&0\end{bmatrix}\begin{bmatrix}a\\b\\c\\d\end{bmatrix}\\&=\begin{bmatrix}a\\b\\-\mathrm{i}d\\\mathrm{i}c\end{bmatrix}\\&=a|00\rangle+b|01\rangle-\mathrm{i}d|10\rangle+\mathrm{i}c|11\rangle\\&=|0\rangle(a|0\rangle+b|1\rangle)+|1\rangle(-\mathrm{i}d|0\rangle+\mathrm{i}c|1\rangle)\end{aligned} \tag{2-36}$$

量子态演化规律：

（1）控制量子比特的状态 $|q_1\rangle$ 保持不变。

（2）当 $|q_1\rangle$ 为 $|0\rangle$ 时，$|q_0\rangle$ 保持不变。

（3）当 $|q_1\rangle$ 为 $|1\rangle$ 时，$|q_0\rangle$ 进行 ***Y*** 演化。

5. 双比特受控 *Z* 门

双比特受控 ***Z*** 门如图 2-16 所示。

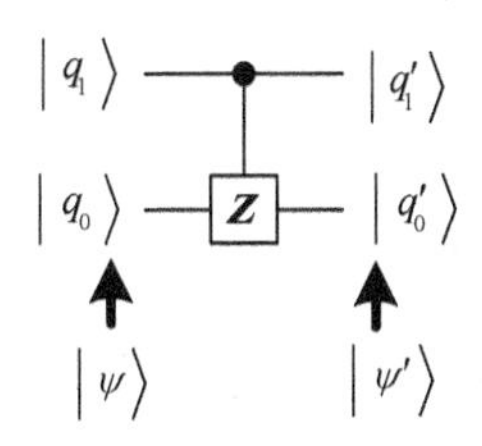

图 2-16　双比特受控 ***Z*** 门

双比特受控 $\boldsymbol{Z}$ 门的酉矩阵为

$$C(\boldsymbol{Z})=\begin{bmatrix}1&0&0&0\\0&1&0&0\\0&0&1&0\\0&0&0&-1\end{bmatrix}=\begin{bmatrix}\boldsymbol{I}&\boldsymbol{0}\\\boldsymbol{0}&\boldsymbol{Z}\end{bmatrix}\tag{2-37}$$

设演化前量子态 $|\psi\rangle$ 如式（2-24）所示，经双比特受控 $\boldsymbol{Z}$ 门演化后的状态为

$$\begin{aligned}|\psi'\rangle&=C(\boldsymbol{Z})|\psi\rangle\\&=\begin{bmatrix}1&0&0&0\\0&1&0&0\\0&0&1&0\\0&0&0&-1\end{bmatrix}\begin{bmatrix}a\\b\\c\\d\end{bmatrix}\\&=\begin{bmatrix}a\\b\\c\\-d\end{bmatrix}\\&=a|00\rangle+b|01\rangle+c|10\rangle-d|11\rangle\\&=|0\rangle(a|0\rangle+b|1\rangle)+|1\rangle(c|0\rangle-d|1\rangle)\end{aligned}\tag{2-38}$$

量子态演化规律：

（1）控制量子比特的状态 $|q_1\rangle$ 保持不变。

（2）当 $|q_1\rangle$ 为 $|0\rangle$ 时，$|q_0\rangle$ 保持不变。

（3）当 $|q_1\rangle$ 为 $|1\rangle$ 时，$|q_0\rangle$ 进行 $\boldsymbol{Z}$ 演化。

6. 双比特受控 $\boldsymbol{P}(\varphi)$ 门

双比特受控 $\boldsymbol{P}(\varphi)$ 门如图 2-17 所示。

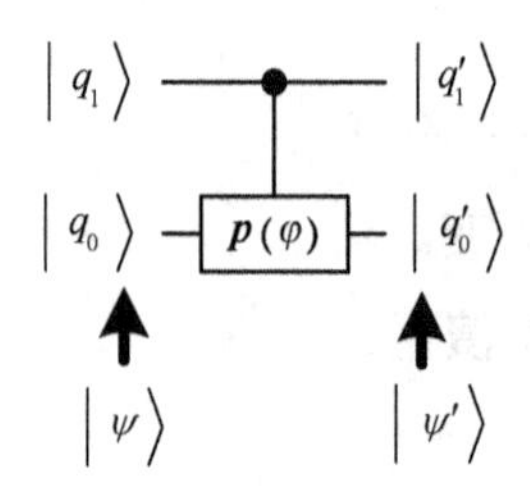

图 2-17　双比特受控 $\boldsymbol{P}(\varphi)$ 门

双比特受控 $\boldsymbol{P}(\varphi)$ 门的酉矩阵为

$$C(\boldsymbol{P})=\begin{bmatrix}1&0&0&0\\0&1&0&0\\0&0&1&0\\0&0&0&\mathrm{e}^{\mathrm{i}\varphi}\end{bmatrix}=\begin{bmatrix}\boldsymbol{I}&\boldsymbol{0}\\\boldsymbol{0}&\boldsymbol{P}(\varphi)\end{bmatrix}\tag{2-39}$$

设演化前量子态$|\psi\rangle$如式（2－24）所示，经双比特受控$\boldsymbol{P}(\varphi)$门演化后的状态为

$$
\begin{aligned}
|\psi'\rangle &= C(\boldsymbol{P})|\psi\rangle \\
&= \begin{bmatrix} 1 & 0 & 0 & 0 \\ 0 & 1 & 0 & 0 \\ 0 & 0 & 1 & 0 \\ 0 & 0 & 0 & \mathrm{e}^{\mathrm{i}\varphi} \end{bmatrix} \begin{bmatrix} a \\ b \\ c \\ d \end{bmatrix} \\
&= \begin{bmatrix} a \\ b \\ c \\ d\mathrm{e}^{\mathrm{i}\varphi} \end{bmatrix} \\
&= a|00\rangle + b|01\rangle + c|10\rangle + d\mathrm{e}^{\mathrm{i}\varphi}|11\rangle \\
&= |0\rangle(a|0\rangle + b|1\rangle) + |1\rangle(c|0\rangle + d\mathrm{e}^{\mathrm{i}\varphi}|1\rangle)
\end{aligned} \tag{2-40}
$$

量子态演化规律：

（1）控制量子比特的状态$|q_1\rangle$保持不变。

（2）当$|q_1\rangle$为$|0\rangle$时，$|q_0\rangle$保持不变。

（3）当$|q_1\rangle$为$|1\rangle$时，$|q_0\rangle$进行$\boldsymbol{P}(\varphi)$演化。

7. 双比特受控 *S* 门

双比特受控 ***S*** 门如图 2－18 所示。

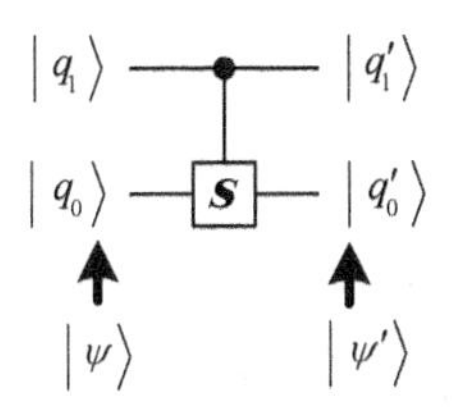

图 2－18　双比特受控 ***S*** 门

双比特受控 ***S*** 门的酉矩阵为

$$
C(\boldsymbol{S}) = \begin{bmatrix} 1 & 0 & 0 & 0 \\ 0 & 1 & 0 & 0 \\ 0 & 0 & 1 & 0 \\ 0 & 0 & 0 & \mathrm{i} \end{bmatrix} = \begin{bmatrix} \boldsymbol{I} & \boldsymbol{0} \\ \boldsymbol{0} & \boldsymbol{S} \end{bmatrix} \tag{2-41}
$$

设演化前量子态$|\psi\rangle$如式（2－24）所示，经双比特受控 ***S*** 门演化后的状态为

$$
\begin{aligned}
|\psi'\rangle &= C(\boldsymbol{S})|\psi\rangle \\
&= \begin{bmatrix} 1 & 0 & 0 & 0 \\ 0 & 1 & 0 & 0 \\ 0 & 0 & 1 & 0 \\ 0 & 0 & 0 & \mathrm{i} \end{bmatrix} \begin{bmatrix} a \\ b \\ c \\ d \end{bmatrix}
\end{aligned}
$$

$$
\begin{aligned}
&=\begin{bmatrix} a \\ b \\ c \\ \mathrm{i}d \end{bmatrix} \\
&=a|00\rangle+b|01\rangle+c|10\rangle+\mathrm{i}d|11\rangle \\
&=|0\rangle(a|0\rangle+b|1\rangle)+|1\rangle(c|0\rangle+\mathrm{i}d|1\rangle)
\end{aligned} \tag{2-42}
$$

量子态演化规律：

（1）控制量子比特的状态$|q_1\rangle$保持不变。

（2）当$|q_1\rangle$为$|0\rangle$时，$|q_0\rangle$保持不变。

（3）当$|q_1\rangle$为$|1\rangle$时，$|q_0\rangle$进行$\boldsymbol{S}$演化。

8. 双比特受控 *T* 门

双比特受控 $\boldsymbol{T}$ 门如图 2-19 所示。

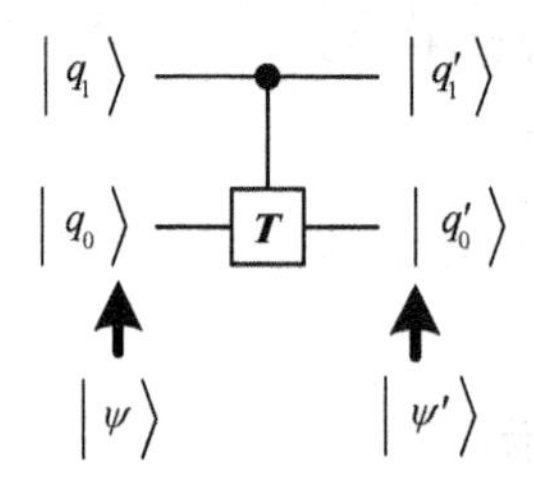

图 2-19　双比特受控 $\boldsymbol{T}$ 门

双比特受控 $\boldsymbol{T}$ 门的酉矩阵为

$$
C(\boldsymbol{T})=\begin{bmatrix} 1 & 0 & 0 & 0 \\ 0 & 1 & 0 & 0 \\ 0 & 0 & 1 & 0 \\ 0 & 0 & 0 & \mathrm{e}^{\mathrm{i}\pi/4} \end{bmatrix}=\begin{bmatrix} \boldsymbol{I} & \boldsymbol{0} \\ \boldsymbol{0} & \boldsymbol{T} \end{bmatrix} \tag{2-43}
$$

设演化前量子态$|\psi\rangle$ 如式（2-24）所示，经双比特受控 $\boldsymbol{T}$ 门演化后的状态为

$$
\begin{aligned}
|\psi'\rangle &= C(\boldsymbol{T})|\psi\rangle \\
&=\begin{bmatrix} 1 & 0 & 0 & 0 \\ 0 & 1 & 0 & 0 \\ 0 & 0 & 1 & 0 \\ 0 & 0 & 0 & \mathrm{e}^{\mathrm{i}\pi/4} \end{bmatrix}\begin{bmatrix} a \\ b \\ c \\ d \end{bmatrix} \\
&=\begin{bmatrix} a \\ b \\ c \\ d\mathrm{e}^{\mathrm{i}\pi/4} \end{bmatrix}
\end{aligned}
$$

$$=a|00\rangle+b|01\rangle+c|10\rangle+de^{i\pi/4}|11\rangle$$
$$=|0\rangle(a|0\rangle+b|1\rangle)+|1\rangle(c|0\rangle+de^{i\pi/4}|1\rangle) \tag{2-44}$$

量子态演化规律：

（1）控制量子比特的状态$|q_1\rangle$保持不变。

（2）当$|q_1\rangle$为$|0\rangle$时，$|q_0\rangle$保持不变。

（3）当$|q_1\rangle$为$|1\rangle$时，$|q_0\rangle$进行 $\boldsymbol{T}$ 门演化。

9. 双比特受控 $\boldsymbol{H}$门（双比特受控 Hadamard 门）

双比特受控 $\boldsymbol{H}$ 门如图 2－20 所示。

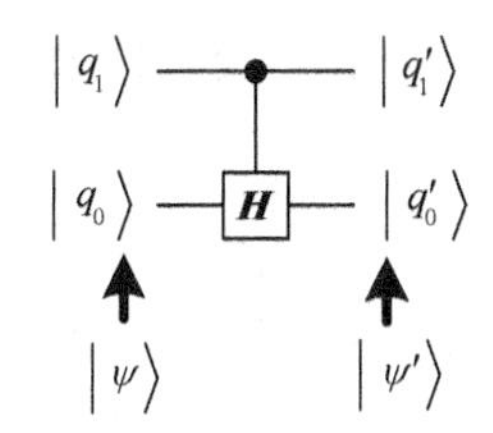

图 2－20　双比特受控 $\boldsymbol{H}$ 门

双比特受控 $\boldsymbol{H}$ 门的酉矩阵为

$$C(\boldsymbol{H})=\begin{bmatrix}1&0&0&0\\0&1&0&0\\0&0&\frac{1}{\sqrt{2}}&\frac{1}{\sqrt{2}}\\0&0&\frac{1}{\sqrt{2}}&-\frac{1}{\sqrt{2}}\end{bmatrix}=\begin{bmatrix}\boldsymbol{I}&\boldsymbol{0}\\\boldsymbol{0}&\boldsymbol{H}\end{bmatrix} \tag{2-45}$$

设演化前量子态$|\psi\rangle$如式（2－24）所示，经双比特受控 $\boldsymbol{H}$ 门演化后的状态为

$$|\psi'\rangle=C(\boldsymbol{H})|\psi\rangle$$
$$=\begin{bmatrix}1&0&0&0\\0&1&0&0\\0&0&\frac{1}{\sqrt{2}}&\frac{1}{\sqrt{2}}\\0&0&\frac{1}{\sqrt{2}}&-\frac{1}{\sqrt{2}}\end{bmatrix}\begin{bmatrix}a\\b\\c\\d\end{bmatrix}$$
$$=\begin{bmatrix}a\\b\\\frac{c+d}{\sqrt{2}}\\\frac{c-d}{\sqrt{2}}\end{bmatrix}$$

$$
\begin{aligned}
&= a|00\rangle + b|01\rangle + \frac{c+d}{\sqrt{2}}|10\rangle + \frac{c-d}{\sqrt{2}}|11\rangle \\
&= |0\rangle(a|0\rangle + b|1\rangle) + |1\rangle(c\frac{|0\rangle+|1\rangle}{\sqrt{2}} + d\frac{|0\rangle-|1\rangle}{\sqrt{2}})
\end{aligned} \tag{2-46}
$$

量子态演化规律：

（1）控制量子比特的状态$|q_1\rangle$保持不变。

（2）当$|q_1\rangle$为$|0\rangle$时，$|q_0\rangle$保持不变。

（3）当$|q_1\rangle$为$|1\rangle$时，$|q_0\rangle$进行 $\boldsymbol{H}$ 门演化。

10. 双比特 SWAP 门（双比特交换门）

双比特交换门不属于受控量子门，双比特交换门如图 2－21 所示。

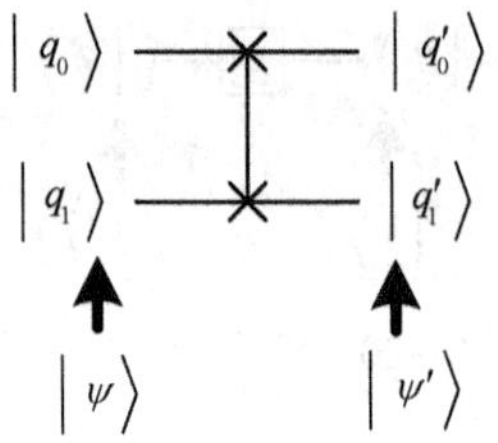

$|q_0\rangle$ $|q_0'\rangle$
$|q_1\rangle$ $|q_1'\rangle$
$|\psi\rangle$ $|\psi'\rangle$

图 2－21　双比特 **SWAP** 门

双比特交换门的酉矩阵为

$$
\mathbf{SWAP} = \begin{bmatrix} 1 & 0 & 0 & 0 \\ 0 & 0 & 1 & 0 \\ 0 & 1 & 0 & 0 \\ 0 & 0 & 0 & 1 \end{bmatrix} \tag{2-47}
$$

设演化前量子态$|\psi\rangle$如式（2－24）所示，经双比特交换门演化后的状态为

$$
\begin{aligned}
|\psi'\rangle &= \mathbf{SWAP}|\psi\rangle \\
&= \begin{bmatrix} 1 & 0 & 0 & 0 \\ 0 & 0 & 1 & 0 \\ 0 & 1 & 0 & 0 \\ 0 & 0 & 0 & 1 \end{bmatrix} \begin{bmatrix} a \\ b \\ c \\ d \end{bmatrix} \\
&= \begin{bmatrix} a \\ c \\ b \\ d \end{bmatrix} \\
&= a|00\rangle + c|01\rangle + b|10\rangle + d|11\rangle
\end{aligned} \tag{2-48}
$$

与式（2－24）给出的演化前量子态$|\psi\rangle$对比可知演化特点：

$$\begin{cases} |00\rangle \to |00\rangle \\ |01\rangle \to |10\rangle \\ |10\rangle \to |01\rangle \\ |11\rangle \to |11\rangle \end{cases} \tag{2-49}$$

量子态演化规律：演化前的两个量子态交换后为演化后的量子态。

2.1.3 三比特量子门

作用在 3 个量子比特上的量子门称为三比特量子门。设复合量子态中量子比特从左到右排列顺序为 $q_2 \prec q_1 \prec q_0$，即

$$|q_2q_1q_0\rangle \tag{1-50}$$

1. 一般三比特量子门（三比特 *U* 门）

一般三比特量子门如图 2-22 所示。

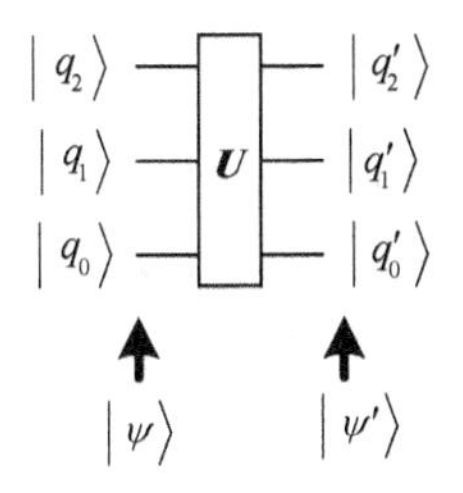

图 2-22 三比特 ***U*** 门

三比特 ***U*** 门的酉矩阵为

$$\boldsymbol{U} = \begin{bmatrix} u_{00} & u_{01} & u_{02} & u_{03} & u_{04} & u_{05} & u_{06} & u_{07} \\ u_{10} & u_{11} & u_{12} & u_{13} & u_{14} & u_{15} & u_{16} & u_{17} \\ u_{20} & u_{21} & u_{22} & u_{23} & u_{24} & u_{25} & u_{26} & u_{27} \\ u_{30} & u_{31} & u_{32} & u_{33} & u_{34} & u_{35} & u_{36} & u_{37} \\ u_{40} & u_{41} & u_{42} & u_{43} & u_{44} & u_{45} & u_{46} & u_{47} \\ u_{50} & u_{51} & u_{52} & u_{53} & u_{54} & u_{55} & u_{56} & u_{57} \\ u_{60} & u_{61} & u_{62} & u_{63} & u_{64} & u_{65} & u_{66} & u_{67} \\ u_{70} & u_{71} & u_{72} & u_{73} & u_{74} & u_{75} & u_{76} & u_{77} \end{bmatrix} \tag{2-51}$$

设演化前量子态为

$$|\psi\rangle = \begin{bmatrix} z_0 \\ z_1 \\ z_2 \\ z_3 \\ z_4 \\ z_5 \\ z_6 \\ z_7 \end{bmatrix}$$

$$= z_0\begin{bmatrix}1\\0\\0\\0\\0\\0\\0\\0\end{bmatrix} + z_1\begin{bmatrix}0\\1\\0\\0\\0\\0\\0\\0\end{bmatrix} + z_2\begin{bmatrix}0\\0\\1\\0\\0\\0\\0\\0\end{bmatrix} + z_3\begin{bmatrix}0\\0\\0\\1\\0\\0\\0\\0\end{bmatrix} + z_4\begin{bmatrix}0\\0\\0\\0\\1\\0\\0\\0\end{bmatrix} + z_5\begin{bmatrix}0\\0\\0\\0\\0\\1\\0\\0\end{bmatrix} + z_6\begin{bmatrix}0\\0\\0\\0\\0\\0\\1\\0\end{bmatrix} + z_7\begin{bmatrix}0\\0\\0\\0\\0\\0\\0\\1\end{bmatrix}$$

$$= z_0|000\rangle + z_1|001\rangle + z_2|010\rangle + z_3|011\rangle + z_4|100\rangle + z_5|101\rangle + z_6|110\rangle + z_7|111\rangle \quad (2-52)$$

量子态$|\psi\rangle$经三比特$\boldsymbol{U}$门演化后的状态为

$$|\psi'\rangle = \boldsymbol{U}|\psi\rangle$$

$$= \begin{bmatrix} u_{00} & u_{01} & u_{02} & u_{03} & u_{04} & u_{05} & u_{06} & u_{07} \\ u_{10} & u_{11} & u_{12} & u_{13} & u_{14} & u_{15} & u_{16} & u_{17} \\ u_{20} & u_{21} & u_{22} & u_{23} & u_{24} & u_{25} & u_{26} & u_{27} \\ u_{30} & u_{31} & u_{32} & u_{33} & u_{34} & u_{35} & u_{36} & u_{37} \\ u_{40} & u_{41} & u_{42} & u_{43} & u_{44} & u_{45} & u_{46} & u_{47} \\ u_{50} & u_{51} & u_{52} & u_{53} & u_{54} & u_{55} & u_{56} & u_{57} \\ u_{60} & u_{61} & u_{62} & u_{63} & u_{64} & u_{65} & u_{66} & u_{67} \\ u_{70} & u_{71} & u_{72} & u_{73} & u_{74} & u_{75} & u_{76} & u_{77} \end{bmatrix} \begin{bmatrix} z_0 \\ z_1 \\ z_2 \\ z_3 \\ z_4 \\ z_5 \\ z_6 \\ z_7 \end{bmatrix} \quad (2-53)$$

由于没有给出矩阵中元素的具体数值，这里未给出矩阵相乘后的形式。

根据量子力学基本假设 4（复合量子系统）用单比特量子门和双比特量子门复合可得到三比特量子门。

下面主要介绍最常用的三比特量子门——三比特受控门和三比特受控交换门。

2. 三比特受控 *U*门

一般三比特受控$\boldsymbol{U}$门如图 2-23 所示。

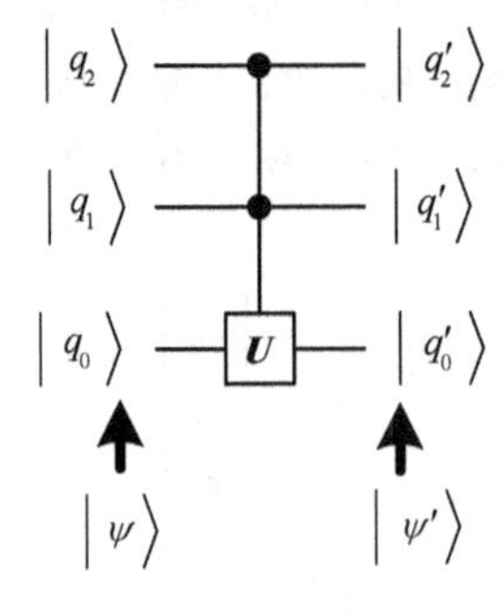

图 2-23　三比特受控$\boldsymbol{U}$门

三比特受控$\boldsymbol{U}$门的酉矩阵为

$$C^2(\boldsymbol{U})=\begin{bmatrix}1&0&0&0&0&0&0&0\\0&1&0&0&0&0&0&0\\0&0&1&0&0&0&0&0\\0&0&0&1&0&0&0&0\\0&0&0&0&1&0&0&0\\0&0&0&0&0&1&0&0\\0&0&0&0&0&0&u_{00}&u_{01}\\0&0&0&0&0&0&u_{10}&u_{11}\end{bmatrix}=\begin{bmatrix}\boldsymbol{I}&\boldsymbol{0}\\\boldsymbol{0}&\boldsymbol{U}\end{bmatrix}\tag{2-54}$$

设演化前量子态$|\psi\rangle$如式（2-52）所示，经三比特受控 $\boldsymbol{U}$ 门演化后的状态为

$$\begin{aligned}|\psi'\rangle&=C^2(\boldsymbol{U})|\psi\rangle\\&=\begin{bmatrix}1&0&0&0&0&0&0&0\\0&1&0&0&0&0&0&0\\0&0&1&0&0&0&0&0\\0&0&0&1&0&0&0&0\\0&0&0&0&1&0&0&0\\0&0&0&0&0&1&0&0\\0&0&0&0&0&0&u_{00}&u_{01}\\0&0&0&0&0&0&u_{10}&u_{11}\end{bmatrix}\begin{bmatrix}z_0\\z_1\\z_2\\z_3\\z_4\\z_5\\z_6\\z_7\end{bmatrix}\\&=\begin{bmatrix}z_0\\z_1\\z_2\\z_3\\z_4\\z_5\\z_6u_{00}+z_7u_{01}\\z_6u_{10}+z_7u_{11}\end{bmatrix}\\&=z_0|000\rangle+z_1|001\rangle+z_2|010\rangle+z_3|011\rangle+z_4|100\rangle+z_5|101\rangle\\&\quad+|11\rangle[(z_6u_{00}+z_7u_{01})|0\rangle+(z_6u_{10}+z_7u_{11})|1\rangle]\end{aligned}\tag{2-55}$$

量子态演化规律：

（1）控制量子比特的状态$|q_2q_1\rangle$保持不变。

（2）当两个控制量子比特的状态$|q_2q_1\rangle$为$|11\rangle$时，$|q_0\rangle$进行 $\boldsymbol{U}$ 门演化。

（3）其他情况，$|q_0\rangle$保持不变。

3. 三比特受控 $\boldsymbol{X}$ 门（三比特受控非门，CCNOT 门，Toffoli 门）

三比特受控 $\boldsymbol{X}$ 门如图 2-24 所示。

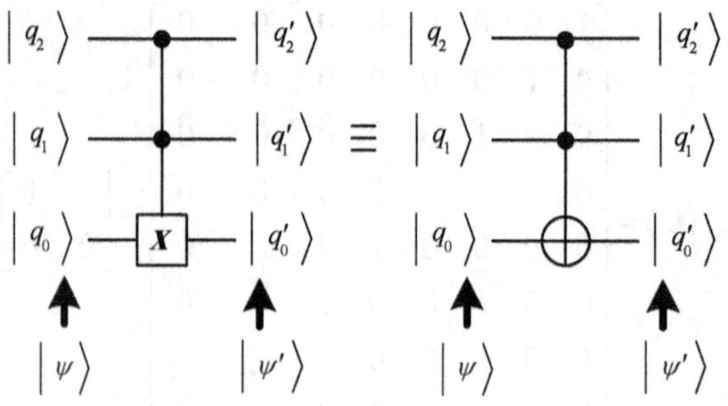

$$|q_2\rangle, |q_1\rangle, |q_0\rangle \xrightarrow{} |q_2'\rangle, |q_1'\rangle, |q_0'\rangle \quad (|\psi\rangle \to |\psi'\rangle)$$

图 2-24　三比特受控 $\boldsymbol{X}$ 门（三比特受控非门，CCNOT 门，Toffoli 门）

三比特受控 $\boldsymbol{X}$ 门的酉矩阵为

$$C^2(\boldsymbol{X})=\begin{bmatrix}1&0&0&0&0&0&0&0\\0&1&0&0&0&0&0&0\\0&0&1&0&0&0&0&0\\0&0&0&1&0&0&0&0\\0&0&0&0&1&0&0&0\\0&0&0&0&0&1&0&0\\0&0&0&0&0&0&0&1\\0&0&0&0&0&0&1&0\end{bmatrix}=\begin{bmatrix}\boldsymbol{I}&\boldsymbol{0}\\\boldsymbol{0}&\boldsymbol{X}\end{bmatrix} \tag{2-56}$$

设演化前量子态 $|\psi\rangle$ 如式（2-52）所示，经双比特受控 $\boldsymbol{X}$ 门演化后的状态为

$$\begin{aligned}|\psi'\rangle&=C^2(\boldsymbol{X})|\psi\rangle\\&=\begin{bmatrix}1&0&0&0&0&0&0&0\\0&1&0&0&0&0&0&0\\0&0&1&0&0&0&0&0\\0&0&0&1&0&0&0&0\\0&0&0&0&1&0&0&0\\0&0&0&0&0&1&0&0\\0&0&0&0&0&0&0&1\\0&0&0&0&0&0&1&0\end{bmatrix}\begin{bmatrix}z_0\\z_1\\z_2\\z_3\\z_4\\z_5\\z_6\\z_7\end{bmatrix}\\&=\begin{bmatrix}z_0\\z_1\\z_2\\z_3\\z_4\\z_5\\z_7\\z_6\end{bmatrix}\\&=z_0|000\rangle+z_1|001\rangle+z_2|010\rangle+z_3|011\rangle+\end{aligned}$$

$$z_4|100\rangle + z_5|101\rangle + |11\rangle(z_7|0\rangle + z_6|1\rangle) \tag{2-57}$$

量子态演化规律：

（1）控制量子比特的状态$|q_2q_1\rangle$保持不变。

（2）当两个控制量子比特的状态$|q_2q_1\rangle$为$|11\rangle$时，$|q_0\rangle$进行 $\boldsymbol{X}$ 门演化。

（3）其他情况，$|q_0\rangle$保持不变。

4. 三比特受控 *Y* 门

三比特受控 ***Y*** 门如图 2－25 所示。

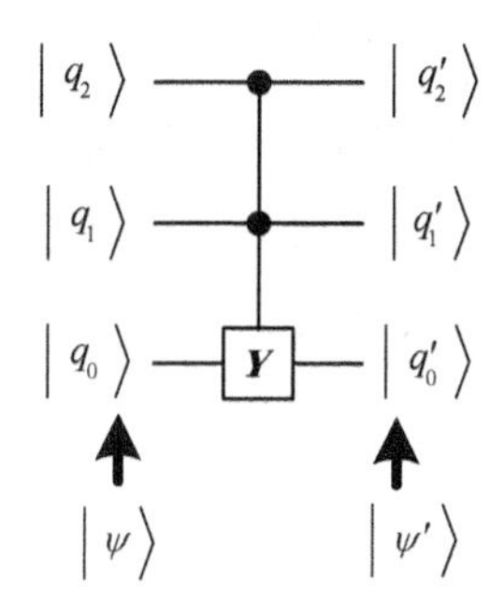

图 2－25　三比特受控 ***Y*** 门

三比特受控 ***Y*** 门的酉矩阵为

$$C^2(\boldsymbol{Y}) = \begin{bmatrix} 1 & 0 & 0 & 0 & 0 & 0 & 0 & 0 \\ 0 & 1 & 0 & 0 & 0 & 0 & 0 & 0 \\ 0 & 0 & 1 & 0 & 0 & 0 & 0 & 0 \\ 0 & 0 & 0 & 1 & 0 & 0 & 0 & 0 \\ 0 & 0 & 0 & 0 & 1 & 0 & 0 & 0 \\ 0 & 0 & 0 & 0 & 0 & 1 & 0 & 0 \\ 0 & 0 & 0 & 0 & 0 & 0 & 0 & -\mathrm{i} \\ 0 & 0 & 0 & 0 & 0 & 0 & \mathrm{i} & 0 \end{bmatrix} = \begin{bmatrix} \boldsymbol{I} & \boldsymbol{0} \\ \boldsymbol{0} & \boldsymbol{Y} \end{bmatrix} \tag{2-58}$$

设演化前量子态$|\psi\rangle$如式（2－52）所示，经三比特受控 ***Y*** 门演化后的状态为

$$|\psi'\rangle = C^2(\boldsymbol{Y})|\psi\rangle$$

$$= \begin{bmatrix} 1 & 0 & 0 & 0 & 0 & 0 & 0 & 0 \\ 0 & 1 & 0 & 0 & 0 & 0 & 0 & 0 \\ 0 & 0 & 1 & 0 & 0 & 0 & 0 & 0 \\ 0 & 0 & 0 & 1 & 0 & 0 & 0 & 0 \\ 0 & 0 & 0 & 0 & 1 & 0 & 0 & 0 \\ 0 & 0 & 0 & 0 & 0 & 1 & 0 & 0 \\ 0 & 0 & 0 & 0 & 0 & 0 & 0 & -\mathrm{i} \\ 0 & 0 & 0 & 0 & 0 & 0 & \mathrm{i} & 0 \end{bmatrix} \begin{bmatrix} z_0 \\ z_1 \\ z_2 \\ z_3 \\ z_4 \\ z_5 \\ z_6 \\ z_7 \end{bmatrix}$$

$$
= \begin{bmatrix} z_0 \\ z_1 \\ z_2 \\ z_3 \\ z_4 \\ z_5 \\ -\mathrm{i}z_7 \\ \mathrm{i}z_6 \end{bmatrix}
$$

$$
\begin{aligned}
&= z_0|000\rangle + z_1|001\rangle + z_2|010\rangle + z_3|011\rangle + \\
&\quad z_4|100\rangle + z_5|101\rangle + |11\rangle(-\mathrm{i}z_7|0\rangle + \mathrm{i}z_6|1\rangle)
\end{aligned} \tag{2-59}
$$

量子态演化规律：

（1）控制量子比特的状态$|q_2q_1\rangle$保持不变。

（2）当两个控制量子比特的状态$|q_2q_1\rangle$为$|11\rangle$时，$|q_0\rangle$进行 $\boldsymbol{Y}$ 门演化。

（3）其他情况，$|q_0\rangle$保持不变。

5. 三比特受控 $\boldsymbol{Z}$ 门

三比特受控 $\boldsymbol{Z}$ 门如图 2-26 所示。

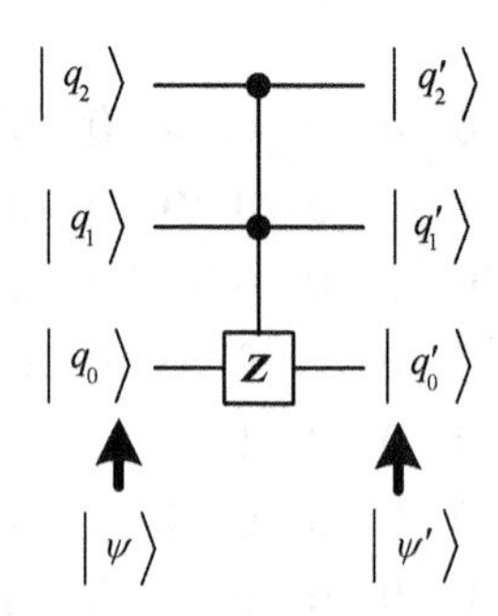

图 2-26　三比特受控 $\boldsymbol{Z}$ 门

三比特受控 $\boldsymbol{Z}$ 门的酉矩阵为

$$
C^2(\boldsymbol{Z}) = \begin{bmatrix} 1 & 0 & 0 & 0 & 0 & 0 & 0 & 0 \\ 0 & 1 & 0 & 0 & 0 & 0 & 0 & 0 \\ 0 & 0 & 1 & 0 & 0 & 0 & 0 & 0 \\ 0 & 0 & 0 & 1 & 0 & 0 & 0 & 0 \\ 0 & 0 & 0 & 0 & 1 & 0 & 0 & 0 \\ 0 & 0 & 0 & 0 & 0 & 1 & 0 & 0 \\ 0 & 0 & 0 & 0 & 0 & 0 & 1 & 0 \\ 0 & 0 & 0 & 0 & 0 & 0 & 0 & -1 \end{bmatrix} = \begin{bmatrix} \boldsymbol{I} & \boldsymbol{0} \\ \boldsymbol{0} & \boldsymbol{Z} \end{bmatrix} \tag{2-60}
$$

设演化前量子态$|\psi\rangle$如式（2-52）所示，经三比特受控 $\boldsymbol{Z}$ 门演化后的状态为

$$
\begin{aligned}
|\psi'\rangle &= C^2(\boldsymbol{Z})|\psi\rangle \\
&= \begin{bmatrix} 1 & 0 & 0 & 0 & 0 & 0 & 0 & 0 \\ 0 & 1 & 0 & 0 & 0 & 0 & 0 & 0 \\ 0 & 0 & 1 & 0 & 0 & 0 & 0 & 0 \\ 0 & 0 & 0 & 1 & 0 & 0 & 0 & 0 \\ 0 & 0 & 0 & 0 & 1 & 0 & 0 & 0 \\ 0 & 0 & 0 & 0 & 0 & 1 & 0 & 0 \\ 0 & 0 & 0 & 0 & 0 & 0 & 1 & 0 \\ 0 & 0 & 0 & 0 & 0 & 0 & 0 & -1 \end{bmatrix} \begin{bmatrix} z_0 \\ z_1 \\ z_2 \\ z_3 \\ z_4 \\ z_5 \\ z_6 \\ z_7 \end{bmatrix} \\
&= \begin{bmatrix} z_0 \\ z_1 \\ z_2 \\ z_3 \\ z_4 \\ z_5 \\ z_6 \\ -z_7 \end{bmatrix} \\
&= z_0|000\rangle + z_1|001\rangle + z_2|010\rangle + z_3|011\rangle + z_4|100\rangle + \\
&\quad z_5|101\rangle + |11\rangle(z_6|0\rangle - z_7|1\rangle)
\end{aligned} \tag{2-61}
$$

量子态演化规律：

（1）控制量子比特的状态$|q_2q_1\rangle$保持不变。

（2）当两个控制量子比特的状态$|q_2q_1\rangle$为$|11\rangle$时，$|q_0\rangle$进行$\boldsymbol{Z}$门演化。

（3）其他情况，$|q_0\rangle$保持不变。

6. 三比特受控 $\boldsymbol{P}(\varphi)$ 门

三比特受控$\boldsymbol{P}(\varphi)$门如图 2－27 所示。

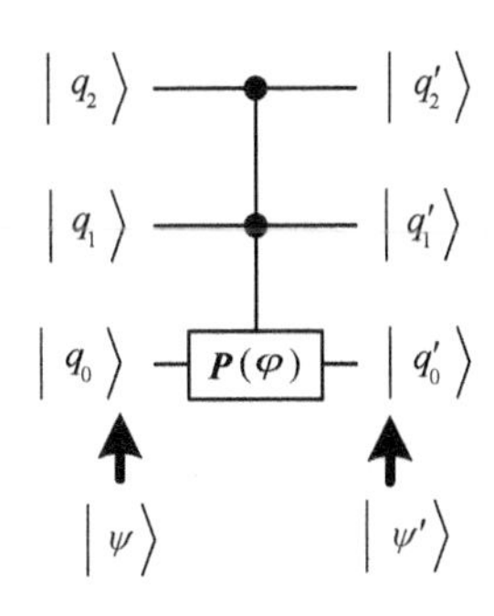

图 2－27　三比特受控 $\boldsymbol{P}(\varphi)$ 门

三比特受控$\boldsymbol{P}(\varphi)$门的酉矩阵为

$$C^2(\boldsymbol{P})=\begin{bmatrix}1&0&0&0&0&0&0&0\\0&1&0&0&0&0&0&0\\0&0&1&0&0&0&0&0\\0&0&0&1&0&0&0&0\\0&0&0&0&1&0&0&0\\0&0&0&0&0&1&0&0\\0&0&0&0&0&0&1&0\\0&0&0&0&0&0&0&\mathrm{e}^{\mathrm{i}\varphi}\end{bmatrix}=\begin{bmatrix}\boldsymbol{I}&\boldsymbol{0}\\\boldsymbol{0}&\boldsymbol{P}(\varphi)\end{bmatrix} \tag{2-62}$$

设演化前量子态$|\psi\rangle$如式（2－52）所示，经三比特受控$\boldsymbol{P}(\varphi)$门演化后的状态为

$$\begin{aligned}|\psi'\rangle&=C^2(\boldsymbol{P})|\psi\rangle\\&=\begin{bmatrix}1&0&0&0&0&0&0&0\\0&1&0&0&0&0&0&0\\0&0&1&0&0&0&0&0\\0&0&0&1&0&0&0&0\\0&0&0&0&1&0&0&0\\0&0&0&0&0&1&0&0\\0&0&0&0&0&0&1&0\\0&0&0&0&0&0&0&\mathrm{e}^{\mathrm{i}\varphi}\end{bmatrix}\begin{bmatrix}z_0\\z_1\\z_2\\z_3\\z_4\\z_5\\z_6\\z_7\end{bmatrix}\\&=\begin{bmatrix}z_0\\z_1\\z_2\\z_3\\z_4\\z_5\\z_6\\z_7\mathrm{e}^{\mathrm{i}\varphi}\end{bmatrix}\\&=z_0|000\rangle+z_1|001\rangle+z_2|010\rangle+z_3|011\rangle+\\&\quad z_4|100\rangle+z_5|101\rangle+|11\rangle(z_6|0\rangle+z_7\mathrm{e}^{\mathrm{i}\varphi}|1\rangle)\end{aligned} \tag{2-63}$$

量子态演化规律：

（1）控制量子比特的状态$|q_2q_1\rangle$保持不变。

（2）当两个控制量子比特的状态$|q_2q_1\rangle$为$|11\rangle$时，$|q_0\rangle$进行$\boldsymbol{P}(\varphi)$门演化。

（3）其他情况，$|q_0\rangle$保持不变。

7. 三比特受控*S*门

三比特受控$\boldsymbol{S}$门如图 2－28 所示。

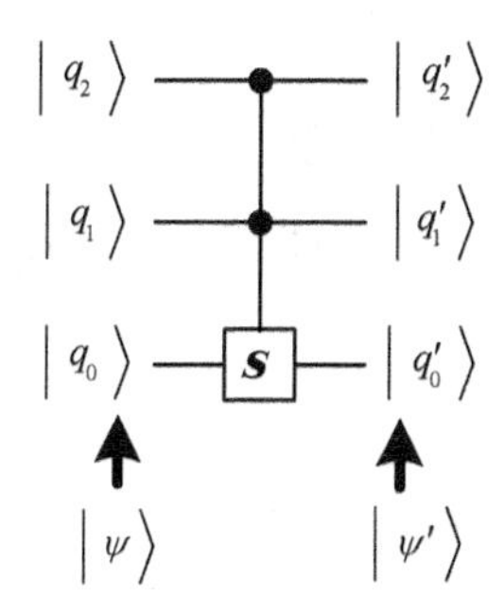

图 2-28　三比特受控 **S** 门

三比特受控 **S** 门的酉矩阵为

$$C^2(\boldsymbol{S})=\begin{bmatrix}1&0&0&0&0&0&0&0\\0&1&0&0&0&0&0&0\\0&0&1&0&0&0&0&0\\0&0&0&1&0&0&0&0\\0&0&0&0&1&0&0&0\\0&0&0&0&0&1&0&0\\0&0&0&0&0&0&1&0\\0&0&0&0&0&0&0&\mathrm{i}\end{bmatrix}=\begin{bmatrix}\boldsymbol{I}&\boldsymbol{0}\\\boldsymbol{0}&\boldsymbol{S}\end{bmatrix}\tag{2-64}$$

设演化前量子态 $|\psi\rangle$ 如式（2-52）所示，经三比特受控 **S** 门演化后的状态为

$$\begin{aligned}|\psi'\rangle&=C^2(\boldsymbol{S})|\psi\rangle\\&=\begin{bmatrix}1&0&0&0&0&0&0&0\\0&1&0&0&0&0&0&0\\0&0&1&0&0&0&0&0\\0&0&0&1&0&0&0&0\\0&0&0&0&1&0&0&0\\0&0&0&0&0&1&0&0\\0&0&0&0&0&0&1&0\\0&0&0&0&0&0&0&\mathrm{i}\end{bmatrix}\begin{bmatrix}z_0\\z_1\\z_2\\z_3\\z_4\\z_5\\z_6\\z_7\end{bmatrix}\\&=\begin{bmatrix}z_0\\z_1\\z_2\\z_3\\z_4\\z_5\\z_6\\\mathrm{i}z_7\end{bmatrix}\\&=z_0|000\rangle+z_1|001\rangle+z_2|010\rangle+z_3|011\rangle+\\&\quad z_4|100\rangle+z_5|101\rangle+|11\rangle(z_6|0\rangle+\mathrm{i}z_7|1\rangle)\end{aligned}\tag{2-65}$$

量子态演化规律：

（1）控制量子比特的状态$|q_2q_1\rangle$保持不变。

（2）当两个控制量子比特的状态$|q_2q_1\rangle$为$|11\rangle$时，$|q_0\rangle$进行$\boldsymbol{S}$门演化。

（3）其他情况，$|q_0\rangle$保持不变。

8. 三比特受控 *T*门

三比特受控$\boldsymbol{T}$门如图 2-29 所示。

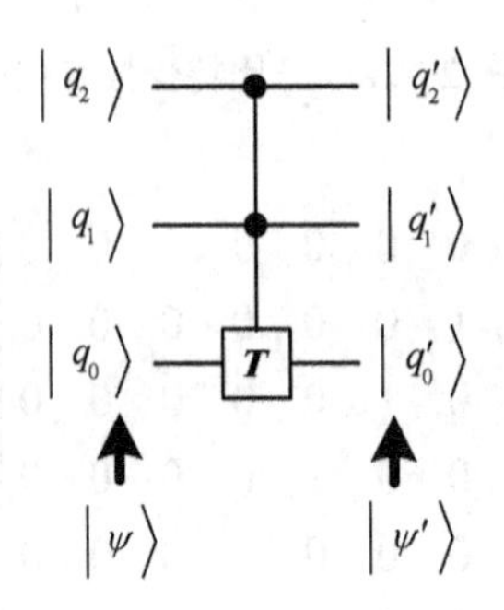

图 2-29　三比特受控$\boldsymbol{T}$门

三比特受控$\boldsymbol{T}$门的酉矩阵为

$$C^2(\boldsymbol{T})=\begin{bmatrix}1&0&0&0&0&0&0&0\\0&1&0&0&0&0&0&0\\0&0&1&0&0&0&0&0\\0&0&0&1&0&0&0&0\\0&0&0&0&1&0&0&0\\0&0&0&0&0&1&0&0\\0&0&0&0&0&0&1&0\\0&0&0&0&0&0&0&\mathrm{e}^{\mathrm{i}\pi/4}\end{bmatrix}=\begin{bmatrix}\boldsymbol{I}&\boldsymbol{0}\\\boldsymbol{0}&\boldsymbol{T}\end{bmatrix} \tag{2-66}$$

设演化前量子态$|\psi\rangle$如式（2-52）所示，经三比特受控$\boldsymbol{T}$门演化后的状态为

$$\begin{aligned}|\psi'\rangle&=C^2(\boldsymbol{T})|\psi\rangle\\&=\begin{bmatrix}1&0&0&0&0&0&0&0\\0&1&0&0&0&0&0&0\\0&0&1&0&0&0&0&0\\0&0&0&1&0&0&0&0\\0&0&0&0&1&0&0&0\\0&0&0&0&0&1&0&0\\0&0&0&0&0&0&1&0\\0&0&0&0&0&0&0&\mathrm{e}^{\mathrm{i}\pi/4}\end{bmatrix}\begin{bmatrix}z_0\\z_1\\z_2\\z_3\\z_4\\z_5\\z_6\\z_7\end{bmatrix}\end{aligned}$$

$$=\begin{bmatrix} z_0 \\ z_1 \\ z_2 \\ z_3 \\ z_4 \\ z_5 \\ z_6 \\ z_7\mathrm{e}^{\mathrm{i}\pi/4} \end{bmatrix}$$

$$=z_0|000\rangle+z_1|001\rangle+z_2|010\rangle+z_3|011\rangle+z_4|100\rangle+ z_5|101\rangle+|11\rangle(z_6|0\rangle+z_7\mathrm{e}^{\mathrm{i}\pi/4}|1\rangle) \quad (2-67)$$

量子态演化规律：

（1）控制量子比特的状态 $|q_2q_1\rangle$ 保持不变。

（2）当两个控制量子比特的状态 $|q_2q_1\rangle$ 为 $|11\rangle$ 时，$|q_0\rangle$ 进行 $\boldsymbol{T}$ 门演化。

（3）其他情况，$|q_0\rangle$ 保持不变。

9. 三比特受控 *H* 门（三比特受控 Hadamard 门）

三比特受控 $\boldsymbol{H}$ 门如图 2－30 所示。

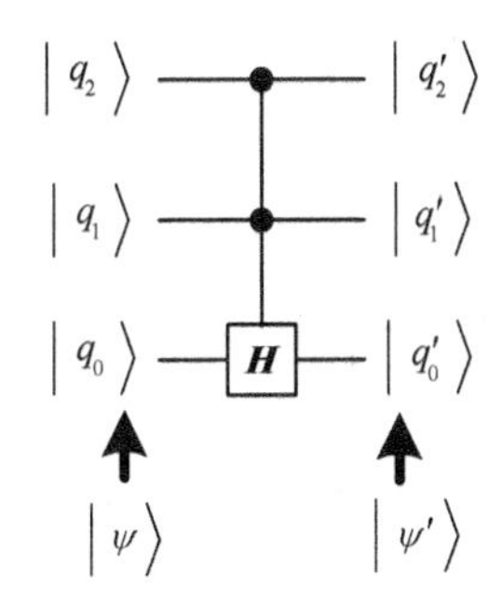

图 2－30　三比特受控 $\boldsymbol{H}$ 门

三比特受控 $\boldsymbol{H}$ 门的酉矩阵为

$$C^2(\boldsymbol{H})=\begin{bmatrix} 1 & 0 & 0 & 0 & 0 & 0 & 0 & 0 \\ 0 & 1 & 0 & 0 & 0 & 0 & 0 & 0 \\ 0 & 0 & 1 & 0 & 0 & 0 & 0 & 0 \\ 0 & 0 & 0 & 1 & 0 & 0 & 0 & 0 \\ 0 & 0 & 0 & 0 & 1 & 0 & 0 & 0 \\ 0 & 0 & 0 & 0 & 0 & 1 & 0 & 0 \\ 0 & 0 & 0 & 0 & 0 & 0 & \frac{1}{\sqrt{2}} & \frac{1}{\sqrt{2}} \\ 0 & 0 & 0 & 0 & 0 & 0 & \frac{1}{\sqrt{2}} & -\frac{1}{\sqrt{2}} \end{bmatrix}=\begin{bmatrix} \boldsymbol{I} & \boldsymbol{0} \\ \boldsymbol{0} & \boldsymbol{H} \end{bmatrix} \quad (2-68)$$

设演化前量子态 $|\psi\rangle$ 如式（2－52）所示，经三比特受控 $\boldsymbol{H}$ 门演化后的状态为

$$
\begin{aligned}
|\psi'\rangle &= C^2(\boldsymbol{H})|\psi\rangle \\
&= \begin{bmatrix} 1 & 0 & 0 & 0 & 0 & 0 & 0 & 0 \\ 0 & 1 & 0 & 0 & 0 & 0 & 0 & 0 \\ 0 & 0 & 1 & 0 & 0 & 0 & 0 & 0 \\ 0 & 0 & 0 & 1 & 0 & 0 & 0 & 0 \\ 0 & 0 & 0 & 0 & 1 & 0 & 0 & 0 \\ 0 & 0 & 0 & 0 & 0 & 1 & 0 & 0 \\ 0 & 0 & 0 & 0 & 0 & 0 & \frac{1}{\sqrt{2}} & \frac{1}{\sqrt{2}} \\ 0 & 0 & 0 & 0 & 0 & 0 & \frac{1}{\sqrt{2}} & -\frac{1}{\sqrt{2}} \end{bmatrix} \begin{bmatrix} z_0 \\ z_1 \\ z_2 \\ z_3 \\ z_4 \\ z_5 \\ z_6 \\ z_7 \end{bmatrix} \\
&= \begin{bmatrix} z_0 \\ z_1 \\ z_2 \\ z_3 \\ z_4 \\ z_5 \\ \frac{z_6 + z_7}{\sqrt{2}} \\ \frac{z_6 - z_7}{\sqrt{2}} \end{bmatrix} \\
&= z_0|000\rangle + z_1|001\rangle + z_2|010\rangle + z_3|011\rangle + z_4|100\rangle + z_5|101\rangle + \\
&\quad |11\rangle\left(z_6\frac{|0\rangle+|1\rangle}{\sqrt{2}} + z_7\frac{|0\rangle-|1\rangle}{\sqrt{2}}\right)
\end{aligned}
\tag{2-69}
$$

量子态演化规律：

（1）控制量子比特的状态$|q_2q_1\rangle$保持不变。

（2）当两个控制量子比特的状态$|q_2q_1\rangle$为$|11\rangle$时，$|q_0\rangle$进行 $\boldsymbol{H}$ 门演化。

（3）其他情况，$|q_0\rangle$保持不变。

10. 三比特受控交换门（三比特受控 SWAP 门，Fredkin 门）

用一个控制量子比特控制两个目标量子比特交换可得到三比特受控交换门，三比特受控交换门如图 2–31 所示。

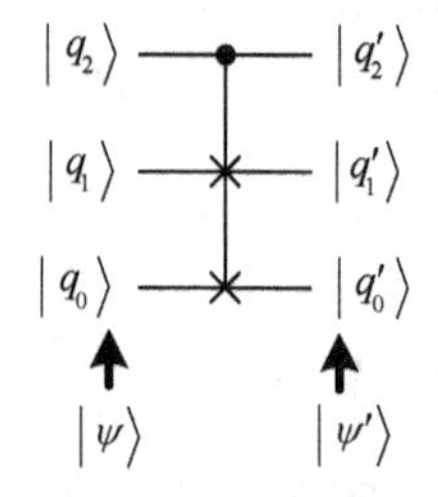

图 2–31　三比特受控交换门

三比特受控交换门的酉矩阵为

$$C(\mathbf{SWAP})=\begin{bmatrix}1&0&0&0&0&0&0&0\\0&1&0&0&0&0&0&0\\0&0&1&0&0&0&0&0\\0&0&0&1&0&0&0&0\\0&0&0&0&1&0&0&0\\0&0&0&0&0&0&1&0\\0&0&0&0&0&1&0&0\\0&0&0&0&0&0&0&1\end{bmatrix}=\begin{bmatrix}\boldsymbol{I}&\mathbf{0}\\\mathbf{0}&\mathbf{SWAP}\end{bmatrix} \tag{2-70}$$

设演化前量子态 $|\psi\rangle$ 如式（2-52）所示，三比特受控交换门演化后的状态为

$$\begin{aligned}|\psi'\rangle&=C(\mathbf{SWAP})|\psi\rangle\\&=\begin{bmatrix}1&0&0&0&0&0&0&0\\0&1&0&0&0&0&0&0\\0&0&1&0&0&0&0&0\\0&0&0&1&0&0&0&0\\0&0&0&0&1&0&0&0\\0&0&0&0&0&0&1&0\\0&0&0&0&0&1&0&0\\0&0&0&0&0&0&0&1\end{bmatrix}\begin{bmatrix}z_0\\z_1\\z_2\\z_3\\z_4\\z_5\\z_6\\z_7\end{bmatrix}\\&=\begin{bmatrix}z_0\\z_1\\z_2\\z_3\\z_4\\z_6\\z_5\\z_7\end{bmatrix}\\&=z_0|000\rangle+z_1|001\rangle+z_2|010\rangle+z_3|011\rangle+z_4|100\rangle+\\&\quad z_6|101\rangle+z_5|110\rangle+z_7|111\rangle\end{aligned} \tag{2-71}$$

与式（2-52）给出的演化前量子态 $|\psi\rangle$ 对比可知：

$$\begin{cases}|000\rangle\to|000\rangle\\|001\rangle\to|001\rangle\\|010\rangle\to|010\rangle\\|011\rangle\to|011\rangle\end{cases}\qquad\begin{cases}|100\rangle\to|100\rangle\\|101\rangle\to|110\rangle\\|110\rangle\to|101\rangle\\|111\rangle\to|111\rangle\end{cases} \tag{2-72}$$

量子态演化规律：

（1）控制量子比特的状态 $|q_2\rangle$ 保持不变。

（2）当控制量子比特的状态$|q_2\rangle$为$|1\rangle$时，$|q_1q_0\rangle$进行 **SWAP** 门演化。

（3）其他情况，$|q_1q_0\rangle$保持不变。

2.1.4 多比特量子门

作用在多个量子比特上的量子门称为多比特量子门。设复合量子态中量子比特从左到右的排列顺序为$q_{n-1}\prec\cdots\prec q_0$，即

$$|q_{n-1}\cdots q_0\rangle \tag{2-73}$$

1. 一般多比特量子门（多比特 *U* 门）

一般多比特量子门如图 2-32 所示。

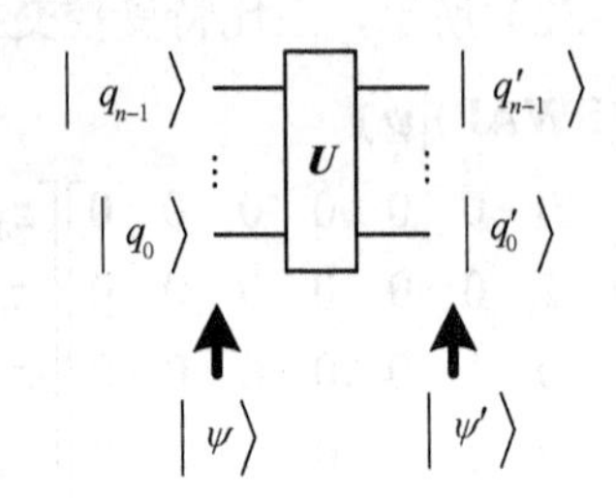

图 2-32　一般多比特量子门

一般多比特量子门的酉矩阵为

$$\boldsymbol{U}=\begin{bmatrix} u_{00} & u_{01} & \cdots & u_{0,2^n-1} \\ u_{10} & u_{11} & \cdots & u_{1,2^n-1} \\ \vdots & \vdots & & \vdots \\ u_{2^n-1,0} & u_{2^n-1,1} & \cdots & u_{2^n-1,2^n-1} \end{bmatrix} \tag{2-74}$$

设演化前量子态为

$$\begin{aligned} |\psi\rangle &= z_0|00\cdots 0\rangle + z_1|00\cdots 1\rangle + \cdots + z_{2^n-1}|11\cdots 1\rangle \\ &= z_0\begin{bmatrix}1\\0\\\vdots\\0\end{bmatrix} + z_1\begin{bmatrix}0\\1\\\vdots\\0\end{bmatrix} + \cdots + z_{2^n-1}\begin{bmatrix}0\\0\\\vdots\\1\end{bmatrix} \\ &= \begin{bmatrix} z_0\\ z_1\\ \vdots \\ z_{2^n-1}\end{bmatrix} \end{aligned} \tag{2-75}$$

量子态$|\psi\rangle$经一般多比特量子门演化后的状态为

$$
\begin{aligned}
|\psi'\rangle &= \boldsymbol{U}|\psi\rangle \\
&= \begin{bmatrix} u_{00} & u_{01} & \cdots & u_{0,2^n-1} \\ u_{10} & u_{11} & \cdots & u_{1,2^n-1} \\ \vdots & \vdots & & \vdots \\ u_{2^n-1,0} & u_{2^n-1,1} & \cdots & u_{2^n-1,2^n-1} \end{bmatrix} \begin{bmatrix} z_0 \\ z_1 \\ \vdots \\ z_{2^n-1} \end{bmatrix}
\end{aligned} \tag{2-76}
$$

由于没有给出矩阵中元素的具体数值，这里未给出矩阵相乘后的形式。

根据量子力学基本假设 4（复合量子系统），可用单比特量子门、双比特量子门和三比特量子门复合后得到多比特量子门。

下面介绍最常用的多比特受控门。

2. *m* 比特控制 *k* 比特的 *n* 比特受控 *U* 门

一般 m 比特控制 k 比特的 n 比特受控 $\boldsymbol{U}$ 门如图 2－33 所示，且 $n=m+k$。

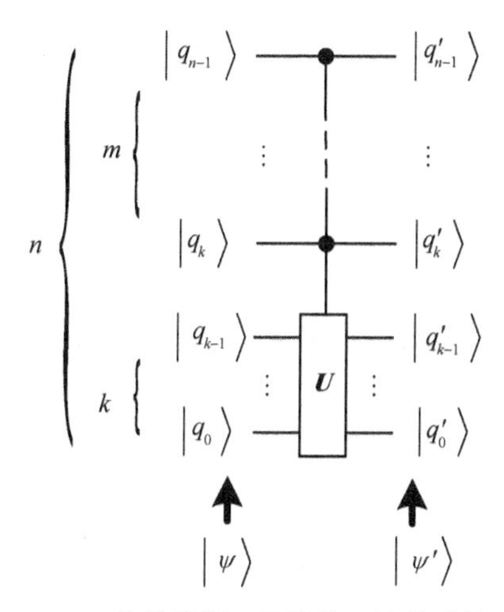

图 2－33　m 比特控制 k 比特的 n 比特受控 $\boldsymbol{U}$ 门

m 比特控制 k 比特的 n 比特受控 $\boldsymbol{U}$ 门的酉矩阵为

$$
C_k^m(\boldsymbol{U}) = \begin{bmatrix} \boldsymbol{I} & \boldsymbol{0} \\ \boldsymbol{0} & \boldsymbol{U} \end{bmatrix} \tag{2-77}
$$

其中，$\boldsymbol{I}$ 为 $(2^n-2^k)\times(2^n-2^k)$ 的单位矩阵，$\boldsymbol{U}$ 为 $2^k\times 2^k$ 的酉矩阵，即

$$
\begin{cases}
\boldsymbol{I} = \boldsymbol{I}_{(2^n-2^k)\times(2^n-2^k)} \\
\boldsymbol{U} = \boldsymbol{U}_{2^k\times 2^k} = \begin{bmatrix} u_{00} & u_{01} & \cdots & u_{0,2^k-1} \\ u_{10} & u_{11} & \cdots & u_{1,2^k-1} \\ \vdots & \vdots & & \vdots \\ u_{2^k-1,0} & u_{2^k-1,1} & \cdots & u_{2^k-1,2^k-1} \end{bmatrix}
\end{cases} \tag{2-78}
$$

演化前量子态 $|\psi\rangle$ 为 $2^n\times 1$ 列矩阵，即

$$\begin{aligned}
|\psi\rangle &= z_0|00\cdots0\rangle + z_1|00\cdots1\rangle + \cdots + z_{2^n-1}|11\cdots1\rangle \\
&= z_0\begin{bmatrix}1\\0\\\vdots\\0\\0\\\vdots\\0\end{bmatrix} + z_1\begin{bmatrix}0\\1\\\vdots\\0\\0\\\vdots\\0\end{bmatrix} + \cdots + z_{2^n-2^k-1}\begin{bmatrix}0\\0\\\vdots\\1\\0\\\vdots\\0\end{bmatrix} + z_{2^n-2^k}\begin{bmatrix}0\\0\\\vdots\\0\\1\\\vdots\\0\end{bmatrix} + \cdots + z_{2^n-1}\begin{bmatrix}0\\0\\\vdots\\0\\0\\\vdots\\1\end{bmatrix} \\
&= \begin{bmatrix} z_0\\ z_1\\ \vdots\\ z_{2^n-2^k-1}\\ z_{2^n-2^k}\\ \vdots\\ z_{2^n-1}\end{bmatrix} \\
&= \begin{bmatrix}\boldsymbol{Z}_m\\ \boldsymbol{Z}_k\end{bmatrix}
\end{aligned} \tag{2-79}$$

其中，$\boldsymbol{Z}_m$ 为 $(2^n-2^k)\times 1$ 的列矩阵，$\boldsymbol{Z}_k$ 为 $2^k\times 1$ 的列矩阵，即

$$\begin{cases}
\boldsymbol{Z}_m = \boldsymbol{Z}_{(2^n-2^k)\times 1} = \begin{bmatrix} z_0\\ z_1\\ \vdots\\ z_{2^n-2^k-1}\end{bmatrix} \\
\boldsymbol{Z}_k = \boldsymbol{Z}_{2^k\times 1} = \begin{bmatrix} z_{2^n-2^k}\\ \vdots\\ z_{2^n-1}\end{bmatrix}
\end{cases} \tag{2-80}$$

演化后的状态为

$$\begin{aligned}
|\psi'\rangle &= C_k^m(\boldsymbol{U})|\psi\rangle \\
&= \begin{bmatrix}\boldsymbol{I} & \boldsymbol{0}\\ \boldsymbol{0} & \boldsymbol{U}\end{bmatrix}\begin{bmatrix}\boldsymbol{Z}_m\\ \boldsymbol{Z}_k\end{bmatrix} \\
&= \begin{bmatrix}\boldsymbol{Z}_m\\ \boldsymbol{U}\boldsymbol{Z}_k\end{bmatrix}
\end{aligned} \tag{2-81}$$

量子态演化规律：

（1）控制量子比特的状态 $|q_{n-1}\cdots q_k\rangle$ 演化前后保持不变。

（2）当控制量子比特的状态 $|q_{n-1}\cdots q_k\rangle$ 为 $|1\cdots1\rangle$ 时，$|q_{k-1}\cdots q_0\rangle$ 进行 $\boldsymbol{U}$ 门演化。

（3）其他情况下，$|q_{k-1}\cdots q_0\rangle$ 保持不变。

常用的 $\boldsymbol{U}$ 门为 $\boldsymbol{X}$、$\boldsymbol{Y}$、$\boldsymbol{Z}$、$\boldsymbol{P}$、$\boldsymbol{S}$、$\boldsymbol{T}$、$\boldsymbol{H}$ 和 **SWAP** 门。演化矩阵和演化规律与前面介绍的双比特受控门和三比特受控门类似，这里不再赘述。

2.1.5　互补逻辑控制

当每个控制量子比特均为$|1\rangle$时，目标量子比特进行 $\boldsymbol{U}$ 门演化，起到条件演化的作用。有时需要其他条件控制目标量子比特进行 $\boldsymbol{U}$ 门演化。例如：当全部控制量子比特均为$|0\rangle$，或有的为$|0\rangle$、有的为$|1\rangle$时，对目标量子比特进行 $\boldsymbol{U}$ 门演化。互补逻辑控制可以表示这种情况。图 2－34 为互补逻辑三比特受控 $\boldsymbol{U}$ 门。

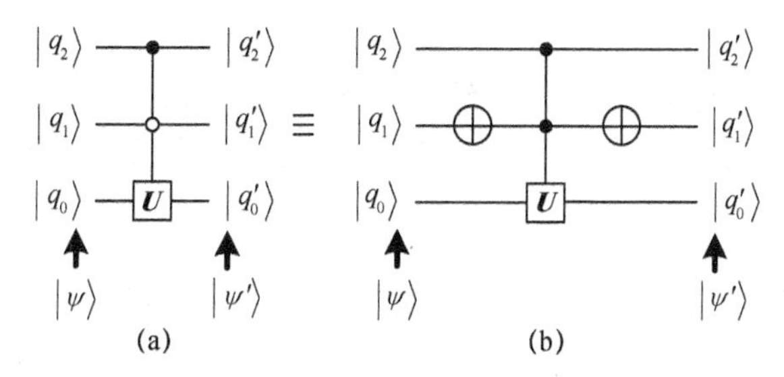

图 2－34　互补逻辑三比特受控 $\boldsymbol{U}$ 门

如图 2－34（a）所示，用空心点表示互补逻辑控制。该互补逻辑三比特受控 $\boldsymbol{U}$ 门的演化规律如下：

（1）控制量子比特的状态$|q_2q_1\rangle$演化前后保持不变；

（2）当两个控制量子比特的状态$|q_2q_1\rangle$为$|10\rangle$时，$|q_0\rangle$进行 $\boldsymbol{U}$ 门演化；

（3）其他情况下，目标量子比特的状态$|q_0\rangle$保持不变。

如图 2－34（b）所示，在互补逻辑控制量子比特对$|q_0\rangle$进行控制演化前后各增加一个量子非门，就可以将空心点（控制点）改为实心点，演化规律不变。所以互补逻辑受控量子门与前面介绍的受控量子门没有本质区别，今后统称为受控量子门。

2.2　测　　量

测量.mp4

本书采用正交基上的投影测量。根据量子力学基本假设 3（测量假设），对单量子比特的投影测量将导致量子态坍缩为基态$|0\rangle$或$|1\rangle$，用如图 2－35 所示的符号表示测量。

图 2－35　测量

一般认为量子线路最终总要进行测量操作。即使量子线路中未画出测量，也默认最后一个装置为测量。

图 2－35 给出了两个测量符号，左图给出的测量符号表示测量结果不再被使用，右图给出的测量符号表示测量结果仍然可以使用。例如，用测量结果控制其他量子比特的演化。

对量子比特$|\phi\rangle = a|0\rangle + b|1\rangle$进行测量，将以概率$|a|^2$坍缩为$|0\rangle$，以概率$|b|^2$坍缩为$|1\rangle$。测

量后的量子态相当于经典比特，用双线表示。

图 2－36 给出了图 2－35 中所示两种测量符号的使用例子。

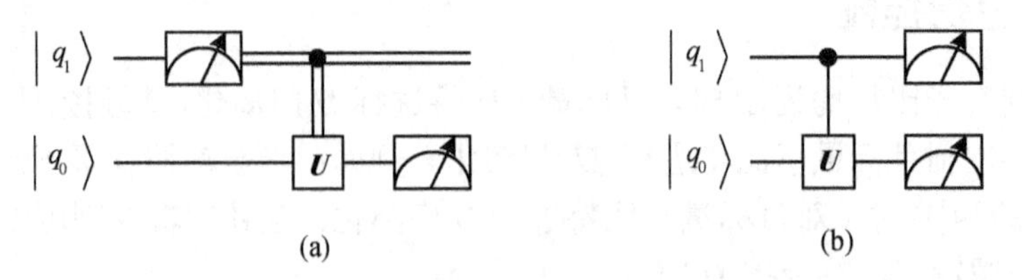

图 2－36　测量实例

图 2－36（a）表示用对$|q_1\rangle$测量后的结果控制是否对$|q_0\rangle$进行 $\boldsymbol{U}$ 门演化。图 2－36（b）表示先用状态$|q_1\rangle$控制是否对$|q_0\rangle$进行 $\boldsymbol{U}$ 门演化，然后再对$|q_1\rangle$进行测量。

关于测量有以下两个重要原理。

（1）**推迟测量原理**（principle of deferred measurement）：总可以将测量从量子线路的中间阶段移到末端；若测量结果用于量子线路的某个过程，相当于经典条件运算，可通过将测量移到末端，用量子条件运算代替。

（2）**隐含测量原理**（principle of implicit measurement）：量子线路中末端未被测量的量子比特总可以假设为被测量。

2.3　量子线与量子线路

概述.mp4

实际电子电路是用实际导线将实际电子元器件连接而成的物理系统。电子电路模型是由理想化导线将理想化电子元器件连接而成的。

实际量子系统应该包括初始量子态、量子门和测量装置。量子线路是实际量子系统的一种模型。

产生初始量子态的过程称为量子初态的制备，量子线路模型中不包含这部分。一般直接给定量子初态，通常默认所有量子比特的初态均为$|0\rangle$（相当于经典状态）。量子比特初态经一系列量子门的作用进行演化，并在演化过程中或演化完成后进行测量。

量子比特的演化和测量可能同步进行，也可能分步进行。不同于电子电路（电子沿导线流经某些元器件），量子比特的演化和测量不一定要通过一段物理导线将量子比特从一个量子门输出后再进入另一个量子门。有可能是不同的量子门在不同时刻作用到量子比特上（不一定是量子比特在移动），或通过某种方式（但不一定导线）将量子比特从一个量子门移动到另一个量子门。

量子线路（quantum circuit）也用到线（wire）的概念，但这里的线不必对应物理上的连接，而是对应一段流动的时间或在空间移动的物理粒子（比如光子），称为量子线（quantum wire）。

量子线路中的量子线通常有两个含义：① 表示时间的流动（本书按从左到右表示时间的

流动方向，量子态的演化顺序也是从左到右）；② 表示量子比特或承载量子比特的量子寄存器（quantum register）。为了与经典电子电路区别，本书用“量子线路”这一术语，而未用“量子电路”这一术语。

在量子线路中一般不用经典电子电路中所谓“输入”和“输出”的说法，原因是量子态在量子门的作用下演化为新的量子态，这种作用不一定是物理粒子从量子门对应的物理装置的某个地方输入，再从某个地方输出。比如量子门的作用可能是一束适当能量的光以适当的方式照射某个基本粒子，也可能是某个光子穿过光分束器（PBS）等，所以一般称为量子态的演化（evolution）。有时也会用“输入”和“输出”这一说法，只要明确其含义即可。图 2－37 给出了一个简单量子线路。下面以图 2－37（a）为例，介绍量子线路的要素及约定。

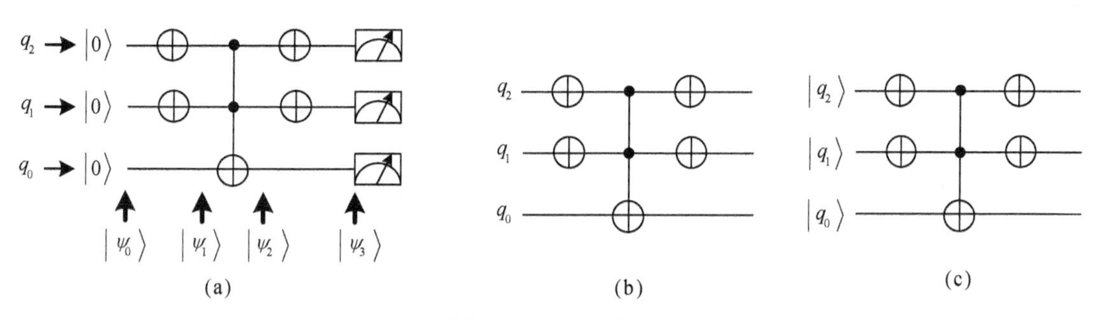

图 2－37　量子线路

该量子线路描述了一个三比特的量子系统，量子比特分别为 q_2、q_1 和 q_0。一般将量子线路中最下面的量子用 q_0 表示，并从下到上按顺序排列。即最下面的量子线代表 q_0，中间的量子线代表 q_1，最上面的量子线代表 q_2。有时为了分析方便，也会采用不同的排列方式，根据实际情况说明即可。

$|\psi_0\rangle$ 表示该量子系统的初态。规定量子线路描述的演化顺序是从左到右。图 2－37（a）描述的量子系统经过了 5 个量子门的演化，演化后的状态分别为 $|\psi_1\rangle$、$|\psi_2\rangle$ 和 $|\psi_3\rangle$。

初态为

$$|\psi_0\rangle = |q_2q_1q_0\rangle = |000\rangle$$

量子态表达式中量子比特从左到右的排列排序一般用 $q_2 \prec q_1 \prec q_0$ 表示。根据前面介绍的有关量子非门和 Toffoli 门（三比特受控非门）的演化规律可知：

$$|\psi_0\rangle = |q_2q_1q_0\rangle = |000\rangle$$
$$|\psi_1\rangle = |q_2q_1q_0\rangle = |110\rangle$$
$$|\psi_2\rangle = |q_2q_1q_0\rangle = |111\rangle$$
$$|\psi_3\rangle = |q_2q_1q_0\rangle = |001\rangle$$

由测量假设可知，测量将以 100%的概率得到系统状态 $|\psi_3\rangle = |q_2q_1q_0\rangle = |001\rangle$，或者说将以 100%的概率得到 q_2 的状态为 $|0\rangle$，q_1 的状态为 $|0\rangle$，q_0 的状态为 $|1\rangle$，与经典逻辑运算相当。

在不影响理解和分析的情况下，也可用图 2－37（b）或图 2－37（c）表示图 2－37（a）所示量子线路。从图 2－37 可知量子线路至少应该包括量子比特（标识）、量子门、量子线，

并需要指明初态（本书规定每个量子比特初态为$|0\rangle$）及演化顺序（本书采用从左到右的顺序）。根据隐含测量原理，量子线路末端的测量可不必画出。

量子线路有以下特殊约定。电子电路允许的反馈、扇入、扇出等在量子线路是禁止的。经典系统中的反馈意味着从输出取出一部分电子反馈到输入，扇入意味着几个支路的电子汇集到一个输入，扇出意味着将电子分流。而量子线路的每条线仅代表一个量子，不能存在反馈（量子线路是无环的）、扇入和扇出。$\boldsymbol{U}$门为方阵，量子线路的初始量子比特数与演化后的量子比特数必须相等。图 2－38 给出了上面提到的量子线路所禁止情况。

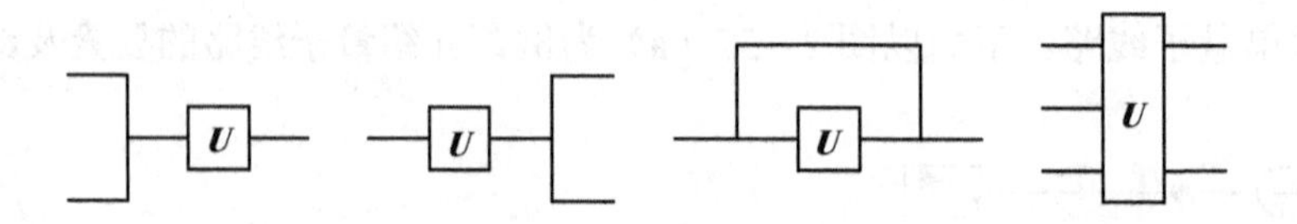

图 2－38　非法量子线路

为了简化量子线路的描述，有时会将多个量子线用如图 2－39 所示的量子总线的方式描述。

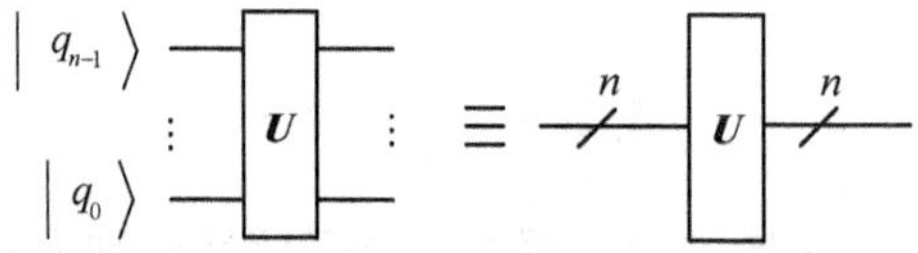

图 2－39　量子总线

若量子态均为$|0\rangle$，可以用指数形式的张量积表示，即

$$|0\rangle^{\otimes n}=|0\cdots 0\rangle$$

对于多个相同单比特量子门同时作用的复合 n 比特量子门，可以用指数形式的张量积表示，即

$$\boldsymbol{H}^{\otimes n}=\boldsymbol{H}\otimes\cdots\otimes\boldsymbol{H}$$

量子线路是以量子力学 4 个基本假设为前提而建立的，这 4 个基本假设是经实验验证的，并且还未发现违背这 4 个基本假设的物理现象。所以一个量子线路可以严格对应一个实际物理系统。

量子力学基本假设 1 要求的是一个孤立的物理系统，而能够作为一个真正孤立的物理系统可能只有整个宇宙这一个系统。考虑到实际应用，针对具体研究对象，尽管不是绝对孤立的，忽略一些对具体应用影响微弱的次要分系统，近似认为它是孤立系统，简化分析和设计。

量子线路与量子力学 4 个基本假设相对应，而且直观、方便。对熟悉电子电路模型的读者来讲，量子线路接受起来更容易，是研究量子系统的重要工具。

与电子电路类似，量子线路主要涉及建模、分析与综合三个方面。建模就是根据实际量子系统或在符合量子力学 4 个基本假设前提下建立量子线路模型。分析就是对量子线路模型的功能进行分析。综合就是在给定指标条件下设计量子线路。

2.4　简单量子线路

本节运用前面介绍的基本量子门演化矩阵或演化规律分析一些简单量子线路。通过分析这些简单量子线路的功能，介绍可逆性、叠加性、纠缠性、不可克隆性等量子系统特有的资源，利用这些资源可以实现经典系统无法实现的功能。

2.4.1　量子线路的可逆性

可逆性.mp4

量子线路的可逆性是指由演化后的状态（不包含测量）可以确定演化前的状态。

如图 2-40 所示，量子态$|\psi_0\rangle$经 $\boldsymbol{U}$ 门演化后得到$|\psi_1\rangle$。由于$\boldsymbol{U}^\dagger\boldsymbol{U}=\boldsymbol{U}^{-1}\boldsymbol{U}=\boldsymbol{I}$，所以再经过$\boldsymbol{U}^\dagger$演化后可恢复原来的状态，即$|\psi_2\rangle=|\psi_0\rangle$。

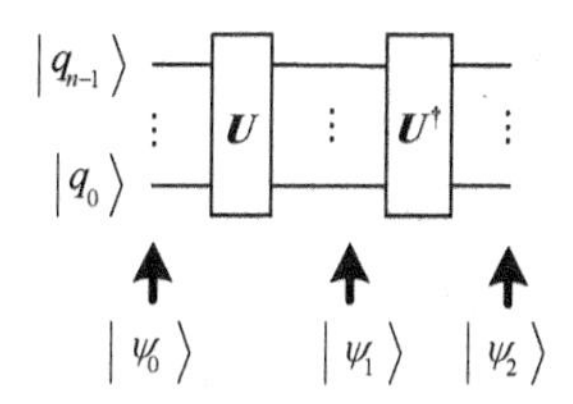

图 2-40　量子线路的可逆性

利用演化矩阵的酉性可以很容易证明这一性质，即

$$|\psi_1\rangle=\boldsymbol{U}|\psi_0\rangle \tag{2-82}$$

$$\begin{aligned}|\psi_2\rangle&=\boldsymbol{U}^\dagger|\psi_1\rangle\\&=\boldsymbol{U}^\dagger\boldsymbol{U}|\psi_0\rangle\\&=|\psi_0\rangle\end{aligned} \tag{2-83}$$

另外由式（2-82）可知

$$\boldsymbol{U}^\dagger|\psi_1\rangle=\boldsymbol{U}^\dagger\boldsymbol{U}|\psi_0\rangle=|\psi_0\rangle$$

即

$$|\psi_0\rangle=\boldsymbol{U}^\dagger|\psi_1\rangle \tag{2-84}$$

式（2-84）表示当图 2-40 从右向左反向演化时，$|\psi_1\rangle$反向经过 $\boldsymbol{U}$ 门（进行$\boldsymbol{U}^\dagger$演化）作用可得到$|\psi_0\rangle$。$\boldsymbol{U}^\dagger$对应的量子线路是$\boldsymbol{U}$对应量子线路的反向演化。若$\boldsymbol{U}$为正运算，$\boldsymbol{U}^\dagger$就是逆运算。

量子线路模型是量子计算机的基本模型，量子计算机完成的是可逆运算（reverable computation）。关于可逆运算的意义有以下 Landauer 原理。

Landauer 原理　计算机每擦除 1 bit 的信息，散发到环境中的能量至少是$k_{\mathrm{B}}T\ln 2$，其中k_{B}是玻尔兹曼常量，T是环境的热力学温度。

Landauer 原理从计算的物理性质出发给出了计算机消耗能量的下限。能耗意味产生热量，是影响集成度的重要因素。量子系统是可逆系统，不擦除任何信息，意味着量子系统在计算方式的意义上具有零功耗下限，这是一个十分重要的结论。

经典计算机的计算是通过经典逻辑门实现的，是不可逆的。例如一个两输入/单输出的与门，即使不进行测量操作，也无法从输出状态恢复输入状态，即双比特输入/单比特输出将擦除 1 个比特的信息，产生 $k_B T \ln 2$ 的能量损失。

测量算符不是酉算符，即测量操作是不可逆操作，不能根据测量结果恢复测量前的量子态。根据 Landauer 原理可知测量将导致信息擦除，从而带来损耗。

摩尔定律指出单片集成晶体管的密度大约每两年增加一倍，自集成电路出现以来的几十年的发展证明了该定律一直是正确的，但现在人们有充分理由怀疑该定理在不久的未来是否还会有效。

随着集成度的提高，器件越来越小。当集成工艺达到原子级的量子水平时，Landauer 原理给出的结论将起决定性作用。经典的不可逆计算会导致信息擦除，进而导致物理器件的发热，这种损耗是无法通过改进制造工艺来解决的。在量子水平下，摩尔定律最终将失效，一种解决方法就是采用可逆运算。

由于量子态每增加 1 bit，其维数增加 1 倍，计算能力也将提高 1 倍。所以有摩尔定律的量子版本：若量子系统每两年增加 1 bit，量子系统将保持与经典系统相同的发展速度。

在量子线路设计中常常用到可逆性，比如加法量子线路的反向演化相当于减法运算，乘法量子线路的反向演化相当于除法运算，正指数幂运算的反向演化相当于负指数幂运算。量子线路的可逆性为量子线路的设计带来极大方便。下面介绍运用可逆性原理的退计算（uncomputation）技术。

量子比特是一种珍贵资源，运算时应尽量减少浪费，重复使用，退计算是实现该目的的重要技术。如图 2－41 所示的量子线路描述了利用可逆性的退计算技术的基本原理。

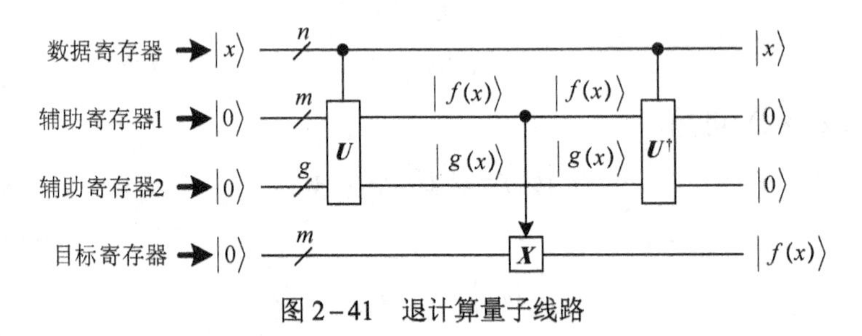

图 2－41　退计算量子线路

图 2－41 中的数据寄存器（data register）相当于需要计算的某个函数 $f(x)$ 的自变量 x。目标寄存器（target register）用于保存计算结果 $f(x)$。

经典函数 $f(x)$ 可能是不可逆的，需要用到另外两个辅助寄存器（ancilla register）或临时寄存器（temporary register），保证整个运算的可逆性，辅助完成计算。两个辅助寄存器的初态均为 $|0\rangle$。

辅助寄存器 1 用于保存中间计算结果。辅助寄存器 2 产生的量子比特称为垃圾比特（garbage qubit），垃圾比特对计算结果无意义，起到辅助可逆计算的作用。

该量子线路首先用数据寄存器控制辅助寄存器进行 $\boldsymbol{U}$ 门演化，产生中间计算结果 $f(x)$ 和垃圾 $g(x)$。用中间运算结果对目标寄存器进行受控非门演化。由受控非门演化的特点可知，当控制量子比特为 $|0\rangle$ 时，目标量子保持不变，即为 $|0\rangle$。当控制量子比特为 $|1\rangle$ 时，目标量子比特取非，即 $|1\rangle$，相当于将计算结果复制到目标寄存器。由于受控量子门不改变控制比特的状态，所以辅助寄存器保持不变，为退计算创造了条件。最后经过受控 $\boldsymbol{U}^{\dagger}$ 演化，将两个辅助寄存器的状态恢复到初态 $|0\rangle$。

该量子线路的最终结果是：数据寄存器保持不变，目标寄存器保存计算结果，辅助寄存器恢复到初态 $|0\rangle$。辅助寄存器可被后面的量子线路继续使用，从而实现辅助量子比特重复利用的目的。

退计算的基本步骤归纳为：

（1）用数据寄存器控制辅助寄存器计算 $f(x)$。数据寄存器作为控制使用，不会改变数据寄存器的状态，仍然可以被量子线路的其他部分使用。

（2）将辅助寄存器作为控制，用受控非门将辅助寄存器中的计算结果复制到目标寄存器。该过程不会改变辅助寄存器的状态，为退计算提供了条件。

（3）将步骤（1）的量子线路的进行反向演化，使辅助寄存器恢复到初始状态。

下面通过一个实现经典逻辑单比特半加器的可逆量子线路的实例说明退计算的应用。

表 2－1 是经典逻辑单比特半加器的真值表。其中 q_1 和 q_0 为两个经典单比特加数和被加数，q_s 为 q_1 和 q_0 按二进制相加的结果，q_c 为相加后的进位。这是一个非可逆计算，因为当 $q_sq_c = 10$ 时，$q_1q_0 = 01$ 或 $q_1q_0 = 10$，所以无法根据 q_sq_c 得到 q_1q_0。

表 2－1　经典逻辑单比特半加器真值表

q_1	q_0	q_s	q_c
0	0	0	0
0	1	1	0
1	0	1	0
1	1	0	1

图 2－42 是实现经典逻辑半加器的可逆量子线路。

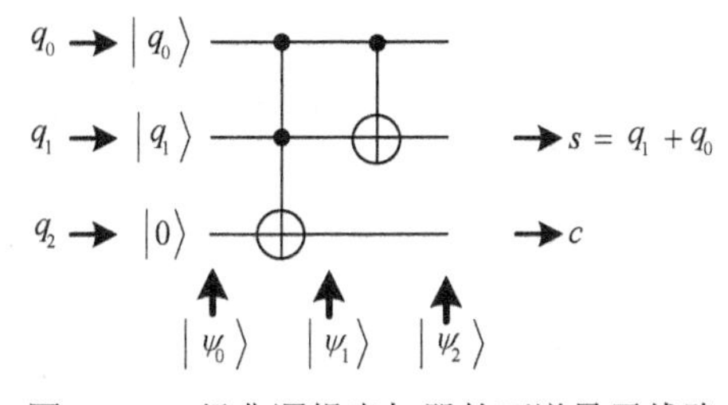

图 2－42　经典逻辑半加器的可逆量子线路

量子态 $|q_0\rangle$ 和 $|q_1\rangle$ 对应经典比特 q_0 和 q_1，$|q_2\rangle$ 的初态为 $|0\rangle$。

量子态$|q_1q_0\rangle$可分别取$|00\rangle$、$|01\rangle$、$|10\rangle$和$|11\rangle$，系统状态用$|q_2q_1q_0\rangle$表示。

根据受控非门的演化规律可知 4 种情况下$|\psi_0\rangle \to |\psi_1\rangle \to |\psi_2\rangle$的演化过程为

$$\begin{cases} |000\rangle \to |000\rangle \to |000\rangle \\ |001\rangle \to |001\rangle \to |011\rangle \\ |010\rangle \to |010\rangle \to |010\rangle \\ |011\rangle \to |111\rangle \to |101\rangle \end{cases}$$

对照表 2-1 可知演化结束后，$|q_1\rangle$的状态对应q_1和q_0的二进制相加，$|q_2\rangle$的状态对应相加后的进位，$|q_0\rangle$的状态与计算结果无关。

该可逆半加器存在以下两个问题：

（1）演化结束的状态只有$|q_1\rangle$和$|q_2\rangle$对计算结果有意义，$|q_0\rangle$为垃圾。

（2）加数$|q_1\rangle$演化后发生了变化，无法再被量子线路的其他部分使用。

采用上面介绍的退计算技术可解决这两个问题，如图 2-43 所示。

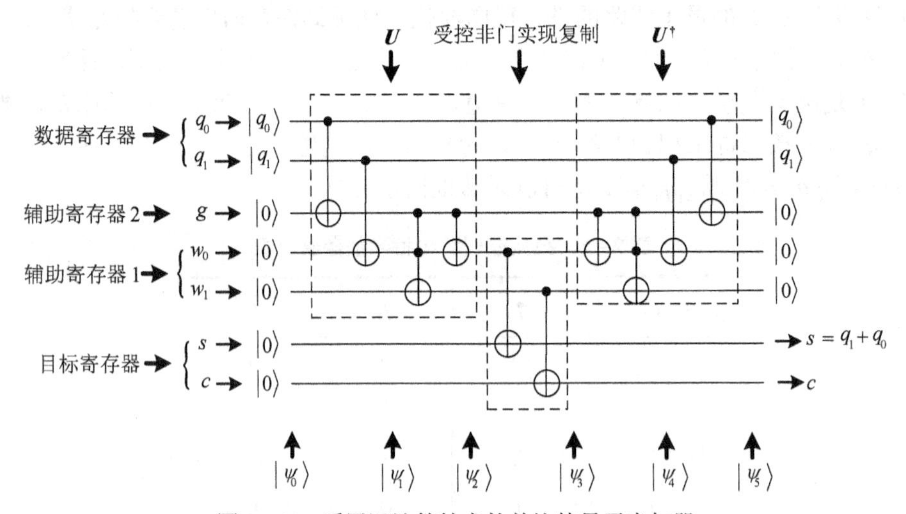

图 2-43　采用退计算技术的单比特量子半加器

图 2-43 中的 3 个虚线框对应退计算的 3 个步骤。

左起第一个虚线框对应进行受控 **U** 门演化。该 **U** 门演化有两个功能：① 利用前两个受控非门将数据寄存器中的数据复制到辅助寄存器中；② 用如图 2-42 所示的两个受控非门完成可逆半加器的运算。该半加器演化后的量子比特中的两个为计算结果，另一个为垃圾。该过程不会改变数据寄存器q_0和q_1中的内容。

中间虚线框中的两个受控非门将辅助寄存器的计算结果复制到目标寄存器。该复制过程不会改变辅助寄存器的内容。

最后一个虚线框中的量子线路是左起第一个虚线框中的量子线路的逆运算，由可逆性可知其作用是将辅助寄存器的内容恢复到初态。

量子态$|q_1q_0\rangle$分别取$|00\rangle$、$|01\rangle$、$|10\rangle$和$|11\rangle$，系统状态用$|cs\rangle|w_1w_0g\rangle|q_1q_0\rangle$表示。根据如图 2-42 所示的演化结果可知$|\psi_0\rangle \to |\psi_1\rangle \to |\psi_2\rangle \to |\psi_3\rangle \to |\psi_4\rangle \to |\psi_5\rangle$的演化过程为

$$\begin{cases}|00\rangle|000\rangle|00\rangle \to |00\rangle|000\rangle|00\rangle \to |00\rangle|000\rangle|00\rangle \to |00\rangle|000\rangle|00\rangle \to |00\rangle|000\rangle|00\rangle \to |00\rangle|000\rangle|00\rangle \\ |00\rangle|000\rangle|01\rangle \to |00\rangle|001\rangle|01\rangle \to |01\rangle|011\rangle|01\rangle \to |01\rangle|011\rangle|01\rangle \to |01\rangle|001\rangle|01\rangle \to |01\rangle|000\rangle|01\rangle \\ |00\rangle|000\rangle|10\rangle \to |00\rangle|010\rangle|10\rangle \to |00\rangle|010\rangle|10\rangle \to |01\rangle|010\rangle|10\rangle \to |01\rangle|010\rangle|10\rangle \to |01\rangle|000\rangle|10\rangle \\ |00\rangle|000\rangle|11\rangle \to |00\rangle|011\rangle|11\rangle \to |00\rangle|101\rangle|11\rangle \to |10\rangle|101\rangle|11\rangle \to |10\rangle|011\rangle|11\rangle \to |10\rangle|000\rangle|11\rangle \end{cases}$$

至此完成了量子半加器功能。采用了退计算技术的半加器看起来比未采用退计算技术的半加器复杂，但有两个好处：① 数据寄存器中的内容保持不变，量子线路的其他部分可重复使用；② 完成计算后，辅助寄存器的内容恢复为$|0\rangle$，可重复使用，没有垃圾。

该线路运行一次只能完成一种情况的加法运算，看起来和经典半加器相比，除了可逆计算带来的零下限损耗外，没有什么更多的好处。

由于可逆线路的数据寄存器允许叠加态的存在，该线路运行一次就可完成两个单比特的4次加法运算，即并行计算。这是经典数字逻辑电路无法做到的。

2.4.2 量子态的叠加性

叠加性.mp4

在介绍量子态的叠加性之前先讨论一下经典比特的状态。图2-44是实现经典比特状态的电路模型。

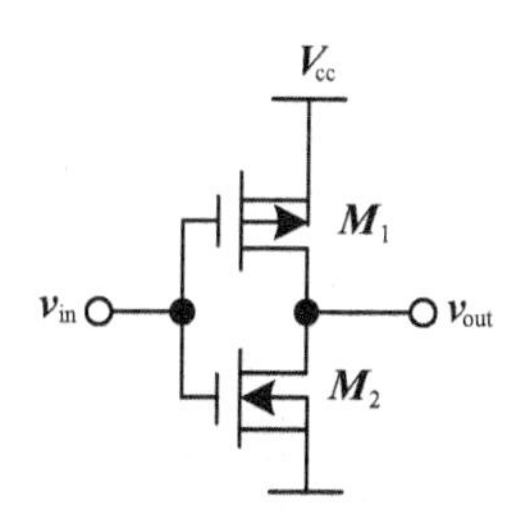

图2-44 经典比特实现

该电路采用互补MOSFET实现，M_1为P-MOSFET，M_2为N-MOSFET。当输入控制电压v_{in}为高电平时，M_2导通，M_1截止，输出电压v_{out}为低电平。当输入控制电压v_{in}为低电平时，M_2截止，M_1导通，输出电压v_{out}为高电平。用低电平表示经典比特状态0，用高电平表示经典比特状态1。图2-44相当于一个单比特经典非门。

经典比特的状态只有两种可能，或0或1，而且在任何时刻只能为两种状态之一。

量子比特的状态包含了经典比特的状态，但还存在经典比特没有的状态，即叠加态。

根据量子力学基本假设可知一个合法的单比特量子态是二维希尔伯特空间的单位向量，即

$$\begin{aligned}|\psi\rangle &= \begin{bmatrix} a \\ b \end{bmatrix} \\ &= a\begin{bmatrix} 1 \\ 0 \end{bmatrix} + b\begin{bmatrix} 0 \\ 1 \end{bmatrix} \\ &= a|0\rangle + b|1\rangle \end{aligned} \tag{2-85}$$

其中

$$|a|^2+|b|^2=1 \tag{2-86}$$

若 a 和 b 只能取 0 和 1，且满足式（2-86），则只有两种可能的经典状态，即 $|0\rangle$ 或 $|1\rangle$。

量子力学基本假设仅要求量子态满足式（2-86）。a 和 b 只要满足式（2-86），可以取 0 和 1 以外的任意复数，如量子态

$$|\psi\rangle=\frac{|0\rangle+|1\rangle}{\sqrt{2}} \tag{2-87}$$

这样的量子态到底有多少？在第 1 章中介绍过，单比特量子态可以表示为三维单位球面（布洛赫球面）上的一个点，即单比特合法的量子态有无穷多个。即使考虑到实际有可能实现的量子态，单比特量子态也远比单比特经典态多。这是否意味着单量子比特可表示比单经典比特多得多的信息？应该如何利用这些资源？

从应用角度出发，量子态所含信息需要提取出来才有意义，量子力学基本假设 3 给出了测量一个量子态应该满足的规则。

例如对于某个处于式（2-87）描述的单比特量子系统，通过计算基下的测量观察量子态，只能得到以下信息：测量结果为 0 和 1 的概率各为 50%；若测量结果为 0，量子系统的状态将由 $\frac{|0\rangle+|1\rangle}{\sqrt{2}}$ 坍缩为 $|0\rangle$；若测量结果为 1，量子系统的状态将由 $\frac{|0\rangle+|1\rangle}{\sqrt{2}}$ 坍缩为 $|1\rangle$。

叠加态是计算基的线性组合，含有大量信息。但测量结果却具有概率性，测量只能按一定概率得到一个经典信息。

既然测量结果与经典测量结果没有什么区别，量子系统比经典系统强大在什么地方？关键在测量结果的概率性，这需要“量子方式的思考”。

之所以称“量子方式的思考”，是因为若用经典方式思考，设计出来的量子线路有可能仅仅是经典电路的量子版。该量子线路除了用可逆方式完成经典电路功能外，未必比经典电路功能更强大。从量子力学基本假设出发，抛开经典的思考方式，用量子的思考方式利用量子系统的资源，才有可能设计出功能强大的量子系统。

下面通过几个简单例子介绍利用量子叠加态的量子线路。

例 2-1 分析如图 2-45 所示的通过测量产生随机数的原理。

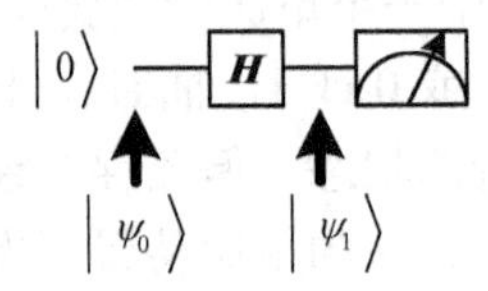

图 2-45 随机数发生器

解：该量子线路仅由一个单比特 $\boldsymbol{H}$ 门和测量构成。设量子初态为 $|\psi_0\rangle=|0\rangle$，$\boldsymbol{H}$ 门的酉矩阵为 $\boldsymbol{H}=\frac{1}{\sqrt{2}}\begin{bmatrix}1 & 1\\1 & -1\end{bmatrix}$，量子初态经 $\boldsymbol{H}$ 门演化后的状态 $|\psi_1\rangle$ 为

$$|\psi_1\rangle=\boldsymbol{H}|\psi_0\rangle=\frac{1}{\sqrt{2}}\begin{bmatrix}1 & 1\\1 & -1\end{bmatrix}\begin{bmatrix}1\\0\end{bmatrix}=\frac{1}{\sqrt{2}}\begin{bmatrix}1\\1\end{bmatrix}=\frac{|0\rangle+|1\rangle}{\sqrt{2}}$$

演化后得到了一个叠加态，经测量将各以 50%的概率得到结果 0 或 1，即通过测量可得

到一个随机数。该随机数发生器产生的随机数是真随机数，因为其随机性是由物理原理决定的。量子系统的测量比经典系统的测量具有更深刻的含义，测量是理解量子系统的重要内容。

例 2－2　用量子线路实现逻辑“与”的并行计算。

解：若用经典与门完成全部逻辑运算，可以采用两种方案：① 一个与门运算 4 次；② 4 个与门同时运算。

若采用量子线路完成逻辑函数的全部运算，可采用一个如图 2－46（a）所示的量子线路。首先分析如图 2－46（b）所示的 Toffoli 门功能。当 q_1q_0 为 00，01，10 时，q_2 的状态保持不变，仍然为 $|0\rangle$。当 q_1q_0 为 11 时，q_2 的状态演化为 $|1\rangle$。图 2－46（b）实现了 q_1 和 q_0 的与运算。

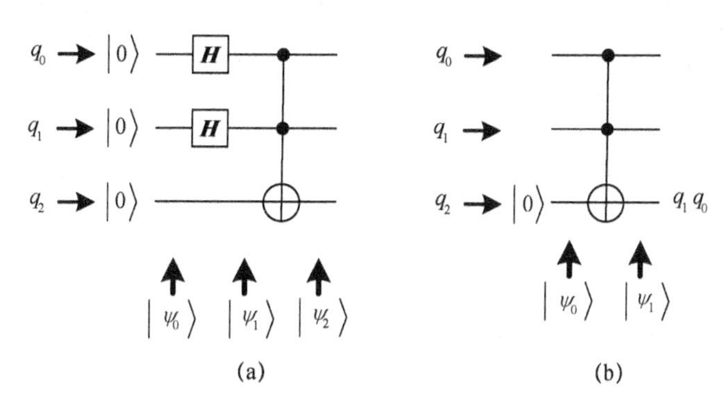

图 2－46　逻辑与的并行计算

若只采用 Toffoli 门完成全部 4 个与运算，同样需要使用经典电路的两个方案之一。

若增加 2 个如图 2－46（a）所示的 $\boldsymbol{H}$ 门，则仅需要使用一次 Toffoli 门，即可同时完成全部 4 个逻辑运算。下面分析图 2－46（a）是如何完成并行与运算的。

首先制备 $|q_2q_1q_0\rangle$ 初态

$$|\psi_0\rangle = |000\rangle$$

对 $|q_1\rangle$ 和 $|q_0\rangle$ 分别进行 $\boldsymbol{H}$ 演化。$|q_2q_1q_0\rangle$ 被演化成叠加态

$$|\psi_1\rangle = |0\rangle\frac{|0\rangle+|1\rangle}{\sqrt{2}}\frac{|0\rangle+|1\rangle}{\sqrt{2}} = \frac{|000\rangle+|001\rangle+|010\rangle+|011\rangle}{2}$$

经过 Toffoli 门演化后得到的状态为

$$|\psi_2\rangle = \frac{|000\rangle+|001\rangle+|010\rangle+|111\rangle}{2}$$

分析演化后的量子态可知该量子线路并行完成了 4 种情况的逻辑与运算，运算结果保存在叠加态 $|\psi_2\rangle$ 中。

本例给出的量子线路本身确实完成了两比特逻辑与并行计算，但是要想获得计算结果还需要进行测量。测量只能以一定概率得到一个经典结果，而且测量后系统的状态将坍缩为经典态，不可能再经过测量获得其他结果。

通过巧妙地设计量子线路，虽然一次测量无法得到全部计算结果，但可以获得函数 $f(x)$ 的某个全局信息，许多量子算法就是基于这种思想。此外，测量某个量子比特得到的结果有可能揭示出其他未测量量子比特的信息，许多量子通信就是基于这种思想。

例 2-3 适当改造图 2-43 给出的半加器量子线路，如图 2-47 所示。分析该量子线路如何利用叠加态线路实现并行计算。

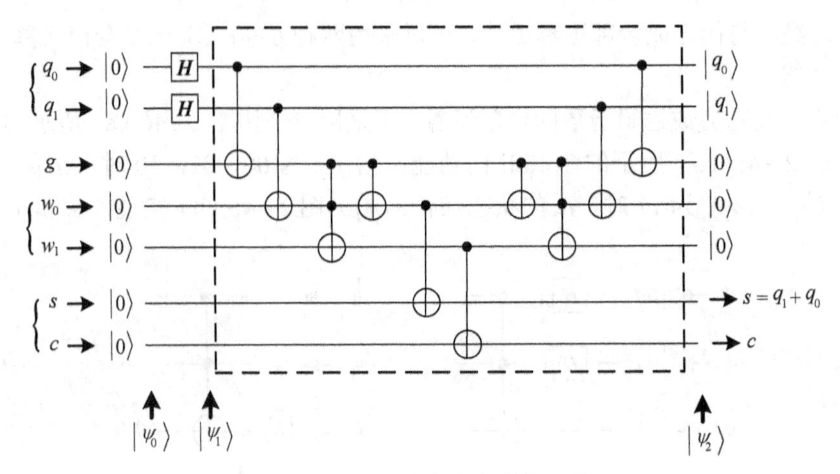

图 2-47 量子半加器的并行计算

解：图 2-47 中，虚线框部分与图 2-43 所示量子半加器完全相同。将数据寄存器的初态设置为$|0\rangle$，并增加两个 $\boldsymbol{H}$ 门对数据寄存器进行演化，根据 $\boldsymbol{H}$ 门演化规律可知：

$$
\begin{aligned}
|\psi_0\rangle &= |cs\rangle|w_1w_0g\rangle|q_1\rangle|q_0\rangle \\
&= |00\rangle|000\rangle|0\rangle|0\rangle
\end{aligned} \tag{2-88}
$$

$$
\begin{aligned}
|\psi_1\rangle &= |00\rangle|000\rangle\frac{|0\rangle+|1\rangle}{\sqrt{2}}\frac{|0\rangle+|1\rangle}{\sqrt{2}} \\
&= \frac{1}{2}(|00\rangle|000\rangle|00\rangle+|00\rangle|000\rangle|01\rangle+|00\rangle|000\rangle|10\rangle+|00\rangle|000\rangle|11\rangle)
\end{aligned} \tag{2-89}
$$

根据如图 2-47 所示的演化规律可知

$$
|\psi_2\rangle = \frac{1}{2}(|00\rangle|000\rangle|00\rangle+|01\rangle|000\rangle|01\rangle+|01\rangle|000\rangle|10\rangle+|10\rangle|000\rangle|11\rangle) \tag{2-90}
$$

对式（2-90）做以下解释：

（1）当$|q_1q_0\rangle=|00\rangle$时，$|cs\rangle=|00\rangle$，概率为 25%；

（2）当$|q_1q_0\rangle=|01\rangle$时，$|cs\rangle=|01\rangle$，概率为 25%；

（3）当$|q_1q_0\rangle=|10\rangle$时，$|cs\rangle=|01\rangle$，概率为 25%；

（4）当$|q_1q_0\rangle=|11\rangle$时，$|cs\rangle=|10\rangle$，概率为 25%。

至此完成了半加器的并行计算分析。

叠加态可包含大量信息。随着量子比特数的增长，叠加态所包含的信息成指数增长。例如：1 比特量子系统对应 2^1 维希尔伯特空间，量子态是 2^1 个基态的叠加；2 比特量子系统对应 2^2 维希尔伯特空间，量子态是 2^2 个基态的叠加……；n 比特量子系统对应 2^n 维希尔伯特空间，量子态是 2^n 个基态的叠加。

若用经典系统模拟如此大希尔伯特空间的量子态需要多大规模存储器？通过以下分析可

以有个数量级的认识。

保存 80 个量子比特状态，需要 2^{80} 个复概率，若每个复概率采用 32 字节精度，即 256 位经典比特，保存每个复概率需要 $512=2^9$ 比特，80 个量子比特状态需要 $2^{80}\times2^9=2^{89}$ 经典比特。假设能用一个氢原子保存一个经典比特（氢原子质量大约 1.66×10^{-27} kg），总质量大约为 0.4 kg。

用同样精度和同样物质保存 100 个量子比特状态，共需要 $2^{100}\times2^9=2^{109}$ 经典比特，总质量大约为 65 万 kg。保存 500 个量子比特状态所需原子数已超出对整个宇宙原子的总数。

用经典系统模拟哪怕只有 100 个比特的量子系统也会很困难。所以利用量子资源的最好途径就是制造量子计算机。

2.4.3　量子态的纠缠性

纠缠性.mp4

叠加态是基态线性组合的状态。纠缠态（entangled state）是一种特殊的叠加态。无法写成各量子比特状态的张量积的量子态称为纠缠态。

使用 $\boldsymbol{H}$ 门可很容易地得到等概率叠加态，如图 2－48 所示。

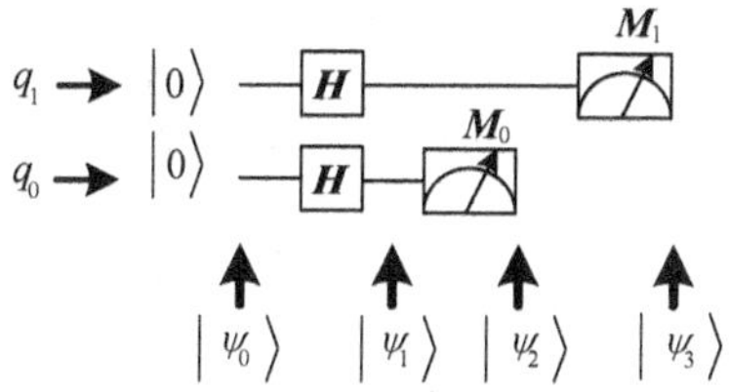

图 2－48　量子态的叠加

量子态中量子比特从左到右按 $q_1 \prec q_0$ 排序，根据 $\boldsymbol{H}$ 门演化规律可知

$$\begin{cases}|\psi_0\rangle=|0\rangle|0\rangle\\|\psi_1\rangle=\left(\dfrac{|0\rangle+|1\rangle}{\sqrt{2}}\right)\left(\dfrac{|0\rangle+|1\rangle}{\sqrt{2}}\right)=\dfrac{|00\rangle+|01\rangle+|10\rangle+|11\rangle}{2}\end{cases}\tag{2-91}$$

表明系统处于 $|00\rangle$、$|01\rangle$、$|10\rangle$ 和 $|11\rangle$ 的叠加状态。

经过测量 $\boldsymbol{M}_0$，状态 $|\psi_1\rangle$ 中的量子态 $|q_0\rangle$ 会以等概率坍缩为 $|0\rangle$ 和 $|1\rangle$，即

$$|\psi_2\rangle=\left(\frac{|0\rangle+|1\rangle}{\sqrt{2}}\right)|0\rangle\text{，概率为 }50\%\tag{2-92}$$

$$|\psi_2\rangle=\left(\frac{|0\rangle+|1\rangle}{\sqrt{2}}\right)|1\rangle\text{，概率为 }50\%\tag{2-93}$$

无论测量 $\boldsymbol{M}_0$ 得到哪种结果，$|\psi_2\rangle$ 仍然处于叠加态。

再经过测量 $\boldsymbol{M}_1$，状态 $|\psi_2\rangle$ 中的量子比特 $|q_1\rangle$ 会以等概率坍缩为 $|0\rangle$ 和 $|1\rangle$，即

$$|\psi_2\rangle=\left(\frac{|0\rangle+|1\rangle}{\sqrt{2}}\right)|0\rangle\rightarrow|\psi_3\rangle=|00\rangle\text{，概率为 }50\%\tag{2-94}$$

$$|\psi_2\rangle = \left(\frac{|0\rangle+|1\rangle}{\sqrt{2}}\right)|0\rangle \to |\psi_3\rangle = |10\rangle，概率为 50\% \quad (2-95)$$

或

$$|\psi_2\rangle = \left(\frac{|0\rangle+|1\rangle}{\sqrt{2}}\right)|1\rangle \to |\psi_3\rangle = |01\rangle，概率为 50\% \quad (2-96)$$

$$|\psi_2\rangle = \left(\frac{|0\rangle+|1\rangle}{\sqrt{2}}\right)|1\rangle \to |\psi_3\rangle = |11\rangle，概率为 50\% \quad (2-97)$$

即使第一次对$|q_0\rangle$测量并得到结果，$|q_1\rangle$仍然具有不确定性。

若将如图 2-48 所示的量子线路中的测量顺序交换，分析过程类似，得到的结论相同。

但是有一种叠加态，测量前两个量子比特的状态均不确定，但测量其中任何一个量子比特后，另一个量子比特的状态将不再具有不确定性。如图 2-49 所示的量子线路就可以产生这种量子态。

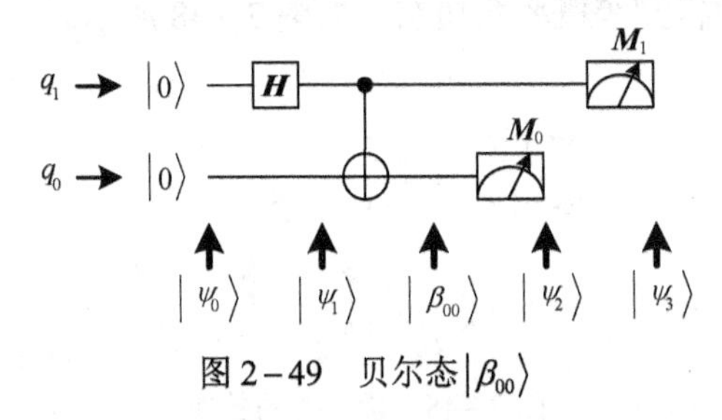

图 2-49　贝尔态$|\beta_{00}\rangle$

量子态中量子比特从左到右按$q_1 \prec q_0$排序，根据 **H** 门和受控非门演化规律可知$|\psi_0\rangle \to |\psi_1\rangle \to |\beta_{00}\rangle$的演化过程为

$$|00\rangle \to \frac{|0\rangle+|1\rangle}{\sqrt{2}}|0\rangle = \frac{|00\rangle+|10\rangle}{\sqrt{2}} \to \frac{|00\rangle+|11\rangle}{\sqrt{2}}$$

经过测量$\boldsymbol{M}_0$，叠加态$|\beta_{00}\rangle$中的量子态$|q_0\rangle$会以等概率坍缩为$|0\rangle$和$|1\rangle$，即

$$|\psi_2\rangle = |00\rangle，概率为 50\% \quad (2-98)$$

$$|\psi_2\rangle = |11\rangle，概率为 50\% \quad (2-99)$$

当经过测量$\boldsymbol{M}_1$时，

$$|\psi_2\rangle = |00\rangle \to |\psi_3\rangle = |00\rangle，概率为 100\% \quad (2-100)$$

$$|\psi_2\rangle = |11\rangle \to |\psi_3\rangle = |11\rangle，概率为 100\% \quad (2-101)$$

若将如图 2-49 所示的量子线路中的测量顺序交换，分析过程类似，得到的结论相同。

$|\beta_{00}\rangle$具有两个重要特点：

（1）无论先测量哪一个量子比特的状态，都会以 50%的概率得到两种结果。

（2）无论先测量哪一个量子比特的状态，一旦得到测量结果，都能以 100%的概率确定另一个量子比特的测量结果。

$|\beta_{00}\rangle$之所以有这样的性质，是因为$|\beta_{00}\rangle$不能写成两个量子态的张量积形式。

图 2－49 中测量前的状态$|\beta_{00}\rangle$称为贝尔态（Bell 态）或 EPR（Einstein－Podolsky－Rosen）态或 EPR 对。贝尔态有 4 个，下面逐一介绍。

图 2－50 是能产生贝尔态$|\beta_{01}\rangle$的量子线路。

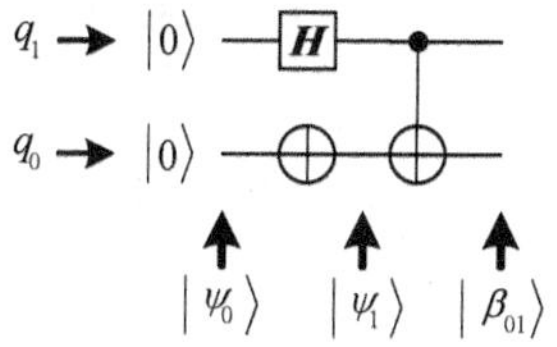

图 2－50　贝尔态$|\beta_{01}\rangle$

量子态中量子比特从左到右按$q_1 \prec q_0$排序，根据 ***H*** 门、非门和受控非门演化规律可知$|\psi_0\rangle \to |\psi_1\rangle \to |\beta_{01}\rangle$的演化过程为

$$|00\rangle \to \frac{|0\rangle + |1\rangle}{\sqrt{2}}|1\rangle = \frac{|01\rangle + |11\rangle}{\sqrt{2}} \to \frac{|01\rangle + |10\rangle}{\sqrt{2}}$$

图 2－51 是能产生贝尔态$|\beta_{10}\rangle$的量子线路。

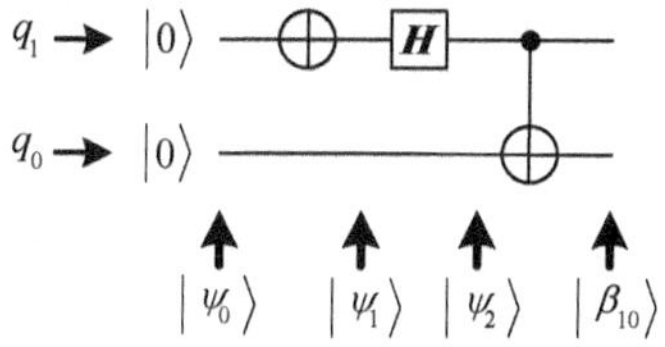

图 2－51　贝尔态$|\beta_{10}\rangle$

量子态中量子比特从左到右按$q_1 \prec q_0$排序，根据 ***H*** 门、非门和受控非门演化规律可知$|\psi_0\rangle \to |\psi_1\rangle \to |\psi_2\rangle \to |\beta_{10}\rangle$的演化过程为

$$|00\rangle \to |1\rangle|0\rangle \to \frac{|0\rangle - |1\rangle}{\sqrt{2}}|0\rangle = \frac{|00\rangle - |10\rangle}{\sqrt{2}} \to \frac{|00\rangle - |11\rangle}{\sqrt{2}}$$

图 2－52 是能产生贝尔态$|\beta_{11}\rangle$的量子线路。

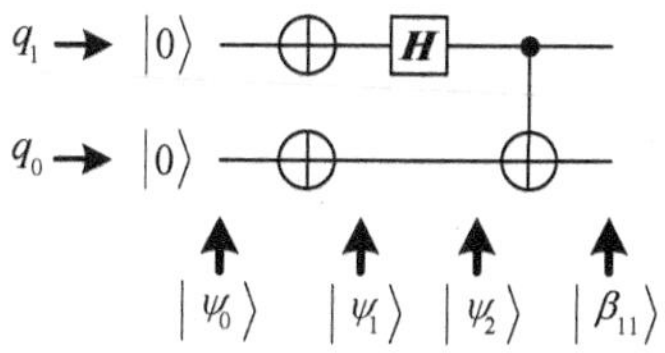

图 2－52　贝尔态$|\beta_{11}\rangle$

量子态中量子比特从左到右按$q_1 \prec q_0$排序，根据 ***H*** 门、非门和受控非门演化规律可知$|\psi_0\rangle \to |\psi_1\rangle \to |\psi_2\rangle \to |\beta_{11}\rangle$的演化过程为

$$|00\rangle \to |1\rangle|1\rangle \to \frac{|0\rangle - |1\rangle}{\sqrt{2}}|1\rangle = \frac{|01\rangle - |11\rangle}{\sqrt{2}} \to \frac{|01\rangle - |10\rangle}{\sqrt{2}}$$

$|\beta_{01}\rangle$、$|\beta_{10}\rangle$和$|\beta_{11}\rangle$都是纠缠态。将4个重要的贝尔态归纳到一起，即

$$\begin{cases}|\beta_{00}\rangle=\dfrac{|00\rangle+|11\rangle}{\sqrt{2}}\\|\beta_{01}\rangle=\dfrac{|01\rangle+|10\rangle}{\sqrt{2}}\\|\beta_{10}\rangle=\dfrac{|00\rangle-|11\rangle}{\sqrt{2}}\\|\beta_{11}\rangle=\dfrac{|01\rangle-|10\rangle}{\sqrt{2}}\end{cases} \tag{2-102}$$

通过内积运算可证明这4个贝尔态两两正交，所以这4个贝尔态也可作为双量子比特对应的状态空间的一个基，称为贝尔基。一个双量子系统状态可用贝尔基的线性组合表示。

纠缠是量子系统的重要资源。两个处于纠缠的量子比特即使不在同一位置，相互纠缠的性质仍然存在，这种性质在量子通信中起着重要作用。

2.4.4 量子态的不可克隆性

不可克隆性.mp4

在介绍退计算技术时曾用受控非门将数据寄存器的数据复制到辅助寄存器中和将运算结果复制到目标寄存器中。为什么这里又说量子态不可克隆？这是因为复制数据与复制量子态是有区别的。

图2-53是图2-43中用到的数据复制部分的量子线路。

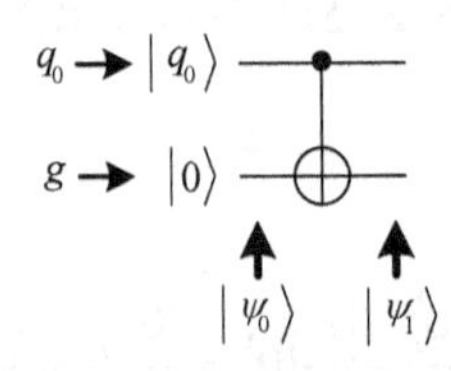

图2-53　计算基态数据复制量子线路

量子态中量子比特从左到右按$g \prec q_0$排序。辅助比特初态$|g\rangle=|0\rangle$，$|q_0\rangle$分别取$|0\rangle$和$|1\rangle$，系统状态用$|g\rangle|q_0\rangle$表示。$|\psi_0\rangle\rightarrow|\psi_1\rangle$的演化过程为

$$\begin{cases}|0\rangle|0\rangle\rightarrow|0\rangle|0\rangle\\|0\rangle|1\rangle\rightarrow|1\rangle|1\rangle\end{cases} \tag{2-103}$$

式（2-103）表明演化后的$|g\rangle$与$|q_0\rangle$相同，确实实现了复制，但这是基态（经典态）复制。

再来分析一种叠加态的情况。若希望用如图2-53所示的受控非门实现量子态$\dfrac{|0\rangle+|1\rangle}{\sqrt{2}}$的复制，相当于先对初态$|0\rangle$进行$\boldsymbol{H}$门演化后再进行受控非门演化，如图2-54所示。

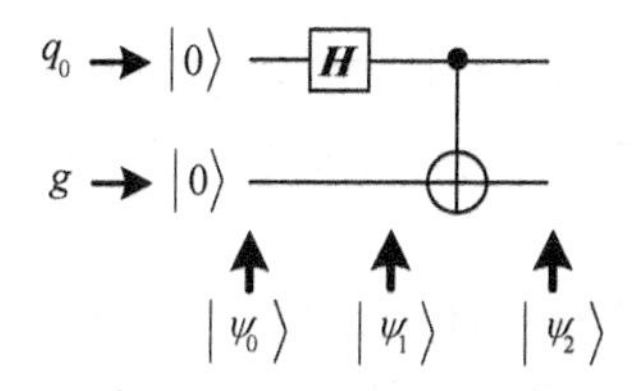

图 2－54　叠加态数据复制量子线路

量子态中量子比特从左到右按 $g \prec q_0$ 排序。设初态 $|g\rangle|q_0\rangle=|0\rangle|0\rangle$，$|\psi_0\rangle\to|\psi_1\rangle\to|\psi_2\rangle$ 的演化过程为

$$|0\rangle|0\rangle\to|0\rangle\frac{|0\rangle+|1\rangle}{\sqrt{2}}=\frac{|00\rangle+|01\rangle}{\sqrt{2}}\to\frac{|00\rangle+|11\rangle}{\sqrt{2}} \tag{2-104}$$

$|\psi_1\rangle\to|\psi_2\rangle$ 的演化过程看上去好像完成了复制，这个过程将数据寄存器中的数据复制到了辅助寄存器中，但不是量子态的复制。

由式（2－104）可知

$$|\psi_1\rangle=|g\rangle|q_0\rangle=|0\rangle\frac{|0\rangle+|1\rangle}{\sqrt{2}}$$

若实现量子态的复制，$|\psi_2\rangle$ 应该为 $\frac{|0\rangle+|1\rangle}{\sqrt{2}}\frac{|0\rangle+|1\rangle}{\sqrt{2}}$，而不是 $\frac{|00\rangle+|11\rangle}{\sqrt{2}}$。

关于量子态复制有以下量子态不可克隆定理（no-cloning theorem）。

量子态不可克隆定理　不可能通过某个酉演化对两个不相等的非正交态都进行复制。

该定理的证明过程如下。

设量子系统的状态为 $|\phi\rangle|s\rangle$，其中 $|s\rangle$ 为目标寄存器的状态。设该量子系统存在某个酉演化矩阵 $\boldsymbol{U}$ 可以实现将 $|\phi\rangle$ 复制到 $|s\rangle$ 所在的目标寄存器中，即

$$\boldsymbol{U}|\phi\rangle|s\rangle=|\phi\rangle|\phi\rangle \tag{2-105}$$

设 $|\psi\rangle\neq|\phi\rangle$，对于 $|\psi\rangle|s\rangle$，经 $\boldsymbol{U}$ 门演化后应该为

$$\boldsymbol{U}|\psi\rangle|s\rangle=|\psi\rangle|\psi\rangle \tag{2-106}$$

将式（2－105）和式（2－106）等号两端做内积运算，即

$$\langle s|\langle\psi|\boldsymbol{U}^{\dagger}\boldsymbol{U}|\phi\rangle|s\rangle=\langle\psi|\langle\psi|\phi\rangle|\phi\rangle$$
$$\langle s|\langle\psi|\phi\rangle|s\rangle=\langle\psi|\langle\psi|\phi\rangle|\phi\rangle$$
$$\langle\psi|\phi\rangle\langle s|s\rangle=\langle\psi|\phi\rangle\langle\psi|\phi\rangle$$
$$\langle\psi|\phi\rangle=\langle\psi|\phi\rangle\langle\psi|\phi\rangle \tag{2-107}$$

只有以下两种可能满足式（2－107），即

$$\begin{cases}\langle\psi|\phi\rangle=1\\ \langle\psi|\phi\rangle=0\end{cases} \tag{2-108}$$

满足式（2－108）的条件说明 $|\psi\rangle$ 与 $|\phi\rangle$ 或相等，或正交。换句话讲，这样的酉演化不能复制不相等的两个非正交态。

根据量子态不可克隆定理，图 2－54 中的受控非门既然能复制状态$|0\rangle$或$|1\rangle$，就不可能复制非$|0\rangle$或非$|1\rangle$的叠加态。量子态不可克隆定理的另外一种等效说法是：量子力学禁止克隆未知量子态。

量子态不可克隆定理为量子保密通信本质上的安全性奠定了理论基础。窃听需要获取并分析信道中传输的信息，量子信道传输的是用量子态表示的二进制码，窃听者只能通过复制的方法获取信息。若量子信道用两个非正交量子态分别表示 0 和 1 的二进制码，由量子态不可克隆定理可知不存在可复制两个非正交态的窃听装置，这就从物理原理上保障了通信的安全性。

2.5 量子线路等效

能实现同一酉演化的两个量子线路相互等效。等效可以简化量子线路，便于分析或实现。通过研究量子线路等效可进一步加深对量子门的理解。

经典电子电路有许多成熟的等效理论，如单口网络的戴维南定理和诺顿定理、双口及多端口网络等效理论、经典数字逻辑电路的“与非门”和“或非门”为通用门的理论等，是经典电路分析和设计的重要工具。

量子线路也有类似的等效理论。例如：任意单比特量子门可用旋转门等效；任意比特的量子门可用单比特量子门和受控非门实现；任意经典可逆逻辑运算可用 Toffoli 门或 Frdkin 门实现等。这些理论也是量子线路分析和设计的重要工具。

本节首先介绍常用的单比特量子门、双比特量子门、三比特量子、多比特量子门的等效问题，最后给出通用量子门的结论。

2.5.1 单比特量子门的等效

单比特量子门的等效.mp4

本节介绍与 $\boldsymbol{I}$、$\boldsymbol{X}$、$\boldsymbol{Y}$、$\boldsymbol{Z}$、$\boldsymbol{P}$、$\boldsymbol{S}$、$\boldsymbol{T}$、$\boldsymbol{H}$ 门有关的常用单比特量子门的等效。

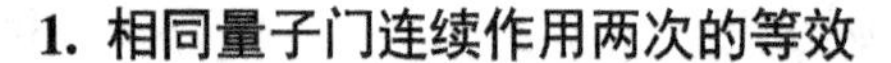

1. 相同量子门连续作用两次的等效

1）$\boldsymbol{I}$ 门的等效

$\boldsymbol{I}$ 门的酉矩阵为单位矩阵，具有如图 2－55 所示的等效关系。

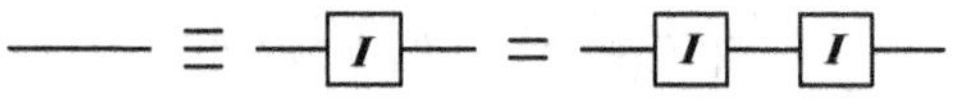

图 2－55 $\boldsymbol{I}$ 门的等效

2）$\boldsymbol{X}$ 门的等效

$\boldsymbol{X}$ 门的作用相当于$|0\rangle \rightarrow |1\rangle$和$|1\rangle \rightarrow |0\rangle$。连续作用两次 $\boldsymbol{X}$ 门相当于恒等门，具有如图 2－56 所示的等效关系。

图 2－56 $\boldsymbol{X}$ 门的等效

即

$$X^2=\begin{bmatrix}0&1\\1&0\end{bmatrix}\begin{bmatrix}0&1\\1&0\end{bmatrix}=\begin{bmatrix}1&0\\0&1\end{bmatrix}=I \tag{2-109}$$

3）Y 门的等效

Y 门的作用相当于 $|0\rangle\to \mathrm{i}|1\rangle$ 和 $|1\rangle\to -\mathrm{i}|0\rangle$。连续作用两次 Y 门相当于 I 门，具有如图 2-57 所示的等效关系。

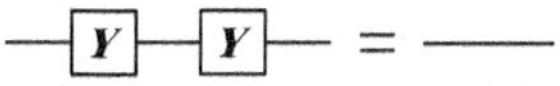

—[Y]—[Y]— = ——

图 2-57　Y 门的等效

即

$$Y^2=\begin{bmatrix}0&-\mathrm{i}\\\mathrm{i}&0\end{bmatrix}\begin{bmatrix}0&-\mathrm{i}\\\mathrm{i}&0\end{bmatrix}=\begin{bmatrix}1&0\\0&1\end{bmatrix}=I \tag{2-110}$$

4）Z 门的等效

Z 门的作用相当于 $|0\rangle\to|0\rangle$ 和 $|1\rangle\to-|1\rangle$。连续作用两次 Z 门相当于 I 门，具有如图 2-58 所示的等效关系。

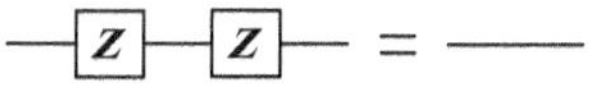

—[Z]—[Z]— = ——

图 2-58　Z 门的等效

即

$$Z^2=\begin{bmatrix}1&0\\0&-1\end{bmatrix}\begin{bmatrix}1&0\\0&-1\end{bmatrix}=\begin{bmatrix}1&0\\0&1\end{bmatrix}=I \tag{2-111}$$

I、X、Y、Z 门统称为泡利门，相同泡利门连续作用两次等效为 I 门。

5）P 门的等效

如图 2-59 所示，两个不同 P 门连续作用相当于一个 P 门。

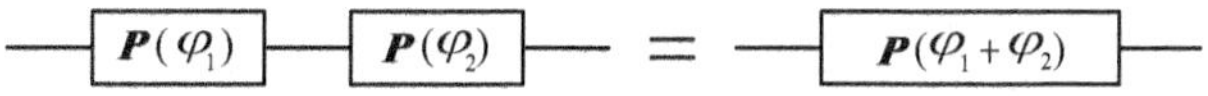

—[$P(\varphi_1)$]—[$P(\varphi_2)$]— = —[$P(\varphi_1+\varphi_2)$]—

图 2-59　P 门的等效

$$P(\varphi_2)P(\varphi_1)=\begin{bmatrix}1&0\\0&\mathrm{e}^{\mathrm{i}\varphi_2}\end{bmatrix}\begin{bmatrix}1&0\\0&\mathrm{e}^{\mathrm{i}\varphi_1}\end{bmatrix}=\begin{bmatrix}1&0\\0&\mathrm{e}^{\mathrm{i}(\varphi_1+\varphi_2)}\end{bmatrix}=P(\varphi_1+\varphi_2) \tag{2-112}$$

按从左到右的演化顺序，量子态 $|\psi\rangle$ 首先经过 $P(\varphi_1)$ 的作用得到状态 $P(\varphi_1)|\psi\rangle$，然后再经过 $P(\varphi_2)$ 的作用得到 $P(\varphi_2)P(\varphi_1)|\psi\rangle$，等效酉演化矩阵为 $P(\varphi_2)P(\varphi_1)=P(\varphi_1+\varphi_2)$。

6）S 门的等效

如图 2-60 所示，连续作用两次 S 门相当于 Z 门。

—[S]—[S]— = —[Z]—

图 2-60　S 门的等效

即

$$S^2=\begin{bmatrix}1&0\\0&\mathrm{i}\end{bmatrix}\begin{bmatrix}1&0\\0&\mathrm{i}\end{bmatrix}=\begin{bmatrix}1&0\\0&-1\end{bmatrix}=Z \tag{2-113}$$

7）***T*** 门的等效

如图 2-61 所示，连续作用两次 ***T*** 门相当于 ***S*** 门。

图 2-61　***T*** 门的等效

即

$$T^2=\begin{bmatrix}1&0\\0&\mathrm{e}^{\mathrm{i}\pi/4}\end{bmatrix}\begin{bmatrix}1&0\\0&\mathrm{e}^{\mathrm{i}\pi/4}\end{bmatrix}=\begin{bmatrix}1&0\\0&\mathrm{e}^{\mathrm{i}\pi/2}\end{bmatrix}=\begin{bmatrix}1&0\\0&\mathrm{i}\end{bmatrix}=S \tag{2-114}$$

实际上，***I***、***Z***、***S***、***T*** 门都是 ***P*** 门的特例。

8）***H*** 门的等效

如图 2-62 所示，连续作用两次 ***H*** 门相当于 ***I*** 门。

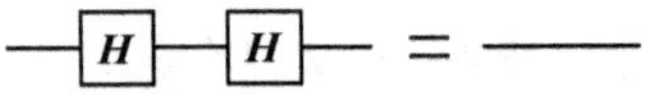

图 2-62　***H*** 门的等效

即

$$H^2=\frac{1}{\sqrt{2}}\begin{bmatrix}1&1\\1&-1\end{bmatrix}\times\frac{1}{\sqrt{2}}\begin{bmatrix}1&1\\1&-1\end{bmatrix}=\begin{bmatrix}1&0\\0&1\end{bmatrix}=I \tag{2-115}$$

2. 两个不同量子门连续作用的等效

先讨论连续作用的两个量子门的互换性问题。

一般的方阵相乘不满足乘法交换律，连续作用的两个不同量子门，互换后不一定等效。若两个量子门演化矩阵 U_1 和 U_2 满足乘法交换律，即

$$U_1U_2=U_2U_1 \tag{2-116}$$

称 U_1 和 U_2 是对易的。并定义对易式（commutator）为

$$[U_1,U_2]=U_1U_2-U_2U_1 \tag{2-117}$$

若对易式为 **0**，称 U_1 和 U_2 是对易的。

定义反对易式（anti-commutator）为

$$[U_1,U_2]=U_1U_2+U_2U_1 \tag{2-118}$$

若反对易式为 **0**，称 U_1 和 U_2 是反对易的。

若连续作用的两个门是对易的，可以互换。

下面讨论 $\boldsymbol{X}$、$\boldsymbol{Y}$、$\boldsymbol{Z}$ 门的对易性。

$$\begin{aligned}[\boldsymbol{X},\boldsymbol{Y}] &= \boldsymbol{XY}-\boldsymbol{YX} \\ &= \begin{bmatrix}0 & 1\\ 1 & 0\end{bmatrix}\begin{bmatrix}0 & -\mathrm{i}\\ \mathrm{i} & 0\end{bmatrix}-\begin{bmatrix}0 & -\mathrm{i}\\ \mathrm{i} & 0\end{bmatrix}\begin{bmatrix}0 & 1\\ 1 & 0\end{bmatrix} \\ &= \begin{bmatrix}\mathrm{i} & 0\\ 0 & -\mathrm{i}\end{bmatrix}-\begin{bmatrix}-\mathrm{i} & 0\\ 0 & \mathrm{i}\end{bmatrix} \\ &= 2\mathrm{i}\begin{bmatrix}1 & 0\\ 0 & -1\end{bmatrix} \\ &= 2\mathrm{i}\boldsymbol{Z} \end{aligned} \tag{2-119}$$

因此，$\boldsymbol{X}$ 门和 $\boldsymbol{Y}$ 门不是对易的，连续作用的 $\boldsymbol{X}$ 门和 $\boldsymbol{Y}$ 门不能交换。

$$\begin{aligned}[\boldsymbol{Y},\boldsymbol{Z}] &= \boldsymbol{YZ}-\boldsymbol{ZY} \\ &= \begin{bmatrix}0 & -\mathrm{i}\\ \mathrm{i} & 0\end{bmatrix}\begin{bmatrix}1 & 0\\ 0 & -1\end{bmatrix}-\begin{bmatrix}1 & 0\\ 0 & -1\end{bmatrix}\begin{bmatrix}0 & -\mathrm{i}\\ \mathrm{i} & 0\end{bmatrix} \\ &= \begin{bmatrix}0 & \mathrm{i}\\ \mathrm{i} & 0\end{bmatrix}-\begin{bmatrix}0 & -\mathrm{i}\\ -\mathrm{i} & 0\end{bmatrix} \\ &= 2\mathrm{i}\begin{bmatrix}0 & 1\\ 1 & 0\end{bmatrix} \\ &= 2\mathrm{i}\boldsymbol{X} \end{aligned} \tag{2-120}$$

因此，$\boldsymbol{Y}$ 门和 $\boldsymbol{Z}$ 门不是对易的，连续作用的 $\boldsymbol{Y}$ 门和 $\boldsymbol{Z}$ 门不能交换。

$$\begin{aligned}[\boldsymbol{Z},\boldsymbol{X}] &= \boldsymbol{ZX}-\boldsymbol{XZ} \\ &= \begin{bmatrix}1 & 0\\ 0 & -1\end{bmatrix}\begin{bmatrix}0 & 1\\ 1 & 0\end{bmatrix}-\begin{bmatrix}0 & 1\\ 1 & 0\end{bmatrix}\begin{bmatrix}1 & 0\\ 0 & -1\end{bmatrix} \\ &= \begin{bmatrix}0 & 1\\ -1 & 0\end{bmatrix}-\begin{bmatrix}0 & -1\\ 1 & 0\end{bmatrix} \\ &= 2\mathrm{i}\begin{bmatrix}0 & -\mathrm{i}\\ \mathrm{i} & 0\end{bmatrix} \\ &= 2\mathrm{i}\boldsymbol{Y} \end{aligned} \tag{2-121}$$

因此，$\boldsymbol{Z}$ 门和 $\boldsymbol{X}$ 门不是对易的，连续作用的 $\boldsymbol{Z}$ 门和 $\boldsymbol{X}$ 门不能交换。

总之，$\boldsymbol{X}$、$\boldsymbol{Y}$、$\boldsymbol{Z}$ 门两两不对易，连续作用时不能交换。

下面讨论两个 $\boldsymbol{P}$ 门的对易性。

设两个 $\boldsymbol{P}$ 门分别为 $\boldsymbol{P}(\varphi_1)$ 和 $\boldsymbol{P}(\varphi_2)$，则

$$\begin{aligned}[\boldsymbol{P}(\varphi_1),\boldsymbol{P}(\varphi_2)] &= \boldsymbol{P}(\varphi_1)\boldsymbol{P}(\varphi_2)+\boldsymbol{P}(\varphi_2)\boldsymbol{P}(\varphi_1) \\ &= \boldsymbol{P}(\varphi_1+\varphi_2)-\boldsymbol{P}(\varphi_1+\varphi_2) \\ &= \boldsymbol{0} \end{aligned} \tag{2-122}$$

$\boldsymbol{I}$、$\boldsymbol{Z}$、$\boldsymbol{S}$、$\boldsymbol{T}$ 门都是 $\boldsymbol{P}$ 门的特例，所以两两对易，连续作用时可以交换。利用对易性可以化简量子线路。

图 2－63 为 $\boldsymbol{S}$－$\boldsymbol{Z}$－$\boldsymbol{S}$ 量子线路。

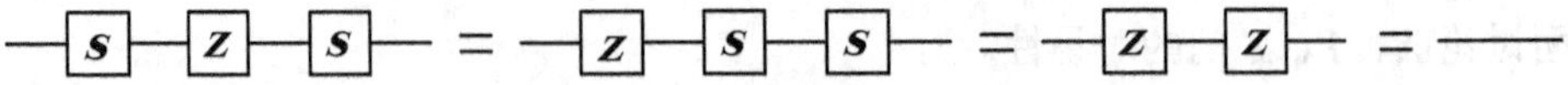

$$-\boxed{S}-\boxed{Z}-\boxed{S}- = -\boxed{Z}-\boxed{S}-\boxed{S}- = -\boxed{Z}-\boxed{Z}- = ——$$

图 2-63　利用对易性的等效

由于 ***S*** 门与 ***Z*** 门对易，可交换。两个 ***S*** 门等效为一个 ***Z*** 门。两个 ***Z*** 门等效为 ***I*** 门。

可证明 ***H*** 门与泡利门不对易，***H*** 门与不平凡 ***P*** 门不对易。连续作用的 ***H*** 门和泡利门不能交换，连续作用的 ***H*** 门和不平凡 ***P*** 门不能交换。

所谓不平凡 ***P*** 门是指 $\boldsymbol{P}(\varphi)$ 中的 $\varphi \neq 0$。当 $\varphi=0$ 时，$\boldsymbol{P}(\varphi)=\boldsymbol{I}$。***I*** 门与任何量子门对易。

虽然 ***H*** 门与泡利门和不平凡 ***P*** 门均不对易，但不难证明 $\boldsymbol{HXH}=\boldsymbol{Z}$，$\boldsymbol{HYH}=-\boldsymbol{Y}$，$\boldsymbol{HZH}=\boldsymbol{X}$。这些关系也可用于化简量子线路。

电子电路关于等效有这样一个说法："对外等效，对内不一定等效。"量子线路也一样，可用如图 2-64 所示的量子线路解释这一说法。

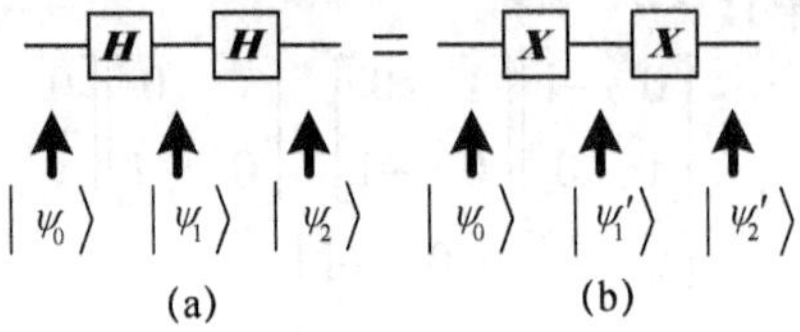

$$-\boxed{H}-\boxed{H}- = -\boxed{X}-\boxed{X}-$$

$|\psi_0\rangle$　$|\psi_1\rangle$　$|\psi_2\rangle$　$|\psi_0\rangle$　$|\psi_1'\rangle$　$|\psi_2'\rangle$

(a)　(b)

图 2-64　对外等效，对内不等效

两个 ***H*** 门和两个 ***X*** 门均等效为 ***I*** 门，所以图 2-64 中的两个量子线路等效。所谓对外等效是指 $|\psi_2\rangle=|\psi_2'\rangle$，对内不等效是指 $|\psi_1\rangle\neq|\psi_1'\rangle$。

例如，当 $|\psi_0\rangle$ 分别为 $|0\rangle$ 和 $|1\rangle$ 时，图 2-64（a）中量子线路 $|\psi_0\rangle\rightarrow|\psi_1\rangle\rightarrow|\psi_2\rangle$ 的演化过程为 $|0\rangle\rightarrow\dfrac{|0\rangle+|1\rangle}{\sqrt{2}}\rightarrow|0\rangle$ 和 $|1\rangle\rightarrow\dfrac{|0\rangle-|1\rangle}{\sqrt{2}}\rightarrow|1\rangle$。图 2-64（b）中量子线路 $|\psi_0\rangle\rightarrow|\psi_1'\rangle\rightarrow|\psi_2'\rangle$ 的演化过程为 $|0\rangle\rightarrow|1\rangle\rightarrow|0\rangle$ 和 $|1\rangle\rightarrow|0\rangle\rightarrow|1\rangle$。可知 $|\psi_1\rangle\neq|\psi_1'\rangle$。

由上面讨论的 ***X***、***Y***、***Z***、***H*** 门等效可知，两个 ***X***、***Y***、***Z***、***H*** 门连续作用等效为 ***I*** 门，即 ***X***、***Y***、***Z***、***H*** 门的逆计算门还是 ***X***、***Y***、***Z***、***H*** 门。

2.5.2　双比特量子门的等效

双比特量子门的等效.mp4

双比特量子系统中的量子门若符合单比特量子系统中量子门的等效条件，等效仍然有效。本节重点讨论常用的双比特受控门和交换门的等效问题。

1. 两个交换门的等效

显然，两个交换门连续作用可等效为 ***I*** 门，如图 2-65 所示。

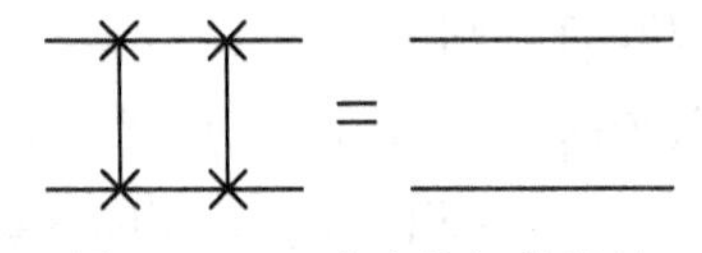

图 2-65　两个交换门的等效

2. 交换门与受控非门的等效

如图 2-66 所示，一个交换门可用 3 个受控非门等效。

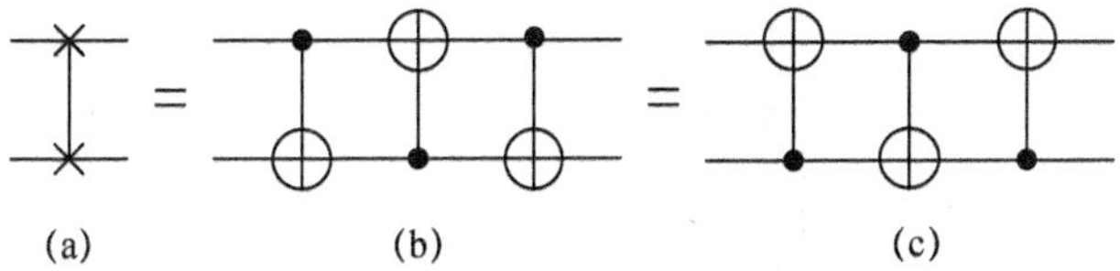

(a)　　　(b)　　　(c)

图 2－66　交换门与受控非门的等效

图 2－66（a）中交换门的酉矩阵为

$$\mathbf{SWAP}=\begin{bmatrix}1&0&0&0\\0&0&1&0\\0&1&0&0\\0&0&0&1\end{bmatrix} \tag{2-123}$$

图 2－66（b）中第 1 个和第 3 个受控非门的酉矩阵为

$$C(\boldsymbol{X})=\begin{bmatrix}1&0&0&0\\0&1&0&0\\0&0&0&1\\0&0&1&0\end{bmatrix} \tag{2-124}$$

图 2－66（b）中间的受控非门由于控制量子比特与目标量子比特的位置做了交换，为了保证量子比特排列顺序不变，应该调整酉矩阵。双比特量子系统调整原理如下：

$$a|00\rangle+b|01\rangle+c|10\rangle+d|11\rangle\leftrightarrow a|00\rangle+c|01\rangle+d|10\rangle+d|11\rangle \tag{2-125}$$

$$\begin{bmatrix}u_{00}&u_{01}&u_{02}&u_{03}\\u_{10}&u_{11}&u_{12}&u_{13}\\u_{20}&u_{21}&u_{22}&u_{23}\\u_{30}&u_{31}&u_{32}&u_{33}\end{bmatrix}\begin{bmatrix}a\\b\\c\\d\end{bmatrix}\Leftrightarrow\begin{bmatrix}u_{00}&u_{02}&u_{01}&u_{03}\\u_{20}&u_{22}&u_{21}&u_{23}\\u_{10}&u_{12}&u_{11}&u_{13}\\u_{30}&u_{32}&u_{31}&u_{33}\end{bmatrix}\begin{bmatrix}a\\c\\b\\d\end{bmatrix} \tag{2-126}$$

双比特酉矩阵的调整方法是酉矩阵交换中间两行和两列。所以在图 2－66（b）中，中间的受控非门的酉矩阵为

$$C'(\boldsymbol{X})=\begin{bmatrix}1&0&0&0\\0&0&0&1\\0&0&1&0\\0&1&0&0\end{bmatrix} \tag{2-127}$$

图 2－66（b）中 3 个受控非门的演化矩阵等效为

$$\begin{aligned}C(\boldsymbol{X})C'(\boldsymbol{X})C(\boldsymbol{X})&=\begin{bmatrix}1&0&0&0\\0&1&0&0\\0&0&0&1\\0&0&1&0\end{bmatrix}\begin{bmatrix}1&0&0&0\\0&0&0&1\\0&0&1&0\\0&1&0&0\end{bmatrix}\begin{bmatrix}1&0&0&0\\0&1&0&0\\0&0&0&1\\0&0&1&0\end{bmatrix}\\&=\begin{bmatrix}1&0&0&0\\0&0&0&1\\0&1&0&0\\0&0&1&0\end{bmatrix}\begin{bmatrix}1&0&0&0\\0&1&0&0\\0&0&0&1\\0&0&1&0\end{bmatrix}\end{aligned}$$

$$=\begin{bmatrix}1&0&0&0\\0&0&1&0\\0&1&0&0\\0&0&0&1\end{bmatrix} \tag{2-128}$$
$$=\mathbf{SWAP}$$

图 2-66（a）的交换门可用图 2-66（b）的 3 个受控非门等效，同理可证明与图 2-66（c）等效。

3. 两个相同受控非门级联的等效

受控非门的酉矩阵为

$$C(\boldsymbol{X})=\begin{bmatrix}1&0&0&0\\0&1&0&0\\0&0&0&1\\0&0&1&0\end{bmatrix}$$

若反向演化，对应的酉矩阵为

$$C^{-1}(\boldsymbol{X})=C^{\dagger}(\boldsymbol{X})$$
$$=\begin{bmatrix}1&0&0&0\\0&1&0&0\\0&0&0&1\\0&0&1&0\end{bmatrix}^{\dagger}$$
$$=C(\boldsymbol{X})$$

改变演化方向，受控非门酉矩阵不变。图 2-67 中的第 2 个受控非门可看作是第 1 个受控非门的逆演化（退计算），最终等效为 $\boldsymbol{I}$ 门。

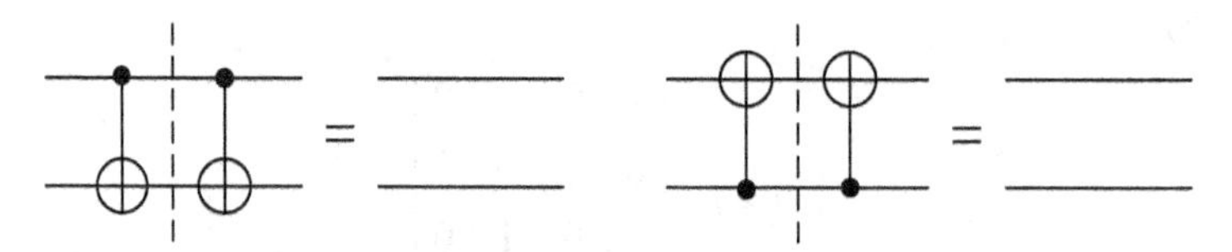

图 2-67　对称受控非门的等效

由 $\boldsymbol{Y}, \boldsymbol{Z}, \boldsymbol{H}$ 门的酉矩阵可知，它们的酉矩阵与共轭转置相等（原矩阵=逆矩阵）。对应的受控门和受控非门具有同样的等效关系。

矩阵共轭转置称为埃尔米（Hermite）共轭运算。经埃尔米共轭运算得到的矩阵（算符）称为埃尔米共轭或伴随（adjoint）共轭。若一个矩阵（算符）与其埃尔米共轭相等，称该矩阵（算符）为埃尔米矩阵（算符）或自伴（self-adjoint）矩阵（算符）。

前面给出的计算基上的测量算符都是埃尔米算符。

$\boldsymbol{X}, \boldsymbol{Y}, \boldsymbol{Z}, \boldsymbol{H}$, **SWAP** 门和它们对应的受控量子门都是埃尔米算符（或称为埃尔米门），正演化矩阵与逆演化矩阵相同。

埃尔米门的对称作用等效为 $\boldsymbol{I}$ 矩阵，如图 2-68 所示。

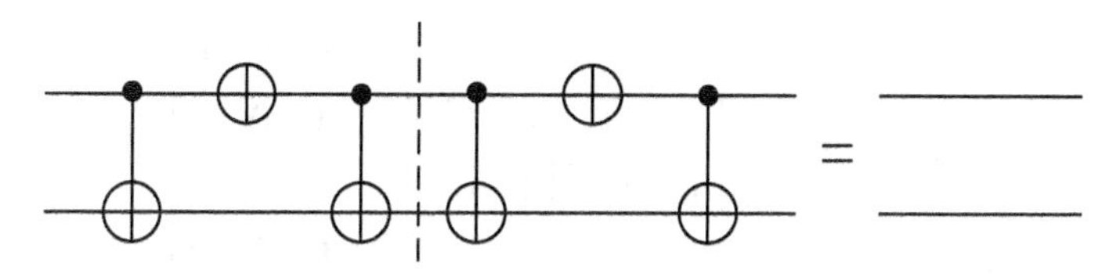

图2－68　对称埃尔米门的等效

埃尔米门构成的量子线路对应的退计算量子线路与原量子线路对称。

4. 两个非对称受控非门的等效

图2－69（a）中的两个非对称受控非门级联与图2－69（b）中的一个受控非门和一个交换门级联等效。

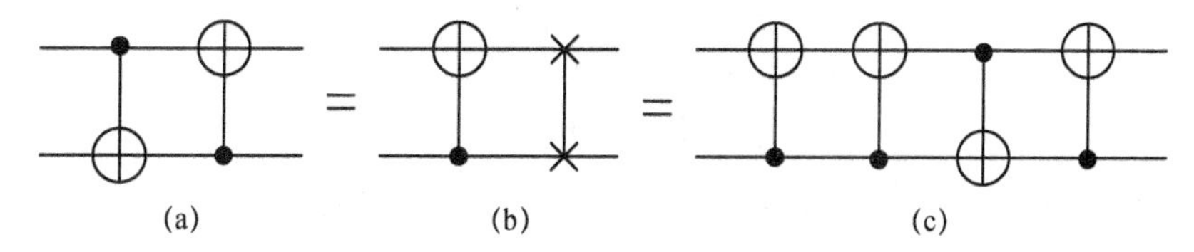

图2－69　非对称非门的等效

将图2－69（b）中的交换门用3个受控非门等效，如图2－69（c）所示。其中最左侧的两个受控非门可用$\boldsymbol{I}$门等效，所以图2－69（a）与图2－69（b）所示的两个量子线路等效。

图2－69（a）和图2－69（b）均由埃尔米门构成，这两个互为等效的埃尔米量子线路由不同的埃尔米门构成。图2－69（a）与图2－69（b）的退计算量子线路连续作用等效为$\boldsymbol{I}$门，如图2－70所示。图2－70中虚线左右不对称，但右侧与左侧的对称量子线路等效，而且它们都属于埃尔米量子线路，称为埃尔米对称。埃尔米对称量子线路等效为$\boldsymbol{I}$门。

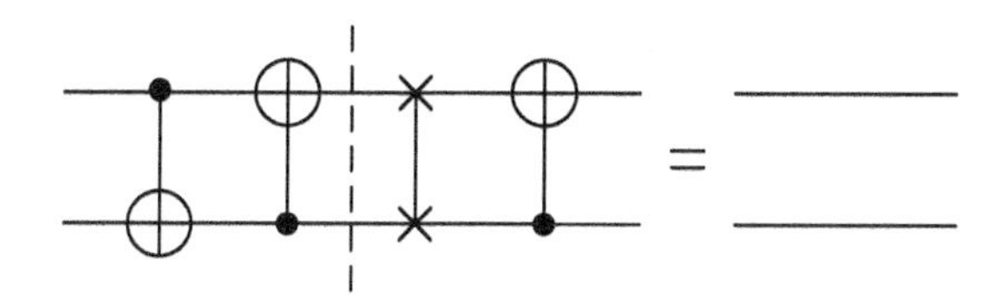

图2－70　埃尔米对称的等效

5. 非门与受控门的等效

图2－71（a）是一个受控门和两个非门的级联，可等效为如图2－71（b）所示的一个非门和一个受控非门的级联。

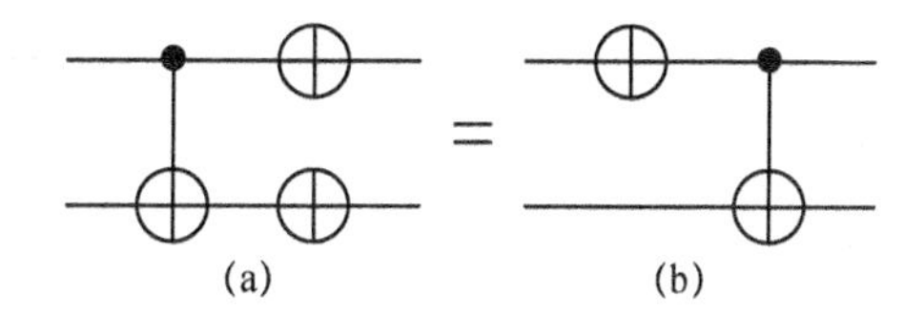

图2－71　非门与受控非门的等效

图2－71（a）中的3个门的演化矩阵等效为

$$X^{\otimes 2}C(X)=\left(\begin{bmatrix}0&1\\1&0\end{bmatrix}\otimes\begin{bmatrix}0&1\\1&0\end{bmatrix}\right)\begin{bmatrix}1&0&0&0\\0&1&0&0\\0&0&0&1\\0&0&1&0\end{bmatrix}$$
$$=\begin{bmatrix}0&0&0&1\\0&0&1&0\\0&1&0&0\\1&0&0&0\end{bmatrix}\begin{bmatrix}1&0&0&0\\0&1&0&0\\0&0&0&1\\0&0&1&0\end{bmatrix}$$
$$=\begin{bmatrix}0&0&1&0\\0&0&0&1\\0&1&0&0\\1&0&0&0\end{bmatrix} \tag{2-129}$$

其中 $X^{\otimes 2}$ 表示两个 X 的张量积，即 $X\otimes X$，而且张量积的优先级高于乘法。

图 2-71（b）中的两个门的演化矩阵等效为

$$C(X)(X\otimes I)=\begin{bmatrix}1&0&0&0\\0&1&0&0\\0&0&0&1\\0&0&1&0\end{bmatrix}\left(\begin{bmatrix}0&1\\1&0\end{bmatrix}\otimes\begin{bmatrix}1&0\\0&1\end{bmatrix}\right)$$
$$=\begin{bmatrix}1&0&0&0\\0&1&0&0\\0&0&0&1\\0&0&1&0\end{bmatrix}\begin{bmatrix}0&0&1&0\\0&0&0&1\\1&0&0&0\\0&1&0&0\end{bmatrix}$$
$$=\begin{bmatrix}0&0&1&0\\0&0&0&1\\0&1&0&0\\1&0&0&0\end{bmatrix} \tag{2-130}$$

式（2-130）与式（2-129）相等，所以图 2-71 中的两个量子线路等效。

利用图 2-71 也可证明图 2-72 的等效关系。

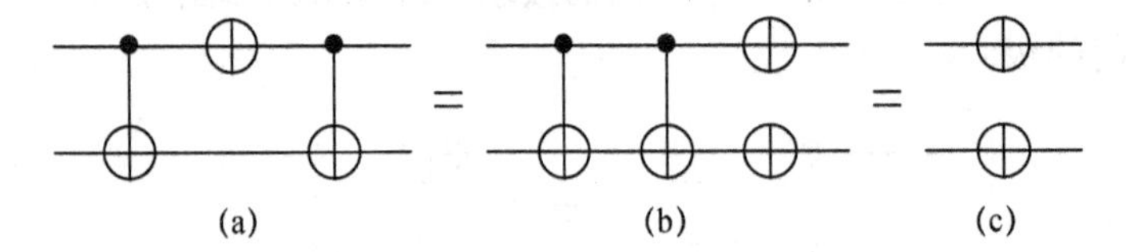

图 2-72　利用图 2-71 所示等效关系证明图 2-72（a）与图 2-72（c）等效

2.5.3　三比特量子门的等效

三比特量子门的等效.mp4

三比特量子系统中的量子门若符合单比特量子系统和双比特量子系统中量子门的等效条件，等效仍然有效。本节仅讨论常用的三比特受控门和受控交换门等效。

三比特量子门演化矩阵为 8×8 矩阵，手工计算较为烦琐，本节仅给出结论，不全部进行详细证明。第 3 章将介绍量子线路常用分析方法，采用这些方法可方便证明这些等效。

1. 等效酉门对应的受控门等效

如图 2－73 所示，若 $\boldsymbol{U}_1$ 对应的量子线路与 $\boldsymbol{U}_2$ 对应的量子线路等效，即 $\boldsymbol{U}_1=\boldsymbol{U}_2$，则对应的受控门也等效。

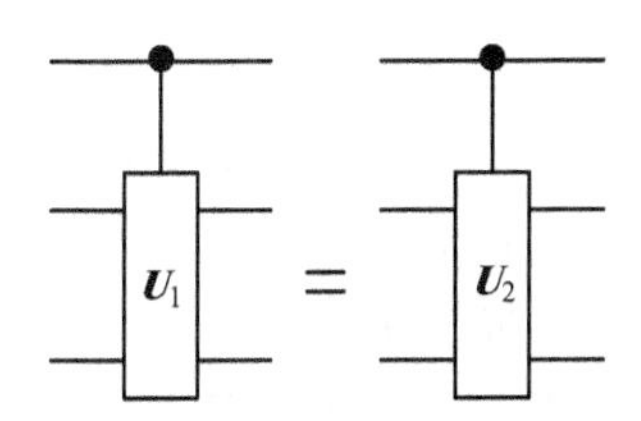

图 2－73　等效酉门对应的受控门等效

利用交换门与 3 个受控非门等效关系，可得到如图 2－74 所示的等效关系。

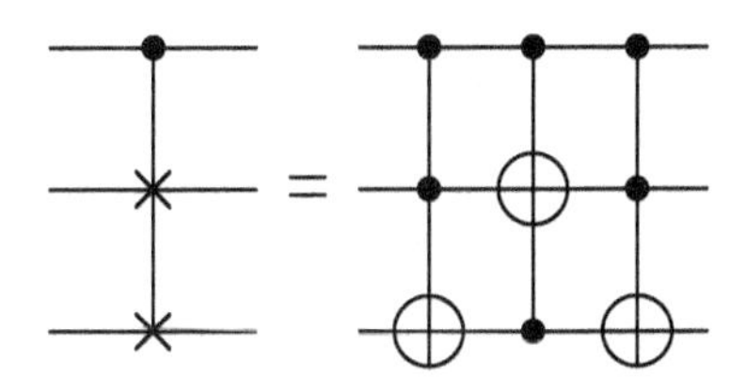

图 2－74　Fredkin 门与 Toffoli 门的等效

2. $C^2(\boldsymbol{U})$ 与 $C(\boldsymbol{U}_x)$ 的等效

图 2－75 为 1 个 $C^2(\boldsymbol{U})$ 门与 5 个 $C(\boldsymbol{U}_x)$ 门的量子线路等效。其中，图 2－75（a）的 $C^2(\boldsymbol{U})$ 门可以用图 2－75（b）的 5 个 $C(\boldsymbol{U}_x)$ 门[2个$C(\boldsymbol{X})$门、2个$C(\boldsymbol{V})$门、1个$C(\boldsymbol{V}^{\dagger})$门] 等效。

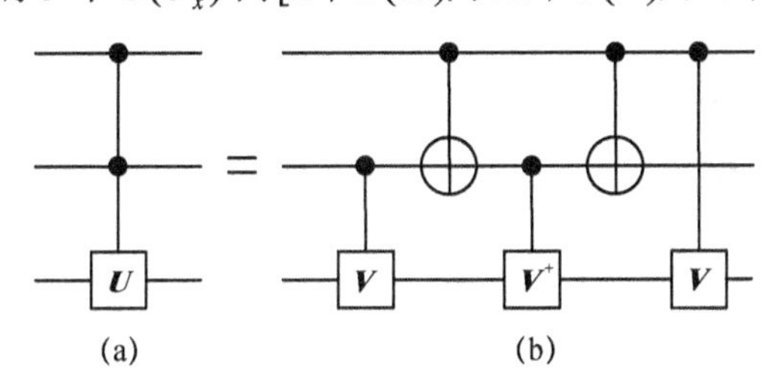

图 2－75　$C^2(\boldsymbol{U})$ 门与 $C(\boldsymbol{U}_x)$ 门的等效

$\boldsymbol{V}$ 是满足条件 $\boldsymbol{V}^2=\boldsymbol{U}$ 的酉矩阵（$\boldsymbol{V}^{\dagger}\boldsymbol{V}=\boldsymbol{I}$）。下面给出 $\boldsymbol{X}$、$\boldsymbol{Y}$、$\boldsymbol{Z}$、$\boldsymbol{S}$、$\boldsymbol{T}$ 这些常用量子门的 $\boldsymbol{V}$ 矩阵：

$$\boldsymbol{X}^{\frac{1}{2}}=\frac{1}{2}\begin{bmatrix}1-\mathrm{i} & 1+\mathrm{i}\\ 1+\mathrm{i} & 1-\mathrm{i}\end{bmatrix} \tag{2－131}$$

$$\boldsymbol{Y}^{\frac{1}{2}}=\frac{\mathrm{i}-1}{2}\begin{bmatrix}1 & 1\\ -1 & 1\end{bmatrix} \tag{2－132}$$

$$Z^{\frac{1}{2}}=S=\begin{bmatrix}1 & 0\\0 & \mathrm{i}\end{bmatrix} \tag{2-133}$$

$$S^{\frac{1}{2}}=T=\begin{bmatrix}1 & 0\\0 & \mathrm{e}^{\mathrm{i}\pi/4}\end{bmatrix} \tag{2-134}$$

$$T^{\frac{1}{2}}=\begin{bmatrix}1 & 0\\0 & \mathrm{e}^{\mathrm{i}\pi/8}\end{bmatrix} \tag{2-135}$$

由受控门演化规律可知：

（1）当图2－75（b）中的两个控制量子比特均为$|0\rangle$时，目标量子比特保持不变；

（2）当图 2－75（b）中的两个控制量子比特一个为$|0\rangle$，另一个为$|1\rangle$时，目标量子比特进行$V^{\dagger}V=I$或$VV^{\dagger}=I$的演化，即目标量子比特保持不变；

（3）当图2－75（b）中的两个控制量子比特均为$|1\rangle$时，目标量子比特进行$VV=U$的演化。

图2－75（b）中控制量子比特保持不变，所以图2－75中的两个量子线路等效。

图2－75的等效关系表明三比特受控门可用双比特受控门等效。

3. 常用三比特量子门的等效

图2－76给出了10个常用的三比特量子线路的等效关系。

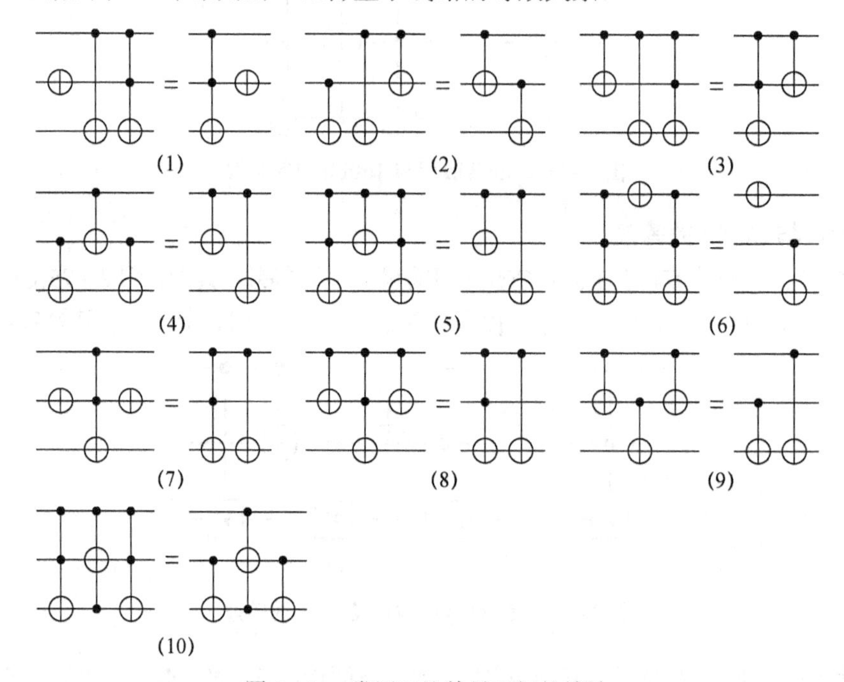

图2－76　常用三比特量子门的等效

2.5.4　多比特量子门的等效

多比特量子门的等效.mp4

多比特量子系统中的量子门若符合上面介绍的等效条件，等效仍然有效。本节仅讨论常用的多比特受控门等效。

1. $C^n(U)$门与$C^n(X)$门和$C(U)$门的等效

图2－77是一个$C^n(U)$门用两个$C^n(X)$门和一个$C(U)$门等效的量子线路。

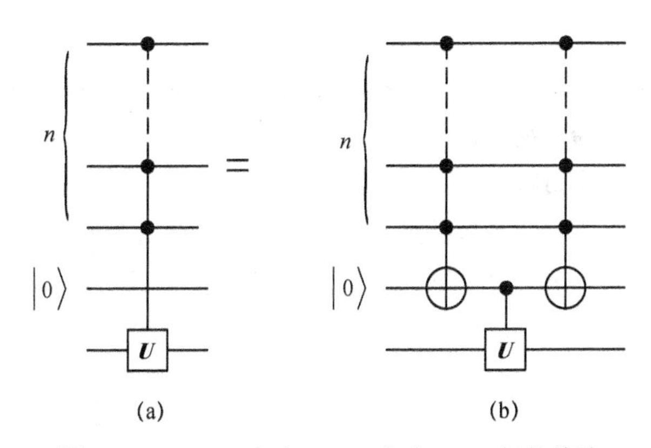

图 2-77　$C^n(\boldsymbol{U})$ 门与 $C^n(\boldsymbol{X})$ 门和 $C(\boldsymbol{U})$ 门的等效

由 $C^n(\boldsymbol{U})$ 门的演化规律知：当图 2-77（a）中的 n 个控制量子比特均为 $|1\rangle$ 时，目标量子比特进行 $\boldsymbol{U}$ 门演化，其他情况则保持不变。

图 2-77（b）借助初态为 $|0\rangle$ 的辅助量子比特，用 n 个控制量子比特控制辅助量子比特进行受控 $\boldsymbol{X}$ 门演化。当 n 个控制量子比特均为 $|1\rangle$ 时，辅助量子比特被演化为 $|1\rangle$。然后再用辅助量子比特作为控制量子比特控制目标量子比特进行 $C(\boldsymbol{U})$ 门演化，其演化规律和图 2-77(a) 中的演化规律等效。最后采用退计算技术恢复辅助量子比特原来的状态 $|0\rangle$。

图 2-77 所示的等效关系表明任何一个 $C^n(\boldsymbol{U})$ 门可用两个 $C^n(\boldsymbol{X})$ 门和一个 $C(\boldsymbol{U})$ 门实现，付出的代价是增加了一个辅助量子比特。

下面介绍如何将 $C^n(\boldsymbol{X})$ 门用 $C^{n-1}(\boldsymbol{X})$ 门或控制比特更少的量子门等效。

2. $C^n(\boldsymbol{X})$ 门与 $C^{n-1}(\boldsymbol{X})$ 门和 $C^2(\boldsymbol{X})$ 门的等效

图 2-78 为一个 $C^n(\boldsymbol{X})$ 门用两个 $C^{n-1}(\boldsymbol{X})$ 门和一个 $C^2(\boldsymbol{X})$ 门等效的量子线路。

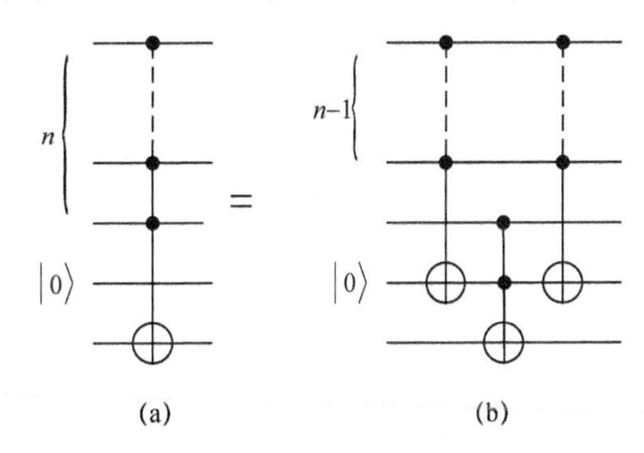

图 2-78　$C^n(\boldsymbol{X})$ 门与 $C^{n-1}(\boldsymbol{X})$ 门和 $C^2(\boldsymbol{X})$ 门的等效

由 $C^n(\boldsymbol{X})$ 门的演化规律知：当图 2-78（a）中的 n 个控制量子比特均为 $|1\rangle$ 时，目标量子比特进行 $\boldsymbol{X}$ 门演化，其他情况则保持不变。

图 2-78（b）借助初态为 $|0\rangle$ 的辅助量子比特，先用前 $n-1$ 个控制量子比特控制辅助量子比特进行受控 $\boldsymbol{X}$ 门演化。当前 $n-1$ 个控制量子比特均为 $|1\rangle$ 时，辅助量子比特被演化为 $|1\rangle$。然后再用最后一个控制量子比特和辅助量子比特控制目标量子比特进行 $\boldsymbol{X}$ 门演化（Toffoli 门），其演化规律和图 2-77（a）中的演化规律等效。最后采用退计算技术恢复辅助量子比特

原来的状态$|0\rangle$。

图2-78所示等效关系表明任何一个$C^n(\boldsymbol{X})$门可用两个$C^{n-1}(\boldsymbol{X})$门和一个$C^2(\boldsymbol{X})$门实现，付出的代价是增加了一个辅助量子比特。

3. $C^4(\boldsymbol{X})$门与$C^2(\boldsymbol{X})$门的等效

重复利用如图2-78所示的等效关系，并去掉多余的退计算，可将一个$C^n(\boldsymbol{X})$门全部用$C^2(\boldsymbol{X})$门实现，但需要付出$n-2$个辅助量子比特的代价。图2-79给出了$C^4(\boldsymbol{X})$门的情况，需要两个辅助量子比特。

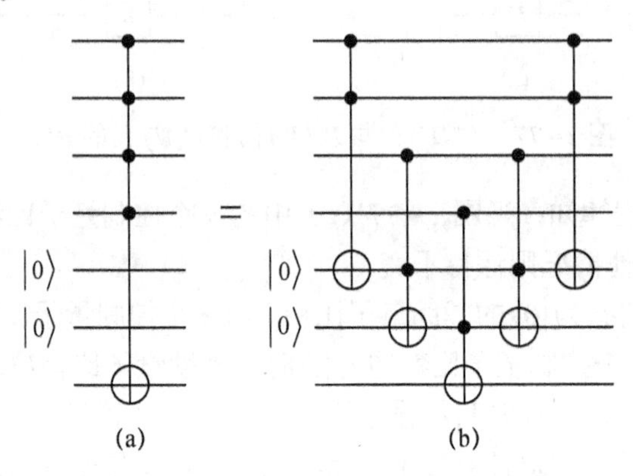

图2-79　$C^4(\boldsymbol{X})$门与$C^2(\boldsymbol{X})$门的等效

4. $C^n(\boldsymbol{U})$门与$C^{n-1}(\boldsymbol{X})$门、$C^2(\boldsymbol{X})$门和$C(\boldsymbol{U})$门的等效

图2-80是一个$C^n(\boldsymbol{U})$门用两个$C^{n-1}(\boldsymbol{X})$门、两个$C^2(\boldsymbol{X})$门和一个$C(\boldsymbol{U})$门等效的量子线路。

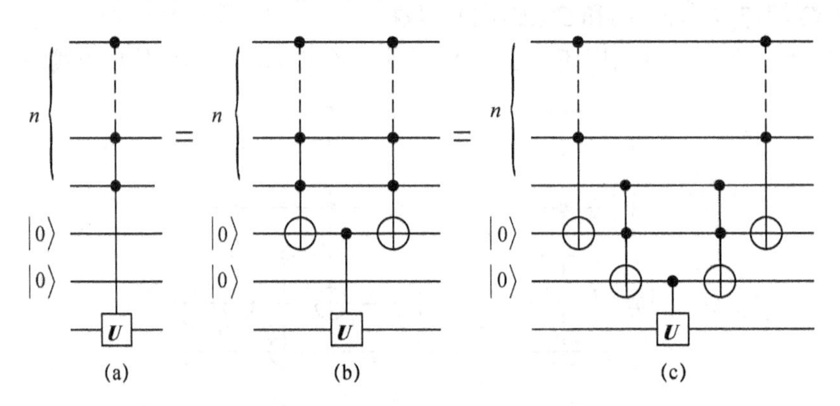

图2-80　$C^n(\boldsymbol{U})$门与$C^{n-1}(\boldsymbol{X})$门、$C^2(\boldsymbol{X})$门和$C(\boldsymbol{U})$门的等效

首先利用图2-77将一个$C^n(\boldsymbol{U})$门用两个$C^n(\boldsymbol{X})$门和一个$C(\boldsymbol{U})$门等效。然后再利用图2-78将第一个$C^n(\boldsymbol{X})$门用一个$C^{n-1}(\boldsymbol{X})$门和一个$C^2(\boldsymbol{X})$门等效，最后用一个$C^2(\boldsymbol{X})$门和一个$C^{n-1}(\boldsymbol{X})$门做退计算。

图2-80中的等效关系表明任何一个$C^n(\boldsymbol{U})$门可用两个$C^{n-1}(\boldsymbol{X})$门、两个$C^2(\boldsymbol{X})$门和一个$C(\boldsymbol{U})$门实现，付出的代价是增加了两个辅助量子比特。

5. $C^4(\boldsymbol{U})$门与$C^2(\boldsymbol{X})$门和$C(\boldsymbol{U})$门的等效

重复利用图2-80中的等效关系，并去掉多余的退计算，可将一个$C^n(\boldsymbol{U})$门全部用$C^2(\boldsymbol{X})$

门和 $C(\boldsymbol{U})$ 门实现，但需要付出 $n-1$ 个辅助量子比特的代价。图 2-81 给出了 $C^4(\boldsymbol{U})$ 门的情况，需要 3 个辅助量子比特。

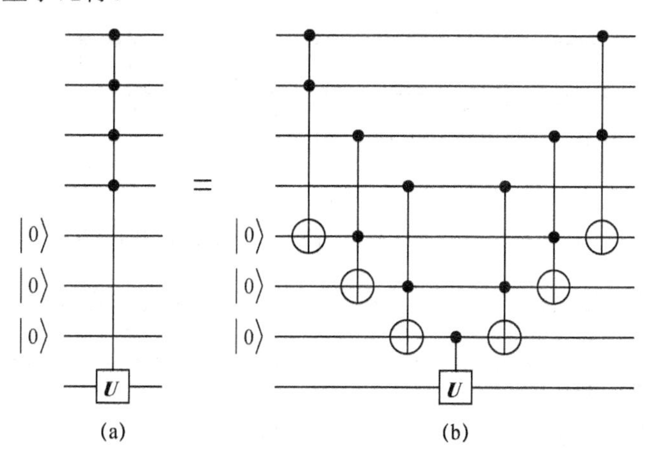

图 2-81　$C^4(\boldsymbol{U})$ 门与 $C^2(\boldsymbol{X})$ 门和 $C(\boldsymbol{U})$ 门的等效

从上面的等效结果可知：一个 $C^n(\boldsymbol{U})$ 门可用 $2(n-1)$ 个 $C^2(\boldsymbol{X})$ 门（Toffoli 门）和一个 $C(\boldsymbol{U})$ 门实现，需要付出 $n-1$ 个辅助量子比特的代价。一个 $C^n(\boldsymbol{X})$ 门可用 $2(n-1)+1=2n-1$ 个 $C^2(\boldsymbol{X})$ 门（Toffoli 门）实现，需要付出 $n-2$ 个辅助量子比特的代价。

6. $C^n(\boldsymbol{U})$ 门与 $C^{n-1}(\boldsymbol{X})$ 门和 $C(\boldsymbol{U}_x)$ 门的等效

图 2-77 介绍了一个 $C^n(\boldsymbol{U})$ 门可用 $C^n(\boldsymbol{X})$ 门和 $C(\boldsymbol{U})$ 门的等效，但需要借助一个辅助量子比特。图 2-80 介绍了一个 $C^n(\boldsymbol{U})$ 门可用 $C^{n-1}(\boldsymbol{X})$ 门、$C^2(\boldsymbol{X})$ 门和 $C(\boldsymbol{U})$ 门的等效，但需要借助两个辅助量子比特。

等效后量子线路的量子门变得简单，但需要增加辅助量子比特。图 2-82 给出了不借助辅助量子比特等效一个 $C^n(\boldsymbol{U})$ 门的量子线路。

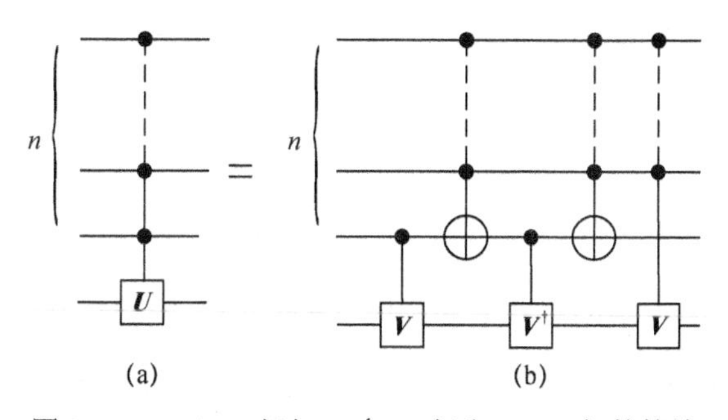

图 2-82　$C^n(\boldsymbol{U})$ 门与 $C^{n-1}(\boldsymbol{X})$ 门和 $C(\boldsymbol{U}_x)$ 门的等效

$\boldsymbol{V}$ 满足条件 $\boldsymbol{V}^2=\boldsymbol{U}$ 的酉矩阵（$\boldsymbol{V}^\dagger\boldsymbol{V}=\boldsymbol{I}$），称 $\boldsymbol{V}$ 门为 $\boldsymbol{U}$ 门平方根门。该量子线路的等效是图 2-75 中的 $C^2(\boldsymbol{U})$ 门与 $C(\boldsymbol{U}_x)$ 门等效的推广，证明方法类似。

7. $C^3(\boldsymbol{X})$ 门与 $C^2(\boldsymbol{X})$ 门和 $C(\boldsymbol{U}_x)$ 门的等效

重复利用如图 2-82 所示的等效关系可得到不借助辅助量子比特将 $C^n(\boldsymbol{X})$ 门用 $C^2(\boldsymbol{X})$ 门和 $C(\boldsymbol{U}_x)$ 门等效的量子线路。图 2-83 给出了一个 $C^3(\boldsymbol{X})$ 门与 $C^2(\boldsymbol{X})$ 门（Toffoli 门）和 $C(\boldsymbol{U}_x)$

门的等效。

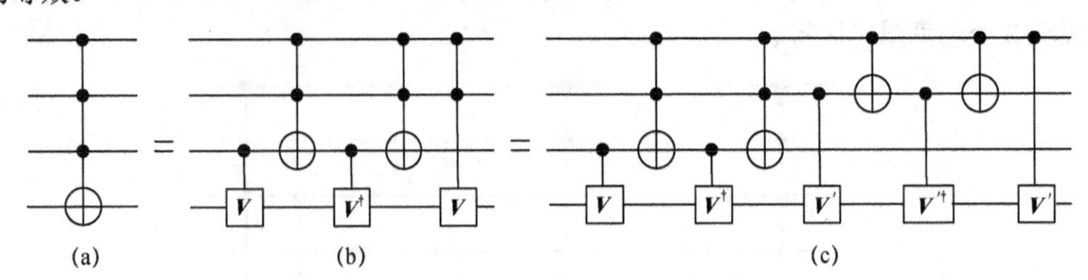

图 2-83　$C^3(\boldsymbol{X})$ 门与 $C^2(\boldsymbol{X})$ 门和 $C(\boldsymbol{U}_x)$ 门的等效

首先利用如图 2-82 所示的等效关系将图 2-83（a）中的 $C^3(\boldsymbol{X})$ 门用两个 $C^2(\boldsymbol{X})$ 门和 3 个与 $\boldsymbol{V}=\boldsymbol{X}^{\frac{1}{2}}=\frac{1}{2}\begin{bmatrix}1-\mathrm{i} & 1+\mathrm{i}\\1+\mathrm{i} & 1-\mathrm{i}\end{bmatrix}$ 有关的受控门等效，其中两个是 $C(\boldsymbol{V})$ 门和 $C(\boldsymbol{V}^\dagger)$ 门，另一个是 $C^2(\boldsymbol{V})$ 门，得到如图 2-83（b）所示的等效量子线路。

然后再利用如图 2-82 所示的等效关系将 $C^2(\boldsymbol{V})$ 门用两个 $C(\boldsymbol{X})$ 门和 3 个与 $\boldsymbol{V}'=\boldsymbol{V}^{\frac{1}{2}}=\frac{1}{2}\begin{bmatrix}1+\mathrm{e}^{-\mathrm{i}\pi/4} & 1-\mathrm{e}^{-\mathrm{i}\pi/4}\\1-\mathrm{e}^{-\mathrm{i}\pi/4} & 1+\mathrm{e}^{-\mathrm{i}\pi/4}\end{bmatrix}$ 有关的受控门等效，可得到图 2-83（c）。

8. $C^3(\boldsymbol{U})$ 门与 $C^2(\boldsymbol{X})$ 门和 $C(\boldsymbol{U}_x)$ 门的等效

重复利用图 2-82 的等效关系可得到不借助辅助量子比特将 $C^n(\boldsymbol{U})$ 门用 $C^2(\boldsymbol{X})$ 门和 $C(\boldsymbol{U}_x)$ 门等效的量子线路。图 2-83 给出了一个 $C^3(\boldsymbol{U})$ 门与 $C^2(\boldsymbol{X})$ 门（Toffoli 门）和 $C(\boldsymbol{U}_x)$ 门的等效。

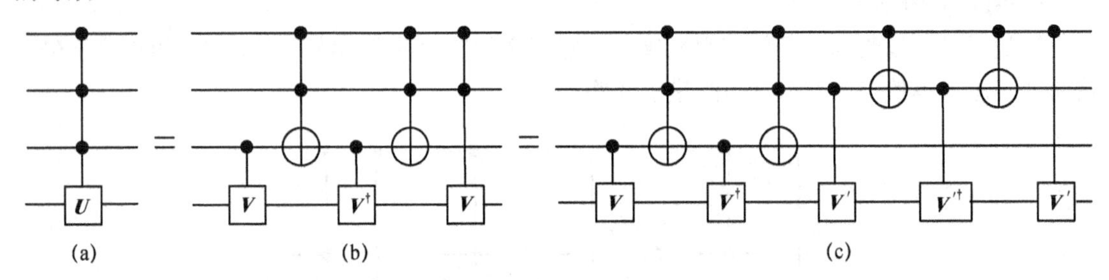

图 2-84　$C^3(\boldsymbol{U})$ 门与 $C^2(\boldsymbol{X})$ 门和 $C(\boldsymbol{U}_x)$ 门的等效

首先利用如图 2-82 所示的等效关系将图 2-84（a）中的 $C^3(\boldsymbol{U})$ 门用两个 $C^2(\boldsymbol{X})$ 门和 3 个与 $\boldsymbol{V}=\boldsymbol{U}^{\frac{1}{2}}$ 酉矩阵有关的受控门等效，其中两个是 $C(\boldsymbol{V})$ 门和 $C(\boldsymbol{V}^\dagger)$ 门，另一个是 $C^2(\boldsymbol{V})$ 门，得到如图 2-84（b）所示的等效量子线路。

然后再利用如图 2-82 所示的等效关系将 $C^2(\boldsymbol{V})$ 门用两个 $C(\boldsymbol{X})$ 门和 3 个与 $\boldsymbol{V}'=\boldsymbol{V}^{\frac{1}{2}}$ 有关的受控门等效，得到图 2-84（c）。

若再利用图 2-75 给出的 $C^2(\boldsymbol{U})$ 门与 $C(\boldsymbol{U}_x)$ 门的等效，可进一步将图 2-84 中 $C^2(\boldsymbol{X})$ 门用 $C(\boldsymbol{U}_x)$ 门实现，所以任意 $C^n(\boldsymbol{U})$ 门可仅用 $C(\boldsymbol{U}_x)$ 门实现。

9. $C^m(\boldsymbol{U}_1)$ 门与 $C^n(\boldsymbol{U}_2)$ 门级联交换等效

若 $C^m(\boldsymbol{U}_1)$ 门的任意一个控制量子比特都不是 $C^n(\boldsymbol{U}_2)$ 门的目标量子比特，并且 $C^n(\boldsymbol{U}_2)$ 门

的任意一个控制量子比特都不是 $C^m(\boldsymbol{U}_1)$ 门的目标量子比特，则这两个门级联时可交换顺序，如图 2－85 所示。

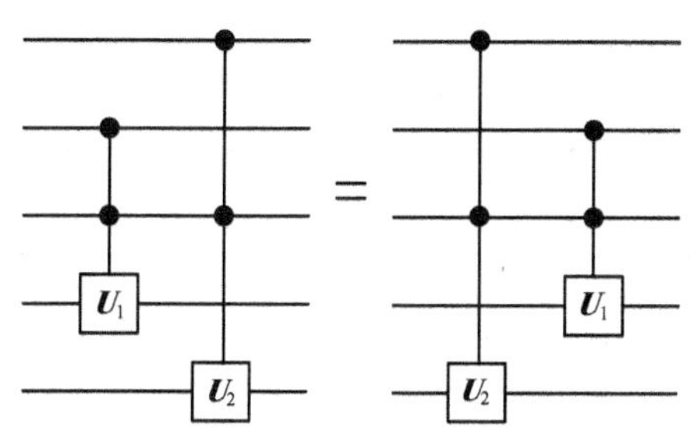

图 2－85　受控门的等效交换

关于量子通用门有以下结论。

单比特量子门和受控非门为量子通用门，即由 $\boldsymbol{n}$ 个量子比特构成的状态空间上的任意酉演化可用单比特量子门和受控非门实现。

“受控非门 $C(\boldsymbol{X})$ 和单比特量子门是通用量子门”的结论与经典数字逻辑电路的“与非门”和“或非门”为通用门有所不同，单比特量子门不是一个特定的量子门。由于希尔伯特是连续空间，单比特量子门有无数个。与经典数字逻辑电路的结论对比，这看起来有点遗憾。但是量子线路有一个与经典数字逻辑电路近似的结论，即用 $\boldsymbol{S}$ 门、$\boldsymbol{T}$ 门、$\boldsymbol{H}$ 门和受控非门 $C(\boldsymbol{X})$ 这组离散的量子门集合可以任意精度近似任意量子门。

2.6　单比特量子门的旋转分解

单比特量子旋转门可以用第 1 章中介绍的布洛赫球面解释，如图 2－86 所示。

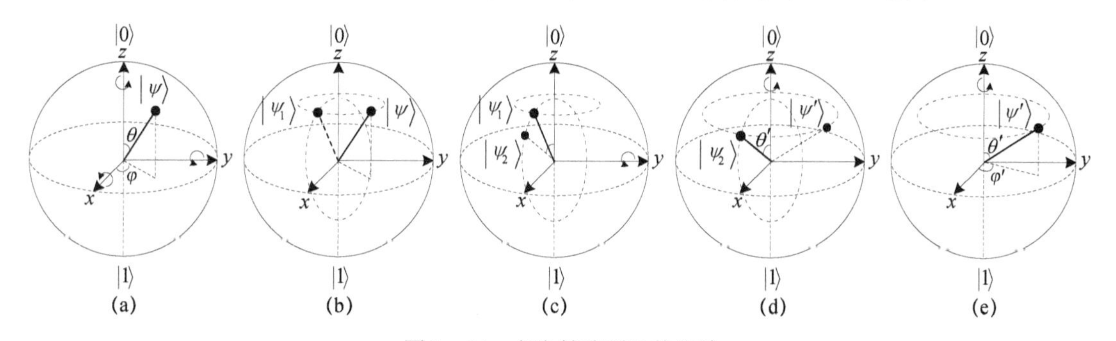

图 2－86　布洛赫球面及其旋转

图 2－86（a）是单比特量子态 $|\psi\rangle$ 在布洛赫球面上的几何表示，根据式（1－23），考虑全局相位因子的表达式为

$$|\psi\rangle = \mathrm{e}^{\mathrm{i}\zeta}\left(\cos\frac{\theta}{2}|0\rangle + \mathrm{e}^{\mathrm{i}\varphi}\sin\frac{\theta}{2}|1\rangle\right) \tag{2-136}$$

图 2－86 中布洛赫球面与 3 个坐标轴焦点的 6 个单位向量见表 2－2。

表 2-2　布洛赫球面与坐标轴焦点的单位向量

焦点	θ	φ	$\|\psi\rangle$
x 轴	$\pi/2$	0	$(\|0\rangle+\|1\rangle)/\sqrt{2}$
$-x$ 轴	$\pi/2$	π	$(\|0\rangle-\|1\rangle)/\sqrt{2}$
y 轴	$\pi/2$	$\pi/2$	$(\|0\rangle+\mathrm{i}\|1\rangle)/\sqrt{2}$
$-y$ 轴	$\pi/2$	$-\pi/2$	$(\|0\rangle-\mathrm{i}\|1\rangle)/\sqrt{2}$
z 轴	0	0	$\|0\rangle$
$-z$ 轴	π	0	$\|1\rangle$

布洛赫球面上的旋转算子分别为

$$\begin{cases} \boldsymbol{R}_x(\theta_x)=\mathrm{e}^{-\mathrm{i}\frac{\theta_x}{2}\boldsymbol{X}} \\ \boldsymbol{R}_y(\theta_y)=\mathrm{e}^{-\mathrm{i}\frac{\theta_y}{2}\boldsymbol{Y}} \\ \boldsymbol{R}_z(\theta_z)=\mathrm{e}^{-\mathrm{i}\frac{\theta_z}{2}\boldsymbol{Z}} \end{cases} \tag{2-137}$$

其中

$$\begin{cases} \boldsymbol{X}=\begin{bmatrix}0 & 1\\ 1 & 0\end{bmatrix} \\ \boldsymbol{Y}=\begin{bmatrix}0 & -\mathrm{i}\\ \mathrm{i} & 0\end{bmatrix} \\ \boldsymbol{Z}=\begin{bmatrix}1 & 0\\ 0 & -1\end{bmatrix} \end{cases} \tag{2-138}$$

矩阵幂级数计算公式为

$$\begin{cases} \mathrm{e}^{\boldsymbol{A}}=\sum\limits_{k=0}^{\infty}\dfrac{1}{k!}\boldsymbol{A}^k=\boldsymbol{I}+\boldsymbol{A}+\dfrac{\boldsymbol{A}^2}{2!}+\cdots+\dfrac{\boldsymbol{A}^k}{k!}+\cdots \\ \sin\boldsymbol{A}=\sum\limits_{k=0}^{\infty}\dfrac{(-1)^k}{(2k+1)!}\boldsymbol{A}^{2k+1}=\boldsymbol{A}-\dfrac{\boldsymbol{A}^3}{3!}+\cdots+(-1)^{2k-1}\dfrac{\boldsymbol{A}^{2k-1}}{(2k-1)!}+\cdots \\ \cos\boldsymbol{A}=\sum\limits_{k=0}^{\infty}\dfrac{(-1)^k}{(2k)!}\boldsymbol{A}^{2k}=\boldsymbol{I}-\dfrac{\boldsymbol{A}^2}{2!}+\cdots+(-1)^{2k}\dfrac{\boldsymbol{A}^{2k}}{(2k)!}+\cdots \end{cases} \tag{2-139}$$

及

$$\begin{cases} e^{iA} = \cos A + i\sin A \\ \cos A = \dfrac{e^{iA} + e^{-iA}}{2} \\ \sin A = \dfrac{e^{iA} - e^{-iA}}{2i} \end{cases} \tag{2-140}$$

注意到 $\boldsymbol{X}^2 = \boldsymbol{Y}^2 = \boldsymbol{Z}^2 = \boldsymbol{I}$，利用式（2－139）和式（2－140），将式（2－137）写为

$$\begin{cases} \boldsymbol{R}_x(\theta_x) = e^{-i\frac{\theta_x}{2}\boldsymbol{X}} = \left(\cos\dfrac{\theta_x}{2}\right)\boldsymbol{I} - i\left(\sin\dfrac{\theta_x}{2}\right)\boldsymbol{X} = \begin{bmatrix} \cos\dfrac{\theta_x}{2} & -i\sin\dfrac{\theta_x}{2} \\ -i\sin\dfrac{\theta_x}{2} & \cos\dfrac{\theta_x}{2} \end{bmatrix} \\ \boldsymbol{R}_y(\theta_y) = e^{-i\frac{\theta_y}{2}\boldsymbol{Y}} = \left(\cos\dfrac{\theta_y}{2}\right)\boldsymbol{I} - i\left(\sin\dfrac{\theta_y}{2}\right)\boldsymbol{Y} = \begin{bmatrix} \cos\dfrac{\theta_y}{2} & -\sin\dfrac{\theta_y}{2} \\ \sin\dfrac{\theta_y}{2} & \cos\dfrac{\theta_y}{2} \end{bmatrix} \\ \boldsymbol{R}_z(\theta_z) = e^{-i\frac{\theta_z}{2}\boldsymbol{Z}} = \left(\cos\dfrac{\theta_z}{2}\right)\boldsymbol{I} - i\left(\sin\dfrac{\theta_z}{2}\right)\boldsymbol{Z} = \begin{bmatrix} e^{-i\frac{\theta_z}{2}} & 0 \\ 0 & e^{i\frac{\theta_z}{2}} \end{bmatrix} \end{cases} \tag{2-141}$$

由于

$$\boldsymbol{R}_x^\dagger(\theta_x)\boldsymbol{R}_x(\theta_x) = \boldsymbol{R}_y^\dagger(\theta_y)\boldsymbol{R}_y(\theta_y) = \boldsymbol{R}_z^\dagger(\theta_z)\boldsymbol{R}_z(\theta_z) = \boldsymbol{I} \tag{2-142}$$

所以 $\boldsymbol{R}_x(\theta_x)$、$\boldsymbol{R}_y(\theta_y)$ 和 $\boldsymbol{R}_z(\theta_z)$ 是酉算子。

下面介绍如何将如图 2－86（a）所示布洛赫球面上的某个量子态 $|\psi\rangle$ 通过式（2－141）旋转到如图 2－86（e）所示布洛赫球面上的任意量子态 $|\psi'\rangle$ 的方法。

将图 2－86（a）改画为图 2－86（b），并令如图 2－86（e）所示的布洛赫球面上的任意量子态 $|\psi'\rangle$ 为

$$|\psi'\rangle = e^{i\zeta'}\left(\cos\frac{\theta'}{2}|0\rangle + e^{i\varphi'}\sin\frac{\theta'}{2}|1\rangle\right) \tag{2-143}$$

将 $\boldsymbol{R}_z(\theta_{z_1})$ 作用到如图 2－86（b）所示的量子态 $|\psi\rangle$ 上，得到

$$\begin{aligned} |\psi_1\rangle &= \boldsymbol{R}_z(\theta_{z_1})|\psi\rangle \\ &= e^{i\zeta}\left(e^{-i\frac{\theta_{z_1}}{2}}\cos\frac{\theta}{2}|0\rangle + e^{i\varphi}e^{i\frac{\theta_{z_1}}{2}}\sin\frac{\theta}{2}|1\rangle\right) \\ &= e^{-i\frac{\theta_{z_1}}{2}}e^{i\zeta}\left(\cos\frac{\theta}{2}|0\rangle + e^{i(\varphi+\theta_{z_1})}\sin\frac{\theta}{2}|1\rangle\right) \end{aligned} \tag{2-144}$$

选择 $\theta_{z_1} = -\varphi$，则

$$|\psi_1\rangle = \mathrm{e}^{\mathrm{i}\frac{\varphi}{2}}\mathrm{e}^{\mathrm{i}\zeta}\left(\cos\frac{\theta}{2}|0\rangle + \sin\frac{\theta}{2}|1\rangle\right) \tag{2-145}$$

相当于将量子态$|\psi\rangle$旋转到如图 2-86（b）所示的$x-z$平面上的$|\psi_1\rangle$，并增加了一个全局相位因子$\mathrm{e}^{\mathrm{i}\frac{\varphi}{2}}$。将图 2-86（b）改画为图 2-86（c），并将$\boldsymbol{R}_y(\theta_y)$作用到量子态$|\psi_1\rangle$上，得到

$$\begin{aligned}|\psi_2\rangle &= \boldsymbol{R}_y(\theta_y)|\psi_1\rangle \\ &= \mathrm{e}^{\mathrm{i}\frac{\varphi}{2}}\mathrm{e}^{\mathrm{i}\zeta}\left(\cos\frac{\theta+\theta_y}{2}|0\rangle + \sin\frac{\theta+\theta_y}{2}|1\rangle\right)\end{aligned} \tag{2-146}$$

选择$\theta_y = \theta' - \theta$，则

$$|\psi_2\rangle = \mathrm{e}^{\mathrm{i}\frac{\varphi}{2}}\mathrm{e}^{\mathrm{i}\zeta}\left(\cos\frac{\theta'}{2}|0\rangle + \sin\frac{\theta'}{2}|1\rangle\right) \tag{2-147}$$

将图 2-86（c）改画为图 2-86（d），并将$\boldsymbol{R}_z(\theta_{z_2})$作用到量子态$|\psi_2\rangle$上，得到

$$\begin{aligned}|\psi'\rangle &= \boldsymbol{R}_z(\theta_{z_2})|\psi_2\rangle \\ &= \mathrm{e}^{-\mathrm{i}\frac{\theta_{z_2}}{2}}\mathrm{e}^{\mathrm{i}\frac{\varphi}{2}}\mathrm{e}^{\mathrm{i}\zeta}\left(\cos\frac{\theta'}{2}|0\rangle + \mathrm{e}^{\mathrm{i}\theta_{z_2}}\sin\frac{\theta'}{2}|1\rangle\right) \\ &= \mathrm{e}^{\mathrm{i}(\frac{\varphi-\theta_{z_2}}{2}+\zeta)}\left(\cos\frac{\theta'}{2}|0\rangle + \mathrm{e}^{\mathrm{i}\theta_{z_2}}\sin\frac{\theta'}{2}|1\rangle\right)\end{aligned} \tag{2-148}$$

选择$\theta_{z_2} = \varphi'$，则

$$|\psi'\rangle = \mathrm{e}^{\mathrm{i}(\frac{\varphi-\varphi'}{2}+\zeta)}\left(\cos\frac{\theta'}{2}|0\rangle + \mathrm{e}^{\mathrm{i}\varphi'}\sin\frac{\theta'}{2}|1\rangle\right) \tag{2-149}$$

对比式（2-143）和式（2-149）可知除了全局相位因子，这两个状态相同。令

$$\begin{aligned}\boldsymbol{U} &= \mathrm{e}^{\mathrm{i}\alpha}\boldsymbol{R}_z(\theta_{z_2})\boldsymbol{R}_y(\theta_y)\boldsymbol{R}_z(\theta_{z_1}) \\ &= \mathrm{e}^{\mathrm{i}\alpha}\boldsymbol{R}_z(\beta)\boldsymbol{R}_y(\gamma)\boldsymbol{R}_z(\delta)\end{aligned} \tag{2-150}$$

其中

$$\begin{cases}\alpha = \dfrac{\varphi'-\varphi}{2} + (\zeta'-\zeta) \\ \beta = \varphi' \\ \gamma = \theta' - \theta \\ \delta = -\varphi\end{cases} \tag{2-151}$$

式（2-150）所示酉矩阵可将如图 2-86（a）所示的布洛赫球面上的某个量子态$|\psi\rangle$旋转到如图 2-86（e）所示的布洛赫球面上的任意量子态$|\psi'\rangle$。

式（2-150）称为单比特量子门的$z-y$分解。表 2-3 给出了常用量子门的$z-y$分解。单比特量子门有多种分解方式，本节仅介绍了$z-y$分解。

表 2-3　常用量子门 $z-y$ 分解

量子门	$\alpha(\pi)$	$\beta(\pi)$	$\gamma(\pi)$	$\delta(\pi)$
$\boldsymbol{I}$	0	0	0	0
$\boldsymbol{X}$	0.5	−1	1	0
$\boldsymbol{X}$	0.5	0	1	1
$\boldsymbol{Y}$	0.5	0	1	0
$\boldsymbol{Z}$	0.5	1	0	0
$\boldsymbol{Z}$	0.5	0	0	1
$\boldsymbol{S}$	0.25	0.5	0	0
$\boldsymbol{S}$	0.25	0	0	0.5
$\boldsymbol{T}$	0.125	0.25	0	0
$\boldsymbol{H}$	0.5	0	0.5	1

量子黑箱.mp4

2.7　量子黑箱

黑箱（black box）就是对使用者来讲只需了解其功能及使用方法，对黑箱内部可一无所知的装置。

设函数 $f(x)\colon\{0,1\}^m \to \{0,1\}^k$。$f(x)$ 定义了一个定义域为 m 比特，值域为 k 比特的映射。图 2-87（a）为实现该函数功能的经典逻辑线路黑箱。

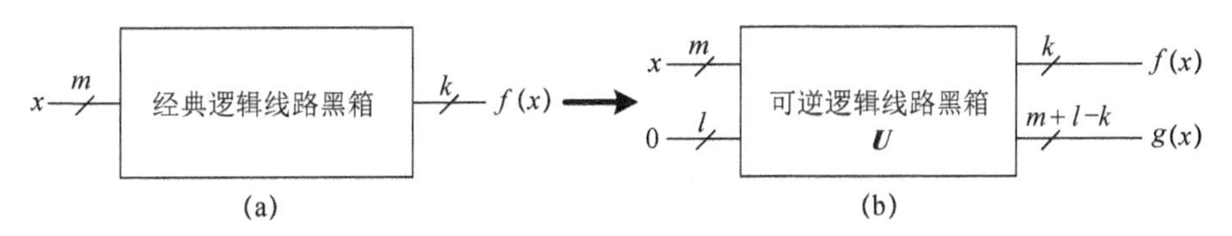

图 2-87　计算 $f(x)$ 的逻辑线路黑箱

图 2-87（b）是一个与图 2-87（a）效率相当的可逆逻辑线路黑箱。可逆逻辑线路黑箱是可逆的，能够对量子态进行演化，称为量子黑箱（quantum black box）。量子黑箱给研究量子系统带来极大方便。当研究者研究某个量子系统时，可将系统中的某些子系统看作是黑箱，而将研究的重点放在整个系统上。

如图 2-87（b）所示的量子黑箱存在两个缺陷：① 输入的数据 x 经量子黑箱后可能会改变，只能被该量子黑箱使用一次；② 输出可能存在垃圾比特，在使用该量子黑箱时，总要带着这些无法再被使用的垃圾比特。

使用者可以解决这两个问题，但在系统设计过程中还需花费额外精力考虑如何克服上述两个缺陷，所以黑箱设计者应该能够提供解决这两个缺陷的一种具有标准接口形式的量子黑箱。下面介绍一种具有标准接口形式的量子黑箱的设计方法。

设用可逆逻辑线路计算 $f(x)$ 需要 l 个辅助比特（也称为临时比特）。计算结束后的 k 个比特为计算结果 $f(x)$。另外 $n-k$ 个比特 $g(x)$ 与计算结果无关，称为垃圾比特，一般不能再被后面的线路使用。

解决输入数据共享的方法如图 2－88 所示。增加与输入数据的比特数相同的 m 个初值为 0 的辅助比特。将 x 的各比特作为控制比特，将对应的新增加的辅助比特作为目标比特，用 m 个受控非门进行逐比特的受控非门演化，可实现数据复制。实际上受控非门起到的作用是给可逆逻辑线路 $\boldsymbol{U}$ 加载数据。

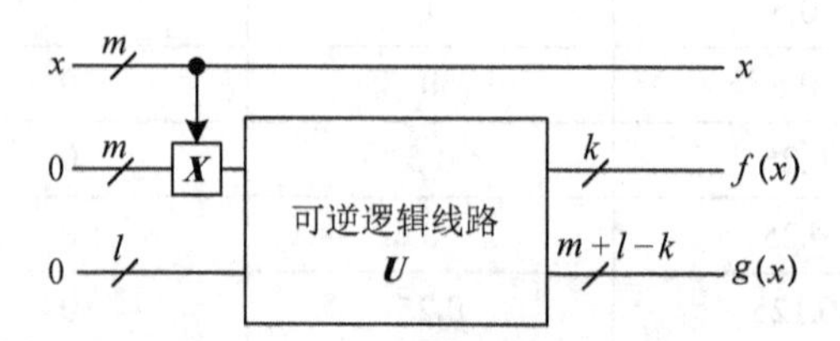

图 2－88　计算 x 的可逆逻辑线路

解决垃圾比特的方法如图 2－89 所示。增加与计算结果 $f(x)$ 比特数相同的 k 个辅助比特（初值不一定为 0，只要为经典值即可）。将 $f(x)$ 的各比特作为控制比特，将对应的新增加的辅助比特作为目标比特，用 k 个受控非门进行逐比特受控非门演化，提取计算结果。最后用退计算线路将 $f(x)$ 和 $g(x)$ 恢复为 0。

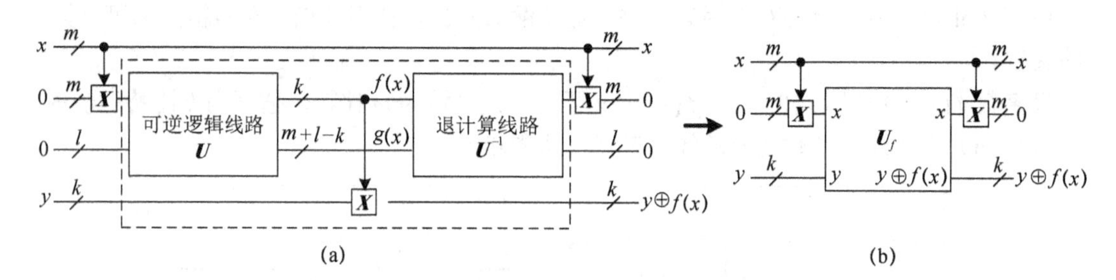

图 2－89　无垃圾比特的可逆逻辑线路及量子黑箱

在图 2－89 中，初值为经典值的 y 的 k 个辅助比特增加了提取计算结果的灵活性，受控非门可以起到异或操作的作用，$y \oplus f(x)$ 表示逐比特异或。当 y 的某比特为 0 时，该比特提取的结果与 $f(x)$ 对应的比特相同；当 y 的某比特为 1 时，该比特提取的结果是 $f(x)$ 对应的比特的非。

将图 2－89（a）中的虚线框部分用图 2－89（b）中的 $\boldsymbol{U}_f$ 表示。有了 $\boldsymbol{U}_f$，使用者不必再考虑垃圾比特的麻烦。至于输入数据是否需要共享，由使用者决定。在研究量子线路系统问题时，特别是在研究量子算法时，$\boldsymbol{U}_f$ 是一种常用的标准形式的量子黑箱。

传说中的古希腊神示所可以回答请求者的询问并传达神谕（oracle）。量子黑箱具有神谕类似的功能，所以量子黑箱也称为神谕。

下面用一个实例说明如何构造和使用如图 2－89（b）所示的标准量子黑箱。

例 2－4　图 2－90 为求三比特众数的可逆逻辑线路。构造完成该功能的标准量子黑箱 $\boldsymbol{U}_f$，并利用该黑箱设计一个能并行完成求三比特众数的量子线路。

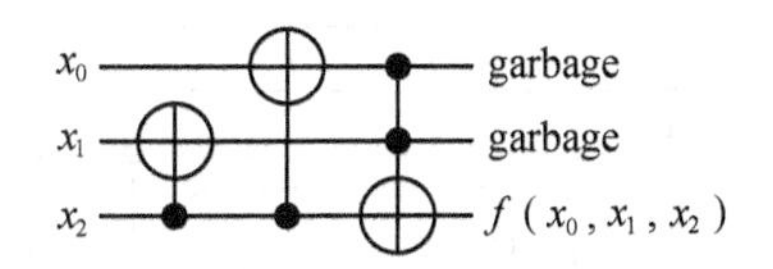

图 2－90　求众数的可逆逻辑线路

解：三比特众数（majority）是三个比特数中占多数的值，利用量子线路分析方法不难证明该可逆逻辑的功能为

$$\begin{cases} f(0,0,0)=0 \\ f(0,0,1)=0 \\ f(0,1,0)=0 \\ f(0,1,1)=1 \end{cases}, \quad \begin{cases} f(1,0,0)=0 \\ f(1,0,1)=1 \\ f(1,1,0)=1 \\ f(1,1,1)=1 \end{cases}$$

利用图 2－89 给出的构造量子黑箱的原理可得到如图 2－91 所示的求众数的量子黑箱。

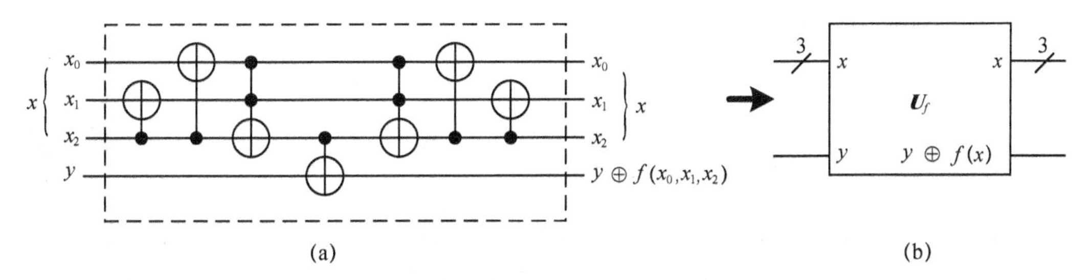

图 2－91　求众数的量子黑箱

图 2－92 是用图 2－91（b）量子黑箱构成的求众数的并行计算量子线路。设输入的 3 个比特的初值为 0，首先分别进行 $\boldsymbol{H}$ 门演化，然后输入到量子黑箱中进行并行计算。

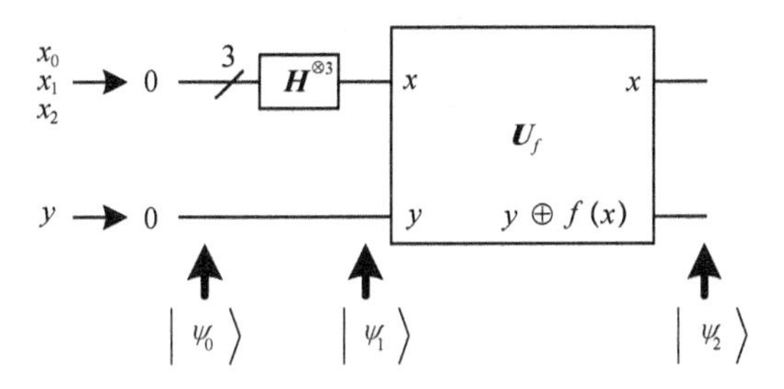

图 2－92　求众数的并行计算

量子态中量子比特从左到右排列顺序为 $y \prec x_2 \prec x_1 \prec x_0$，量子态的演化过程如下：

$$|\psi_0\rangle = |0000\rangle$$

$$|\psi_1\rangle = \frac{1}{\sqrt{2^3}}(|0000\rangle + |0001\rangle + |0010\rangle + |0011\rangle + |0100\rangle + |0101\rangle + |0110\rangle + |0111\rangle)$$

$$|\psi_2\rangle = \frac{1}{\sqrt{2^3}}(|0000\rangle + |0001\rangle + |0010\rangle + |1011\rangle + |0100\rangle + |1101\rangle + |1110\rangle + |1111\rangle)$$

也可采用如图 2－93 所示的方式使用 $\boldsymbol{U}_f$。

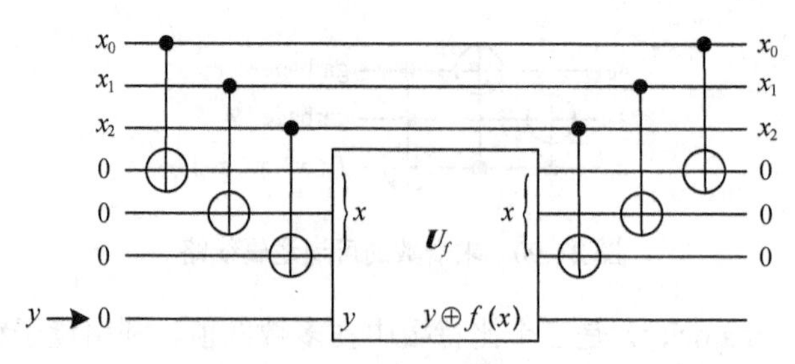

图 2-93　受控求众数的并行计算

本例中的 $\boldsymbol{U}_f$ 是一个与经典线路效率相当的量子黑箱，属于经典意义上的量子黑箱。量子黑箱是可逆的，可以演化量子态。虽然 $\boldsymbol{U}_f$ 本身在计算能力上等同于经典黑箱，但若用量子的方式使用 $\boldsymbol{U}_f$，构成的整个系统可看成是一个量子意义上的量子黑箱。

如图 2-92 所示的量子黑箱本身不具有实用意义，这里仅从原理上说明如何利用经典意义上的量子黑箱构成运算能力超强的、真正意义上的量子系统。设计具有量子意义的量子黑箱需要配合巧妙的量子算法，这也是量子线路设计的难点。

小结.mp4

2.8 小　结

本章介绍了量子线路构成的基本要素：量子门（quantum gate）和量子线（quantum wire）。量子线不一定对应物理连接，应理解为随时间流动的量子比特，量子门作用在量子比特上称为演化。

每个量子门与一个酉矩阵对应，量子线路常用的基本量子门包括 $\boldsymbol{X}$、$\boldsymbol{Y}$、$\boldsymbol{Z}$、$\boldsymbol{P}$、$\boldsymbol{S}$、$\boldsymbol{T}$、$\boldsymbol{H}$、$\boldsymbol{U}$ 这 8 个基本单比特量子门和 **SWAP** 双比特交换门。在这 9 个基本量子门的基础上可进一步构建常用受控门，常用受控门包括双控制比特和三控制比特的受控量子门。掌握这些基本量子门的演化规律是量子线路分析的基础。

本章在介绍量子线路的基础上讨论了量子线路的可逆性、量子态的叠加性、量子态的纠缠性及量子态的不可克隆性等量子系统特有的资源，这些重要资源对理解和应用量子系统十分重要。

此外，本章还介绍了量子黑箱的基本概念及使用方法。

与经典数字逻辑电路一样，量子线路的等效及通用量子门，无论是在理论上，还是在应用上，都具有十分重要的意义。

习　题

2-1　如习题 2-1 图所示量子门，已知 $|q\rangle=\dfrac{|0\rangle+|1\rangle}{\sqrt{2}}$。求量子态 $|q\rangle$ 经过以下量子门演化后的状态。

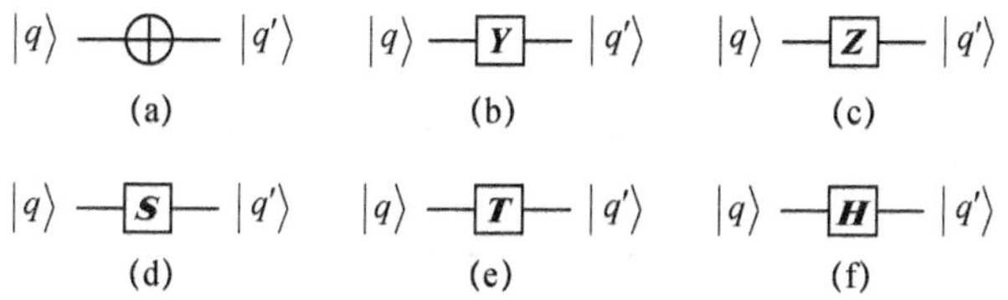

$|q\rangle$ —⊕— $|q'\rangle$ $|q\rangle$ —Y— $|q'\rangle$ $|q\rangle$ —Z— $|q'\rangle$

(a) (b) (c)

$|q\rangle$ —S— $|q'\rangle$ $|q\rangle$ —T— $|q'\rangle$ $|q\rangle$ —H— $|q'\rangle$

(d) (e) (f)

习题 2-1 图

2-2 如习题 2-2 图所示量子线路，已知 $|\psi\rangle=|q_1q_0\rangle=\dfrac{|0\rangle-|1\rangle}{\sqrt{2}}|0\rangle$，求 $|\psi'\rangle$。

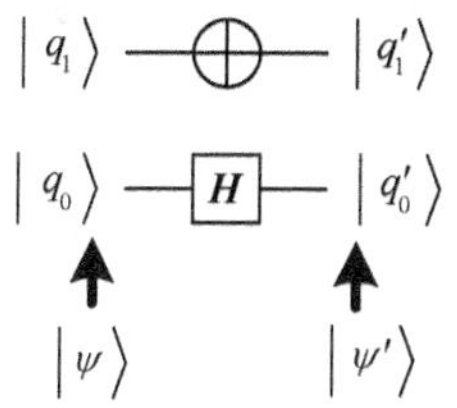

$|q_1\rangle$ —⊕— $|q_1'\rangle$

$|q_0\rangle$ —H— $|q_0'\rangle$

$|\psi\rangle$ $|\psi'\rangle$

习题 2-2 图

2-3 如习题 2-3 图所示量子线路，已知 $|\psi\rangle=|q_1q_0\rangle=\dfrac{1}{2}(|00\rangle+|01\rangle+|10\rangle+|11\rangle)$，求 $|\psi'\rangle$。

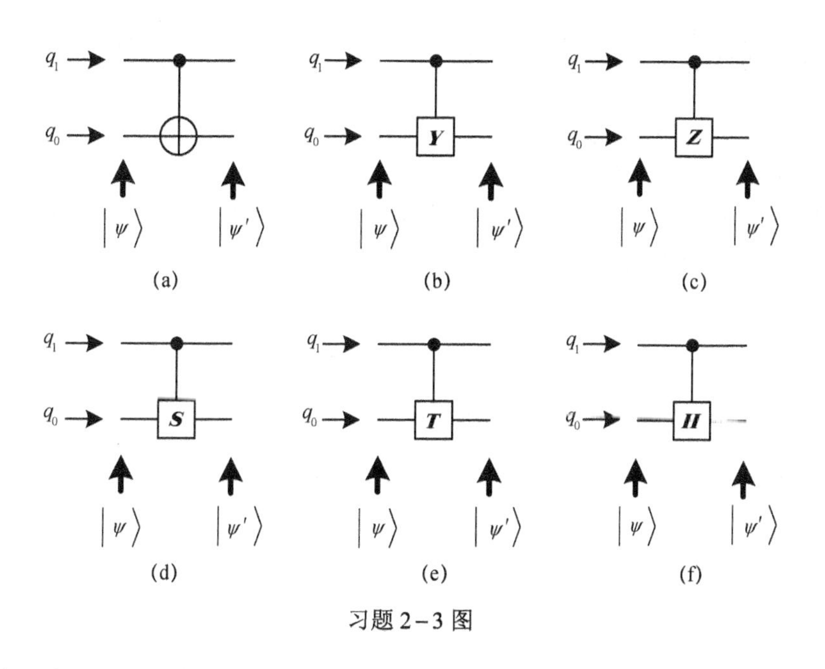

习题 2-3 图

2-4 如习题 2-4 图所示量子线路。

（1）求当 $|q_1q_0\rangle$ 分别为 $|00\rangle$，$|01\rangle$，$|10\rangle$ 和 $|11\rangle$ 时的 $|\psi'\rangle$。

（2）若将 q_1 和 q_0 的初态看作是经典比特的输入，将 q_0 演化后的状态看作是经典比特的输出，根据（1）的演化结果说明该量子门相当于哪种经典逻辑门。

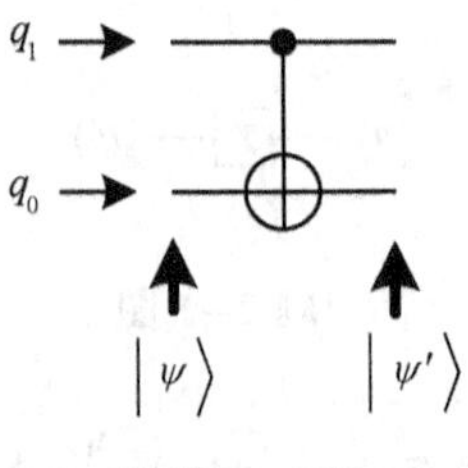

习题 2-4 图

2-5 如习题 2-5 图所示量子线路，已知 $|\psi\rangle = |q_1q_0\rangle = \frac{|0\rangle+|1\rangle}{\sqrt{2}}\frac{|0\rangle-|1\rangle}{\sqrt{2}}$，求 $|\psi'\rangle$。

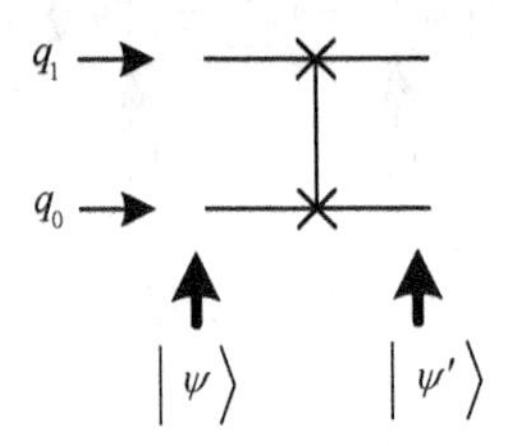

习题 2-5 图

2-6 已知 $|0\rangle = \begin{bmatrix}1\\0\end{bmatrix}$，$|1\rangle = \begin{bmatrix}0\\1\end{bmatrix}$，$\boldsymbol{U} = \begin{bmatrix}u_{00} & u_{01}\\u_{10} & u_{11}\end{bmatrix}$。证明 $\boldsymbol{U} = \begin{bmatrix}\langle 0|\boldsymbol{U}|0\rangle & \langle 0|\boldsymbol{U}|1\rangle\\\langle 1|\boldsymbol{U}|0\rangle & \langle 1|\boldsymbol{U}|1\rangle\end{bmatrix}$。

2-7 如习题 2-7 图所示量子线路。

（1）求当 $|q_2q_1\rangle$ 分别为 $|00\rangle$，$|01\rangle$，$|10\rangle$，$|11\rangle$ 时的 $|\psi'\rangle$。

（2）若将 q_2 和 q_1 的初态看作是经典比特的输入，将 q_0 演化后的状态看作是经典比特的输出，根据（1）的演化结果说明该量子门相当于哪种经典逻辑门。

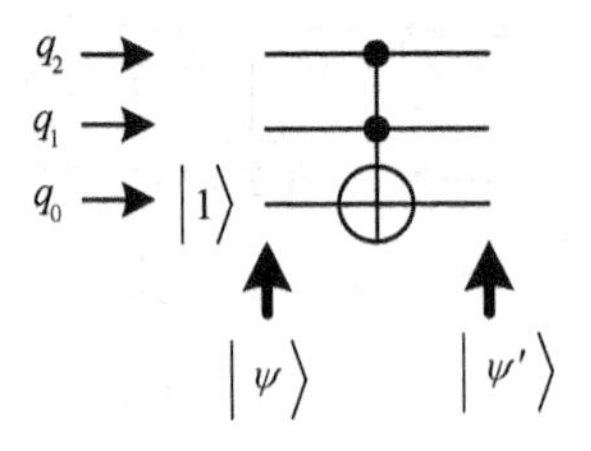

习题 2-7 图

2-8 如习题 2-8 图所示量子线路。

（1）求当 $|q_2q_1\rangle$ 分别为 $|00\rangle$，$|01\rangle$，$|10\rangle$，$|11\rangle$ 时的 $|\psi'\rangle$。

（2）若将 q_2 和 q_1 的初态看作是经典比特的输入，将 q_0 演化后的状态看作是经典比特的输出，根据（1）的演化结果说明该量子门相当于哪种经典逻辑门。

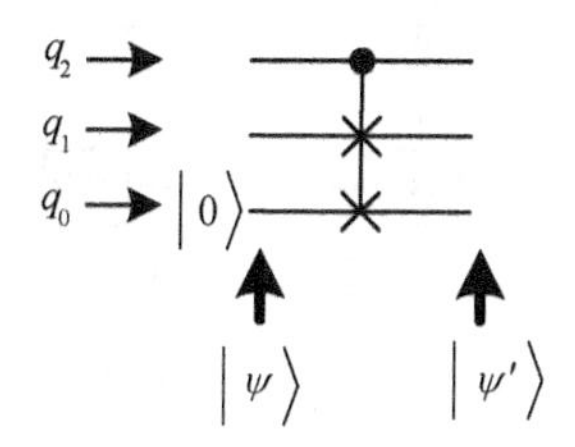

习题 2-8 图

2-9　如习题 2-9 图所示量子线路，求当 $|q_2q_1q_0\rangle$ 分别为 $|000\rangle$，$|001\rangle$，$|010\rangle$，$|011\rangle$，$|100\rangle$，$|101\rangle$，$|110\rangle$，$|111\rangle$ 时的 $|\psi'\rangle$。

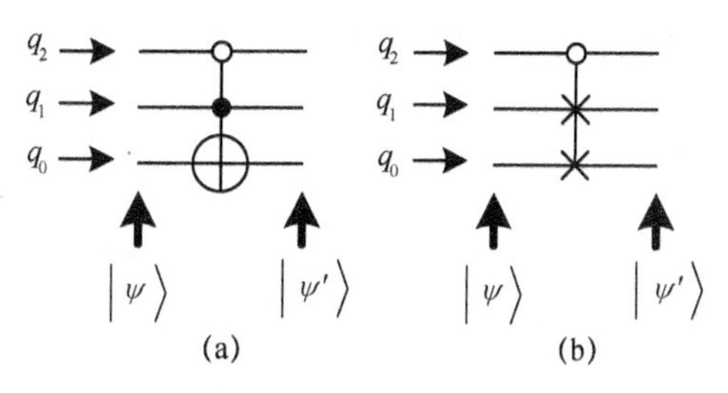

习题 2-9 图

2-10　如习题 2-10 图所示量子线路，其中 $|\psi_0\rangle=|q_1q_0\rangle=\dfrac{|00\rangle+|10\rangle}{\sqrt{2}}$。

（1）求 $|\psi_1\rangle$。

（2）求测量后坍缩的状态 $|\psi_2\rangle$ 及得到坍缩量子态的概率。

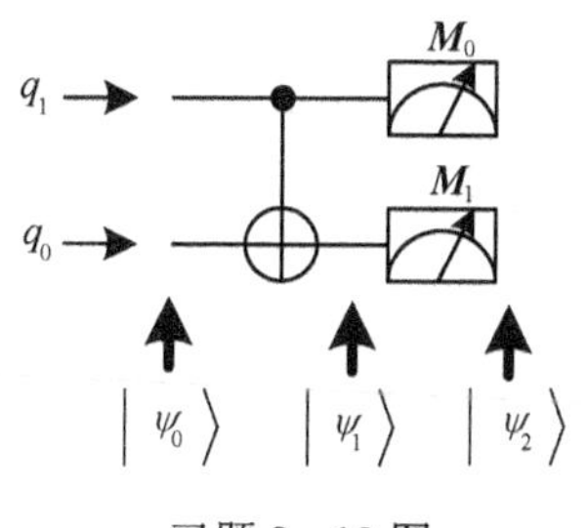

习题 2-10 图

2-11　如习题 2-11 图所示量子线路，其中 $|\psi_0\rangle=|q_1q_0\rangle=\dfrac{|00\rangle+|10\rangle}{\sqrt{2}}$。

（1）求 $|\psi_1\rangle$。

（2）求测量 M_1 后坍缩的状态 $|\psi_2\rangle$ 及得到坍缩量子态的概率。

（3）求测量 M_0 后坍缩的状态 $|\psi_3\rangle$ 及得到坍缩量子态的概率。

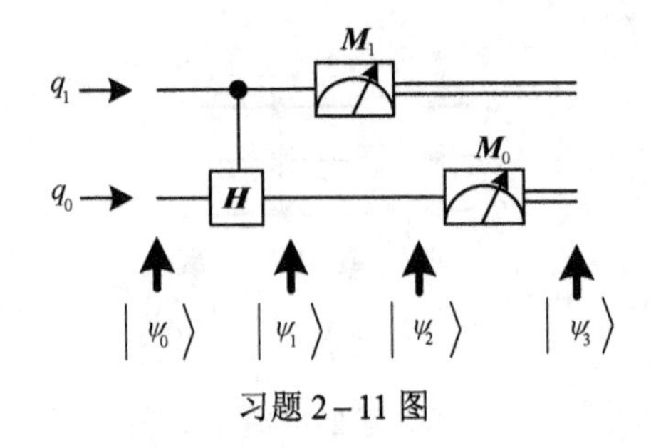

习题 2-11 图

2-12 依据习题 2-12 图所示半加法器设计一个减法器，并通过演化解释所实现的减法功能。

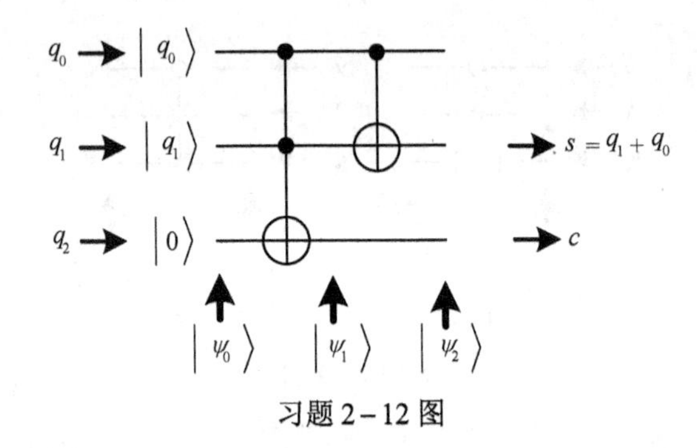

习题 2-12 图

2-13 设计并分析一个以 25%的等概率产生随机数 0，1，2，3 的随机数发生器。

2-14 将习题 2-12 中得到的减法器改造为并行运算的减法器，并通过演化分析并行运算。

2-15 证明习题 2-15 图所示量子线路等效关系。

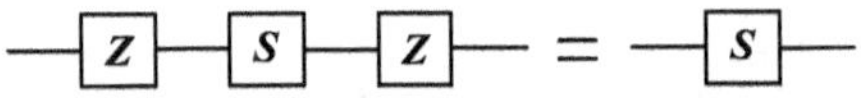

Z — S — Z = S

习题 2-15 图

2-16 证明习题 2-16 图所示量子线路的等效关系。

H — X — H = Z　　　　H — Z — H = X

(a)　　　　(b)

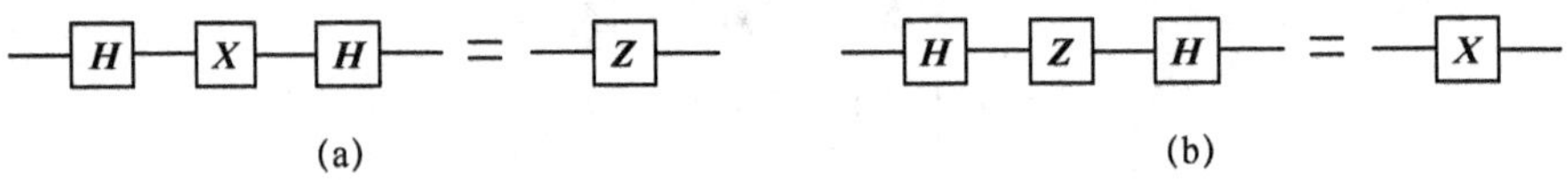

习题 2-16 图

2-17 证明习题 2-17 图所示量子线路的等效关系。

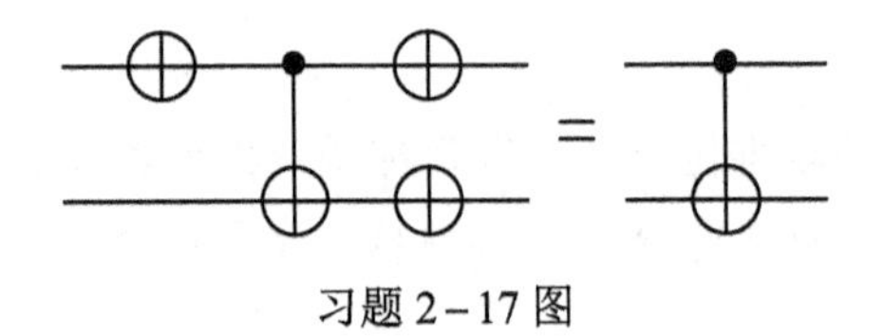

习题 2-17 图

2-18 证明习题2-18图所示量子线路的等效关系。

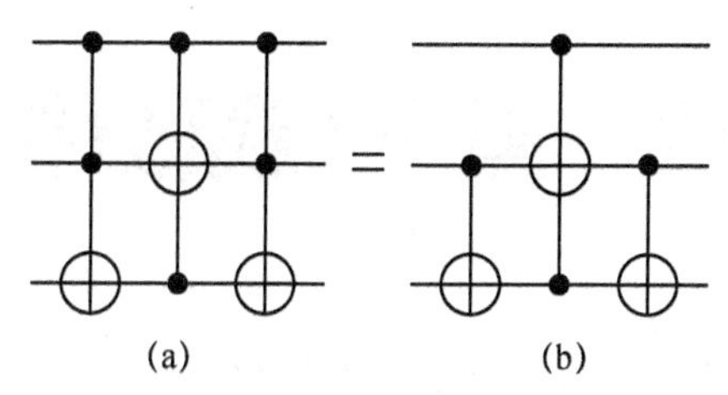

习题2-18图

2-19 用2控制Toffoli门实现习题2-19图所示量子线路。

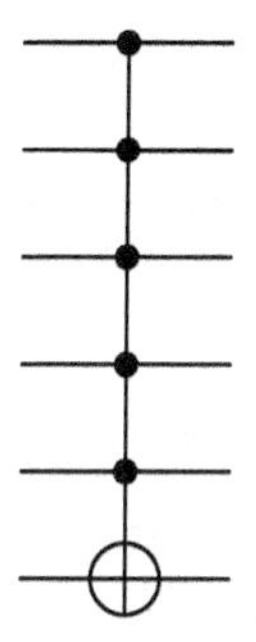

习题2-19图

2-20 利用习题2-12中的结果设计习题2-20图所示比较器量子黑箱，其中 $f(0,0)=f(1,0)=f(1,1)=0$， $f(0,1)=1$。

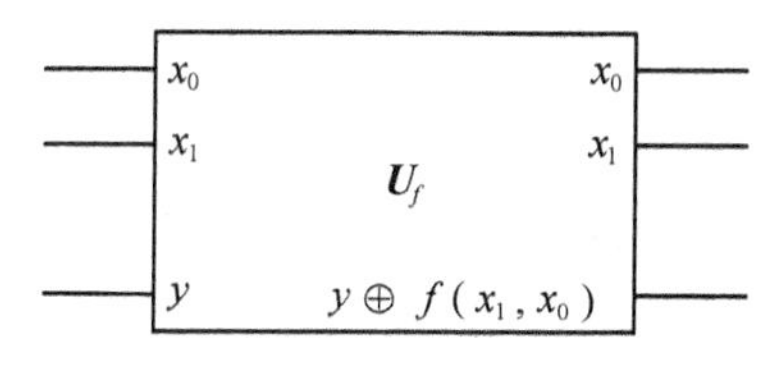

习题2-20图

第 3 章　量子线路分析方法

导读

提要　量子线路的分析是指在给定量子线路及初态的条件下分析演化后的量子态及量子线路的功能。本章介绍 5 种量子线路的常用分析方法：① 矩阵分析法；② 矩阵表分析法；③ 状态演化分析法；④ 二叉决策图分析法；⑤ 仿真分析法。这些分析方法是研究量子线路的重要工具。

3.1　矩阵分析法

矩阵分析法.mp4

矩阵分析法就是利用矩阵的张量积和乘法运算规则分析量子态的演化规律的一种方法。矩阵分析法是矩阵表分析法、状态演化分析法、二叉决策图分析法和仿真分析法的基础。

对于单比特量子线路，可直接用矩阵乘法运算规则分析。如图 3－1 所示，若

$$\boldsymbol{U}_1=\begin{bmatrix}u_{00} & u_{01}\\ u_{10} & u_{11}\end{bmatrix}，\boldsymbol{U}_2=\begin{bmatrix}u'_{00} & u'_{01}\\ u'_{10} & u'_{11}\end{bmatrix}$$

则

$$|\psi_0\rangle=|0\rangle=\begin{bmatrix}1\\0\end{bmatrix}$$

$$\begin{aligned}|\psi_1\rangle&=\boldsymbol{U}_1|0\rangle\\&=\begin{bmatrix}u_{00} & u_{01}\\ u_{10} & u_{11}\end{bmatrix}\begin{bmatrix}1\\0\end{bmatrix}\\&=\begin{bmatrix}u_{00}\\u_{10}\end{bmatrix}\\&=u_{00}|0\rangle+u_{10}|1\rangle\end{aligned}$$

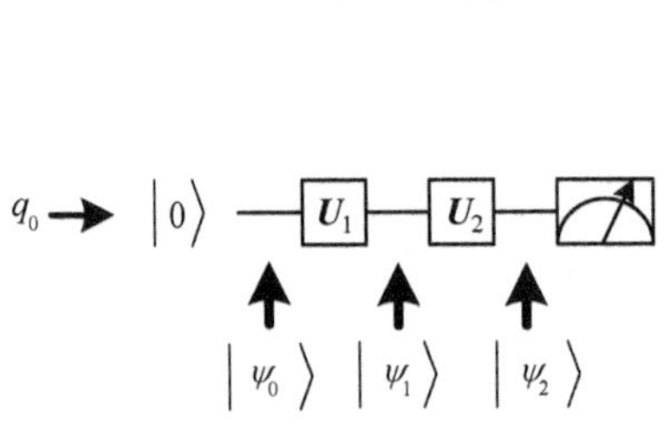

$q_0 \rightarrow |0\rangle$ —[$\boldsymbol{U}_1$]—[$\boldsymbol{U}_2$]—[测量]

$|\psi_0\rangle$　$|\psi_1\rangle$　$|\psi_2\rangle$

图 3－1　单比特量子线路的分析

$$
\begin{aligned}
|\psi_2\rangle &= \boldsymbol{U}_2|\psi_1\rangle \\
&= \begin{bmatrix} u'_{00} & u'_{01} \\ u'_{10} & u'_{11} \end{bmatrix}\begin{bmatrix} u_{00} \\ u_{10} \end{bmatrix} \\
&= \begin{bmatrix} u'_{00}u_{00} + u'_{01}u_{10} \\ u'_{10}u_{00} + u'_{11}u_{10} \end{bmatrix} \\
&= (u'_{00}u_{00} + u'_{01}u_{10})|0\rangle + (u'_{10}u_{00} + u'_{11}u_{10})|1\rangle
\end{aligned}
$$

或

$$
\begin{aligned}
|\psi_2\rangle &= \boldsymbol{U}_2\boldsymbol{U}_1|\psi_0\rangle \\
&= \begin{bmatrix} u'_{00} & u'_{01} \\ u'_{10} & u'_{11} \end{bmatrix}\begin{bmatrix} u_{00} & u_{01} \\ u_{10} & u_{11} \end{bmatrix}\begin{bmatrix} 1 \\ 0 \end{bmatrix} \\
&= \begin{bmatrix} u'_{00}u_{00} + u'_{01}u_{10} & u'_{00}u_{01} + u'_{01}u_{11} \\ u'_{10}u_{00} + u'_{11}u_{10} & u'_{10}u_{01} + u'_{11}u_{11} \end{bmatrix}\begin{bmatrix} 1 \\ 0 \end{bmatrix} \\
&= \begin{bmatrix} u'_{00}u_{00} + u'_{01}u_{10} \\ u'_{10}u_{00} + u'_{11}u_{10} \end{bmatrix} \\
&= (u'_{00}u_{00} + u'_{01}u_{10})|0\rangle + (u'_{10}u_{00} + u'_{11}u_{10})|1\rangle
\end{aligned}
$$

例 3-1　分析如图 3-2 所示的量子线路的状态$|\psi_1\rangle$，写出计算基上的测量算符 $\boldsymbol{M}_0$ 和 $\boldsymbol{M}_1$，分析测量结果为 0 和 1 的概率及测量后的状态。

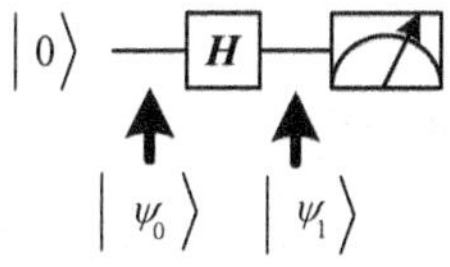

$|0\rangle$ —[H]—[测量]

$|\psi_0\rangle$　$|\psi_1\rangle$

图 3-2　例 3-1 量子线路

解：

$$
\begin{aligned}
|\psi_1\rangle &= \boldsymbol{H}|0\rangle \\
&= \frac{1}{\sqrt{2}}\begin{bmatrix} 1 & 1 \\ 1 & -1 \end{bmatrix}\begin{bmatrix} 1 \\ 0 \end{bmatrix} \\
&= \frac{1}{\sqrt{2}}\begin{bmatrix} 1 \\ 1 \end{bmatrix} \\
&= \frac{|0\rangle + |1\rangle}{\sqrt{2}}
\end{aligned}
$$

$$
\begin{aligned}
\boldsymbol{M}_0 &= |0\rangle\langle 0| \\
&= \begin{bmatrix} 1 \\ 0 \end{bmatrix}\begin{bmatrix} 1 & 0 \end{bmatrix} \\
&= \begin{bmatrix} 1 & 0 \\ 0 & 0 \end{bmatrix}
\end{aligned}
$$

$$\begin{aligned} \boldsymbol{M}_1 &= |1\rangle\langle 1| \\ &= \begin{bmatrix} 0 \\ 1 \end{bmatrix} \begin{bmatrix} 0 & 1 \end{bmatrix} \\ &= \begin{bmatrix} 0 & 0 \\ 0 & 1 \end{bmatrix} \end{aligned}$$

测量结果为 0 的概率

$$\begin{aligned} p(0) &= \langle \psi_1 | \boldsymbol{M}_0^\dagger \boldsymbol{M}_0 | \psi_1 \rangle \\ &= \left(\frac{1}{\sqrt{2}} \begin{bmatrix} 1 & 1 \end{bmatrix} \right) \begin{bmatrix} 1 & 0 \\ 0 & 0 \end{bmatrix} \begin{bmatrix} 1 & 0 \\ 0 & 0 \end{bmatrix} \left(\frac{1}{\sqrt{2}} \begin{bmatrix} 1 \\ 1 \end{bmatrix} \right) \\ &= 0.5 \end{aligned}$$

测量后的状态为

$$\begin{aligned} \frac{\boldsymbol{M}_0 |\psi_1\rangle}{\sqrt{\langle \psi | \boldsymbol{M}_0^\dagger \boldsymbol{M}_0 | \psi \rangle}} &= \frac{\begin{bmatrix} 1 & 0 \\ 0 & 0 \end{bmatrix} \left(\frac{1}{\sqrt{2}} \begin{bmatrix} 1 \\ 1 \end{bmatrix} \right)}{\sqrt{0.5}} \\ &= \begin{bmatrix} 1 \\ 0 \end{bmatrix} \\ &= |0\rangle \end{aligned}$$

测量结果为 1 的概率

$$\begin{aligned} p(1) &= \langle \psi_1 | \boldsymbol{M}_1^\dagger \boldsymbol{M}_1 | \psi_1 \rangle \\ &= \left(\frac{1}{\sqrt{2}} \begin{bmatrix} 1 & 1 \end{bmatrix} \right) \begin{bmatrix} 0 & 0 \\ 0 & 1 \end{bmatrix} \begin{bmatrix} 0 & 0 \\ 0 & 1 \end{bmatrix} \left(\frac{1}{\sqrt{2}} \begin{bmatrix} 1 \\ 1 \end{bmatrix} \right) \\ &= 0.5 \end{aligned}$$

测量后的状态为

$$\frac{\boldsymbol{M}_1 |\psi_1\rangle}{\sqrt{\langle \psi | \boldsymbol{M}_1^\dagger \boldsymbol{M}_1 | \psi \rangle}} = \frac{\begin{bmatrix} 0 & 0 \\ 0 & 1 \end{bmatrix} \left(\frac{1}{\sqrt{2}} \begin{bmatrix} 1 \\ 1 \end{bmatrix} \right)}{\sqrt{0.5}} = \begin{bmatrix} 0 \\ 1 \end{bmatrix} = |1\rangle$$

由量子态的概率解释可知 $|\psi_1\rangle = \frac{|0\rangle + |1\rangle}{\sqrt{2}}$ 分别以 $\left| \frac{1}{\sqrt{2}} \right|^2 = 50\%$ 的概率处于 $|0\rangle$ 和 $|1\rangle$ 的叠加态。在计算基下测量得到状态 $|0\rangle$ 和 $|1\rangle$ 的概率各为 50%。

例 3-2 分析如图 3-3 所示的量子线路的状态 $|\psi_2\rangle$，并对演化结果给出概率解释。

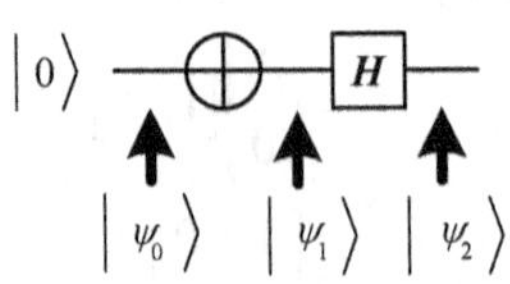

$|0\rangle$ —⊕—[H]—

$|\psi_0\rangle$ $|\psi_1\rangle$ $|\psi_2\rangle$

图 3-3 例 3-2 量子线路

解：

$$
\begin{aligned}
|\psi_1\rangle &= \boldsymbol{X}|0\rangle \\
&= \begin{bmatrix} 0 & 1 \\ 1 & 0 \end{bmatrix}\begin{bmatrix} 1 \\ 0 \end{bmatrix} \\
&= \begin{bmatrix} 0 \\ 1 \end{bmatrix} \\
&= |1\rangle
\end{aligned}
$$

$$
\begin{aligned}
|\psi_2\rangle &= \boldsymbol{H}|\psi_1\rangle \\
&= \frac{1}{\sqrt{2}}\begin{bmatrix} 1 & 1 \\ 1 & -1 \end{bmatrix}\begin{bmatrix} 0 \\ 1 \end{bmatrix} \\
&= \frac{1}{\sqrt{2}}\begin{bmatrix} 1 \\ -1 \end{bmatrix} \\
&= \frac{|0\rangle - |1\rangle}{\sqrt{2}}
\end{aligned}
$$

由量子态的概率解释可知 $|\psi_2\rangle = \dfrac{|0\rangle - |1\rangle}{\sqrt{2}}$ 分别以 $\left|\dfrac{1}{\sqrt{2}}\right|^2 = 50\%$ 的概率处于 $|0\rangle$ 和 $|1\rangle$ 的叠加态。在计算基下测量得到状态 $|0\rangle$ 和 $|1\rangle$ 的概率各为 50%。

对于多比特量子线路，依据演化矩阵，仿照单比特量子线路的分析方法进行分析。常用基本量子门包括 ***X***、***Y***、***Z***、***P***、***S***、***T***、***H*** 和 **SWAP** 门及其对应的受控量子门。若量子线路由基本量子门组成，可以利用这些基本门的酉矩阵张量积和乘法规则分析量子态的演化规律。

以如图 3-4 所示的双比特量子线路为例：

$$
\begin{aligned}
|\psi_0\rangle &= |q_1\rangle|q_0\rangle \\
&= |q_1 q_0\rangle
\end{aligned}
$$

$$|\psi_1\rangle = (\boldsymbol{U}_1 \otimes \boldsymbol{I})|\psi_0\rangle$$

$$|\psi_2\rangle = \boldsymbol{U}_2|\psi_1\rangle$$

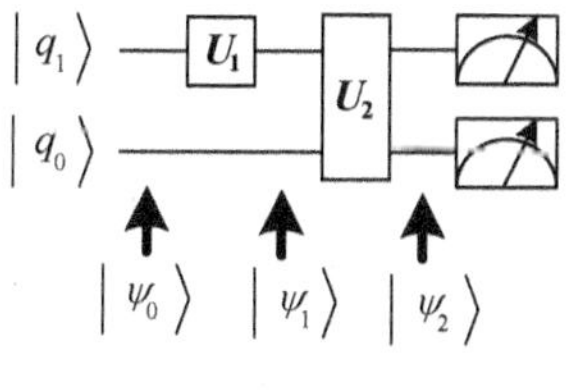

图 3-4　双比特量子线路

例 3-3　图 3-5 为双比特量子线路，量子态中量子比特从左到右的排列顺序为 $q_1 \prec q_0$。

（1）写出该双比特量子系统计算基 $|00\rangle$，$|01\rangle$，$|10\rangle$，$|11\rangle$ 的列矩阵。

（2）分析 q_1 初态分别为 $|0\rangle$ 和 $|1\rangle$ 时演化后的状态 $|\psi_1\rangle$。

（3）分析 $|q_1\rangle = (|0\rangle + |1\rangle)/\sqrt{2}$ 时演化后的状态 $|\psi_1\rangle$。

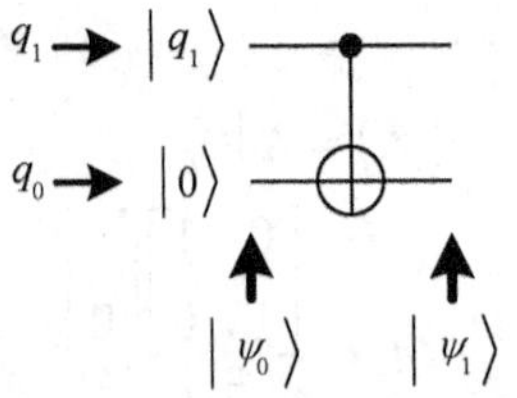

图 3-5　例 3-3 量子线路

解：（1）双比特量子系统计算基$|00\rangle$，$|01\rangle$，$|10\rangle$，$|11\rangle$的列矩阵为

$$|00\rangle=|0\rangle|0\rangle=\begin{bmatrix}1\\0\end{bmatrix}\otimes\begin{bmatrix}1\\0\end{bmatrix}=\begin{bmatrix}1\\0\\0\\0\end{bmatrix}\qquad |01\rangle=|0\rangle|1\rangle=\begin{bmatrix}1\\0\end{bmatrix}\otimes\begin{bmatrix}0\\1\end{bmatrix}=\begin{bmatrix}0\\1\\0\\0\end{bmatrix}\qquad |10\rangle=|1\rangle|0\rangle=\begin{bmatrix}0\\1\end{bmatrix}\otimes\begin{bmatrix}1\\0\end{bmatrix}=\begin{bmatrix}0\\0\\1\\0\end{bmatrix}\qquad |11\rangle=|1\rangle|1\rangle=\begin{bmatrix}0\\1\end{bmatrix}\otimes\begin{bmatrix}0\\1\end{bmatrix}=\begin{bmatrix}0\\0\\0\\1\end{bmatrix}$$

（2）q_1初态分别为$|0\rangle$和$|1\rangle$时演化后的状态$|\psi_1\rangle$为

$$\begin{aligned}|\psi_1\rangle\big|_{|q_1\rangle=|0\rangle}&=C(\boldsymbol{X})|00\rangle\\&=\begin{bmatrix}1&0&0&0\\0&1&0&0\\0&0&0&1\\0&0&1&0\end{bmatrix}\begin{bmatrix}1\\0\\0\\0\end{bmatrix}\\&=\begin{bmatrix}1\\0\\0\\0\end{bmatrix}\\&=|00\rangle\end{aligned}$$

$$\begin{aligned}|\psi_1\rangle\big|_{|q_1\rangle=|1\rangle}&=C(\boldsymbol{X})|10\rangle\\&=\begin{bmatrix}1&0&0&0\\0&1&0&0\\0&0&0&1\\0&0&1&0\end{bmatrix}\begin{bmatrix}0\\0\\1\\0\end{bmatrix}\\&=\begin{bmatrix}0\\0\\0\\1\end{bmatrix}\\&=|11\rangle\end{aligned}$$

（3）$|q_1\rangle=(|0\rangle+|1\rangle)/\sqrt{2}$时演化后的状态$|\psi_1\rangle$为

$$\left|\psi_1\right\rangle\Big|_{|q_1\rangle=(|0\rangle+|1\rangle)/\sqrt{2}} = C(\boldsymbol{X})\left(\frac{|0\rangle+|1\rangle}{\sqrt{2}}|0\rangle\right)$$

$$= \begin{bmatrix} 1 & 0 & 0 & 0 \\ 0 & 1 & 0 & 0 \\ 0 & 0 & 0 & 1 \\ 0 & 0 & 1 & 0 \end{bmatrix}\left(\frac{1}{\sqrt{2}}\begin{bmatrix} 1 \\ 0 \\ 1 \\ 0 \end{bmatrix}\right)$$

$$= \frac{1}{\sqrt{2}}\begin{bmatrix} 1 \\ 0 \\ 0 \\ 1 \end{bmatrix}$$

$$= \frac{|00\rangle+|11\rangle}{\sqrt{2}}$$

最终演化结果是 β_{00} 贝尔态。

例 3－4 图 3－6 为双比特量子线路，量子态中量子比特从左到右的排列顺序为 $q_1 \prec q_0$。分析 q_0 初态为 $|q_0\rangle=(|0\rangle-|1\rangle)/\sqrt{2}$ 时演化后的状态 $|\psi_1\rangle$。

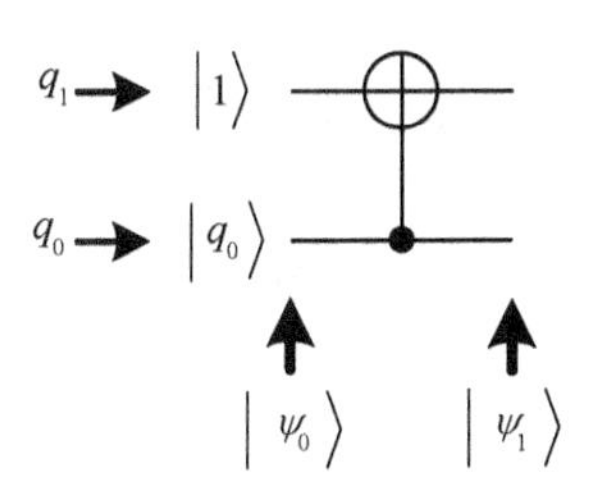

图 3－6 例 3－4 量子线路

解： 由于控制量子比特与目标量子比特的排列与标准受控非门不一致，不能直接用受控非门的酉矩阵演化量子态，解决方法是在调整量子态中量子比特的排列顺序后再用标准受控非门的酉矩阵演化，最后将演化结果中量子比特的排列顺序调整回来。本例要求演化的量子态为

$$|q_1q_0\rangle = |1\rangle\frac{|0\rangle-|1\rangle}{\sqrt{2}}$$

调整后为

$$|q_0q_1\rangle = \frac{|0\rangle-|1\rangle}{\sqrt{2}}|1\rangle$$

$$= \frac{1}{\sqrt{2}}\begin{bmatrix} 0 \\ 1 \\ 0 \\ -1 \end{bmatrix}$$

演化后的状态 $|\psi_1\rangle$ 为

$$
\begin{aligned}
\left|\psi_1\right\rangle\Big|_{|q_0\rangle=(|0\rangle-|1\rangle)/\sqrt{2}} &= C(\boldsymbol{X})\left|q_0q_1\right\rangle \\
&= \begin{bmatrix} 1 & 0 & 0 & 0 \\ 0 & 1 & 0 & 0 \\ 0 & 0 & 0 & 1 \\ 0 & 0 & 1 & 0 \end{bmatrix}\left(\frac{1}{\sqrt{2}}\begin{bmatrix} 0 \\ 1 \\ 0 \\ -1 \end{bmatrix}\right) \\
&= \frac{1}{\sqrt{2}}\begin{bmatrix} 0 \\ 1 \\ -1 \\ 0 \end{bmatrix} \\
&= \frac{|01\rangle-|10\rangle}{\sqrt{2}}
\end{aligned}
$$

恢复量子态中量子比特顺序后的状态为

$$
\left|\psi_1\right\rangle\Big|_{|q_0\rangle=(|0\rangle-|1\rangle)/\sqrt{2}} = \frac{-|01\rangle+|10\rangle}{\sqrt{2}}
$$

例 3-5 图 3-7 为双比特量子线路，量子态中量子比特从左到右的排列顺序为 $q_1 \prec q_0$。分析演化后的状态 $\left|\psi_1\right\rangle$。

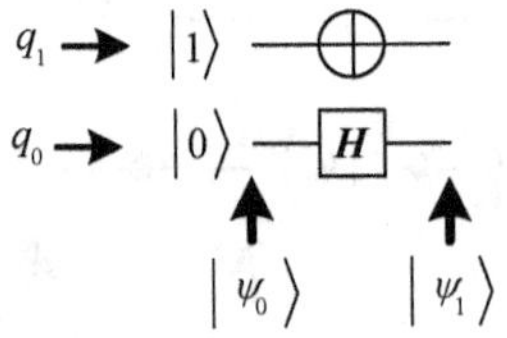

图 3-7 例 3-5 量子线路

解：由 $\boldsymbol{X}=\begin{bmatrix} 0 & 1 \\ 1 & 0 \end{bmatrix}$ 和 $\boldsymbol{H}=\frac{1}{\sqrt{2}}\begin{bmatrix} 1 & 1 \\ 1 & -1 \end{bmatrix}$ 得

$$
\begin{aligned}
\boldsymbol{X}\otimes\boldsymbol{H} &= \begin{bmatrix} 0 & 1 \\ 1 & 0 \end{bmatrix}\otimes\frac{1}{\sqrt{2}}\begin{bmatrix} 1 & 1 \\ 1 & -1 \end{bmatrix} \\
&= \frac{1}{\sqrt{2}}\begin{bmatrix} 0 & 0 & 1 & 1 \\ 0 & 0 & 1 & -1 \\ 1 & 1 & 0 & 0 \\ 1 & -1 & 0 & 0 \end{bmatrix}
\end{aligned}
$$

且

$$
\begin{aligned}
\left|\psi_0\right\rangle &= \left|q_1q_0\right\rangle \\
&= |10\rangle \\
&= \begin{bmatrix} 0 \\ 0 \\ 1 \\ 0 \end{bmatrix}
\end{aligned}
$$

所以

$$
\begin{aligned}
|\psi_1\rangle &= (\boldsymbol{X} \otimes \boldsymbol{H})|q_1q_0\rangle \\
&= \frac{1}{\sqrt{2}}\begin{bmatrix} 0 & 0 & 1 & 1 \\ 0 & 0 & 1 & -1 \\ 1 & 1 & 0 & 0 \\ 1 & -1 & 0 & 0 \end{bmatrix}\begin{bmatrix} 0 \\ 0 \\ 1 \\ 0 \end{bmatrix} \\
&= \frac{1}{\sqrt{2}}\begin{bmatrix} 1 \\ 1 \\ 0 \\ 0 \end{bmatrix} \\
&= \frac{|00\rangle + |01\rangle}{\sqrt{2}} \\
&= |0\rangle\frac{|0\rangle + |1\rangle}{\sqrt{2}}
\end{aligned}
$$

例 3-6　图 3-8 为双比特量子线路，量子态中量子比特从左到右的排列顺序为 $q_1 \prec q_0$。分析演化后的状态 $|\psi_1\rangle$。

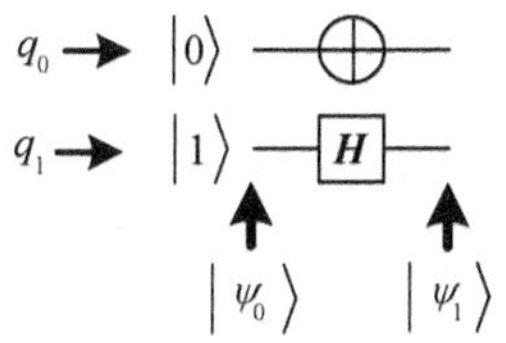

$q_0 \rightarrow |0\rangle$ ─⊕─

$q_1 \rightarrow |1\rangle$ ─[H]─

$|\psi_0\rangle$　　$|\psi_1\rangle$

图 3-8　例 3-6 量子线路

解：由 $\boldsymbol{X} = \begin{bmatrix} 0 & 1 \\ 1 & 0 \end{bmatrix}$ 和 $\boldsymbol{H} = \frac{1}{\sqrt{2}}\begin{bmatrix} 1 & 1 \\ 1 & -1 \end{bmatrix}$ 得

$$
\begin{aligned}
\boldsymbol{H} \otimes \boldsymbol{X} &= \frac{1}{\sqrt{2}}\begin{bmatrix} 1 & 1 \\ 1 & -1 \end{bmatrix} \otimes \begin{bmatrix} 0 & 1 \\ 1 & 0 \end{bmatrix} \\
&= \frac{1}{\sqrt{2}}\begin{bmatrix} 0 & 1 & 0 & 1 \\ 1 & 0 & 1 & 0 \\ 0 & 1 & 0 & -1 \\ 1 & 0 & -1 & 0 \end{bmatrix}
\end{aligned}
$$

且

$$
\begin{aligned}
|\psi_0\rangle &= |q_1q_0\rangle \\
&= |10\rangle \\
&= \begin{bmatrix} 0 \\ 0 \\ 1 \\ 0 \end{bmatrix}
\end{aligned}
$$

所以

$$
\begin{aligned}
|\psi_1\rangle &= (\boldsymbol{H} \otimes \boldsymbol{X})|q_1q_0\rangle \\
&= \frac{1}{\sqrt{2}}\begin{bmatrix} 0 & 1 & 0 & 1 \\ 1 & 0 & 1 & 0 \\ 0 & 1 & 0 & -1 \\ 1 & 0 & -1 & 0 \end{bmatrix}\begin{bmatrix} 0 \\ 0 \\ 1 \\ 0 \end{bmatrix} \\
&= \frac{1}{\sqrt{2}}\begin{bmatrix} 0 \\ 1 \\ 0 \\ -1 \end{bmatrix} \\
&= \frac{|01\rangle - |11\rangle}{\sqrt{2}} \\
&= \frac{|0\rangle - |1\rangle}{\sqrt{2}}|1\rangle
\end{aligned}
$$

例 3-7 图 3-9 为双比特量子线路，量子态中量子比特从左到右的排列顺序为 $q_1 \prec q_0$。分析演化后的状态 $|\psi_1\rangle$。

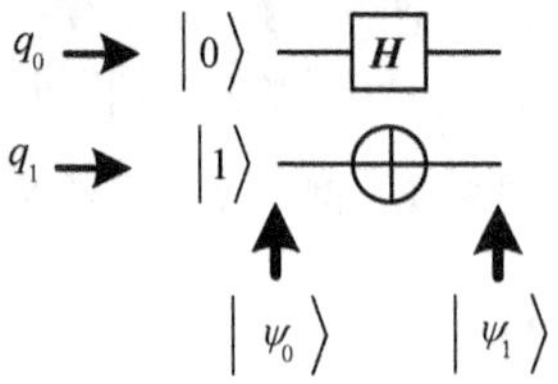

$q_0 \rightarrow |0\rangle$ —[H]—

$q_1 \rightarrow |1\rangle$ —⊕—

$|\psi_0\rangle$ $|\psi_1\rangle$

图 3-9　例 3-7 量子线路

解： 由 $\boldsymbol{X} = \begin{bmatrix} 0 & 1 \\ 1 & 0 \end{bmatrix}$ 和 $\boldsymbol{H} = \frac{1}{\sqrt{2}}\begin{bmatrix} 1 & 1 \\ 1 & -1 \end{bmatrix}$ 得

$$
\begin{aligned}
\boldsymbol{X} \otimes \boldsymbol{H} &= \begin{bmatrix} 0 & 1 \\ 1 & 0 \end{bmatrix} \otimes \frac{1}{\sqrt{2}}\begin{bmatrix} 1 & 1 \\ 1 & -1 \end{bmatrix} \\
&= \frac{1}{\sqrt{2}}\begin{bmatrix} 0 & 0 & 1 & 1 \\ 0 & 0 & 1 & -1 \\ 1 & 1 & 0 & 0 \\ 1 & -1 & 0 & 0 \end{bmatrix}
\end{aligned}
$$

且

$$
\begin{aligned}
|\psi_0\rangle &= |q_1 q_0\rangle \\
&= |10\rangle \\
&= \begin{bmatrix} 0 \\ 0 \\ 1 \\ 0 \end{bmatrix}
\end{aligned}
$$

所以

$$
\begin{aligned}
|\psi_1\rangle &= (\boldsymbol{X} \otimes \boldsymbol{H})|q_1 q_0\rangle \\
&= \frac{1}{\sqrt{2}} \begin{bmatrix} 0 & 0 & 1 & 1 \\ 0 & 0 & 1 & -1 \\ 1 & 1 & 0 & 0 \\ 1 & -1 & 0 & 0 \end{bmatrix} \begin{bmatrix} 0 \\ 0 \\ 1 \\ 0 \end{bmatrix} \\
&= \frac{1}{\sqrt{2}} \begin{bmatrix} 1 \\ 1 \\ 0 \\ 0 \end{bmatrix} \\
&= \frac{|00\rangle + |01\rangle}{\sqrt{2}} \\
&= |0\rangle \frac{|0\rangle + |1\rangle}{\sqrt{2}}
\end{aligned}
$$

例 3-8　图 3-10 为双比特量子线路，量子态中量子比特从左到右的排列顺序为 $q_1 \prec q_0$。分析演化后的状态 $|\psi_1\rangle$ 和 $|\psi_2\rangle$。

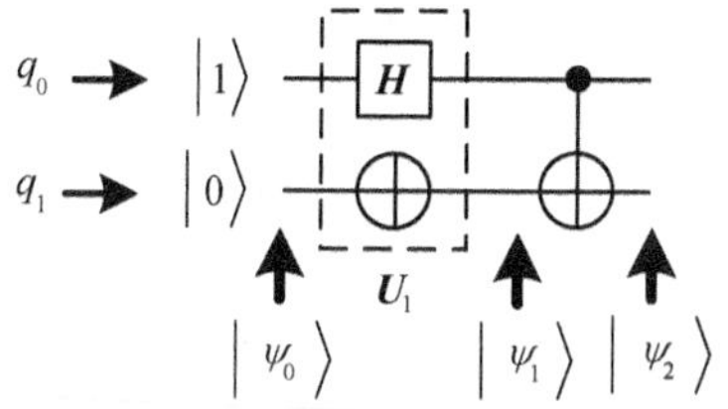

图 3-10　例 3-8 量子线路

解：由例 3-7 可知

$$
\begin{aligned}
\boldsymbol{U}_1 &= \boldsymbol{X} \otimes \boldsymbol{H} \\
&= \frac{1}{\sqrt{2}} \begin{bmatrix} 0 & 0 & 1 & 1 \\ 0 & 0 & 1 & -1 \\ 1 & 1 & 0 & 0 \\ 1 & -1 & 0 & 0 \end{bmatrix}
\end{aligned}
$$

所以

$$
\begin{aligned}
|\psi_1\rangle &= \boldsymbol{U}_1|q_1q_0\rangle \\
&= \frac{1}{\sqrt{2}}\begin{bmatrix} 0 & 0 & 1 & 1 \\ 0 & 0 & 1 & -1 \\ 1 & 1 & 0 & 0 \\ 1 & -1 & 0 & 0 \end{bmatrix}\begin{bmatrix} 0 \\ 1 \\ 0 \\ 0 \end{bmatrix} \\
&= \frac{1}{\sqrt{2}}\begin{bmatrix} 0 \\ 0 \\ 1 \\ -1 \end{bmatrix} \\
&= \frac{|10\rangle - |11\rangle}{\sqrt{2}}
\end{aligned}
$$

将量子态中量子比特的排列顺序调整为$q_0 \prec q_1$，则

$$
\begin{aligned}
|\psi_2\rangle &= C(\boldsymbol{X})\left(\frac{|01\rangle - |11\rangle}{\sqrt{2}}\right) \\
&= \begin{bmatrix} 1 & 0 & 0 & 0 \\ 0 & 1 & 0 & 0 \\ 0 & 0 & 0 & 1 \\ 0 & 0 & 1 & 0 \end{bmatrix}\frac{1}{\sqrt{2}}\begin{bmatrix} 0 \\ 1 \\ 0 \\ -1 \end{bmatrix} \\
&= \frac{1}{\sqrt{2}}\begin{bmatrix} 0 \\ 1 \\ -1 \\ 0 \end{bmatrix} \\
&= \frac{|01\rangle - |10\rangle}{\sqrt{2}}
\end{aligned}
$$

将量子态中量子比特的排列顺序调整为$q_1 \prec q_0$，则

$$
|\psi_2\rangle = \frac{|10\rangle - |01\rangle}{\sqrt{2}}
$$

例 3－9 图 3－11 为三比特量子线路，其中q_2和q_1的初态均为$|1\rangle$，量子态中量子比特从左到右的排列顺序为$q_2 \prec q_1 \prec q_0$。

（1）写出$|000\rangle$，$|001\rangle$，$|010\rangle$，$|011\rangle$，$|100\rangle$，$|101\rangle$，$|110\rangle$，$|111\rangle$的列矩阵。

（2）分析$|\psi_0\rangle = |110\rangle$演化后的状态$|\psi_1\rangle$和$|\psi_2\rangle$。

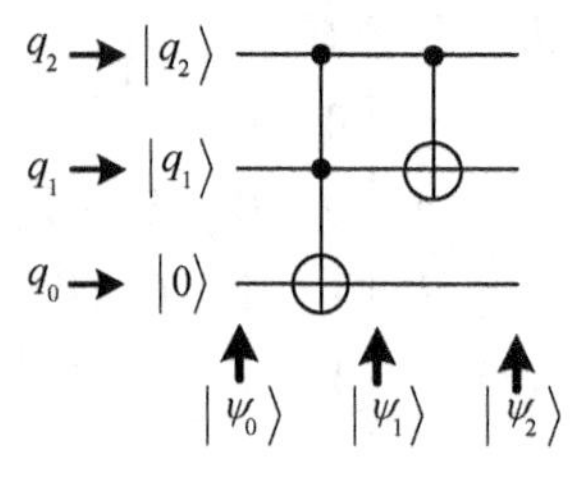

图 3－11　例 3－9 量子线路

解：（1）$|000\rangle$，$|001\rangle$，$|010\rangle$，$|011\rangle$，$|100\rangle$，$|101\rangle$，$|110\rangle$，$|111\rangle$ 的列矩阵分别为

$$|000\rangle = [1,0,0,0,0,0,0,0]^{\mathrm{T}}$$

$$|001\rangle = [0,1,0,0,0,0,0,0]^{\mathrm{T}}$$

$$|010\rangle = [0,0,1,0,0,0,0,0]^{\mathrm{T}}$$

$$|011\rangle = [0,0,0,1,0,0,0,0]^{\mathrm{T}}$$

$$|100\rangle = [0,0,0,0,1,0,0,0]^{\mathrm{T}}$$

$$|101\rangle = [0,0,0,0,0,1,0,0]^{\mathrm{T}}$$

$$|110\rangle = [0,0,0,0,0,0,1,0]^{\mathrm{T}}$$

$$|111\rangle = [0,0,0,0,0,0,0,1]^{\mathrm{T}}$$

（2）演化后的状态 $|\psi_1\rangle$ 为

$$\begin{aligned}
|\psi_1\rangle &= C^2(\boldsymbol{X})|110\rangle \\
&= \begin{bmatrix} 1,0,0,0,0,0,0,0 \\ 0,1,0,0,0,0,0,0 \\ 0,0,1,0,0,0,0,0 \\ 0,0,0,1,0,0,0,0 \\ 0,0,0,0,1,0,0,0 \\ 0,0,0,0,0,1,0,0 \\ 0,0,0,0,0,0,0,1 \\ 0,0,0,0,0,0,1,0 \end{bmatrix} \begin{bmatrix} 0 \\ 0 \\ 0 \\ 0 \\ 0 \\ 0 \\ 1 \\ 0 \end{bmatrix} \\
&= [0,0,0,0,0,0,0,1]^{\mathrm{T}} \\
&= |111\rangle
\end{aligned}$$

演化后的状态 $|\psi_2\rangle$ 为

$$\begin{aligned}
|\psi_2\rangle &= (C(\boldsymbol{X}) \otimes \boldsymbol{I})|\psi_1\rangle \\
&= \begin{bmatrix} 1 & 0 & 0 & 0 \\ 0 & 1 & 0 & 0 \\ 0 & 0 & 0 & 1 \\ 0 & 0 & 1 & 0 \end{bmatrix} \otimes \begin{bmatrix} 1 & 0 \\ 0 & 1 \end{bmatrix} \begin{bmatrix} 0 \\ 0 \\ 0 \\ 0 \\ 0 \\ 0 \\ 0 \\ 1 \end{bmatrix}
\end{aligned}$$

$$
=\begin{bmatrix}1,0,0,0,0,0,0,0\\0,1,0,0,0,0,0,0\\0,0,1,0,0,0,0,0\\0,0,0,1,0,0,0,0\\0,0,0,0,0,0,1,0\\0,0,0,0,0,0,0,1\\0,0,0,0,1,0,0,0\\0,0,0,0,0,1,0,0\end{bmatrix}\begin{bmatrix}0\\0\\0\\0\\0\\0\\0\\1\end{bmatrix}
$$

$$
=\left[0,0,0,0,0,1,0,0\right]^{\mathrm{T}}
$$

$$
=|101\rangle
$$

矩阵表分析法.mp4

3.2　矩阵表分析法

简单量子线路的分析可以借助于矩阵表进行，避免矩阵乘法运算。以如图 3－12 所示的由一个 $\boldsymbol{X}$ 门组成的量子线路为例介绍矩阵表的建立方法。

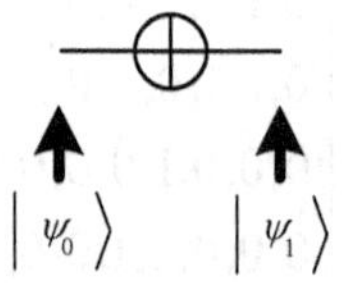

$|\psi_0\rangle$　$|\psi_1\rangle$

图 3－12　量子非门

$\boldsymbol{X}$ 门对应的酉矩阵为

$$
\boldsymbol{X}=\begin{bmatrix}0 & 1\\1 & 0\end{bmatrix}
$$

对于一般单比特量子态 $|\psi_0\rangle=\begin{bmatrix}a\\b\end{bmatrix}=a|0\rangle+b|1\rangle$，经非门演化后为

$$
|\psi_1\rangle=\begin{bmatrix}0 & 1\\1 & 0\end{bmatrix}\begin{bmatrix}a\\b\end{bmatrix}=b|0\rangle+a|1\rangle
$$

$\boldsymbol{X}$ 演化矩阵可以写成如表 3－1 所示的矩阵表形式。

表 3－1　$\boldsymbol{X}$ 门矩阵表

$\lvert\psi_1\rangle$	$\lvert\psi_0\rangle$	
	$\lvert 0\rangle$	$\lvert 1\rangle$
$\lvert 0\rangle$	0	1
$\lvert 1\rangle$	1	0

该矩阵表$|\psi_0\rangle$中的状态$|0\rangle$和$|1\rangle$表示演化前的状态，$|\psi_1\rangle$中的状态$|0\rangle$和$|1\rangle$表示演化后的状态，表中的元素与$\boldsymbol{X}$矩阵相对应。

矩阵表给出的演化关系是基态的演化规律。量子态是基态的线性组合，只要知道了基态的演化结果，也就知道了叠加态的演化结果。

利用$\boldsymbol{X}$门矩阵表的演化方法是：若演化前的状态为$|0\rangle$，根据$|0\rangle$所在列中的元素得到演化后的状态为$0|0\rangle+1|1\rangle=|1\rangle$。若演化前的状态为$|1\rangle$，根据$|1\rangle$所在列中的元素得到演化后的状态为$1|0\rangle+0|1\rangle=|0\rangle$。

例如，对于图 3－12 中的$|\psi_0\rangle=\dfrac{|0\rangle-|1\rangle}{\sqrt{2}}$，查看表 3－1 可知

$$|\psi_1\rangle=\frac{|1\rangle-|0\rangle}{\sqrt{2}}$$

在用矩阵表分析量子线路时，首先需要根据酉矩阵建立矩阵表，然后根据被演化的各个基态对照矩阵表，将各基态的演化结果代替演化前的各基态，可得到演化结果。

例 3－10　根据表 3－2 给出的$\boldsymbol{H}$门矩阵表分析如图 3－13 所示的量子线路当$|\psi_0\rangle$为$\dfrac{|0\rangle+|1\rangle}{\sqrt{2}}$或$\dfrac{|0\rangle-|1\rangle}{\sqrt{2}}$时演化后的状态$|\psi_1\rangle$。

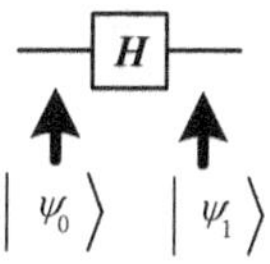

图 3－13　例 3－10 量子线路

表 3－2　$\boldsymbol{H}$门矩阵表

$\vert\psi_1\rangle$	$\vert\psi_0\rangle$	
	$\vert 0\rangle$	$\vert 1\rangle$
$\vert 0\rangle$	$\frac{1}{\sqrt{2}}$	$\frac{1}{\sqrt{2}}$
$\vert 1\rangle$	$\frac{1}{\sqrt{2}}$	$-\frac{1}{\sqrt{2}}$

解：由矩阵表可知$|0\rangle$演化为$\dfrac{|0\rangle+|1\rangle}{\sqrt{2}}$，$|1\rangle$演化为$\dfrac{|0\rangle-|1\rangle}{\sqrt{2}}$。

当$|\psi_0\rangle=\dfrac{|0\rangle+|1\rangle}{\sqrt{2}}$时，$|\psi_1\rangle=\dfrac{\dfrac{|0\rangle+|1\rangle}{\sqrt{2}}+\dfrac{|0\rangle-|1\rangle}{\sqrt{2}}}{\sqrt{2}}=|0\rangle$。

当$|\psi_0\rangle=\dfrac{|0\rangle-|1\rangle}{\sqrt{2}}$时，$|\psi_1\rangle=\dfrac{\dfrac{|0\rangle+|1\rangle}{\sqrt{2}}-\dfrac{|0\rangle-|1\rangle}{\sqrt{2}}}{\sqrt{2}}=|1\rangle$。

例 3-11 用矩阵表法分析如图 3-14 所示的量子线路的$|\psi_1\rangle$和$|\psi_2\rangle$。

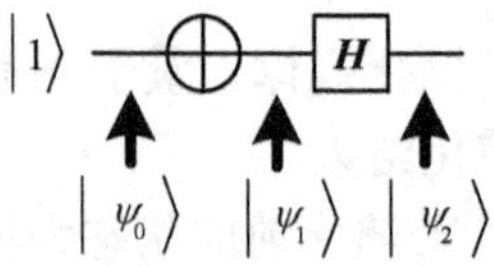

图 3-14 例 3-11 量子线路

解：根据表 3-1 可知$|1\rangle$演化为$1|0\rangle+0|1\rangle=|0\rangle$，所以$|\psi_1\rangle=|0\rangle$。

根据表 3-2 可知$|0\rangle$演化为$\frac{|0\rangle+|1\rangle}{\sqrt{2}}$，所以$|\psi_2\rangle=\frac{|0\rangle+|1\rangle}{\sqrt{2}}$。

例 3-12 根据表 3-3 给出的受控非门矩阵表分析如图 3-15 所示的双比特量子线路当q_1初态为$\frac{|0\rangle+|1\rangle}{\sqrt{2}}$或$\frac{|0\rangle-|1\rangle}{\sqrt{2}}$时演化后的状态$|\psi_1\rangle$。

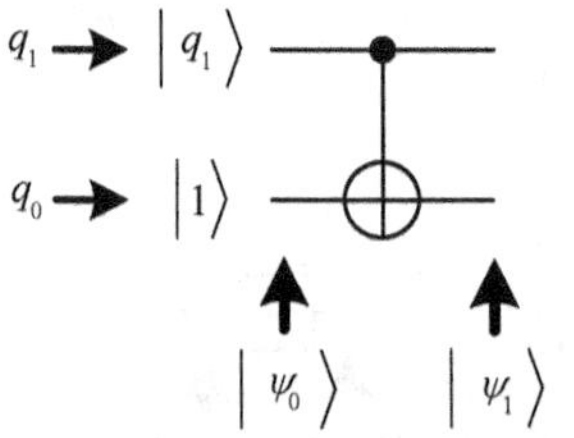

图 3-15 例 3-12 量子线路

表 3-3 $C(X)$门矩阵表

$\lvert\psi_1\rangle$	$\lvert\psi_0\rangle$			
	$\lvert 00\rangle$	$\lvert 01\rangle$	$\lvert 10\rangle$	$\lvert 11\rangle$
$\lvert 00\rangle$	1	0	0	0
$\lvert 01\rangle$	0	1	0	0
$\lvert 10\rangle$	0	0	0	1
$\lvert 11\rangle$	0	0	1	0

解：当$|q_1\rangle=\frac{|0\rangle+|1\rangle}{\sqrt{2}}$时，

$$|\psi_0\rangle=\frac{|0\rangle+|1\rangle}{\sqrt{2}}|1\rangle$$
$$=\frac{|01\rangle+|11\rangle}{\sqrt{2}}$$

由表 3-3 可知$|01\rangle$演化为$|01\rangle$，$|11\rangle$演化为$|10\rangle$，所以

$$|\psi_1\rangle=\frac{|01\rangle+|10\rangle}{\sqrt{2}}$$

当$|q_1\rangle=\frac{|0\rangle-|1\rangle}{\sqrt{2}}$时，

$$|\psi_0\rangle=\frac{|0\rangle-|1\rangle}{\sqrt{2}}|1\rangle=\frac{|01\rangle-|11\rangle}{\sqrt{2}}$$

根据表3-3可知

$$|\psi_1\rangle=\frac{|01\rangle-|10\rangle}{\sqrt{2}}$$

例3-13　分析如图3-16所示的三比特量子线路当$|q_2q_1\rangle$的初态分别为$|00\rangle$，$|01\rangle$，$|10\rangle$，$|11\rangle$时演化后的状态$|\psi_1\rangle$和$|\psi_2\rangle$。量子态中量子比特从左到右的排列顺序为$q_2 \prec q_1 \prec q_0$。

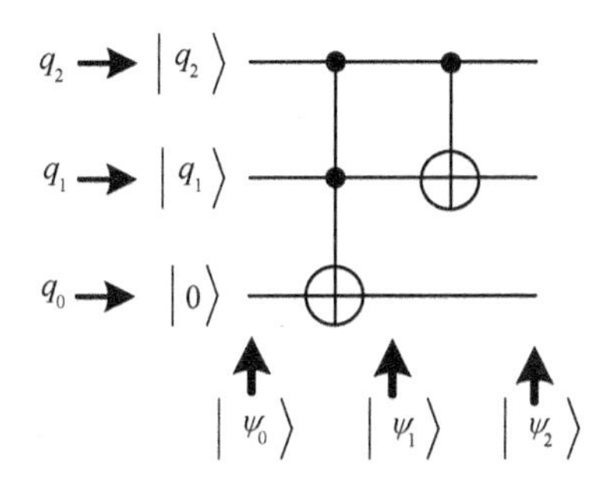

图3-16　例3-8量子线路

解： 首先写出$C^2(X)$门矩阵表，见表3-4（用十进制数表示二进制数）。

表3-4　$C^2(X)$门矩阵表

	$\|0\rangle$	$\|1\rangle$	$\|2\rangle$	$\|3\rangle$	$\|4\rangle$	$\|5\rangle$	$\|6\rangle$	$\|7\rangle$
$\|0\rangle$	1	0	0	0	0	0	0	0
$\|1\rangle$	0	1	0	0	0	0	0	0
$\|2\rangle$	0	0	1	0	0	0	0	0
$\|3\rangle$	0	0	0	1	0	0	0	0
$\|4\rangle$	0	0	0	0	1	0	0	0
$\|5\rangle$	0	0	0	0	0	1	0	0
$\|6\rangle$	0	0	0	0	0	0	0	1
$\|7\rangle$	0	0	0	0	0	0	1	0

（1）当$|q_2q_1\rangle$的初态为$|00\rangle$时，

$$|\psi_0\rangle=|000\rangle=|0\rangle$$

由表 3－4 可知

$$|\psi_1\rangle=|0\rangle=|000\rangle=|00\rangle|0\rangle$$

由表 3－3 可知

$$|\psi_2\rangle=|00\rangle|0\rangle=|000\rangle$$

（2）当$|q_2q_1\rangle$的初态为$|01\rangle$时，

$$|\psi_0\rangle=|010\rangle=|2\rangle$$

由表 3－4 可知

$$|\psi_1\rangle=|2\rangle=|010\rangle=|01\rangle|0\rangle$$

由表 3－3 可知

$$|\psi_2\rangle=|01\rangle|0\rangle=|010\rangle$$

（3）当$|q_2q_1\rangle$的初态为$|10\rangle$时，

$$|\psi_0\rangle=|100\rangle=|4\rangle$$

由表 3－4 可知

$$|\psi_1\rangle=|4\rangle=|100\rangle=|10\rangle|0\rangle$$

由表 3－3 可知

$$|\psi_2\rangle=|11\rangle|0\rangle=|110\rangle$$

（4）当$|q_2q_1\rangle$的初态为$|11\rangle$时，

$$|\psi_0\rangle=|110\rangle=|6\rangle$$

由表 3－4 可知

$$|\psi_1\rangle=|7\rangle=|111\rangle=|11\rangle|1\rangle$$

由表 3－3 可知

$$|\psi_2\rangle=|10\rangle|1\rangle=|101\rangle$$

3.3 状态演化分析法

状态演化分析法.mp4

仔细分析常用基本量子门（***X***、***Y***、***Z***、***P***、***S***、***T***、***H*** 和 **SWAP**）的矩阵表（或酉矩阵）可总结出以下规律。

（1）***X*** 门演化规律

$$\begin{cases}|0\rangle\rightarrow|1\rangle\\|1\rangle\rightarrow|0\rangle\end{cases}$$

（2）$\boldsymbol{Y}$ 门演化规律

$$\begin{cases}|0\rangle \to \mathrm{i}|1\rangle \\ |1\rangle \to -\mathrm{i}|0\rangle\end{cases}$$

（3）$\boldsymbol{Z}$ 门演化规律

$$\begin{cases}|0\rangle \to |0\rangle \\ |1\rangle \to -|1\rangle\end{cases}$$

（4）$\boldsymbol{P}(\varphi)$ 门演化规律

$$\begin{cases}|0\rangle \to |0\rangle \\ |1\rangle \to \mathrm{e}^{\mathrm{i}\varphi}|1\rangle\end{cases}$$

（5）$\boldsymbol{S}$ 门演化规律（$\dfrac{\pi}{4}$ 门或相位门）

$$\begin{cases}|0\rangle \to |0\rangle \\ |1\rangle \to \mathrm{i}|1\rangle\end{cases}$$

（6）$\boldsymbol{T}$ 门演化规律（$\dfrac{\pi}{8}$ 门）

$$\begin{cases}|0\rangle \to |0\rangle \\ |1\rangle \to \mathrm{e}^{\mathrm{i}\pi/4}|1\rangle\end{cases}$$

（7）$\boldsymbol{H}$ 门演化规律

$$\begin{cases}|0\rangle \to \dfrac{|0\rangle+|1\rangle}{\sqrt{2}} \\ |1\rangle \to \dfrac{|0\rangle-|1\rangle}{\sqrt{2}}\end{cases}$$

（8）**SWAP** 门演化规律

$$\begin{cases}|00\rangle \to |00\rangle \\ |01\rangle \to |10\rangle \\ |10\rangle \to |01\rangle \\ |11\rangle \to |11\rangle\end{cases}$$

当量子线路由这些基本门构成时，利用基态的演化规律就可以直接进行演化，这种方法称为状态演化分析法。

例 3－14　证明图 3－17 中的两个量子线路等效。

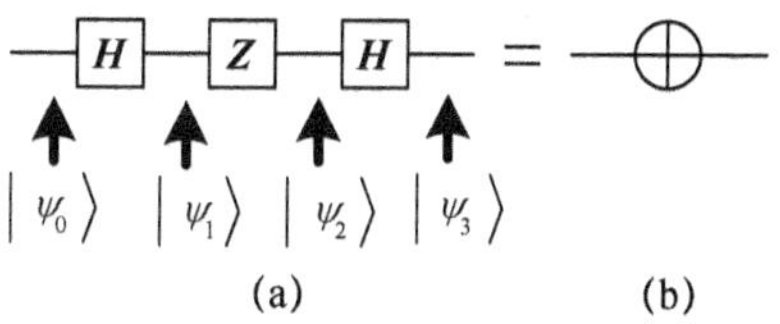

H　Z　H　=

$|\psi_0\rangle$　$|\psi_1\rangle$　$|\psi_2\rangle$　$|\psi_3\rangle$

(a)　(b)

图 3－17　例 3－14 量子线路

证明：任意量子态是基态的线性组合，只要对所有基态的演化结果都相同，则两个量子线路必然对任意量子态的演化也相同。要想证明图 3－17 中的两个量子线路等效，可以通过证明对两个基态$|0\rangle$和$|1\rangle$进行演化的结果相同即可。图 3－17（a）对初态$|0\rangle$和$|1\rangle$的演化过程如下所述。

（1）当$|\psi_0\rangle=|0\rangle$时，根据 ***H*** 门的演化规律可知

$$|\psi_1\rangle=\frac{|0\rangle+|1\rangle}{\sqrt{2}}$$

根据 ***Z*** 门的演化规律可知

$$|\psi_2\rangle=\frac{|0\rangle-|1\rangle}{\sqrt{2}}$$

根据 ***H*** 门的演化规律可知

$$|\psi_3\rangle=\frac{\frac{|0\rangle+|1\rangle}{\sqrt{2}}-\frac{|0\rangle-|1\rangle}{\sqrt{2}}}{\sqrt{2}}=|1\rangle$$

上述状态演化过程可描述为

$$|0\rangle\to\frac{|0\rangle+|1\rangle}{\sqrt{2}}\to\frac{|0\rangle-|1\rangle}{\sqrt{2}}\to|1\rangle$$

（2）当$|\psi_0\rangle=|1\rangle$时，根据 ***H*** 门的演化规律可知

$$|\psi_1\rangle=\frac{|0\rangle-|1\rangle}{\sqrt{2}}$$

根据 ***Z*** 门的演化规律可知

$$|\psi_2\rangle=\frac{|0\rangle+|1\rangle}{\sqrt{2}}$$

根据 ***H*** 门的演化规律可知

$$|\psi_3\rangle=\frac{\frac{|0\rangle+|1\rangle}{\sqrt{2}}+\frac{|0\rangle-|1\rangle}{\sqrt{2}}}{\sqrt{2}}=|0\rangle$$

上述状态演化过程可描述为

$$|1\rangle\to\frac{|0\rangle-|1\rangle}{\sqrt{2}}\to\frac{|0\rangle+|1\rangle}{\sqrt{2}}\to|0\rangle$$

图 3－17（a）的演化结果与非门演化结果相同，即图 3－17 中的两个量子线路等效。

状态演化分析法快捷、简便，能十分清晰地表明量子态的演化过程，适合分析较大规模的量子线路，是分析量子线路的重要方法。

受控量子门也是量子线路中常用的量子门，若受控演化的量子门是上述 8 种基本门，可用以下规律进行演化。受控量子门的演化规律为：

（1）控制量子比特演化前后保持不变；

（2）当控制量子比特均为“1”时（控制量子比特的“与”为“1”），目标量子比特进行

基本门的演化；

（3）只要控制量子比特中有一个为“0”（控制量子比特的“与”为“0”），目标量子比特保持不变。

若受控量子门为互补逻辑控制的受控量子门，对上述演化规律的后两条做相应修正即可。

例 3－15　证明如图 3－18 所示的量子线路可以实现模 2 加运算功能。

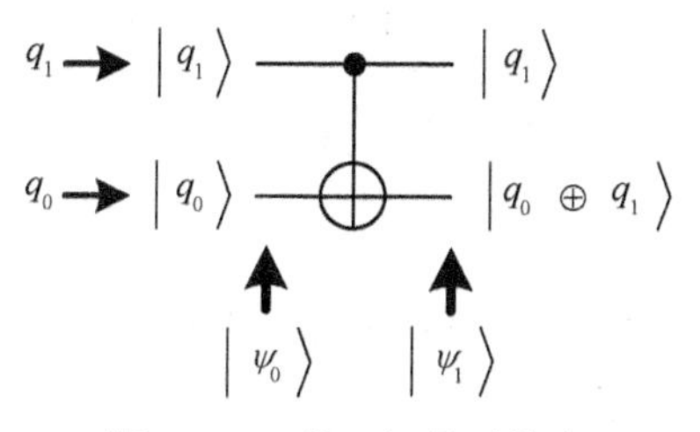

图 3－18　模 2 加量子线路

证明：模 2 加运算规则为：0+0=0；0+1=1；1+0=1；1+1=0。两个比特模 2 加运算用符号“⊕”表示，相当于“异或”运算，数学表达式为

$$x+y=z\bmod(2)$$

量子态中量子比特从左到右的排列顺序为 $q_1 \prec q_0$。根据上面给出的受控量子门及 $\boldsymbol{X}$ 门的演化规律可知：

（1）当 $|\psi_0\rangle=|00\rangle$ 时，

$$|\psi_1\rangle=|00\rangle$$

（2）当 $|\psi_0\rangle=|01\rangle$ 时，

$$|\psi_1\rangle=|01\rangle$$

（3）当 $|\psi_0\rangle=|10\rangle$ 时，

$$|\psi_1\rangle=|11\rangle$$

（4）当 $|\psi_0\rangle=|11\rangle$ 时，

$$|\psi_1\rangle=|10\rangle$$

即

$$\begin{cases}|00\rangle\rightarrow|00\rangle\\|01\rangle\rightarrow|01\rangle\\|10\rangle\rightarrow|11\rangle\\|11\rangle\rightarrow|10\rangle\end{cases}$$

若将 q_1 和 q_0 看作是两个加数，将演化后的 q_0 看作是计算结果，可知演化后的 q_0 完成了演化前 q_1 和 q_0 的模 2 加（异或）运算。

例 3－16　图 3－19 为两比特全加器量子线路。q_1、q_2 的初始状态为两个加数，q_3 为前一个加法器的进位。该量子线路将 q_1 演化为 $q_1+q_2+q_3\bmod(2)=q_1\oplus q_2\oplus q_3$，将 q_0 演化为进位。写出经典全加器真值表，并分析该量子线路所实现的全加器运算功能。

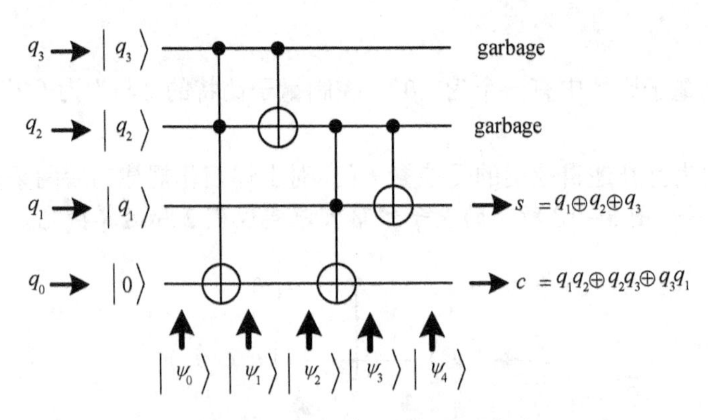

图 3-19　两比特全加器量子线路

解：经典全加器真值表见表 3-5。

表 3-5　经典全加器真值表

q_3	q_2	q_1	s	c
0	0	0	0	0
0	0	1	1	0
0	1	0	1	0
0	1	1	0	1
1	0	0	1	0
1	0	1	0	1
1	1	0	0	1
1	1	1	1	1

量子态中量子比特从左到右的排列顺序为 $q_3 \prec q_2 \prec q_1 \prec q_0$。下面运用状态演化分析法分析 $|q_3q_2q_1\rangle$ 初态分别为 $|000\rangle,\cdots,|111\rangle$ 时 $|\psi_0\rangle \to |\psi_1\rangle \to |\psi_2\rangle \to |\psi_3\rangle \to |\psi_4\rangle$ 演化过程。

（1）当 $|q_3q_2q_1\rangle$ 初态为 $|000\rangle$ 时，

$$|\psi_0\rangle = |0000\rangle \to |0000\rangle \to |0000\rangle \to |0000\rangle \to |\psi_4\rangle = |0000\rangle$$

（2）当 $|q_3q_2q_1\rangle$ 初态为 $|001\rangle$ 时，

$$|\psi_0\rangle = |0010\rangle \to |0010\rangle \to |0010\rangle \to |0010\rangle \to |\psi_4\rangle = |0010\rangle$$

（3）当 $|q_3q_2q_1\rangle$ 初态为 $|010\rangle$ 时，

$$|\psi_0\rangle = |0100\rangle \to |0100\rangle \to |0100\rangle \to |0100\rangle \to |\psi_4\rangle = |0110\rangle$$

（4）当 $|q_3q_2q_1\rangle$ 初态为 $|011\rangle$ 时，

$$|\psi_0\rangle = |0110\rangle \to |0110\rangle \to |0110\rangle \to |0111\rangle \to |\psi_4\rangle = |0101\rangle$$

（5）当 $|q_3q_2q_1\rangle$ 初态为 $|100\rangle$ 时，

$$|\psi_0\rangle = |1000\rangle \to |1000\rangle \to |1100\rangle \to |1100\rangle \to |\psi_4\rangle = |1110\rangle$$

（6）当$|q_3q_2q_1\rangle$初态为$|101\rangle$时，

$$|\psi_0\rangle=|1010\rangle\to|1010\rangle\to|1110\rangle\to|1111\rangle\to|\psi_4\rangle=|1101\rangle$$

（7）当$|q_3q_2q_1\rangle$初态为$|110\rangle$时，

$$|\psi_0\rangle=|1100\rangle\to|1101\rangle\to|1001\rangle\to|1001\rangle\to|\psi_4\rangle=|1001\rangle$$

（8）当$|q_3q_2q_1\rangle$初态为$|111\rangle$时，

$$|\psi_0\rangle=|1110\rangle\to|1111\rangle\to|1011\rangle\to|1011\rangle\to|\psi_4\rangle=|1011\rangle$$

将演化结果与表 3 – 5 对照可知，该量子线路实现了两比特全加器运算功能。

经典数字逻辑全加器的输入为 3 个比特，输出为两个比特，是不可逆计算。量子全加器演化前后均为 4 个比特。演化后的q_3和q_2与计算结果无关，且一般不能再次使用，称为垃圾比特。

例 3 – 17　图 3 – 20 为两比特量子傅里叶变换量子线路。分析在如图所示初态条件下的演化结果，并将最终演化结果写成张量积形式。

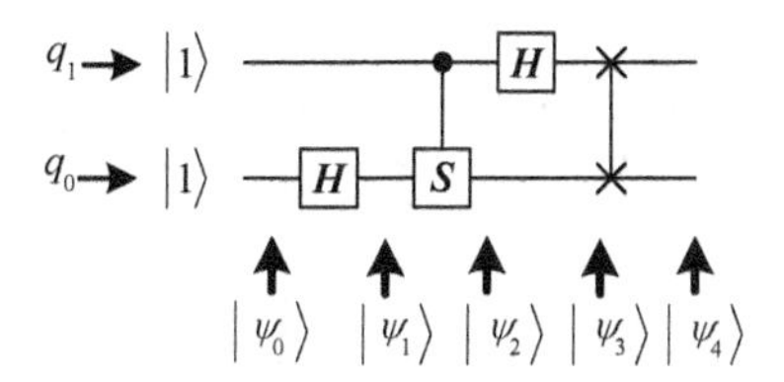

图 3 – 20　两比特量子傅里叶变换量子线路

解：运用状态演化分析法分析$|\psi_0\rangle\to|\psi_1\rangle\to|\psi_2\rangle\to|\psi_3\rangle\to|\psi_4\rangle$演化过程。量子态中量子比特从左到右的排列顺序为$q_1\prec q_0$。

$$|\psi_0\rangle=|11\rangle=|1\rangle|1\rangle$$

$$|\psi_1\rangle=|1\rangle\frac{|0\rangle-|1\rangle}{\sqrt{2}}=\frac{1}{\sqrt{2}}|1\rangle(|0\rangle-|1\rangle)$$

$$|\psi_2\rangle=\frac{1}{\sqrt{2}}|1\rangle(|0\rangle-\mathrm{i}|1\rangle)$$

$$\begin{aligned}|\psi_3\rangle&=\frac{1}{\sqrt{2}}\frac{|0\rangle-|1\rangle}{\sqrt{2}}(|0\rangle-\mathrm{i}|1\rangle)\\&=\frac{1}{2}(|00\rangle-\mathrm{i}|01\rangle-|10\rangle+\mathrm{i}|11\rangle)\end{aligned}$$

$$\begin{aligned}|\psi_4\rangle&=\frac{1}{2}(|00\rangle-\mathrm{i}|10\rangle-|01\rangle+\mathrm{i}|11\rangle)\\&=\frac{1}{2}(|00\rangle-|01\rangle-\mathrm{i}|10\rangle+\mathrm{i}|11\rangle)\\&=\frac{|0\rangle-\mathrm{i}|1\rangle}{\sqrt{2}}\frac{|0\rangle-|1\rangle}{\sqrt{2}}\end{aligned}$$

例 3-18 图 3-21 为用 Fredkin 门实现的两比特逻辑“与”运算的量子线路。q_1、q_0 的初始状态为参加“与”运算的两个比特。经过该量子线路演化，q_2 演化为 q_1 和 q_0 的逻辑“与” q_1q_0。写出经典逻辑“与”真值表，并分析该量子线路能否实现两比特逻辑“与”运算功能。

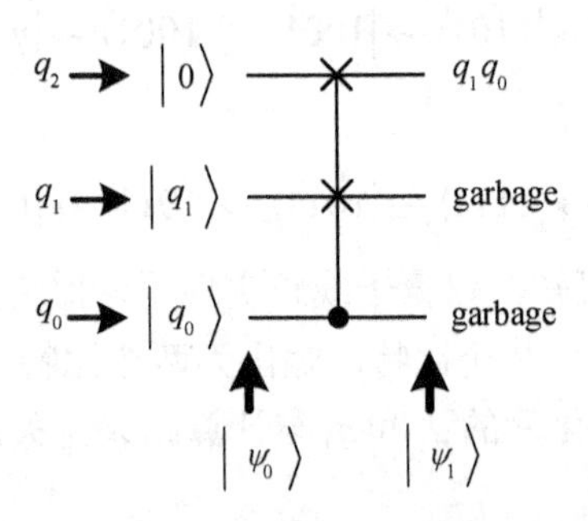

图 3-21 用 Fredkin 门实现的两比特逻辑“与”运算的量子线路

解：经典逻辑“与”真值表见表 3-6。

表 3-6 经典逻辑“与”真值表

q_1	q_0	q_1q_0
0	0	0
0	1	0
1	0	0
1	1	1

运用状态演化分析法分析 $|q_1q_0\rangle$ 初态为 $|00\rangle,\cdots,|11\rangle$ 时 $|\psi_0\rangle\to|\psi_1\rangle$ 演化过程。量子态中量子比特从左到右的排列顺序为 $q_2 \prec q_1 \prec q_0$。

（1）当 $|q_1q_0\rangle$ 初态为 $|00\rangle$ 时，

$$|\psi_0\rangle=|000\rangle\to|\psi_1\rangle=|000\rangle$$

（2）当 $|q_1q_0\rangle$ 初态为 $|01\rangle$ 时，

$$|\psi_0\rangle=|001\rangle\to|\psi_1\rangle=|001\rangle$$

（3）当 $|q_1q_0\rangle$ 初态为 $|10\rangle$ 时，

$$|\psi_0\rangle=|010\rangle\to|\psi_1\rangle=|010\rangle$$

（4）当 $|q_1q_0\rangle$ 初态为 $|11\rangle$ 时，

$$|\psi_0\rangle=|011\rangle\to|\psi_1\rangle=|101\rangle$$

将演化结果与表 3-6 对照可知，该量子线路实现了两比特逻辑“与”运算功能。

例 3-19 图 3-22 为用 Toffoli 门实现两比特逻辑“与非”运算的量子线路。q_1、q_0 的初始状态为参加“与非”运算的两个比特。经过该量子线路演化，q_2 演化为 q_1 和 q_0 的逻辑“与非”。写出经典逻辑“与非”真值表，并分析该量子线路能否实现逻辑“与非”运算功能。

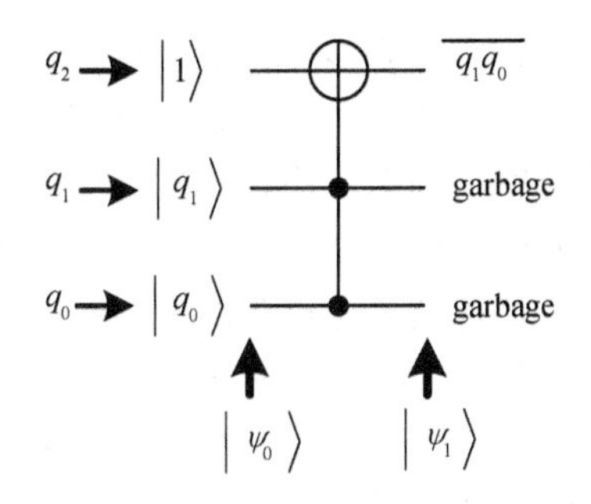

图 3－22　用 Toffoli 门实现两比特逻辑“与非”运算的量子线路

解：经典逻辑“与非”真值表见表 3－7。

表 3－7　经典逻辑“与非”真值表

q_1	q_0	$\overline{q_1q_0}$
0	0	1
0	1	1
1	0	1
1	1	0

运用状态演化分析法分析 $|q_1q_0\rangle$ 初态为 $|00\rangle,\cdots,|11\rangle$ 时 $|\psi_0\rangle\to|\psi_1\rangle$ 演化过程。量子态中量子比特从左到右的排列顺序为 $q_2 \prec q_1 \prec q_0$。

（1）当 $|q_1q_0\rangle$ 初态为 $|00\rangle$ 时，

$$|\psi_0\rangle=|100\rangle\to|\psi_1\rangle=|100\rangle$$

（2）当 $|q_1q_0\rangle$ 初态为 $|01\rangle$ 时，

$$|\psi_0\rangle=|101\rangle\to|\psi_1\rangle=|101\rangle$$

（3）当 $|q_1q_0\rangle$ 初态为 $|10\rangle$ 时，

$$|\psi_0\rangle=|110\rangle\to|\psi_1\rangle=|110\rangle$$

（4）当 $|q_1q_0\rangle$ 初态为 $|11\rangle$ 时，

$$|\psi_0\rangle=|111\rangle\to|\psi_1\rangle-|011\rangle$$

将演化结果与表 3－7 对照可知，该量子线路实现了两比特逻辑“与非”运算功能。

3.4　二叉决策图分析法

二叉决策图分析法.mp4

随着量子系统规模的增加，运用矩阵分析法、矩阵表分析法和状态演化分析法进行人工分析会十分耗时。这些方法具有一定的规则，可以借助优秀的数学工具软件（如 MATLAB、MATHEMATICA 等）进行辅助分析，以提高分析效率。

用计算机辅助分析一个量子线路需要多少空间和时间资源？量子线路有两个对象需要描述，即量子态和酉矩阵，主要涉及空间资源。此外还要考虑复合、演化和测量等操作，主要涉及时间资源。时间资源主要涉及算法问题，不在本书讨论范围内。

保存一个量子态需要多少空间资源？一个 n 比特量子系统的状态最多由 2^n 个基态的叠加构成，存储每个基态的复概率，共需要保存 2^{n+1} 个实数。若每个实数采用 32 字节精度（256 个经典比特），保存一个 n 比特量子态的 2^n 个复概率需要 2^{n+9} 个经典比特。

保存一个酉矩阵需要多少空间资源？一个 n 比特量子系统的酉矩阵是 $2^n \times 2^n$ 矩阵。矩阵的每个元素是复数，需要保存 2^{2n+1} 个实数。若每个实数也采用 32 字节精度（256 个经典比特），保存一个 $2^n \times 2^n$ 酉矩阵的 2^{2n} 个复数需要 2^{2n+9} 个经典比特。

按照上面的方法保存一个量子态及演化矩阵需要 $2^{2n+9}+2^{n+9}$ 个经典比特。例如，保存一个由 50 个量子比特构成的量子线路，大约需要 6.5×10^{32} 个经典比特。假设能用一个氢原子保存一个经典比特（氢原子质量大约为 $1.66\times10^{-27}\,\text{kg}$），所用氢原子的总质量大约为 $10^6\,\text{kg}$，而且这个数量会随着量子比特的增加成指数量级增长。

显然经典物理系统无法提供如此大的空间资源，解决方法就是建造量子计算机，用量子计算机辅助分析量子线路（量子系统）是一种有效的方法。目前，量子计算机还处于实验室研制阶段，而且只能操作少量的量子。

通过设计优良的数据结构，能否利用经典计算机解决空间资源的需求？从本质上来看，这可能很难。

但用经典计算机辅助分析量子线路还是有一定意义的。首先，对小规模量子线路（超过 5 个比特），用人工分析还是十分烦琐的。其次，对于具有特定结构的大规模量子线路，采用优秀技术的软件平台是有可能进行有效分析的。

经典计算机进行量子线路分析主要涉及矩阵存储和操作，稀疏矩阵技术是操作大规模矩阵常用的经典技术。

有大量“0”元素的矩阵称为稀疏矩阵。例如，当描述经典电路的节点方程组的矩阵时，由于实际电路中的某个节点仅和少量其他节点之间通过元件连接，导致大量矩阵元素为“0”。采用稀疏矩阵技术可以不保存“0”元素，节省大量存储空间。稀疏矩阵是分析大规模经典电路的重要技术。

但大量用于描述量子线路的矩阵并非稀疏矩阵，这里以如图 3-23 所示的一个简单的 n 比特量子线路为例进行说明。

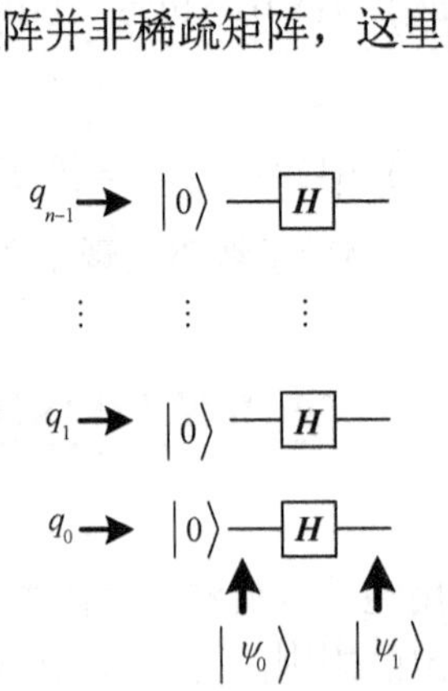

$q_{n-1}\rightarrow|0\rangle$ —[H]—

⋮ ⋮ ⋮

$q_1\rightarrow|0\rangle$ —[H]—

$q_0\rightarrow|0\rangle$ —[H]—

$|\psi_0\rangle$ $|\psi_1\rangle$

图 3-23 n 比特等概率平衡态量子线路

$$|\psi_0\rangle = |0\rangle \cdots |0\rangle|0\rangle = |0\rangle^{\otimes n}$$

令

$$\begin{aligned} \boldsymbol{U} &= \boldsymbol{H}^{\otimes n} \\ &= \boldsymbol{H} \otimes \cdots \otimes \boldsymbol{H} \otimes \boldsymbol{H} \\ &= \begin{bmatrix} \frac{1}{\sqrt{2}} & \frac{1}{\sqrt{2}} \\ \frac{1}{\sqrt{2}} & -\frac{1}{\sqrt{2}} \end{bmatrix} \otimes \cdots \otimes \begin{bmatrix} \frac{1}{\sqrt{2}} & \frac{1}{\sqrt{2}} \\ \frac{1}{\sqrt{2}} & -\frac{1}{\sqrt{2}} \end{bmatrix} \otimes \begin{bmatrix} \frac{1}{\sqrt{2}} & \frac{1}{\sqrt{2}} \\ \frac{1}{\sqrt{2}} & -\frac{1}{\sqrt{2}} \end{bmatrix} \end{aligned}$$

则

$$\begin{aligned} |\psi_1\rangle &= \boldsymbol{U}|0\rangle^{\otimes n} \\ &= \frac{1}{\sqrt{2^n}}(|0\cdots 00\rangle + |0\cdots 01\rangle + \cdots + |1\cdots 11\rangle) \\ &= \frac{1}{\sqrt{2^n}}(|0\rangle + |1\rangle + \cdots + |2^n - 1\rangle) \\ &= \frac{1}{\sqrt{2^n}}\sum_{x=0}^{2^n-1}|x\rangle \end{aligned}$$

为了简洁，演化后的状态采用了十进制表达式。

由张量积运算规则可知酉矩阵 $\boldsymbol{U} = \boldsymbol{H}^{\otimes n}$ 中没有“0”元素，演化后的状态由等复概率的全部基态叠加构成，两者都不是稀疏矩阵。

等复概率叠加态称为平衡态，是并行计算中的常用量子态。尽管这两个矩阵都不是稀疏矩阵，但酉矩阵 $\boldsymbol{U} = \boldsymbol{H}^{\otimes n}$ 仅由两种不同元素构成，而且演化后的各基态也只有一种复概率。所以采用适当存储技术，仍然可以大大节省空间资源。

目前有许多方法可用来节省空间资源，二叉（或二元）决策图（binary decision diagram，BDD）是优秀的技术之一，被广泛用于大规模经典集成电路的分析、综合和验证及其他领域。

二叉决策图的应用已被推广到量子系统的分析与综合。本节介绍二叉决策图分析法的基本原理，主要讨论量子态和矩阵的 BDD 描述方法，相关算法不在本书讨论范围内。

这里以父、母、子三人构成的一个表决系统为例说明二叉决策图的描述方法。父、母、子三人表决系统为：子同意，且父或母只要一人同意，则表决通过。

用 x_0 表示父，用 x_1 表示母，用 x_2 表示子。令二值布尔数“0”表示不同意，“1”表示同意。用“与（*）”“或（+）”“非（－）”表示布尔逻辑运算。表决结果 f 的布尔表达式为

$$f = (x_0 + x_1) * x_2$$

1959 年 C. Y. Lee 提出了二叉决策程序（binary decision program，BDP），即通过一系列标准化指令判断表决结果 f 的程序。标准指令形式为

$$n\text{：} T \quad x\text{；} A\text{，} B$$

其中，x 为决策变量（如父、母、子三人表决系统的 x_0、x_1 和 x_2），n、A、B 为地址。

指令的执行方式是：若 x=0，则转到地址 A，执行地址 A 处的指令；若 x=1，则转到地址 B，执行地址 B 处的指令。规定两个出口地址：θ 和 I 。θ 地址表示 $f=0$ ，I 地址表示 $f=1$ ，

这两个地址表示表决结束。

将父、母、子三人表决系统写成指令形式为

$$1\text{：}T\quad x_0\text{；}2\text{，}3$$

$$2\text{：}T\quad x_1\text{；}\theta\text{，}3$$

$$3\text{：}T\quad x_2\text{；}\theta\text{，}I$$

决策程序从地址 1 开始。

例如，若 $x_0=0$（父不同意），则由地址 1 转到地址 2；若 $x_1=1$（母同意），则由地址 2 转到地址 3；若 $x_2=0$（子不同意），则得到输出 $f=\theta$，表决未通过。

1978 年，S. B. Akers 在 BDP 基础上提出用二叉决策图描述上述表决过程，如图 3－24（a）所示，图中的圆圈和方块称为节点，圆圈内的变量为决策变量，方块内的数为决策结果。最上面的节点（变量 x_0）为根节点，最下面的节点（0 或 1）为终节点，中间的节点（变量 x_1 和 x_2）称为内节点。

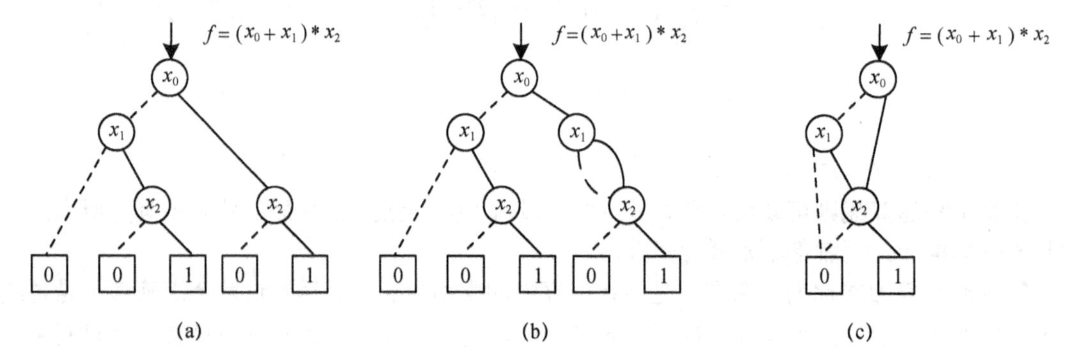

图 3－24　父、母、子三人表决系统的 BDD

除终节点外，其他节点均有两个分支，分别代表“1”分支（实线）和“0”分支（虚线）。“1”分支也常称为“Then”分支或“T”分支，“0”分支也常称为“Else”分支或“E”分支。节点的两个分支指向的节点称为该节点的两个“孩子”，简称为子节点。并将该节点称为这两个“孩子”的“父母”，简称为父节点。

可形象地将 BDD 看作是一棵树，称为二叉树。根节点又被称为树根，终节点又被称为叶子。

BDD 比 BDP 更容易操作。例如，根据 BDD 中的 $x_0=0$（父不同意）、$x_1=1$（母同意）、$x_2=0$（子不同意）这样的决策变量取值，可很容易得出 $f=0$（表决未通过）。

描述父、母、子三人决策系统的 BDD 并不唯一，如图 3－24（a）中的 BDD 也可画成如图 3－24（b）所示的 BDD。用穷举法不难证明这两个图表示同一个函数。

BDD 虽然方便了决策分析，但同一个函数可以用不同的 BDD 表示有两个主要问题：① 很难验证两个 BDD 表示的是否为同一个函数；② 不同 BDD 规模（节点数）不同，难以保证所保存的 BDD 是最简的。例如，图 3－24（a）中的 BDD 由 9 个节点组成，图 3－24（b）中的 BDD 由 10 个节点组成。

1986 年，R. E. Bryant 提出了有序缩减二叉决策图（ordered reduced binary decision diagram，ORBDD）。ORBDD 解决了 BDD 的两个不足，在变量序一定的条件下保证了同一个函数有且只有一个最简的 BDD，并给出了从 BDD 到 ORBDD 的方法。

ORBDD 要求一定的变量序，图 3-24 从根节点到终节点的变量序为 $x_0 \prec x_1 \prec x_2$。

R. E. Bryant 给出了以下两条简化规则，可将 BDD 转化为 ORBDD。

（1）删除规则：若 BDD 中某个节点的两个子节点相同，则删除该节点，并将该节点的父节点直接接到该节点的子节点。

例如，图 3-24（b）中的右侧 x_1 节点的两个“孩子”均为右侧的 x_2 节点，则可删除该 x_1 节点，然后将其父节点 x_0 的“1”分支直接接到右侧的 x_2 节点上，此时得到的 BDD 与图 3-24（a）相同。

（2）合并规则：对 BDD 中两个相同决策变量的节点，若“0”分支和“1”分支指向的节点也相同，可将这两个节点合并。合并的方法是删除其中一个节点，并将原来指向删除节点的父节点的分支改为指向不删除的节点。

例如，图 3-24（a）中 BDD 的所有终节点“0”为相同节点，可以合并为一个节点，所有终节点“1”也可以合并为一个节点。两个 x_2 节点为相同节点，可删除其中一个节点，如删除右侧的 x_2 节点，然后将 x_0 的“1”分支改为指向保留的左侧 x_2 节点。合并后的 BDD 如图 3-24（c）所示。

当不能再用上述两个规则化简 BDD 时，得到的为 ORBDD，图 3-24（c）为 ORBDD。同一个函数在规定的变量序下只有唯一一个最简的 ORBDD 表示。

ORBDD 最早是为了解决二值开关电路的分析、综合和验证问题，后来出现了大量适用于不同领域的 ORBDD 的变种。R. I. Bahar 等将终节点只能取“0”和“1”的情况扩展到了代数，提出了 ADD（algebraic decision diagram）。F. Somenzi 用 C 语言编写了著名的 CUDD 软件包，用于操作 BDD、ADD 和 ZDD。G. F. Viamontes 将终节点扩展到了复数，用于量子线路的研究，并在 CUDD 基础上编写了量子信息决策图软件包（QuIDDPro）。

例如，可以用如图 3-25 所示的 ORBDD 表示图 3-23 中的 $|\psi_0\rangle$ 和 $|\psi_1\rangle$。

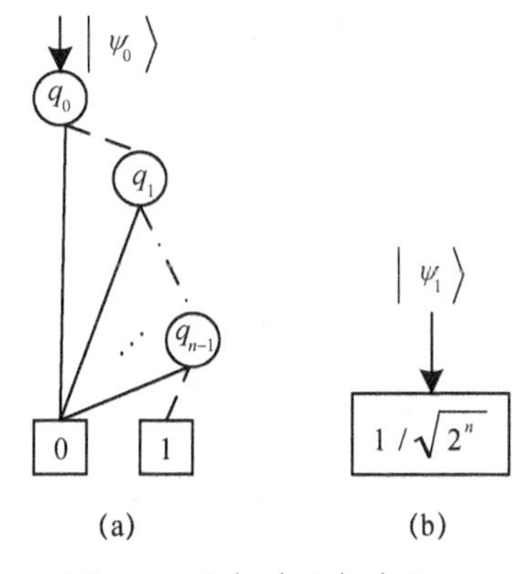

图 3-25　图 3-23 中 $|\psi_0\rangle$ 和 $|\psi_1\rangle$ 的 ORBDD 表示

酉矩阵也可以用 ORBDD 表示。图 3-26 给出了 $\boldsymbol{H}^{\otimes 2}$ 及其 ORBDD 表示。用 ORBDD 表示酉矩阵的方法是首先将酉矩阵的行号和列号用二进制数表示，并且每个比特赋一个变量。

如图 3－26（a）所示，用两比特 R_1R_0 表示行号，用两比特 C_1C_0 表示列号。图 3－26（b）是变量序按行列比特交替排序 $R_1 \prec C_1 \prec R_0 \prec C_0$ 建立的 ORBDD。

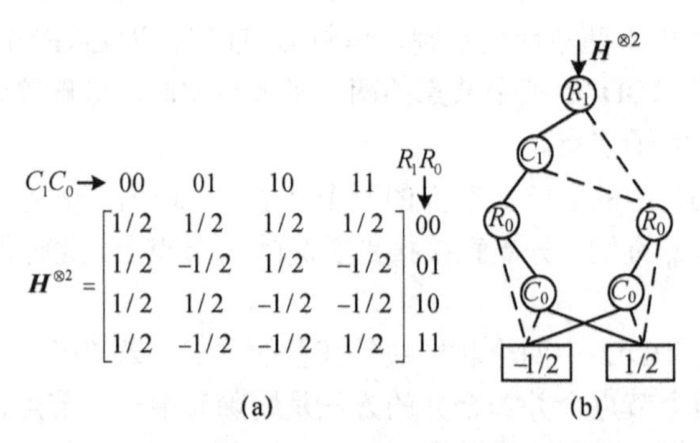

图 3－26　$H^{\otimes 2}$ 及其 ORBDD 表示

例如，对于图 3－26（b）中的支路 $R_1 - C_1 - R_0 - C_0 = 1-0-0-1$，对应的终节点为 1/2，即矩阵中对应的 $R_1R_0 = 10$ 行、$C_1C_0 = 01$ 列的元素为 1/2。对于图 3－26（b）中的支路 $R_1 - C_1 - R_0 - C_0 = 1-1-0-1$，对应的终节点为－1/2，即矩阵中对应的 $R_1R_0 = 10$ 行、$C_1C_0 = 11$ 列的元素为－1/2。

已有成熟的建立 ORBDD 并执行各种操作的标准算法，相关内容请参见相关参考文献。

存储一个 ORBDD 需要的空间与 ORBDD 中的节点数成线性关系。例如，如图 3－26 所示的一个具有 16 个元素的 $H^{\otimes 2}$ 矩阵需要保存 8 个节点，若用数组保存，则需要保存全部 16 个元素，而且无法利用稀疏矩阵技术。对大规模量子线路，采用 ORBDD 技术可以大大节省空间资源。

用 ORBDD 保存量子态和酉矩阵，采用 ORBDD 的乘法算法，即可完成量子线路的分析，这种方法称为二叉决策图分析法。

3.5　仿真分析法

经典模拟电路、数字电路、通信电路及各种电子系统采用了大量用于设计和验证的 CAD 仿真技术。

随着系统规模的增加，量子系统的状态及演化矩阵的规模成指数增长。即使对于小规模量子线路，人工分析也十分烦琐，为研究量子系统带来诸多不便。

量子系统仿真可以用于检验实际量子系统是否存在设计缺陷，验证量子系统的功能，研究量子计算、量子通信、量子纠错方案，评估经典系统与量子系统的性能等。本节对量子线路的仿真算法不进行深入讨论，而是主要介绍如何将仿真软件作为辅助工具进行量子线路分析。

下面分别介绍利用软件 MATLAB 和专用量子线路仿真工具软件 QCLab 进行量子线路仿真分析的方法。

3.5.1　MATLAB 仿真方法

MATLAB 仿真方法.mp4

本节介绍用随本书附赠的 QCircuit 软件包进行量子线路分析的方法。

QCircuit 是在 MATLAB R2015a 环境下开发的专用量子线路分析软件包，其基本框架如图 3-27 所示。

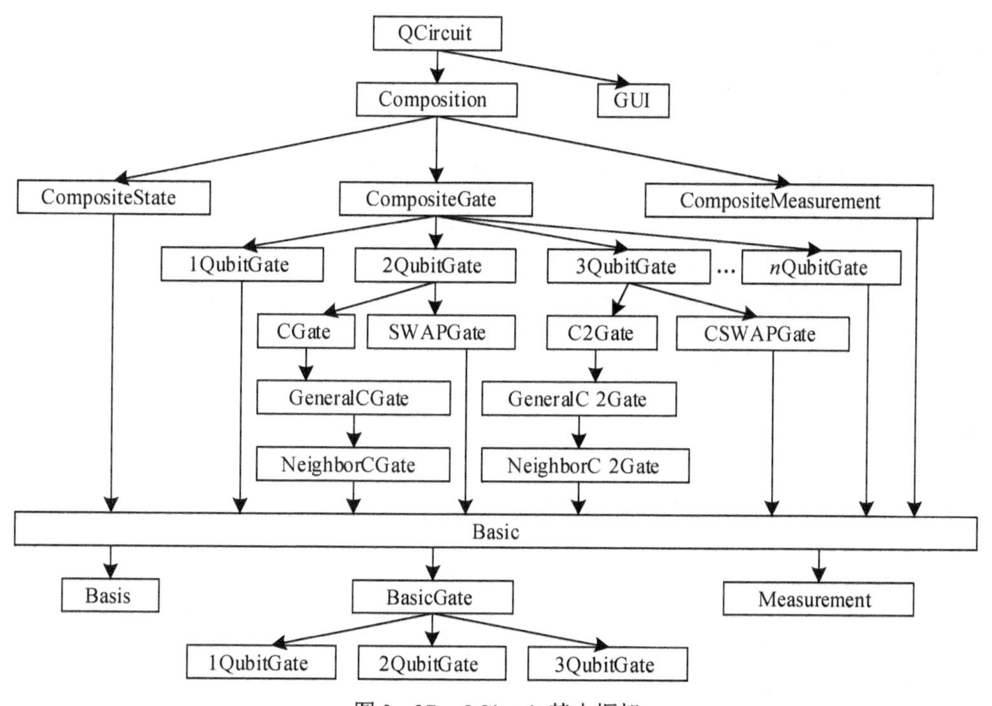

图 3-27　QCircuit 基本框架

QCircuit

QCircuit 用 MATLAB 软件编写，可以采用命令方式、文件方式或利用 MATLAB 提供的函数编写程序进行量子线路仿真。有关 QCircuit 的详细介绍及软件包请扫码获取，也可通过 MATLAB 提供的 help 命令查阅相关命令的描述及用法。

QCircuit 是依据量子力学 4 个基本假设设计的专用量子线路分析软件包，仿真过程与这 4 个基本假设完全对应，通过 QCircuit 提供的复合模块 Composition 和图形用户接口模块 GUI 进行交互仿真。复合模块 Composition 提供了复合量子初态的制备、复合量子门的构造及复合量子测量的功能。图形用户接口模块 GUI 提供了量子态图形显示功能。

使用 QCircuit 一般需要 5 个步骤：

（1）制备量子初态；

（2）构造量子门；

（3）用所构造的量子门对量子态进行演化；

（4）用测量装置对量子态进行测量；

（5）在上述 4 个步骤中可随时调用图形用户接口模块 GUI 的 WATCH 命令显示量子态。

下面通过实例介绍 QCircuit 的使用方法。

例3-20 图3-28为单比特量子线路，用QCircuit显示初态$|\psi_0\rangle$及演化后的状态$|\psi_1\rangle$和$|\psi_2\rangle$。

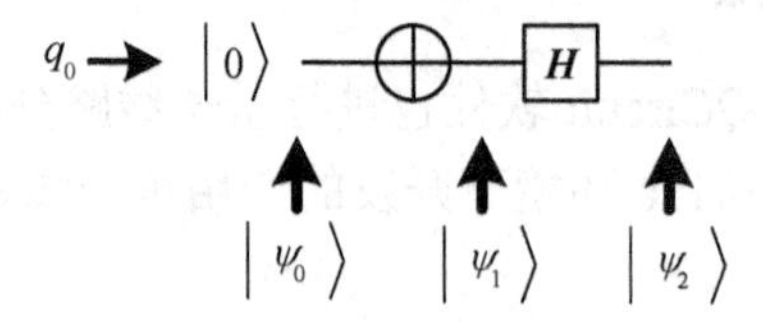

图3-28 例3-20量子线路

解：（1）制备量子初态。

制备量子初态的命令格式为

```
QS=InitQS（NumQbit）
```

其中，NumQbit是量子线路中量子比特数。需要注意的是，下面用到的所有命令几乎都需要用到量子比特数。在仿真同一量子线路时，该参数必须保持一致。

该命令用于自动生成NumQbit个量子比特的初态。所有量子比特初态均设定为$|0\rangle$，并将该初态赋给变量QS。对于n比特的量子态，QCircuit采用的量子态中量子比特的排列顺序为$q_{n-1} \prec \cdots \prec q_1 \prec q_0$，即$|q_{n-1} \cdots q_1 q_0\rangle$。

对于如图3-28所示的量子线路，制备量子初态命令为

```
Psi0=InitQS（1）;
```

（2）构造量子门。

首先构造$\boldsymbol{X}$门，构造$\boldsymbol{X}$门的命令格式为

```
UMatrix=X（NumQbit，TargetQbit）
```

其中，TargetQbit是进行$\boldsymbol{X}$门演化的目标量子比特的序号，即前面规定的量子比特的排列顺序中量子比特的下标。构造出的演化矩阵赋给变量UMatrix。对于如图3-28所示的量子线路，构造$\boldsymbol{X}$门的命令为

```
U1=X（1，0）;
```

仿照构造$\boldsymbol{X}$门的方法构造$\boldsymbol{H}$门。构造$\boldsymbol{H}$门的命令格式为

```
UMatrix=H（NumQbit，TargetQbit）
```

对于如图3-28所示的量子线路，构造$\boldsymbol{H}$门的命令为

```
U2=H（1，0）;
```

（3）演化。

利用MATLAB提供的矩阵乘法命令进行量子态的演化，即

```
Psi1=U1*Psi0;
Psi2=U2*Psi1;
```

观察量子态有两种方式：① 直接利用MATLAB提供的变量查询命令；② 利用QCircuit的图形用户接口模块GUI提供的命令WATCH用图形方式显示量子态。

图形用户接口模块GUI提供的命令格式为

```
WATCH（QuantumState，method）
```

其中，QuantumState为需要显示的量子态，method为显示方式。当method为1时，将以实部/虚部形式显示。当method为其他值时，将以概率/相位方式显示。

对于如图3-28所示的量子线路，显示$|\psi_0\rangle$、$|\psi_1\rangle$和$|\psi_2\rangle$的命令分别为

```
WATCH(Psi0,1);
WATCH(Psi1,0);
WATCH(Psi2,1);
```

表示用实部/虚部形式显示$|\psi_0\rangle$和$|\psi_2\rangle$，用概率/相位方式显示$|\psi_1\rangle$。

上述命令组合后的完整代码为

```
>>clear
>>Psi0=InitQS(1);
>>U1=X(1,0);
>>U2=H(1,0);
>>Psi1=U1*Psi0;
>>Psi2=U2*Psi1;
>>WATCH(Psi0,1);
>>WATCH(Psi1,0);
>>WATCH(Psi2,1);
>>Psi0,Psi1,Psi2
```

图 3－29 给出了图形显示结果。

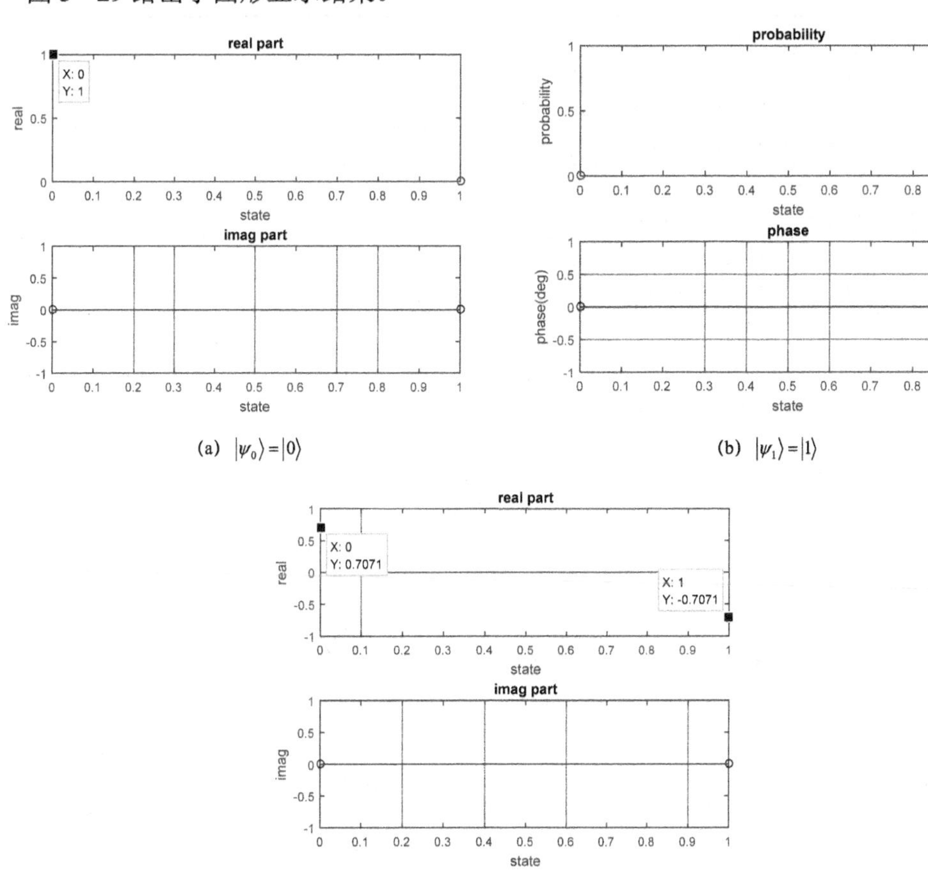

(a) $|\psi_0\rangle=|0\rangle$　　(b) $|\psi_1\rangle=|1\rangle$

(c) $|\psi_2\rangle=0.7071(|0\rangle-|1\rangle)$

图 3－29　例 3－20 量子线路的状态显示

在使用 QCircuit 分析量子线路时，首先用 clear 命令清除内存。前面给出的命令组合中的最后一条命令是 MATLAB 提供的变量查询命令。执行完该命令后，在命令窗口中自动显示 Psi0, Psi1,Psi2 这 3 个变量，即

```
Psi0=
1
0
Psi1=
0
1
Psi2=
0.7071
 - 0.7071
```

表示$|\psi_0\rangle=|0\rangle$，$|\psi_1\rangle=|1\rangle$，$|\psi_2\rangle=0.707|0\rangle-0.707|1\rangle$。

QCircuit 提供了 8 种单比特量子门（见表 3-8），其使用方法与例 3-20 相同。

表 3-8　8 种单比特量子门

1	UMatrix=X(NumQbit,TargetQbit)
2	UMatrix=Y(NumQbit,TargetQbit)
3	UMatrix=Z(NumQbit,TargetQbit)
4	UMatrix=P(NumQbit,TargetQbit,phi)
5	UMatrix=S(NumQbit,TargetQbit)
6	UMatrix=T(NumQbit,TargetQbit)
7	UMatrix=H(NumQbit,TargetQbit)
8	UMatrix=U(NumQbit,TargetQbit,alpha,beta,gamma,delta)

表 3-8 中的 $\boldsymbol{P}$ 门和 $\boldsymbol{U}$ 门为用户自定义的单比特量子门，通过参数设置可构造任意的相位门和 $\boldsymbol{U}$ 门。通过下面两个实例说明这两个量子门的使用方法。

例 3-21　图 3-30 为单比特量子线路，用 QCircuit 证明 $\boldsymbol{P}(\pi)=\boldsymbol{Z}$，$\boldsymbol{P}\left(\frac{\pi}{2}\right)=\boldsymbol{S}$，$\boldsymbol{P}\left(\frac{\pi}{4}\right)=\boldsymbol{T}$。

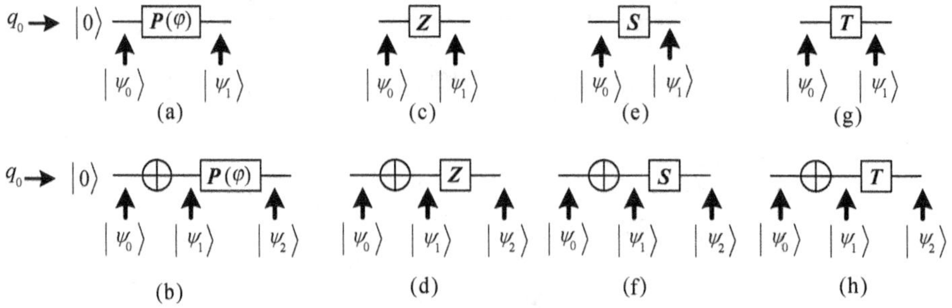

图 3-30　例 3-21 量子线路

证明：若两个量子门对计算基的演化结果相同，则这两个量子门等效。

单比特量子态计算基为$|0\rangle$和$|1\rangle$。用QCircuit制备的量子初态均为$|0\rangle$，为了观察对状态$|1\rangle$的演化结果，可以让初态通过$\boldsymbol{X}$门来实现。图 3－30 第 1 行的 4 个量子初态直接用了 QCircuit 制备的量子初态$|0\rangle$，第 2 行用$\boldsymbol{X}$门将 QCircuit 制备的量子初态$|0\rangle$演化为$|1\rangle$。

（1）证明$\boldsymbol{P}(\pi)=\boldsymbol{Z}$。

对于图 3－30（a），命令组合代码为

```
>>clear
>>Psi0=InitQS(1);
>>U1=P(1,0,pi);
>>Psi1=U1*Psi0;
>>WATCH(Psi0,1);
>>WATCH(Psi1,1);
```

演化结果如图 3－31（a）、（b）所示。

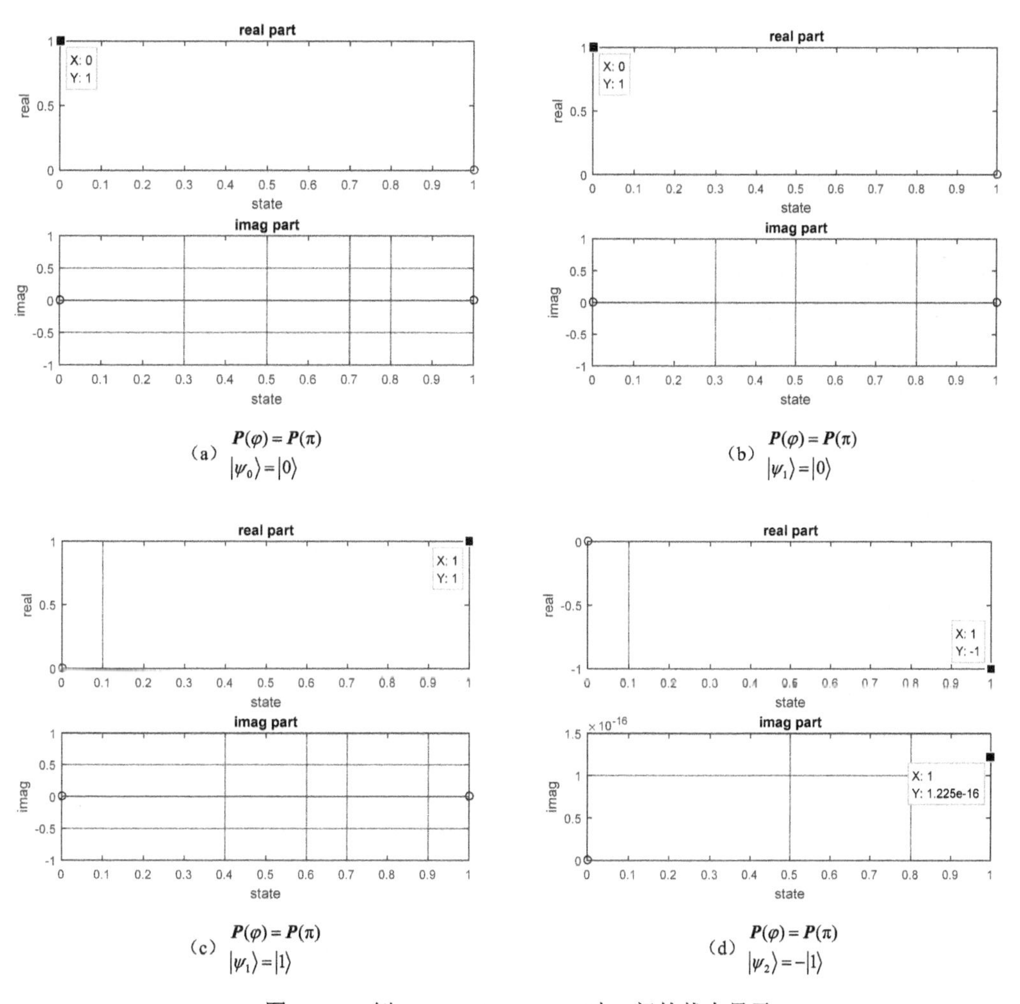

（a）$\boldsymbol{P}(\varphi)=\boldsymbol{P}(\pi)$　$|\psi_0\rangle=|0\rangle$

（b）$\boldsymbol{P}(\varphi)=\boldsymbol{P}(\pi)$　$|\psi_1\rangle=|0\rangle$

（c）$\boldsymbol{P}(\varphi)=\boldsymbol{P}(\pi)$　$|\psi_1\rangle=|1\rangle$

（d）$\boldsymbol{P}(\varphi)=\boldsymbol{P}(\pi)$　$|\psi_2\rangle=-|1\rangle$

图 3－31　例 3－21 $\boldsymbol{P}(\varphi)=\boldsymbol{P}(\pi)$时$\boldsymbol{P}$门的状态显示

对于图 3－30（b），命令组合代码为

```
>>clear
>>Psi0=InitQS(1);
>>U1=X(1,0);
>>U2=P(1,0,pi);
>>Psi1=U1*Psi0;
>>Psi2=U2*Psi1;
>>WATCH(Psi1,1);
>>WATCH(Psi2,1);
```

演化结果如图 3－31（c）、（d）所示。

图 3－31（d）的状态为

$$|\psi_2\rangle = 1.225\times10^{-16}|0\rangle - |1\rangle \approx -|1\rangle$$

对于图 3－30（c），命令组合代码为

```
>>clear
>>Psi0=InitQS(1);
>>U1=Z(1,0);
>>Psi1=U1*Psi0;
>>WATCH(Psi0,1);
>>WATCH(Psi1,1);
```

演化结果与图 3－31（a）、（b）相同。

对于图 3－30（d），命令组合代码为

```
>>clear
>>Psi0=InitQS(1);
>>U1=X(1,0);
>>U2=Z(1,0);
>>Psi1=U1*Psi0;
>>Psi2=U2*Psi1;
>>WATCH(Psi1,1);
>>WATCH(Psi2,1);
```

若忽略计算误差，演化结果与图 3－31（c）、（d）相同。

（2）证明 $\boldsymbol{P}\left(\frac{\pi}{2}\right)=\boldsymbol{S}$。

对于图 3－30（a），命令组合代码为

```
>>clear
>>Psi0=InitQS(1);
>>U1=P(1,0,pi/2);
>>Psi1=U1*Psi0;
>>WATCH(Psi0,1);
>>WATCH(Psi1,1);
```

演化结果如图 3－31（a）、（b）所示。

对于图 3－30（b），命令组合代码为

```
>>clear
>>Psi0=InitQS(1);
>>U1=X(1,0);
>>U2=P(1,0,pi/2);
>>Psi1=U1*Psi0;
>>Psi2=U2*Psi1;
>>WATCH(Psi1,1);
>>WATCH(Psi2,1);
```

演化结果如图 3－32（a）、（b）所示。图 3－32（b）的状态为

$$|\psi_2\rangle = 6.123\times10^{-17}|0\rangle + \mathrm{i}|1\rangle \approx \mathrm{i}|1\rangle$$

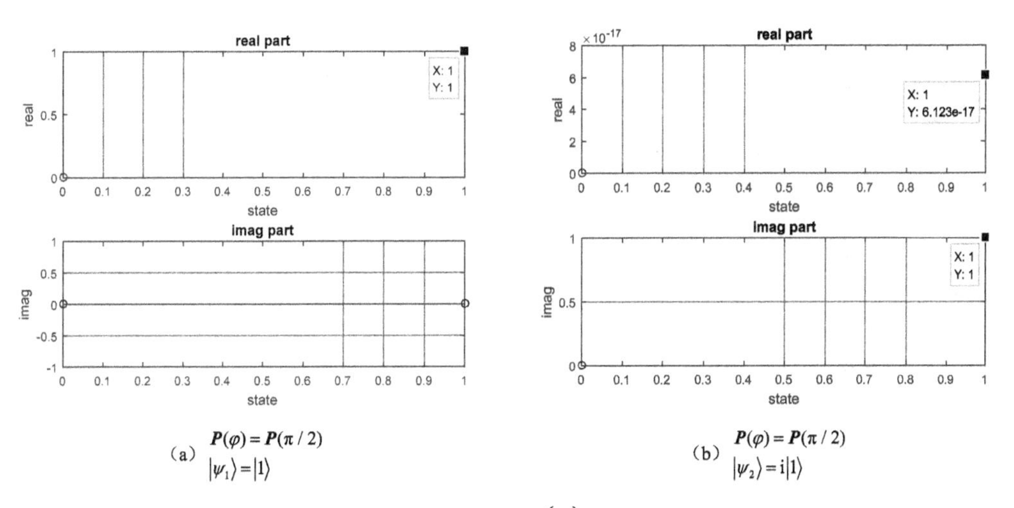

图 3－32　例 3－21 $\boldsymbol{P}(\varphi)=\boldsymbol{P}\left(\frac{\pi}{2}\right)$时 $\boldsymbol{P}$ 门的状态显示

对于图 3－30（e），命令组合代码为

```
>>clear
>>Psi0=InitQS(1);
>>U1=S(1,0);
>>Psi1=U1*Psi0;
>>WATCH(Psi0,1);
>>WATCH(Psi1,1);
```

演化结果与图 3－31（a）、（b）相同。

对于图 3－30（f），命令组合代码为

```
>>clear
>>Psi0=InitQS(1);
>>U1=X(1,0);
```

```
>>U2=S(1,0);
>>Psi1=U1*Psi0;
>>Psi2=U2*Psi1;
>>WATCH(Psi1,1);
>>WATCH(Psi2,1);
```

若忽略计算误差，演化结果与图 3－32（a）、（b）相同。

（3）证明 $\boldsymbol{P}\left(\frac{\pi}{4}\right)=\boldsymbol{T}$ 。

对于图 3－30（a），命令组合代码为

```
>>clear
>>Psi0=InitQS(1);
>>U1=P(1,0,pi/4);
>>Psi1=U1*Psi0;
>>WATCH(Psi0,1);
>>WATCH(Psi1,1);
```

演化结果如图 3－31（a）、（b）所示。

对于图 3－30（b），命令组合代码为

```
>>clear
>>Psi0=InitQS(1);
>>U1=X(1,0);
>>U2=P(1,0,pi/4);
>>Psi1=U1*Psi0;
>>Psi2=U2*Psi1;
>>WATCH(Psi1,1);
>>WATCH(Psi2,1);
```

演化结果如图 3－33（a）、（b）所示。

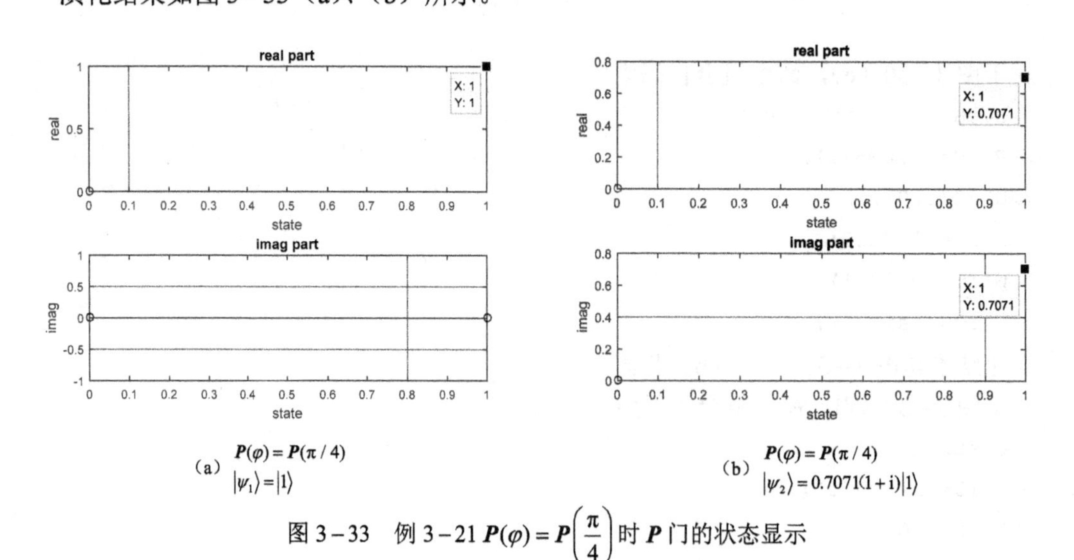

（a）$\boldsymbol{P}(\varphi)=\boldsymbol{P}(\pi/4)$ $|\psi_1\rangle=|1\rangle$

（b）$\boldsymbol{P}(\varphi)=\boldsymbol{P}(\pi/4)$ $|\psi_2\rangle=0.7071(1+\mathrm{i})|1\rangle$

图 3－33　例 3－21 $\boldsymbol{P}(\varphi)=\boldsymbol{P}\left(\frac{\pi}{4}\right)$ 时 $\boldsymbol{P}$ 门的状态显示

对于图3－30（g），命令组合代码为

```
>>clear
>>Psi0=InitQS(1);
>>U1=T(1,0);
>>Psi1=U1*Psi0;
>>WATCH(Psi0,1);
>>WATCH(Psi1,1);
```

演化结果与图3－31（a）、（b）相同。

对于图3－30（h），命令组合代码为

```
>>clear
>>Psi0=InitQS(1);
>>U1=X(1,0);
>>U2=T(1,0);
>>Psi1=U1*Psi0;
>>Psi2=U2*Psi1;
>>WATCH(Psi1,1);
>>WATCH(Psi2,1);
```

演化结果与图3－33（a）、（b）相同。

例3－22　图3－34为单比特量子线路，用QCircuit证明

$$\boldsymbol{U}=\mathrm{e}^{\mathrm{i}\alpha}\boldsymbol{R}_z(\beta)\boldsymbol{R}_y(\gamma)\boldsymbol{R}_z(\delta)=\boldsymbol{U}(\alpha=0.5\pi,\ \beta=0,\ \gamma=\pi,\ \delta=0)=\boldsymbol{Y}$$

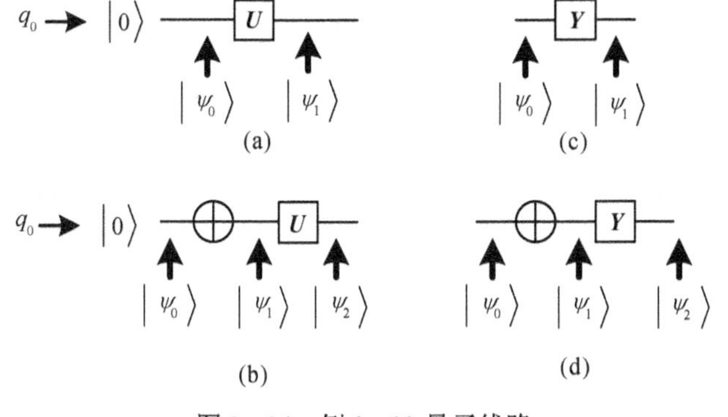

图3－34　例3－22量子线路

证明： QCircut采用$z-y$分解方式，即用$\boldsymbol{U}=\mathrm{e}^{\mathrm{i}\alpha}\boldsymbol{R}_z(\beta)\boldsymbol{R}_y(\gamma)\boldsymbol{R}_z(\delta)$构造单比特$\boldsymbol{U}$门。构造$\boldsymbol{U}$门的命令格式为

```
UMatrix=U(NumQbit,TargetQbit,alpha,beta,gamma,delta)
```

其中，NumQbit是量子线路中量子比特数；TargetQbit是进行$\boldsymbol{U}$门演化的目标量子比特的序号；alpha，beta，gamma，delta分别与$z-y$分解中的α，β，γ，δ对应，用户定制$\boldsymbol{U}$门时需要输入这4个参数（单位为rad）。

根据对$|0\rangle$和$|1\rangle$进行演化的结果说明等效关系。

对于图3－34（a），命令组合代码为

```
>>clear
>>Psi0=InitQS(1);
>>U1=U(1,0,0.5*pi,0,pi,0);
>>Psi1=U1*Psi0;
>>WATCH(Psi0,1);
>>WATCH(Psi1,1);
```

演化结果如图 3-35（a）、（b）所示。

图 3-35（b）的状态为

$|\psi_1\rangle = 6.123\times10^{-17}|0\rangle + \mathrm{i}|1\rangle \approx \mathrm{i}|1\rangle$。

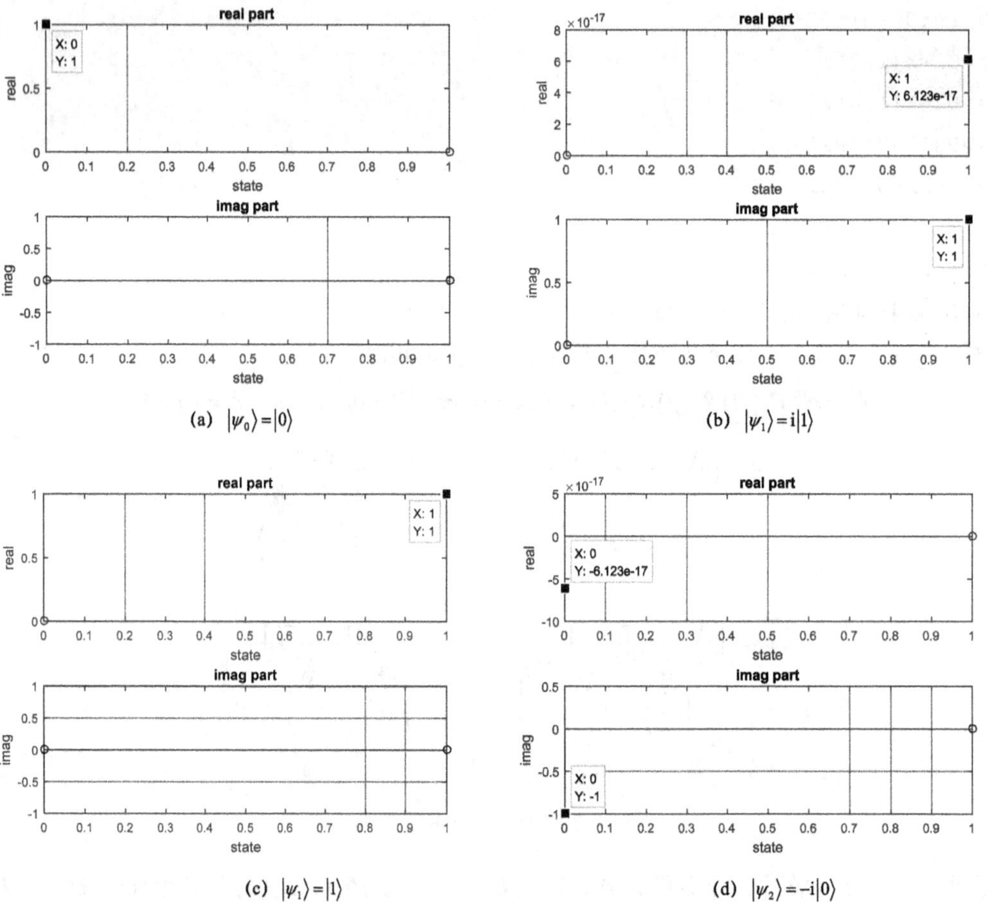

(a) $|\psi_0\rangle=|0\rangle$ (b) $|\psi_1\rangle=\mathrm{i}|1\rangle$

(c) $|\psi_1\rangle=|1\rangle$ (d) $|\psi_2\rangle=-\mathrm{i}|0\rangle$

图 3-35 例 3-22 $\boldsymbol{U}(\alpha=0.5\pi,\beta=0,\gamma=\pi,\delta=0)$ 门时的状态显示

对于图 3-34（b），命令组合代码为

```
>>clear
>>Psi0=InitQS(1);
>>U1=X(1,0);
>>U2=U(1,0,0.5*pi,0,pi,0);
```

```
>>Psi1=U1*Psi0;
>>Psi2=U2*Psi1;
>>WATCH(Psi1,1);
>>WATCH(Psi2,1);
```

演化结果如图 3－35（c）、（d）所示。

图 3－35（d）的状态为

$|\psi_2\rangle=(6.123\times10^{-17}-\mathrm{i})|0\rangle\approx-\mathrm{i}|0\rangle$。

对于图 3－34（c），命令组合代码为

```
>>clear
>>Psi0=InitQS(1);
>>U1=Y(1,0);
>>Psi1=U1*Psi0;
>>WATCH(Psi0,1);
>>WATCH(Psi1,1);
```

演化结果如图 3－36（a）、（b）所示，忽略计算精度带来的误差，与图 3－35（a）、（b）相同。

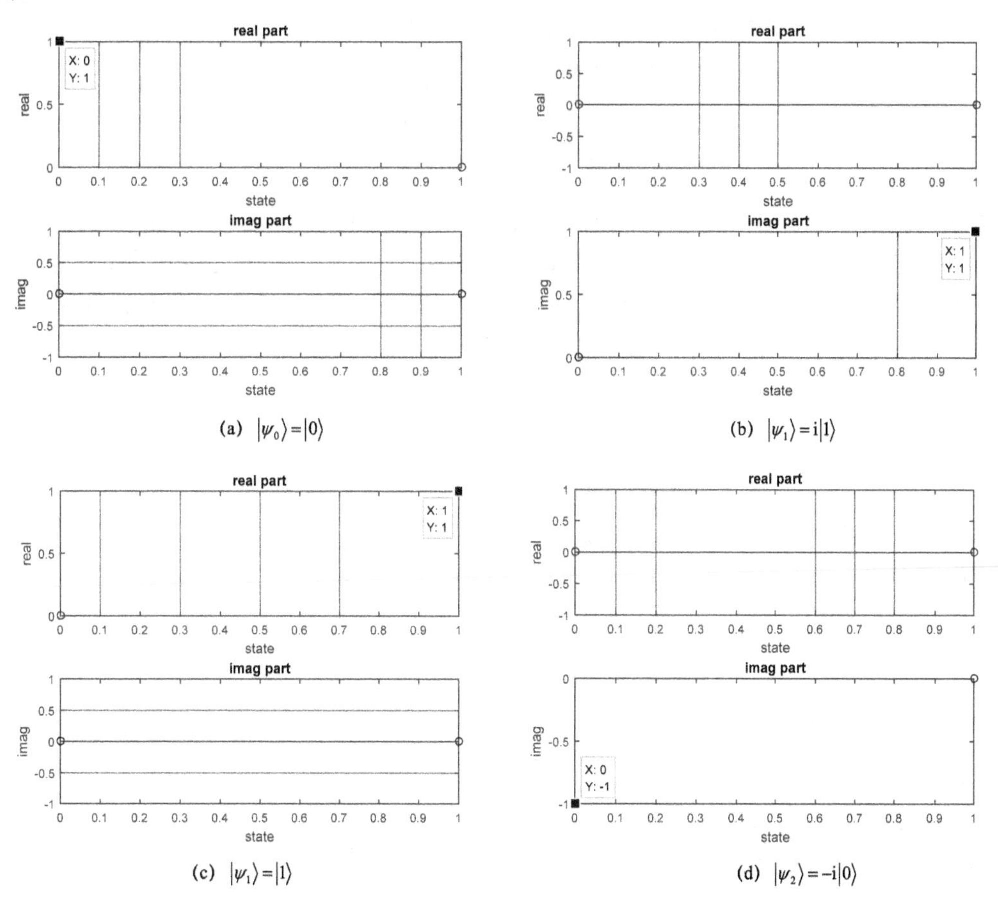

(a) $|\psi_0\rangle=|0\rangle$　(b) $|\psi_1\rangle=\mathrm{i}|1\rangle$

(c) $|\psi_1\rangle=|1\rangle$　(d) $|\psi_2\rangle=-\mathrm{i}|0\rangle$

图 3－36　例 3－22 $\boldsymbol{Y}$ 门时的状态显示

对于图 3－34（d），命令组合代码为

```
>>clear
>>Psi0=InitQS(1);
>>U1=X(1,0);
>>U2=Y(1,0);
>>Psi1=U1*Psi0;
>>Psi2=U2*Psi1;
>>WATCH(Psi1,1);
>>WATCH(Psi2,1);
```

演化结果如图 3－36（c）、（d）所示，忽略计算精度带来的近似，与图 3－35 的（c）、（d）相同。

例 3－23 图 3－37 为量子半加器，用 QCircuit 验证其运算功能。

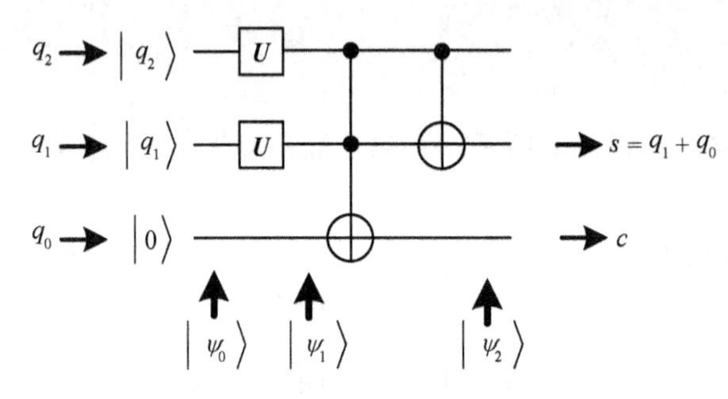

图 3－37 例 3－23 量子半加器

证明：如图 3－37 所示的量子半加器在第 2 章中讨论过，这里采用 QCircuit 验证其运算功能。由于需要验证 $q_2q_1 = 00, 01, 10, 11$ 时演化的结果，所以在该两个比特开始位置添加两个 $\boldsymbol{U}$ 门。当需要输入 1 时，选择 $\boldsymbol{U}$ 门参数，使其为 $\boldsymbol{X}$ 门，产生输入状态 $|1\rangle$；当需要输入 0 时，选择 $\boldsymbol{U}$ 门参数，使其为 $\boldsymbol{I}$ 门，产生输入状态 $|0\rangle$。

用 $\boldsymbol{U}$ 门构造 $\boldsymbol{X}$ 门和 $\boldsymbol{I}$ 门的参数为

$$\boldsymbol{U}(\alpha = 0.5\pi, \beta = 0, \gamma = \pi, \delta = \pi) = \boldsymbol{X}$$

$$\boldsymbol{U}(\alpha = 0, \beta = 0, \gamma = 0, \delta = 0) = \boldsymbol{I}$$

（1） $q_2q_1 = 00$ 时的命令组合代码为

```
>>clear
>>Psi0=InitQS(3);
>>U1=Un(3,1,2,0,0,0,0);
>>U2=C2X(3,0,1,2);
>>U3=CX(3,1,2);
>>Psi1=U1*Psi0;
>>Psi2=U3*U2*Psi1;
>>WATCH(Psi0,1)
>>WATCH(Psi1,1)
```

```
>>WATCH(Psi2,1)
```

由于两个 U 门相邻，且均为 I 门，可用 QCircuit 的 nQbitGate 模块提供相邻多比特量子门相同的复合量子门。相邻多个相同 U 门构造复合 U 门的命令格式为

```
UMatrix=Un(NumQbit,StartTargetQbit,nQbit,alpha,beta,gamma,delta)
```

其中，NumQbit 为量子比特数（本例为 3）；StartTargetQbit 为目标量子比特的最小序号（本例为 1）；nQbit 为连续 U 门的个数（本例为 2）；alpha,beta,gamma,delta 是构造用户定制 U 门的 4 个参数（本例的 0,0,0,0 对应 I 门）。

QCircuit 提供了 8 种类似 Un 的量子门，见表 3-9。这些门均为连续相邻的 n 个单比特量子门，与本例介绍的使用方法相同。

表 3-9 *n*QubitGate

1	UMatrix=Xn(NumQbit,StartTargetQbit,nQbit)
2	UMatrix=Yn(NumQbit,StartTargetQbit,nQbit)
3	UMatrix=Zn(NumQbit,StartTargetQbit,nQbit)
4	UMatrix=Pn(NumQbit,StartTargetQbit,nQbit,phi)
5	UMatrix=Sn(NumQbi,StartTargetQbit,nQbit)
6	UMatrix=Tn(NumQbit,StartTargetQbit,nQbit)
7	UMatrix=Hn(NumQbit,StartTargetQbit,nQbit)
8	UMatrix=Un(NumQbi,StartTargetQbit,nQbit,alpha,beta,gamma,delta)

图 3-37 中的 C2X 门（Toffoli 门）的命令格式为

```
UMatrix=C2X (NumQbit, TargetQbit, ControlQbit1, ControlQbit2)
```

其中，NumQbit 为量子比特数；TargetQbit 为目标量子比特序号；ControlQbit1 和 ControlQbit2 是两个控制量子比特序号。

QCircuit 提供了 9 种类似的三比特量子门，见表 3-10。其中前 8 个量子门有两个控制的受控量子门，最后一个 CSWAP 门为单比特控制的交换门（Fredkin 门）。这些门的用法与 C2X 门的用法类似。

表 3-10 3QubitGate

1	UMatrix=C2X(NumQbit,TargetQbit,ControlQbit1,ControlQbit2)
2	UMatrix=C2Y(NumQbit,TargetQbit,ControlQbit1,ControlQbit2)
3	UMatrix=C2Z(NumQbi,TargetQbit,ControlQbit1,ControlQbit2)
4	UMatrix=C2P(NumQbit,TargetQbi,ControlQbit1,ControlQbit2,phi)
5	UMatrix=C2S(NumQbit,TargetQbit,ControlQbit1,ControlQbit2)
6	UMatrix=C2T(NumQbit,TargetQbit,ControlQbit1,ControlQbit2)
7	UMatrix=C2H(NumQbit,TargetQbt,ControlQbit1,ControlQbit2)
8	UMatrx=C2U(NumQbit,TargetQbit,ControlQbit1,ControlQbit2,alpha,beta,gamma,delta)
9	UMatrix=CSWAP(NumQbi,TargetQbit1,TargetQbit2,ControlQbit)

图 3-37 中的 CX 门（受控非门）的命令格式为

```
UMatrix=CX (NumQbit, TargetQbit, ControlQbit)
```

其中，NumQbit 为量子比特数；TargetQbit 为目标量子比特序号；ControlQbit 为控制量子比

特序号。

QCircuit 提供了 9 种类似的两比特量子门，见表 3－11。其中前 8 个量子门是单控制的受控量子门，最后一个 SWAP 门为交换门。这些门的用法与 CX 门的用法类似。

表 3－11　2QubitGate

1	UMatrx=CX(NumQbit,TargetQbit,ControlQbit)
2	UMatrix=CY(NumQbit,TargetQbit,ControlQbit)
3	UMatrix=CZ(NumQbit,TargetQbit,ControlQbit)
4	UMatrix=CP(NumQbit,TargetQbit,ControlQbit,phi)
5	UMatrix=CS(NumQbit,TargetQbit,ControlQbit)
6	UMatrix=CT(NumQbit,TargetQbit,ControlQbit)
7	UMatrx=CH(NumQbit,TargetQbit,ControlQbit)
8	UMatrix=CU(NumQbit,TargetQbit,ControlQbitalpha,beta,gamma,delta)
9	UMatrix=SWAP(NumQbit,TargetQbit1,TargetQbit2)

由于不需要观察 Toffoli 门演化后的状态，可以将 U2=C2X（3,0,1,2）和 U3=CX（3,1,2）两个量子门相乘后进行一次演化，但需要注意演化顺序。先经过 U2 演化，后经过 U3 演化，即

```
Psi2=U3*U2*Psi1
```

演化后的状态如图 3－38 所示，表示相加后的结果为 0，进位为 0。

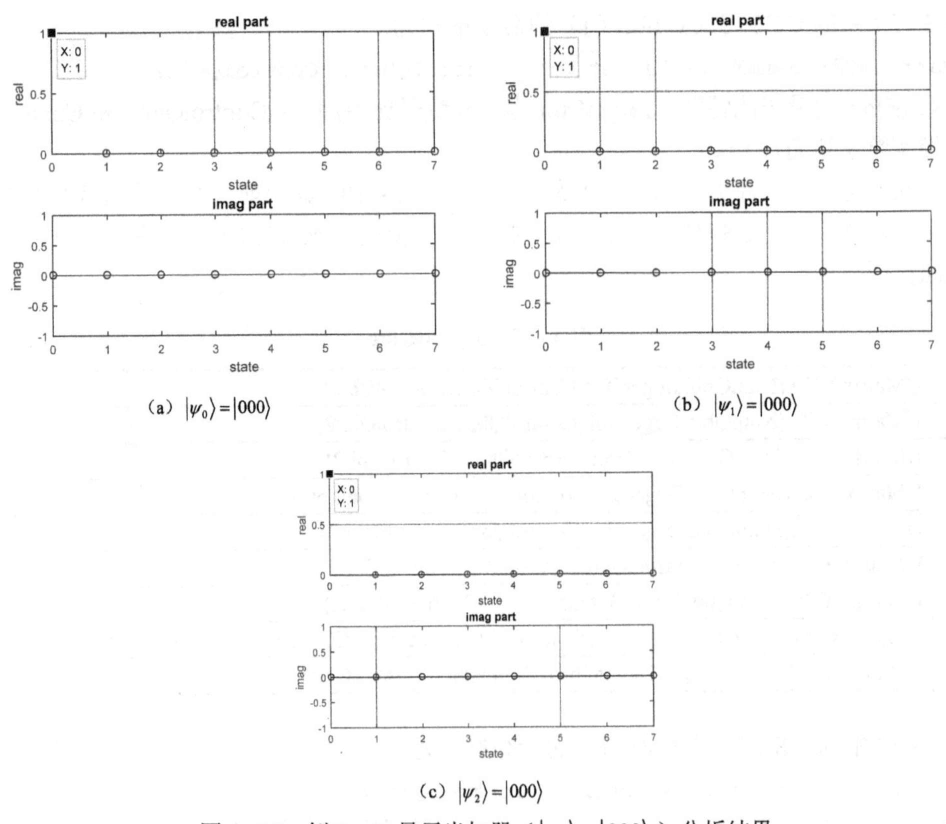

（a）$|\psi_0\rangle=|000\rangle$　　（b）$|\psi_1\rangle=|000\rangle$

（c）$|\psi_2\rangle=|000\rangle$

图 3－38　例 3－23 量子半加器（$|\psi_1\rangle=|000\rangle$）分析结果

（2） $q_2q_1=01$时的命令组合代码为

```
>>clear
>>Psi0=InitQS(3);
>>U1=U(3,1,0.5*pi,0,pi,pi)*U(3,2,0,0,0,0);
>>U2=C2X(3,0,1,2);
>>U3=CX(3,1,2);
>>Psi1=U1*Psi0;
>>Psi2=U3*U2*Psi1;
>>WATCH(Psi0,1)
>>WATCH(Psi1,1)
>>WATCH(Psi2,1)
```

由于q_2与q_1不相同，所以不能用 *n*QbitGate 门，选择上面为 ***I*** 门，下面为 ***X*** 门。两个门在同一垂直线上，可采用先上后下（也可以先下后上）两个用户定制 ***U*** 门的方式将两个门复合为一个 U1 门。

可以用 `U1=U(3,1,0.5*pi,0,pi,pi)`代替 `U1=U(3,1,0.5*pi,0,pi,pi)*U(3,2,0,0,0,0)`。

演化后的状态如图 3－39 所示，表示相加后的结果为 1，进位为 0。

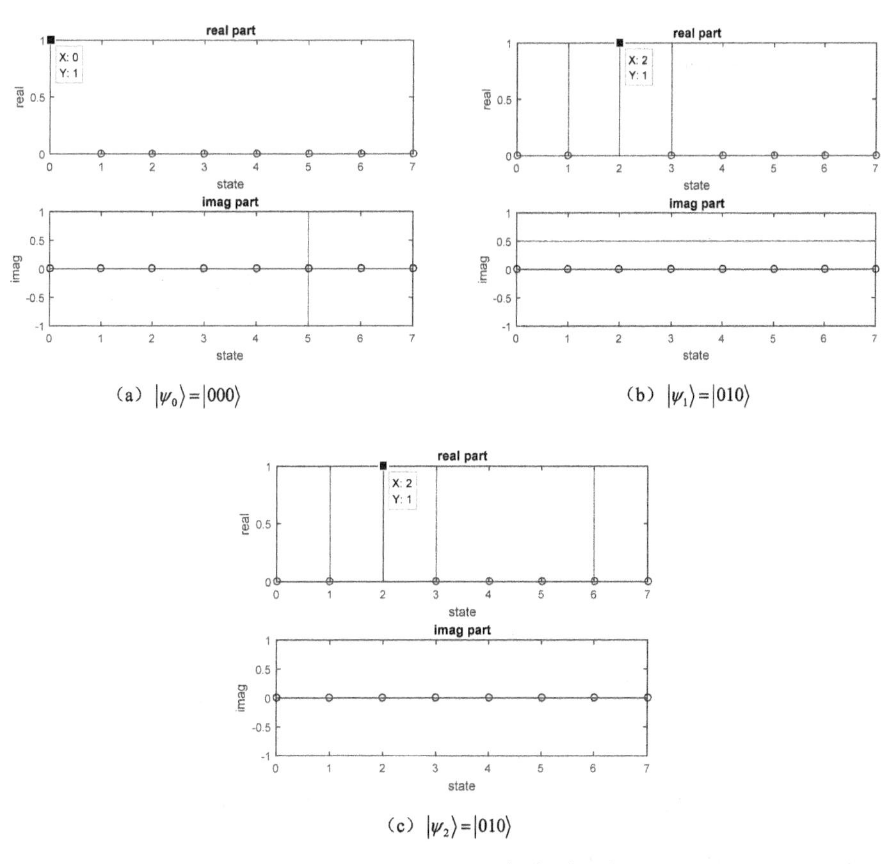

（a） $|\psi_0\rangle=|000\rangle$　　（b） $|\psi_1\rangle=|010\rangle$

（c） $|\psi_2\rangle=|010\rangle$

图 3－39　例 3－23 量子半加器（$|\psi_1\rangle=|010\rangle$）分析结果

（3） $q_2q_1=10$时的命令组合代码为

```
>>clear
>>Psi0=InitQS(3);
>>U1=U(3,2,0.5*pi,0,pi,pi);
>>U2=C2X(3,0,1,2);
>>U3=CX(3,1,2);
>>Psi1=U1*Psi0;
>>Psi2=U3*U2*Psi1;
>>WATCH(Psi0,1)
>>WATCH(Psi1,1)
>>WATCH(Psi2,1)
```

演化后的状态如图 3-40 所示，表示相加后的结果为 1，进位为 0。

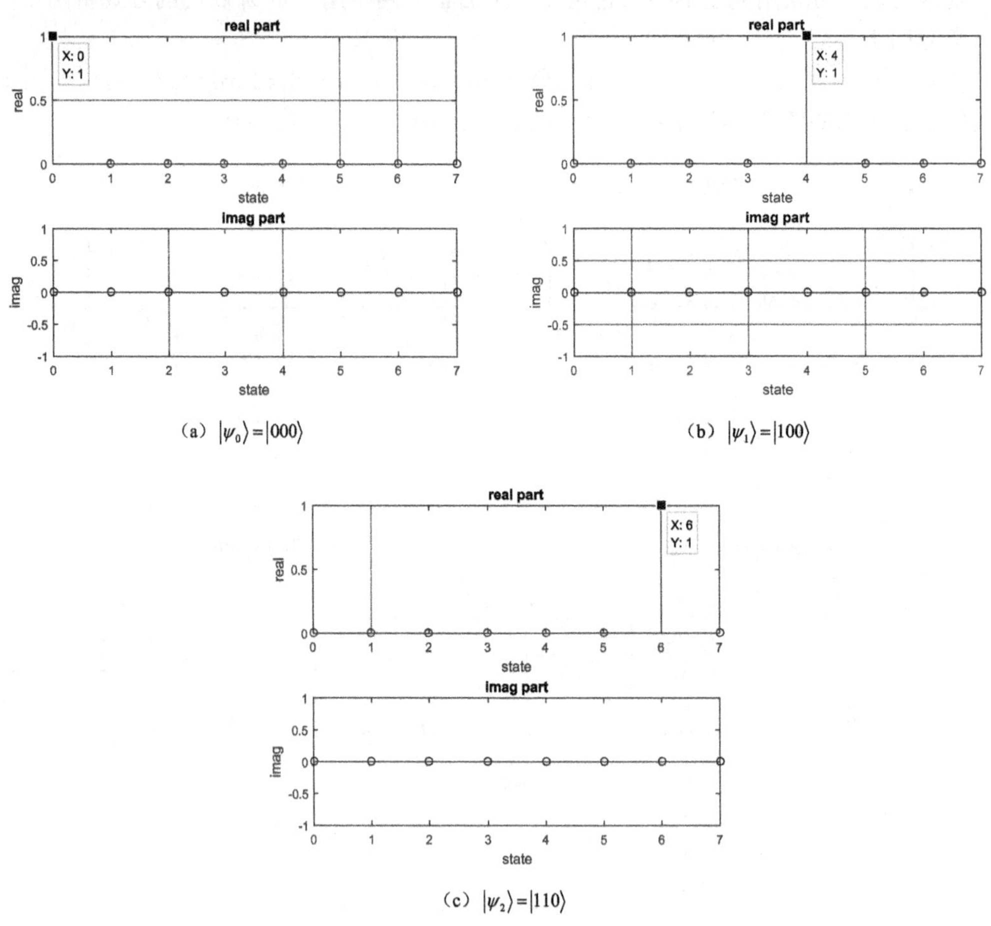

（a） $|\psi_0\rangle=|000\rangle$

（b） $|\psi_1\rangle=|100\rangle$

（c） $|\psi_2\rangle=|110\rangle$

图 3-40　例 3-23 量子半加器（$|\psi_1\rangle=|100\rangle$）分析结果

（4） $q_2q_1=11$时的命令组合代码为

```
>>clear
```

```
>>Psi0=InitQS(3);
>>U1=Xn(3,1,2);
>>U2=C2X(3,0,1,2);
>>U3=CX(3,1,2);
>>Psi1=U1*Psi0;
>>Psi2=U3*U2*Psi1;
>>WATCH(Psi0,1)
>>WATCH(Psi1,1)
>>WATCH(Psi2,1)
```

两个相邻 ***U*** 门均为 ***X*** 门，可用 QCircuit 的 *n*QbitGate 模块提供的 Xn 门构造，即 `U1=Xn(3,1,2)`，表示三比特量子线路，从序号 1 开始连续两个比特进行 ***X*** 演化（对序号 1 和 2 的两个量子比特进行 ***X*** 演化）。

演化后的状态如图 3－41 所示，表示相加后的结果为 0，进位为 1。

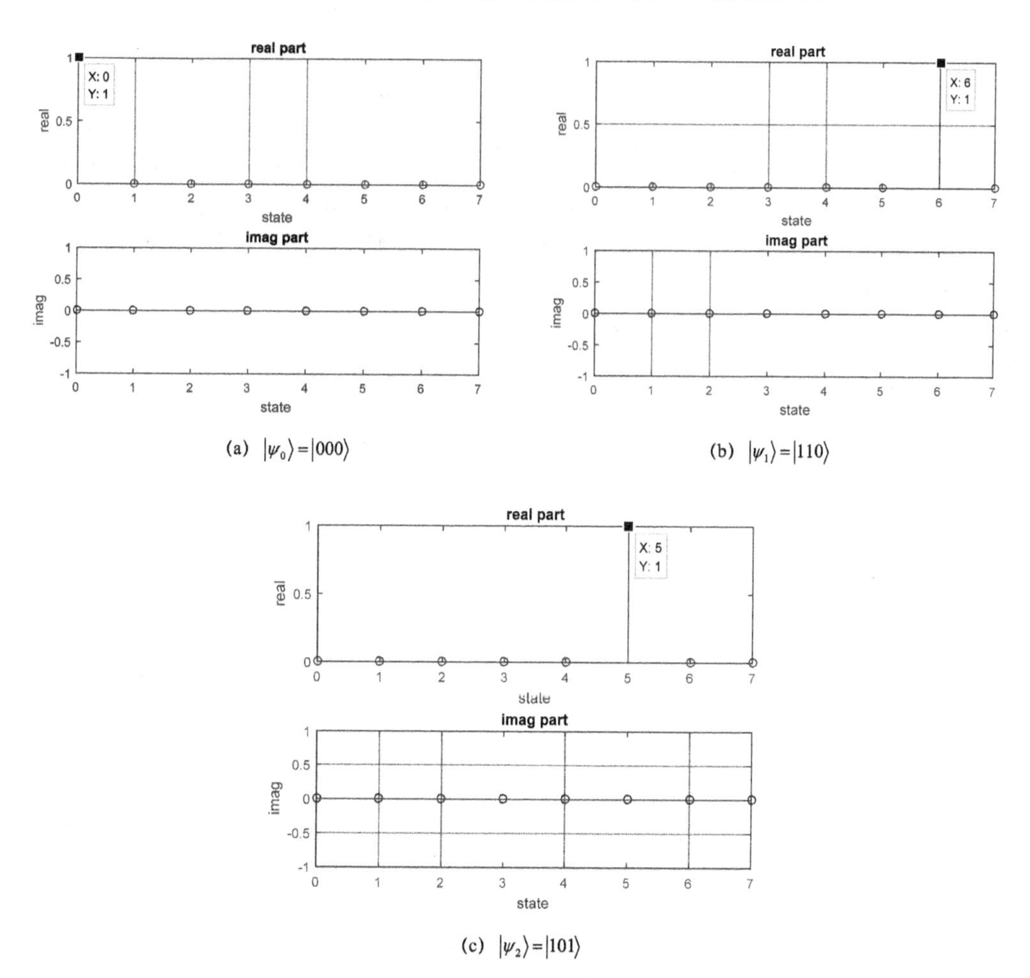

(a) $|\psi_0\rangle=|000\rangle$　　(b) $|\psi_1\rangle=|110\rangle$

(c) $|\psi_2\rangle=|101\rangle$

图 3－41　例 3－23 量子半加器（$|\psi_1\rangle=|110\rangle$）分析结果

例 3-24 图 3-42 为产生贝尔态$\frac{|00\rangle+|11\rangle}{\sqrt{2}}$（贝尔纠缠态或 EPR 态）的量子线路，分析$|\beta_{00}\rangle$。

（1）分析图 3-42（a）中通过先测量q_0后测量q_1得到测量结果的概率及测量后的量子态。

（2）分析图 3-42（b）中通过先测量q_1后测量q_0得到测量结果的概率及测量后的量子态。

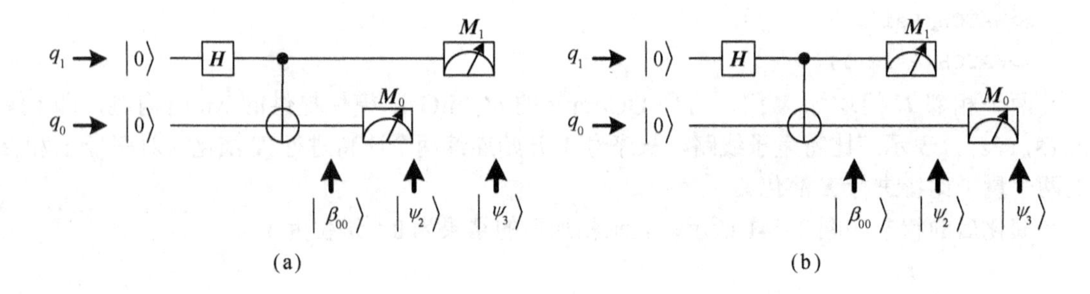

图 3-42　例 3-24 量子线路

解：QCircuit 根据量子力学基本假设 4 的测量规则提供了测量装置。测量命令格式为

```
[p, QS] =QM (QuantumState, MeasurementQbit, MeasurementResult)
```

其中，QuantumState 为被测量子态；MeasurementQbit 为被测量子比特序号；MeasurementResult 为测量结果（0 或 1）。

由于初态均为$|0\rangle$，所以不用再分析初态。

（1）对于图 3-42（a），用 QCircuit 进行分析，命令组合代码为

```
>>clear
>>Psi0=InitQS(2);
>>U1=H(2,1);
>>U2=CX(2,0,1);
>>Beta00=U2*U1*Psi0;
>>[probability,QuantumState]=QM(Beta00,0,0);
>>WATCH(Beta00,1);
>>WATCH(Beta00,0);
>>WATCH(QuantumState,1);
>>WATCH(QuantumState,0);
>>probability
probability=
0.5000
```

演化后得到如图 3-43 所示的量子态，表示测量前$|\beta_{00}\rangle=0.7071(|00\rangle+|11\rangle)$。测量$q_0$得到的结果为 0 的概率为 0.5，测量后$|\text{QuantumState}\rangle=|00\rangle$。

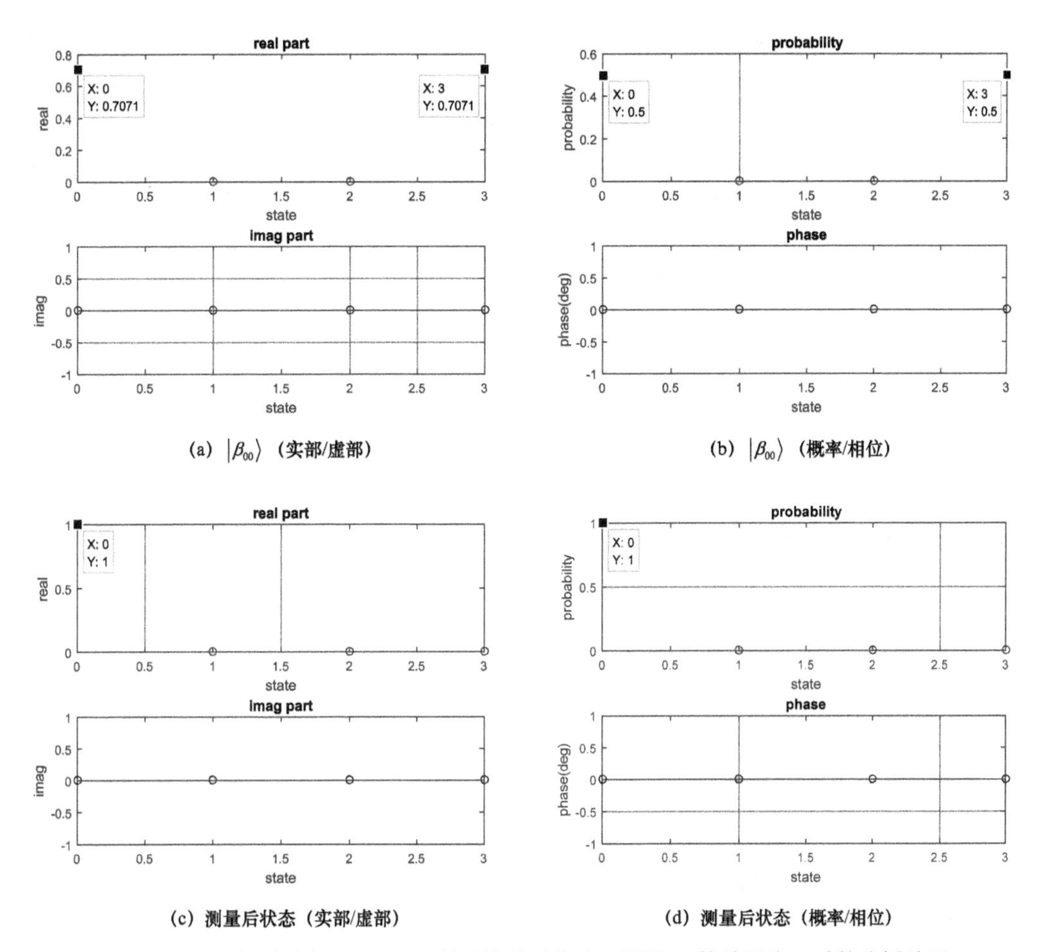

(a) $|\beta_{00}\rangle$（实部/虚部）　　(b) $|\beta_{00}\rangle$（概率/相位）

(c) 测量后状态（实部/虚部）　　(d) 测量后状态（概率/相位）

图 3－43　对于如图 3－42（a）所示的量子线路，测量 q_0 的结果为 0 时的分析结果

此时对测量后的量子态 QuantumState 的 q_1 测量结果为 0 的命令为

```
>> [probability, QuantumState] =QM (QuantumState, 1, 0);
>>WATCH (QuantumState, 0);
>>probability
probability=
1
```

第二次测量后的 QuantumState 如图 3－44 所示，测量 q_1 得到的结果为 0 的概率为 1，测量后 $|\text{QuantumState}\rangle = |00\rangle$。

若将第二次对 q_1 的测量结果改为 1，命令组合代码为

```
>>[probability,QuantumState]=QM(QuantumState,1,1);
>>WATCH(QuantumState,0);
>>probability
probability=
0
```

测量后的 QuantumState 如图 3－45 所示，表示第二次对 q_1 的测量不可能得到结果 1。

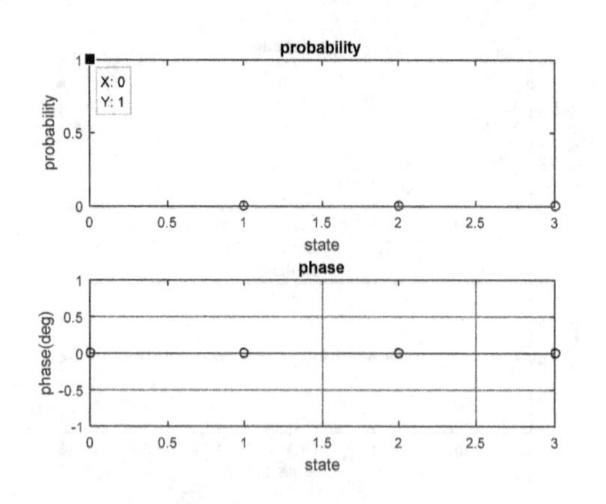

图 3-44 第二次测量 q_1 的结果为 0 时的分析结果

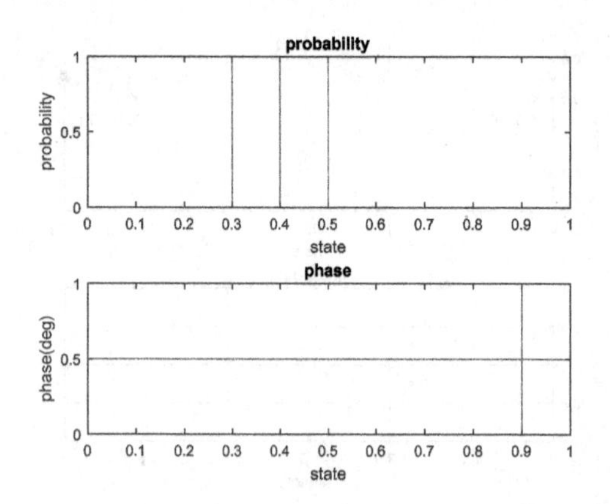

图 3-45 第二次测量 q_1 的结果为 1 时的分析结果

对于图 3-42（a），先测量 q_0 并得到测量结果为 1 的分析过程与上面的分析过程类似。

（2）对于图 3-42（b），用 QCircuit 进行分析，命令组合代码为

```
>>clear
>>Psi0=InitQS(2);
>>U1=H(2,1);
>>U2=CX(2,0,1);
>>Beta00=U2*U1*Psi0;
>>[probability,QuantumState]=QM(Beta00,1,0);
>>WATCH(QuantumState,0);
>>probability
probability=
0.5000
```

测量前状态仍然为 $|\beta_{00}\rangle = 0.7071(|00\rangle + |11\rangle)$，与图 3-43（a）、（b）相同。

图3-46为测量后的量子态。测量 q_1 得到的结果为0的概率为0.5，测量后 $|\text{QuantumState}\rangle = |00\rangle$。

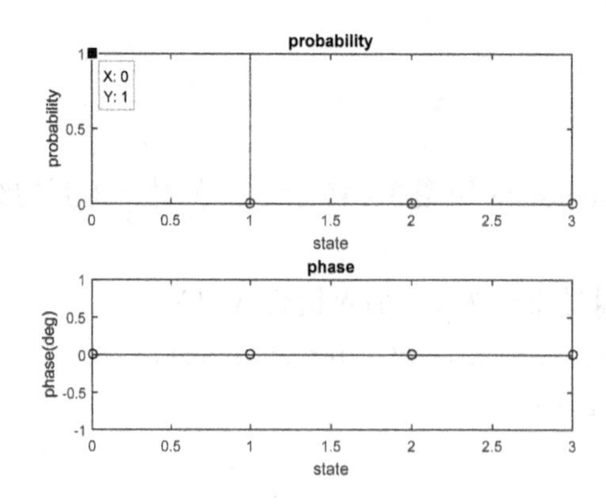

图 3-46 对于如图 3-42（b）所示的量子线路，测量 q_1 的结果为 0 时的分析结果

此时对测量后的量子态 QuantumState 的 q_0 测量结果为 0 的命令组合代码为

```
>>[probability,QuantumState]=QM(QuantumState,0,0);
>>WATCH(QuantumState,0);
>>probability
probability=
1
```

第二次测量后的 QuantumState 如图 3－47 所示，测量 q_0 的结果为 0 的概率为 1，测量后 $|\text{QuantumState}\rangle=|00\rangle$。

若将第二次对 q_0 的测量结果改为 1，命令组合代码为

```
>>[probability,QuantumState]=QM(QuantumState,0,1);
>>WATCH(QuantumState,0);
>>probability
probability=
0
```

测量后的 QuantumState 如图 3－48 所示，表示第二次对 q_0 的测量不可能得到结果 1。

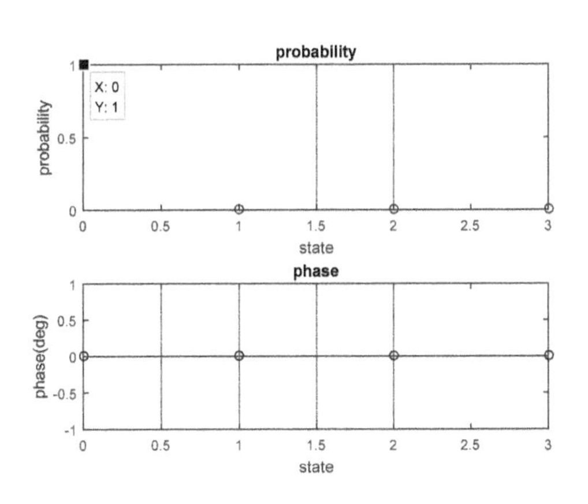

图 3－47　第二次测量 q_0 的结果为 0 时的分析结果

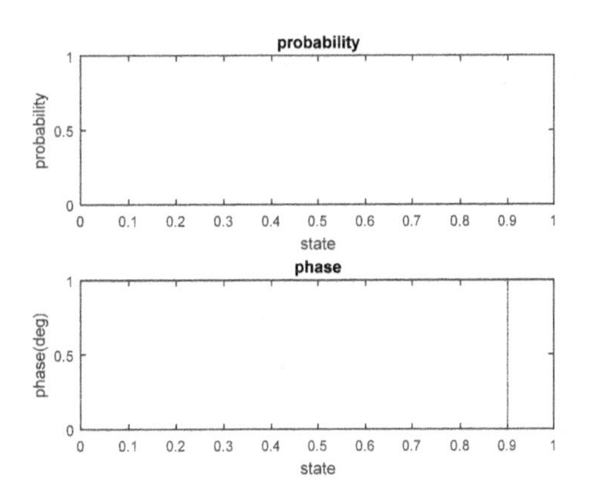

图 3－48　第二次测量 q_0 的结果为 1 时的分析结果

对于图 3－42（b），先测量 q_1 并得到测量结果为 1 的分析过程与上面的分析过程类似。

对比分析发现：无论先测量哪个量子比特，都将以等概率得到两种结果。一旦先测量了其中某个量子比特，另一个量子比特将以 100%的概率与第一次测量的量子比特的测量结果相同。

例 3－25　用 QCircuit 的 *n*QbitGate 功能构造如图 3－49 所示的量子门，并用 MATLAB 的 whos 命令查询不同量子比特数时，该量子门所占内存的大小，直到内存溢出为止。

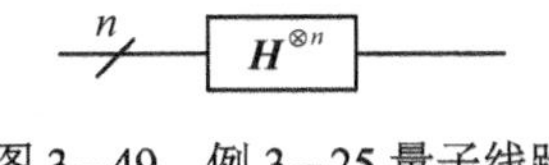

图 3－49　例 3－25 量子线路

解：用 *n*QbitGate 的 Hn 构造该量子门，然后用 MATLAB 的 whos 命令查询内存。查询结果为

（1） $\boldsymbol{H}$ 门

```
>>clear
>>U=Hn(1,0,1);
>>whos U
Name   Size      Bytes Class  Attributes
U    2x2    32 double
```

（2） $\boldsymbol{H}^{\otimes 2}$ 门

```
>>clear
>>U=Hn(2,0,2);
>>whos U
Name   Size      Bytes Class  Attributes
U    4x4     128 double
```

（3） $\boldsymbol{H}^{\otimes 3}$ 门

```
>>clear
>>U=Hn(3,0,3);
>>whos U
Name   Size      Bytes Class  Attributes
U    8x8     512 double
```

（4） $\boldsymbol{H}^{\otimes 4}$ 门

```
>>clear
>>U=Hn(4,0,4);
>>whos U
Name   Size      Bytes Class  Attributes
U    16x16     2048 double
```

（5） $\boldsymbol{H}^{\otimes 5}$ 门

```
>>clear
>>U=Hn(5,0,5);
>>whos U
Name   Size      Bytes Class  Attributes
U    32x32     8192 double
```

（6） $\boldsymbol{H}^{\otimes 6}$ 门

```
>>clear
>>U=Hn(6,0,6);
>>whos U
Name   Size      Bytes Class  Attributes
U    64x64     32768 double
```

（7） $\boldsymbol{H}^{\otimes 7}$ 门

```
>>clear
>>U=Hn(7,0,7);
```

```
>>whos U
Name     Size        Bytes Class  Attributes
U    128x128      131072 double
```

(8) $\boldsymbol{H}^{\otimes 8}$ 门

```
>>clear
>>U=Hn(8,0,8);
>>whos U
Name     Size        Bytes Class  Attributes
U    256x256      524288 double
```

(9) $\boldsymbol{H}^{\otimes 9}$ 门

```
>>clear
>>U=Hn(9,0,9);
>>whos U
Name     Size        Bytes Class  Attributes
U    512x512      2097152 double
```

(10) $\boldsymbol{H}^{\otimes 10}$ 门

```
>>clear
>>U=Hn(10,0,10);
>>whos U
Name     Size         Bytes Class  Attributes
U    1024x1024      8388608 double
```

(11) $\boldsymbol{H}^{\otimes 11}$ 门

```
>>clear
>>U=Hn(11,0,11);
>>whos U
Name     Size         Bytes Class  Attributes
U    2048x2048      33554432 double
```

(12) $\boldsymbol{H}^{\otimes 12}$ 门

```
>>clear
>>U=Hn(12,0,12);
>>whos U
Name     Size          Bytes Class  Attributes
U    4096x4096      134217728 double
```

(13) $\boldsymbol{H}^{\otimes 13}$ 门

```
>>clear
>>U=Hn(13,0,13);
>>whos U
Name     Size          Bytes Class  Attributes
U    8192x8192      536870912 double
```

（14）$H^{\otimes 14}$门

```
>>clear
>>U=Hn(14,0,14);
>>whos U
Name     Size           Bytes Class  Attributes
U    16384x16384      2147483648 double
```

（15）$H^{\otimes 15}$门

```
>>clear
>>U=Hn(15,0,15);
Error using bsxfun
Requested 2x16384x2x16384(8.0GB)array exceeds maximum array size preference.
Creation of arrays greater than this limit may take a long time and cause MATLAB
to become unresponsive.See array size limit or preference panel for more information.
```

如图 3－50 所示，$H^{\otimes n}$门所占内存与量子比特数之间的关系为指数关系。用 MATLAB 分析量子线路，若系统酉矩阵为$H^{\otimes 15}$，将导致内存溢出。

例 3－25 分析结果表明，14 bit 的$H^{\otimes 14}$占用 2GB 以上内存，每增加 1 bit，矩阵元素数量是原来的 2 倍。矩阵元素为复数，矩阵中实数的数量是原来的 4 倍。15 bit 需要的内存大于 2 GB×4=8 GB，该软件运行环境的内存环境为 8 GB，导致溢出。

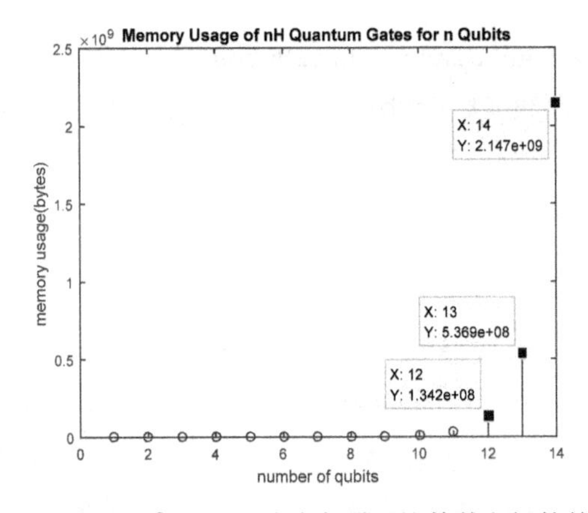

图 3－50　$H^{\otimes n}$门所占内存与量子比特数之间的关系

MATLAB 可以用稀疏矩阵技术压缩内存。由于$H^{\otimes n}$元素的实部没有 0 元素，即使不保存虚部，也只能压缩 1 倍。下面是使用 MATLAB 提供的稀疏矩阵命令，用 QCircuit 构造$H^{\otimes 14}$门后查询内存的情况。

```
>>clear
>>U=sparse(Hn(14,0,14));
>>whos
Name     Size           Bytes Class  Attributes
U    16384x16384      4295098376 double  sparse
```

分析结果表明采用稀疏矩阵技术存储每个元素比普通存储方法占用更多的空间，而且稀疏矩阵技术所用到的复杂算法也将导致增加运行时间，所以只有当矩阵足够稀疏时，稀疏矩阵技术才有效。

使用 MATLAB 分析量子线路的规模虽然受到限制，但对于小规模或某些特殊结构的量子线路，MATLAB 还是很好的辅助工具。

3.5.2　QCLab 仿真方法

QCLab 仿真方法.mp4

量子线路实验室（quantum circuit laboratory，QCLab）是一款用于量子线路仿真的专业软件，比 QCircuit 分析的量子线路规模大得多，而且提供量子线路图形编辑工具，使用方便。有关 QCLab 的详细说明请扫码获取。

QCLab

QCLab 基本框架如图 3－51 所示。Schematic capture 为量子线路图形编辑工具，Watch window 为仿真结果的观察窗口，QSDD simulation engine 为 QSDD 仿真引擎，是 QCLab 的底层模块，负责后台管理。

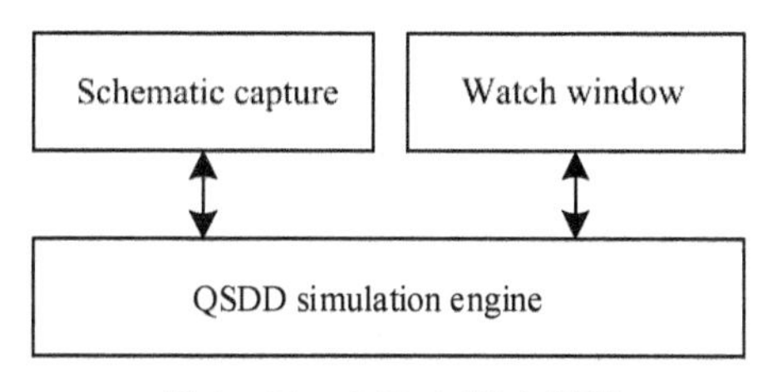

图 3－51　QCLab 基本框架

QCLab 使用了 VC++编程方法，底层 QSDD 仿真引擎用 C++编写，采用了 BDD 技术，由量子线路分析的专用算法构成。

QCLab 通过图形界面调用 QSDD 仿真引擎的接口函数完成全部仿真工作。利用编辑窗口编辑的量子线路规模可超过 100 个量子比特、2 000 个以上基本量子门。量子线路的规模主要取决于编辑窗口的尺寸。

直接运行 setup 可完成软件的安装。单击桌面上的 QCLabV1.01 图标可打开如图 3－52 所示的 QCLab 量子线路图形编辑窗口。

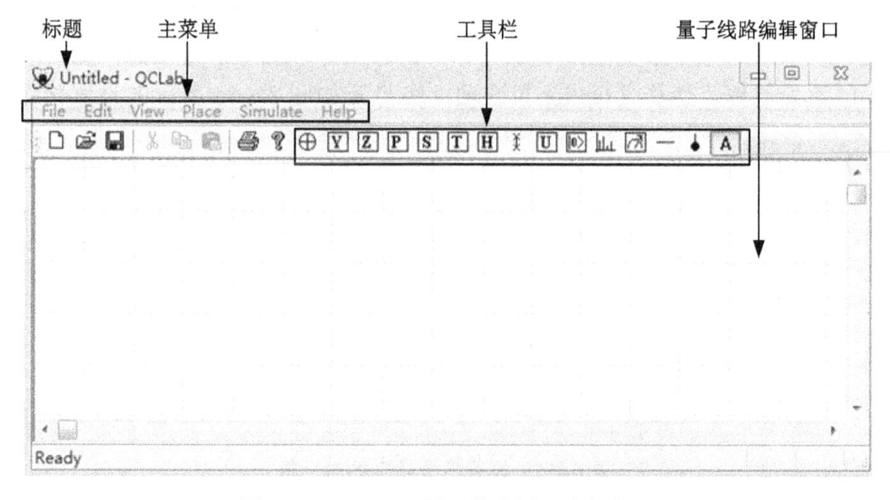

图 3－52　QCLab 量子线路图形编辑窗口

量子线路的工具栏提供了 15 个编辑工具，如图 3－53 所示。工具栏提供制备量子比特初态的 Input，以及 9 种基本量子门（***X***、***Y***、***Z***、***P***、***S***、***T***、***H***、**SWAP** 及 ***U***），实现受控量子门的控制（Contol），测量装置（Measurement），连接元件的量子线（Wire），设置观察点的观察（Watch），放置说明文字（Text）。

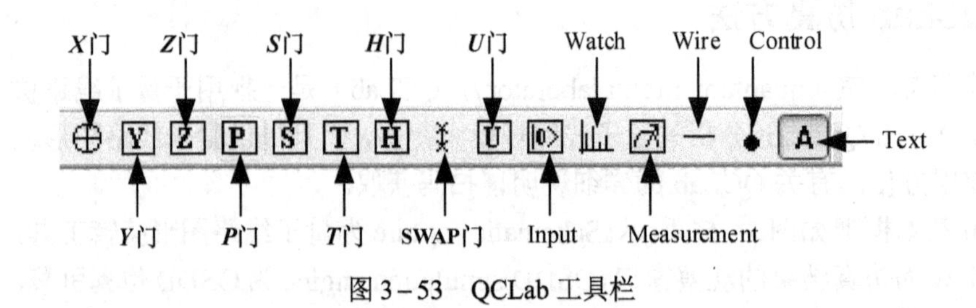

图 3－53　QCLab 工具栏

图 3－54 是使用 QCLab 编辑完成的量子线路。

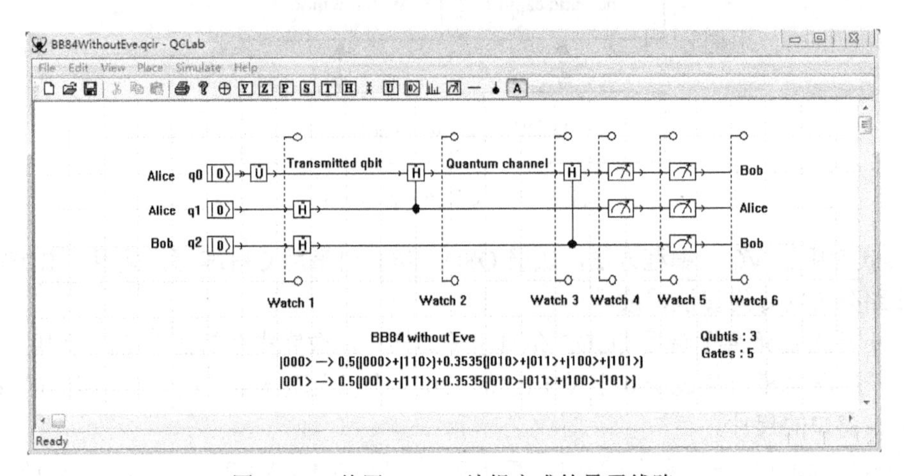

图 3－54　使用 QCLab 编辑完成的量子线路

主菜单的【Simulate】有 3 个选项：【Run】、【Step】和【Option】。选择【Run】选项，将从量子线路的开始位置仿真到结束。选择【Step】选项，将从量子线路的开始位置仿真到第 1 个 Watch 位置后暂停。选择【Option】选项，将打开如图 3－55 所示的设置仿真精度的对话框。

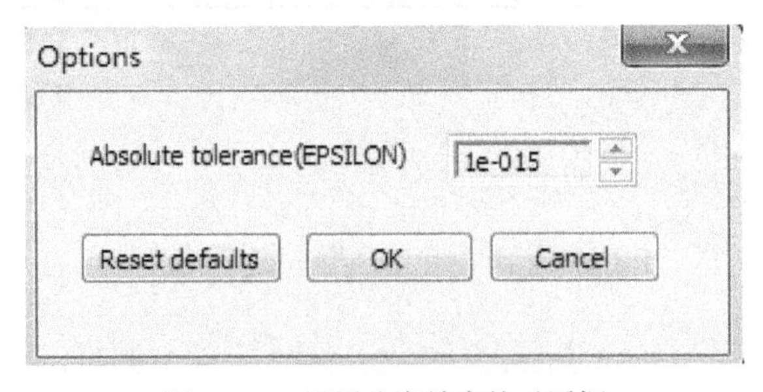

图 3－55　设置仿真精度的对话框

选择【Run】选项，将打开如图3-56所示的观察对话框。选择【Setp】选项打开的对话框与图3-56相同，只是若当前观察不是最后一个观察，Next Watch将为使能状态。

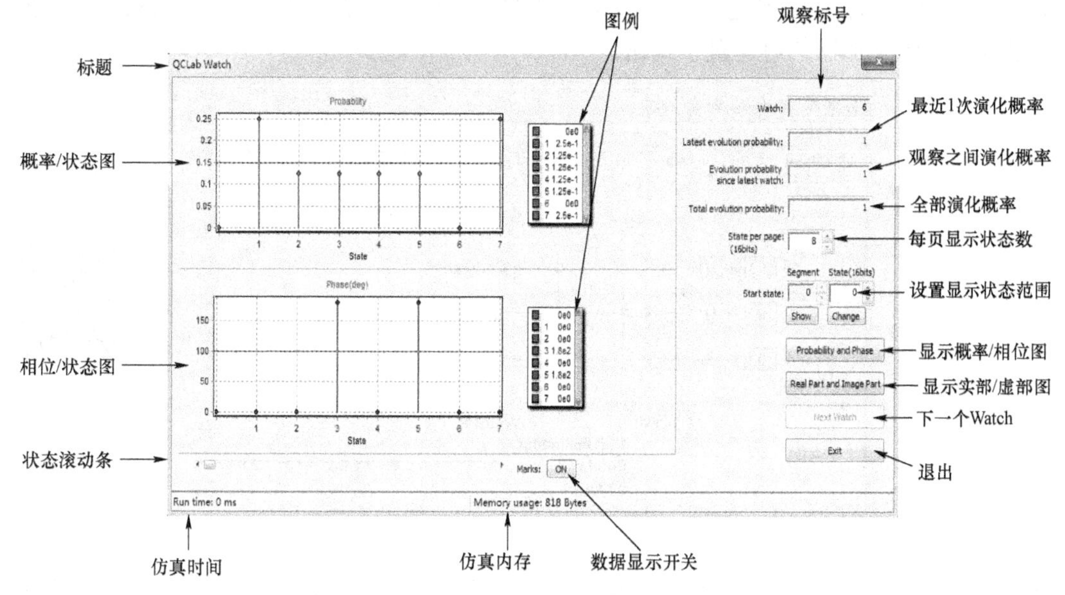

图3-56 观察对话框

下面通过实例介绍运用QCLab分析量子线路的方法。QCLab量子态中量子比特由下向上的排列顺序为$q_{n-1} \prec \cdots \prec q_1 \prec q_0$或$|q_{n-1} \cdots q_1 q_0\rangle$。

例3-26 图3-57为经典逻辑半加器的可逆量子线路，其中q_0和q_1为两个加数，q_2的初态为$|0\rangle$。演化后q_1的内容为模2相加的结果，q_2为相加后的进位，q_0为垃圾比特。

（1）写出半加器真值表。

（2）用QCLab检验该量子线路能否实现半加器运算功能。

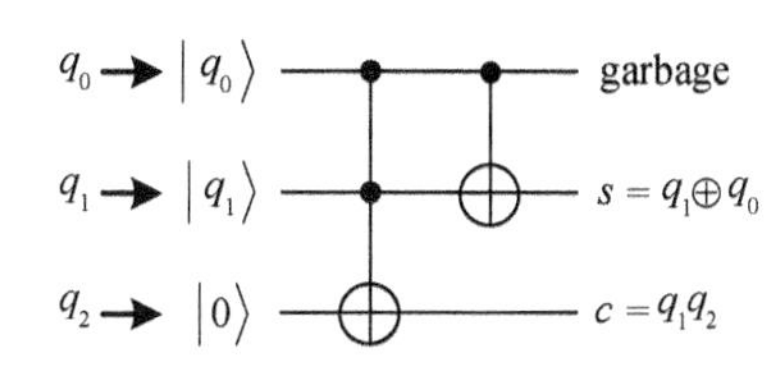

图3-57 经典逻辑半加器的可逆量子线路

解：（1）半加器真值表见表3-12。

表3-12 半加器真值表

q_1	q_0	s	c
0	0	0	0
0	1	1	0
1	0	1	0
1	1	0	1

（2）用 QCLab 检验该量子线路能否实现半加器运算功能。

QCLab 系统内部将所有量子比特的初态设定为$|0\rangle$。在验证半加器功能时，根据需要对q_0，q_1进行 $\boldsymbol{X}$ 门演化，可通过两个用户定制的 $\boldsymbol{U}$ 门实现。图 3－58 是用 QCLab 编辑器绘制完成的经典逻辑半加器的可逆量子线路。

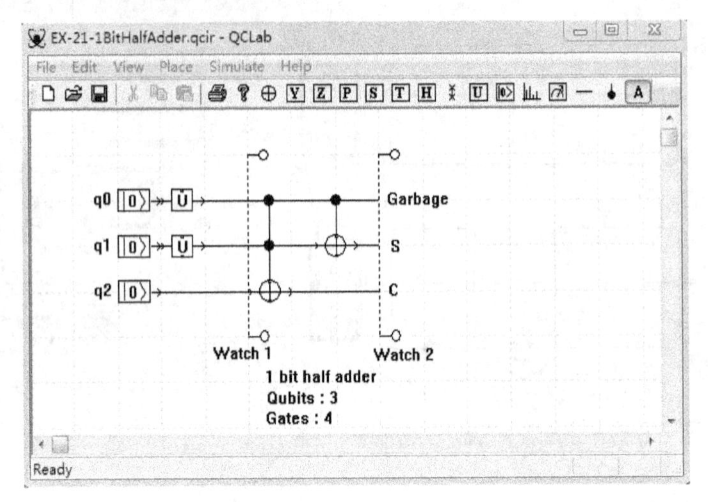

例 3-26 源文件

图 3－58　用 QCLab 编辑的经典逻辑半加器的可逆量子线路

将光标置于某个 $\boldsymbol{U}$ 门上，可高亮该量子门。右击鼠标，从列表中选择【Properties】选项，打开该量子门的属性对话框，如图 3－59 所示。该属性对话框的右侧有 Alpha、Beta、Gamma 和 Delta 的编辑框，分别对应 $z-y$ 分解 $\boldsymbol{U}$ 门的 4 个参数。系统自动将这 4 个参数的单位设定为 PI（π）。初次放置的 $\boldsymbol{U}$ 门被系统初始化为恒等门（$\boldsymbol{I}$ 门）。图 3－59 中参数设置的量子门为 $\boldsymbol{X}$ 门。单击【Input】按钮，系统自动计算出 $\boldsymbol{U}$ 矩阵的 4 个元素（每个元素由实部和虚部构成）。单击【OK】按钮确认参数设置。单击【Cancel】按钮可放弃参数设置。

Custom Gate Properties

Gate Name: Custom Gate　　U=exp(iAlpha)Rz(Beta)Ry(Gamma)Rz(Delta)

U00_Re	U00_Im	U01_Re	U01_Im
0	0	1	0
U10_Re	U10_Im	U11_Re	U11_Im
1	0	0	0

Alpha: 0.5 PI
Beta: 0 PI
Gamma: 1 PI
Delta: 1 PI

OK　Cancel　Input

图 3－59　$\boldsymbol{U}$ 门属性对话框

改变 2 个 $\boldsymbol{U}$ 门的设置，然后从菜单【Simulate】中选择【Step】，可观察到在各 Watch 处的量子态。

例如，将 2 个 $\boldsymbol{U}$ 门均设置为 $\boldsymbol{X}$ 门，然后选择【Step】，将打开如图 3－60 所示的观察窗口。首次打开观察窗口时，系统默认以概率/相位方式显示。单击【Real Part and Image Part】按钮，选择实部/虚部显示方式。由图 3－60 可知，Watch1 位置的量子态为$|q_2q_1q_0\rangle=|3\rangle=|011\rangle$。

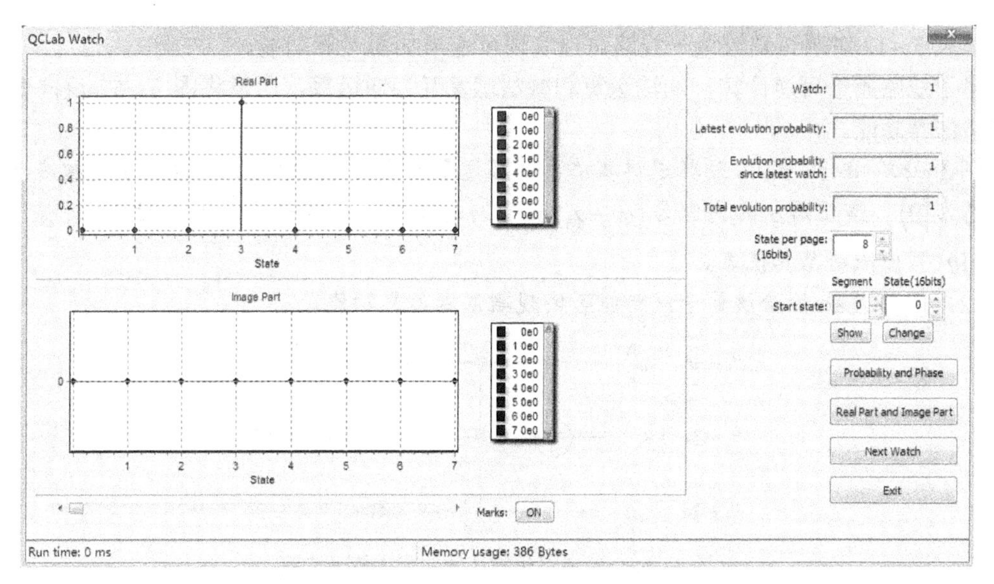

图 3－60　Watch1 位置的量子态

单击【Next Watch】可显示下一个 Watch 位置的量子态，设置实部/虚部显示方式，得到图 3－61。由图 3－61 可知，在 Watch2 位置的量子态为$|q_2q_1q_0\rangle=|5\rangle=|101\rangle$。

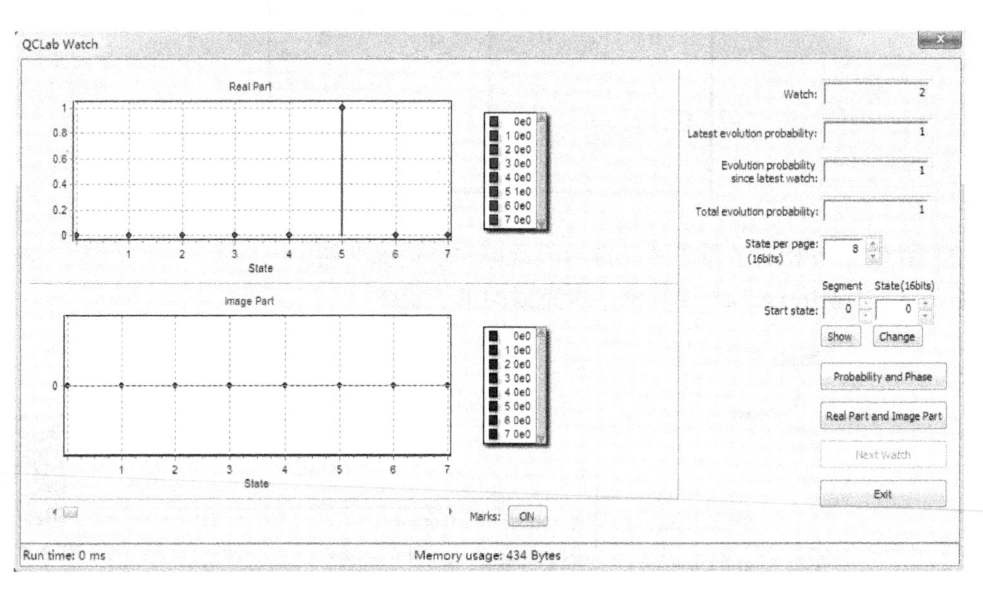

图 3－61　Watch2 位置的量子态

改变 2 个 U 门的设置，可得到以下 4 种条件下从 Watch1 到 Watch2 的演化过程：

$$\begin{cases}|q_2q_1q_0\rangle=|0\rangle=|000\rangle\rightarrow|0\rangle=|000\rangle\\|q_2q_1q_0\rangle=|1\rangle=|001\rangle\rightarrow|3\rangle=|011\rangle\\|q_2q_1q_0\rangle=|2\rangle=|010\rangle\rightarrow|2\rangle=|010\rangle\\|q_2q_1q_0\rangle=|3\rangle=|011\rangle\rightarrow|5\rangle=|101\rangle\end{cases}$$

与表 3－12 对照可知该量子线路可以实现可逆半加器运算功能。

量子线路属于可逆计算，加法运算和减法运算互为逆运算，所以将图 3－57 反向演化将实现减法器功能。

例 3－27 图 3－62 为经典逻辑减法器的可逆量子线路，其中 q_0 为减数，q_1 为被减数，q_2 的初态为 $|0\rangle$。演化后 q_1 的内容为 $(q_1-q_0)\text{mod}(2)$ 的结果，q_2 为借位，q_0 为垃圾比特。

（1）写出减法器真值表。

（2）用 QCLab 检验该量子线路能否实现减法器运算功能。

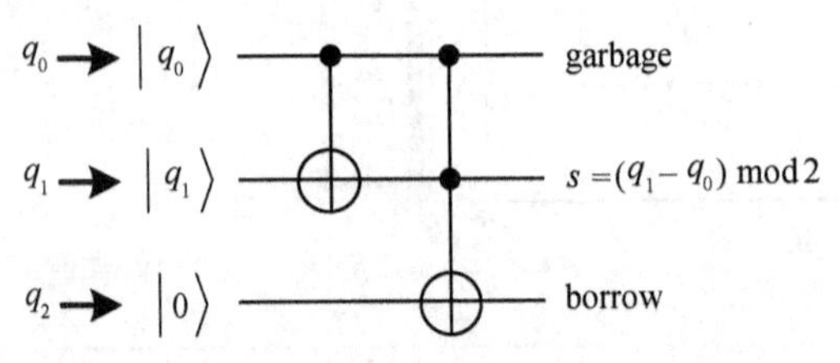

图 3－62 经典逻辑减法器的可逆量子线路

解：（1）减法器真值表见表 3－13。

表 3－13 减法器真值表

q_1	q_0	s	borrow
0	0	0	0
0	1	1	1
1	0	1	0
1	1	0	0

（2）用 QCLab 检验该量子线路能否实现减法器运算功能。

图 3－63 为使用 QCLab 编辑器绘制完成的量子线路。

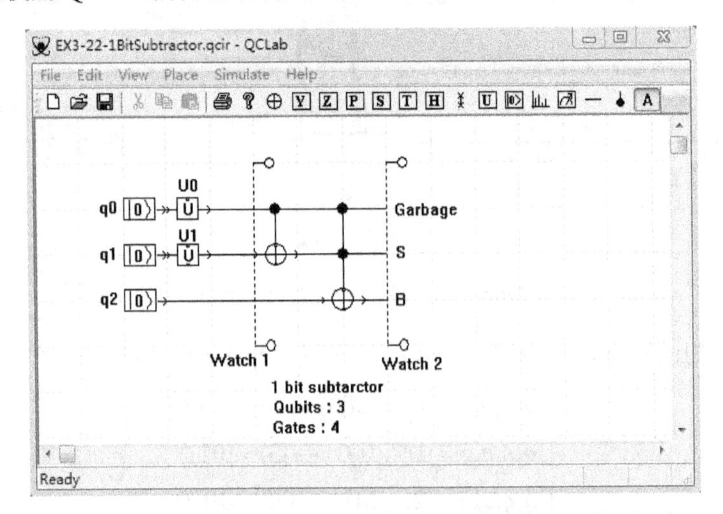

图 3－63 使用 QCLab 编辑的经典逻辑减法器的可逆量子线路

例 3-27 源文件

图 3－64 是将 U0 设置为 $\boldsymbol{X}$ 门，U1 设置为 $\boldsymbol{I}$ 门的仿真结果。

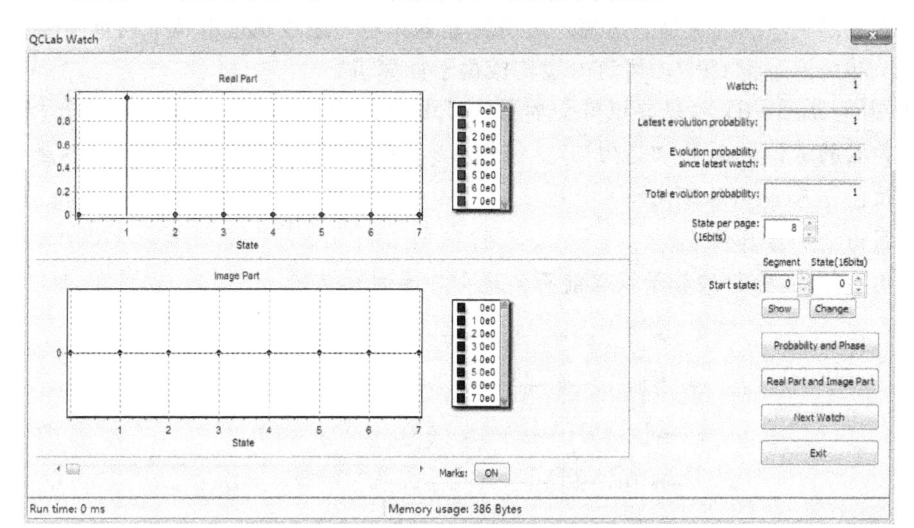

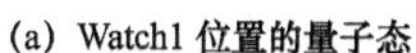
(a) Watch1 位置的量子态

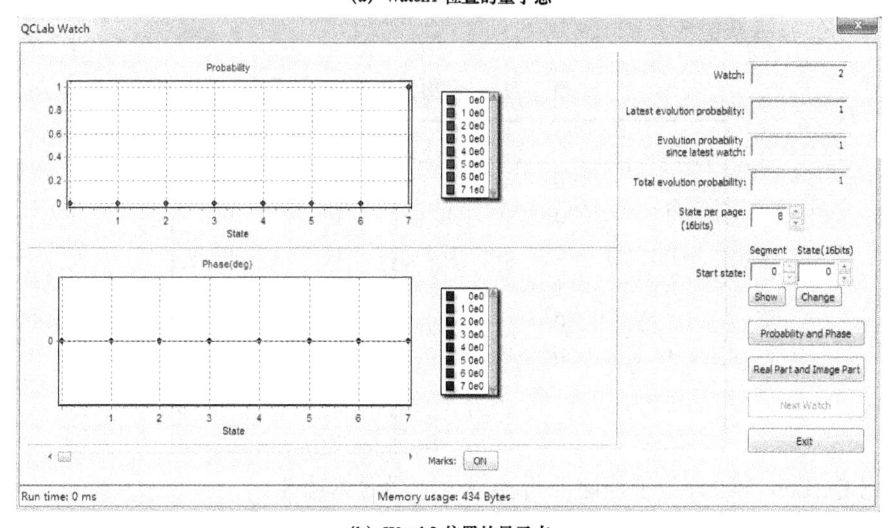

(b) Watch2 位置的量子态

图 3－64　Watch1 和 Watch2 位置的量子态

从图 3－64（a）可知，Watch1 位置的量子态为 $|q_2q_1q_0\rangle=|1\rangle=|001\rangle$。从图 3－64（b）可知，Watch2 位置的量子态为 $|q_2q_1q_0\rangle=|7\rangle=|111\rangle$。

改变 2 个 $\boldsymbol{U}$ 门的设置，可得到以下 4 种条件下从 Watch1 到 Watch2 的演化过程：

$$\begin{cases}|q_2q_1q_0\rangle=|0\rangle=|000\rangle\rightarrow|0\rangle=|000\rangle\\|q_2q_1q_0\rangle=|1\rangle=|001\rangle\rightarrow|7\rangle=|111\rangle\\|q_2q_1q_0\rangle=|2\rangle=|010\rangle\rightarrow|2\rangle=|010\rangle\\|q_2q_1q_0\rangle=|3\rangle=|011\rangle\rightarrow|1\rangle=|001\rangle\end{cases}$$

与表 3－13 对照可知，该量子线路可以实现可逆减法器运算功能。

由于减法器的借位可以用来比较两个参加运算比特的大小，所以减法器也可用于比较器。

乘法运算是加法的快速运算，除法是乘法的逆运算，幂运算是乘法的快速运算。用加法器又可构成乘法、除法、求幂等运算。可逆算数运算与可逆逻辑运算构成可逆量子算数/逻辑运算单元，即可逆逻辑 CPU，可进一步构成量子计算机。

例 3-28 图 3-65 为经典逻辑全加器的可逆量子线路，其中 q_1 和 q_2 为两个加数，q_0 为上一个全加器的进位，q_3 的初态为 $|0\rangle$。演化后 q_2 的内容为带进位模 2 相加的结果，q_3 为相加后的进位，q_0 和 q_1 为垃圾比特。

（1）写出全加器真值表。

（2）用 QCLab 检验该量子线路能否实现全加器运算功能。

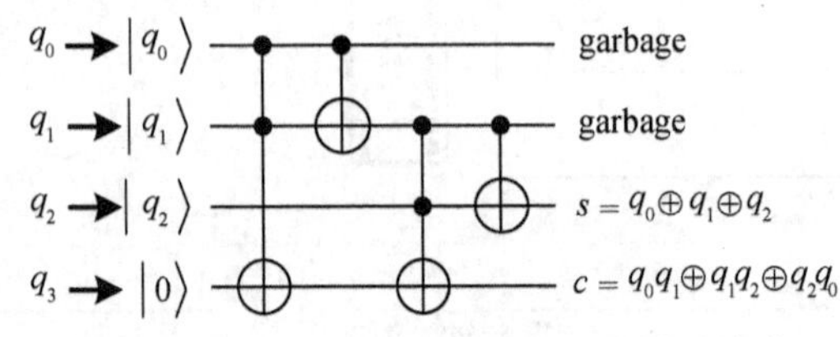

图 3-65　经典逻辑全加器的可逆量子线路

解：（1）全加器真值表见表 3-14。

表 3-14　全加器真值表

q_2	q_1	q_0	s	c
0	0	0	0	0
0	0	1	1	0
0	1	0	1	0
0	1	1	0	1
1	0	0	1	0
1	0	1	0	1
1	1	0	0	1
1	1	1	1	1

（2）用 QCLab 检验该量子线路能否实现全加器运算功能。

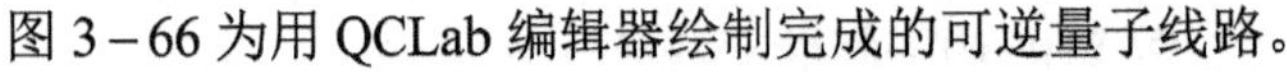

图 3-66 为用 QCLab 编辑器绘制完成的可逆量子线路。

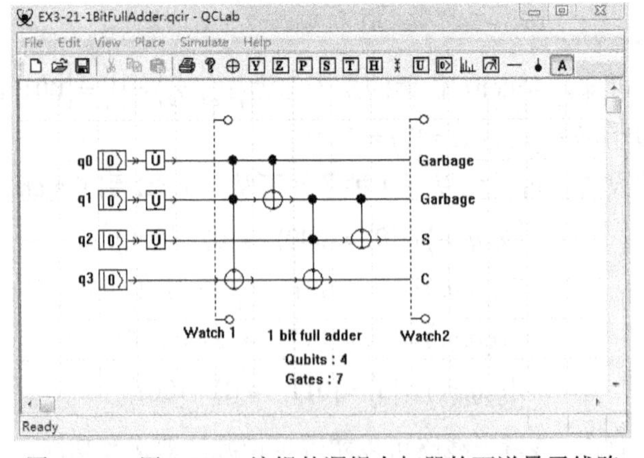

例 3-28 源文件

图 3-66　用 QCLab 编辑的逻辑全加器的可逆量子线路

将 3 个 **U** 门均设置为 **X** 门，然后选择【Step】，打开如图 3－67 所示的观察窗口。

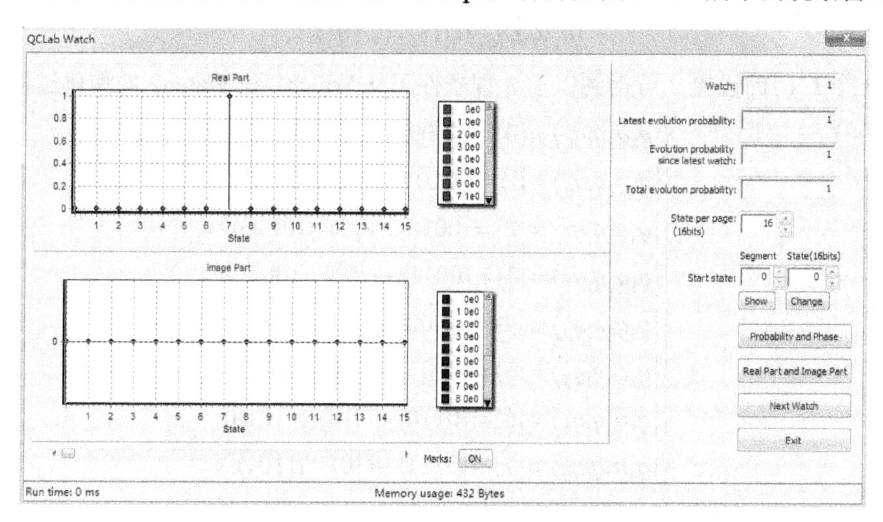

图 3－67　Watch1 位置的量子态

首次打开观察窗口时，若量子比特数大于 3，系统将默认选择每页 8 个基态的显示方式，并且默认以概率/相位方式显示。

本例中有 4 个量子比特，共 16 个基态，需要 2 页显示，可用状态滚动条翻页，或重新设定每页显示的基态数。图 3－67 中设定每页显示 16 个基态的状况，用 1 页可观察到全部基态。单击【Real Part and Image Part】按钮，可选择实部/虚部方式显示。从图 3－67 可知 Watch1 位置的量子态为

$$|q_3q_2q_1q_0\rangle = |7\rangle = |0111\rangle$$

单击【Next Watch】可显示下一个 Watch 位置的量子态，按照上面的方法重新设置显示方式，得到图 3－68。

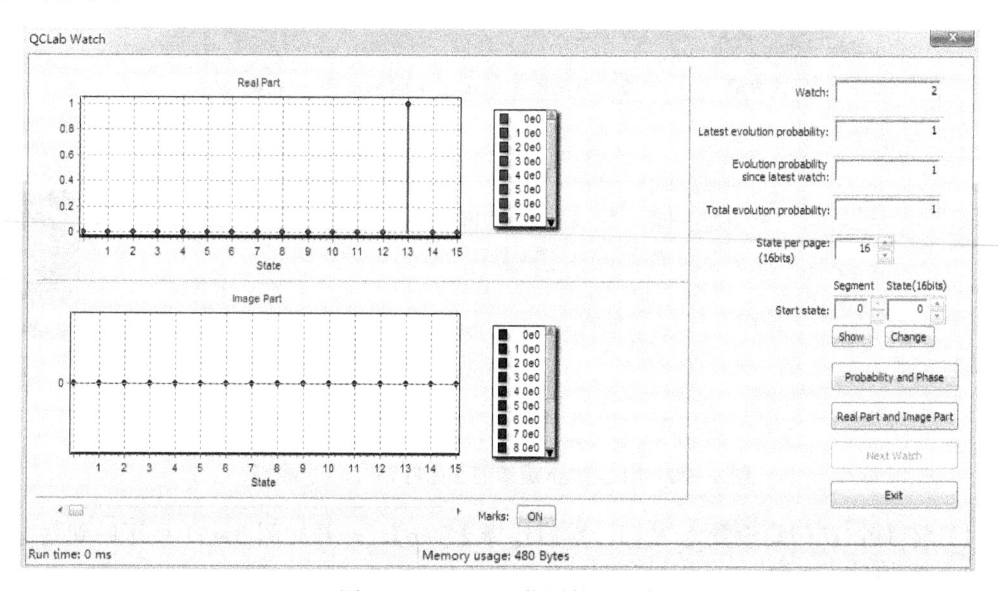

图 3－68　Watch2 位置的量子态

从图 3－68 可知 Watch2 位置的量子态为

$$|q_3q_2q_1q_0\rangle=|13\rangle=|1101\rangle$$

改变 3 个 $\boldsymbol{U}$ 门的设置，可得到以下 8 种条件下从 Watch1 到 Watch2 的演化过程：

$$\begin{cases}|q_3q_2q_1q_0\rangle=|0\rangle=|0000\rangle\to|0\rangle=|0000\rangle\\|q_3q_2q_1q_0\rangle=|1\rangle=|0001\rangle\to|7\rangle=|0111\rangle\\|q_3q_2q_1q_0\rangle=|2\rangle=|0010\rangle\to|6\rangle=|0110\rangle\\|q_3q_2q_1q_0\rangle=|3\rangle=|0011\rangle\to|9\rangle=|1001\rangle\\|q_3q_2q_1q_0\rangle=|4\rangle=|0100\rangle\to|4\rangle=|0100\rangle\\|q_3q_2q_1q_0\rangle=|5\rangle=|0101\rangle\to|11\rangle=|1011\rangle\\|q_3q_2q_1q_0\rangle=|6\rangle=|0110\rangle\to|10\rangle=|1010\rangle\\|q_3q_2q_1q_0\rangle=|7\rangle=|0111\rangle\to|0\rangle=|1101\rangle\end{cases}$$

与表 3－14 对照可知该量子线路可以实现可逆全加器运算功能。

例 3－29 图 3－69 为 3 比特量子傅里叶变换（QFT）量子线路。分析当 $|q_2q_1q_0\rangle=|111\rangle$ 及 $|q_2q_1q_0\rangle=\dfrac{|0\rangle+|1\rangle}{\sqrt{2}}\dfrac{|0\rangle+|1\rangle}{\sqrt{2}}\dfrac{|0\rangle+|1\rangle}{\sqrt{2}}$ 时，经 QFT 量子线路演化后的状态。

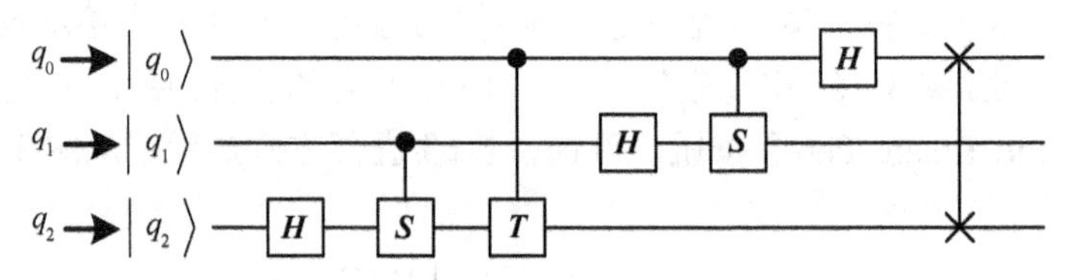

图 3－69　3 比特 QFT 量子线路

解：图 3－70 为用 QCLab 编辑器绘制完成的 QFT 量子线路。

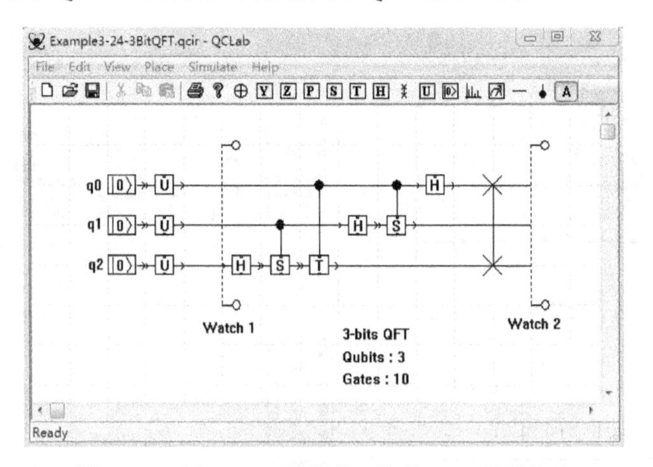

例 3-29 源文件

图 3－70　用 QCLab 编辑的 3 比特 QFT 量子线路

（1）将 3 个 $\boldsymbol{U}$ 门均设置为 $\boldsymbol{X}$ 门，然后选择【Step】，打开如图 3－71 所示的观察窗口。Watch1 位置的量子态为 $|q_2q_1q_0\rangle=|7\rangle=|111\rangle$。

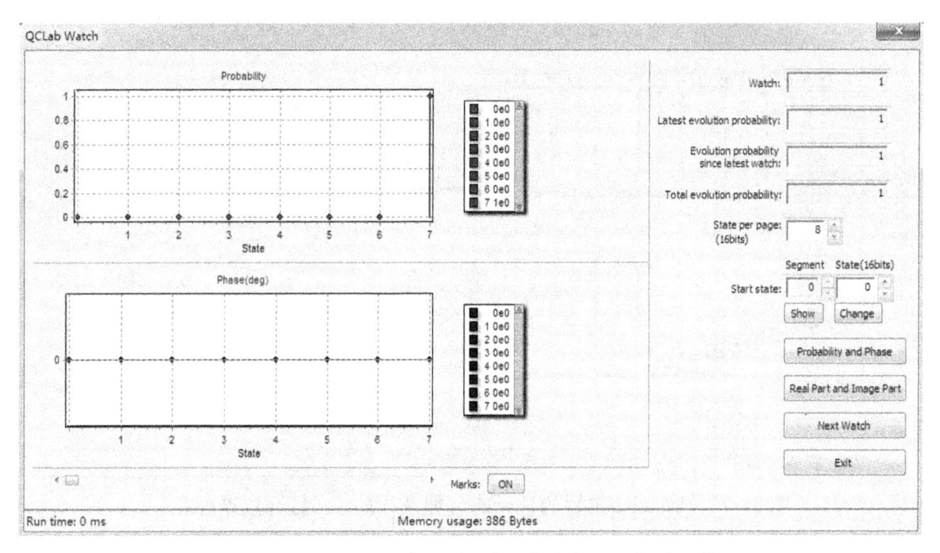

图 3－71　Watch1 位置的量子态为$|q_2q_1q_0\rangle=|111\rangle$

单击【Next Watch】得到如图 3－72 所示的 Watch2 位置的量子态。

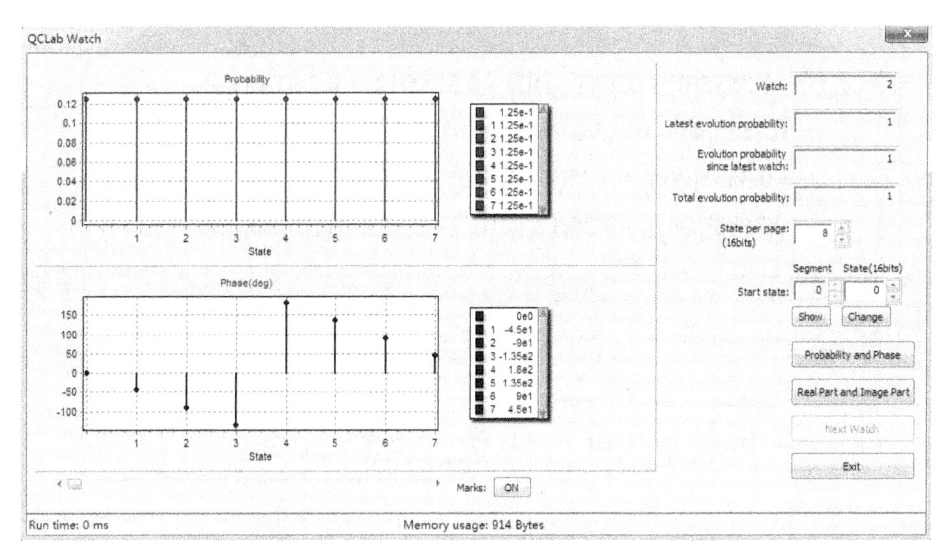

图 3－72　Watch2 位置的量子态（概率/相位）

单击【Marks】按钮，打开数据标签，如图 3－73 所示。其中

$$
\begin{aligned}
|q_2q_1q_0\rangle &= \frac{1}{\sqrt{8}}(|0\rangle + \mathrm{e}^{-\mathrm{i}\frac{\pi}{4}}|1\rangle + \mathrm{e}^{-\mathrm{i}\frac{\pi}{2}}|2\rangle + \mathrm{e}^{-\mathrm{i}\frac{3\pi}{4}}|3\rangle + \\
&\quad \mathrm{e}^{\mathrm{i}\pi}|4\rangle + \mathrm{e}^{\mathrm{i}\frac{3\pi}{4}}|5\rangle + \mathrm{e}^{\mathrm{i}\frac{\pi}{2}}|6\rangle + \mathrm{e}^{\mathrm{i}\frac{\pi}{4}}|7\rangle \\
&= \frac{1}{\sqrt{8}}(|000\rangle + \mathrm{e}^{-\mathrm{i}\frac{\pi}{4}}|001\rangle + \mathrm{e}^{-\mathrm{i}\frac{\pi}{2}}|010\rangle + \mathrm{e}^{-\mathrm{i}\frac{3\pi}{4}}|011\rangle + \\
&\quad \mathrm{e}^{\mathrm{i}\pi}|100\rangle + \mathrm{e}^{\mathrm{i}\frac{3\pi}{4}}|101\rangle + \mathrm{e}^{\mathrm{i}\frac{\pi}{2}}|110\rangle + \mathrm{e}^{\mathrm{i}\frac{\pi}{4}}|111\rangle
\end{aligned}
$$

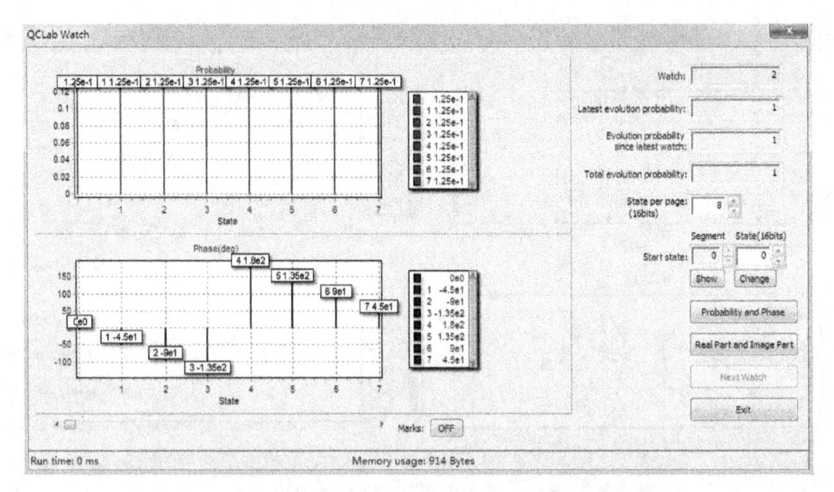

图 3－73　Watch2 位置的量子态（概率/相位）（打开数据标签）

当显示方式为概率/相位时，概率是基态复概率的模平方，相位的单位为“°”。

单击【Real Part and Image Part】按钮，选择如图 3－74 所示的实部/虚部方式显示。即

$$
\begin{aligned}
|q_2q_1q_0\rangle &= 0.3535|0\rangle + 0.25(1-\mathrm{i})|1\rangle - 0.3535\mathrm{i}|2\rangle - 0.25(1+\mathrm{i})|3\rangle - \\
&\quad 0.3535|4\rangle + +0.25(1+\mathrm{i})|5\rangle + 0.3535\mathrm{i}|6\rangle + 0.25(1+\mathrm{i})|7\rangle \\
&= 0.3535|000\rangle + 0.25(1-\mathrm{i})|001\rangle - 0.3535\mathrm{i}|010\rangle - 0.25(1+\mathrm{i})|011\rangle - \\
&\quad 0.3535|100\rangle + +0.25(1+\mathrm{i})|101\rangle + 0.3535\mathrm{i}|110\rangle + 0.25(1+\mathrm{i})|111\rangle
\end{aligned}
$$

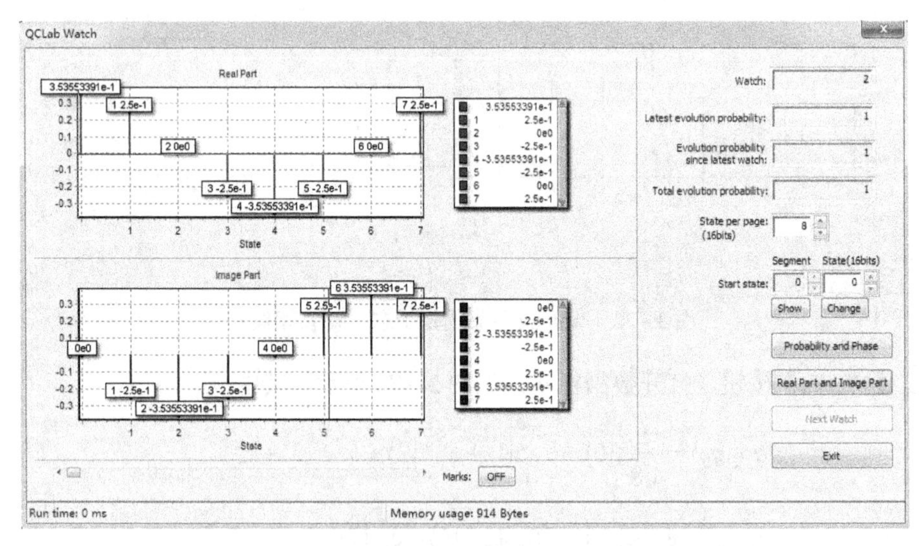

图 3－74　Watch2 位置的量子态（实部/虚部）（打开数据标签）

（2）单击【Exit】后，将 3 个 ***U*** 门均设置为 ***H*** 门，选择【Step】，打开如图 3－75 所示的观察窗口。

不打开显示数据标签的开关，从图例中读取数据，则

$$|q_2q_1q_0\rangle=\frac{1}{\sqrt{8}}(|0\rangle+|1\rangle+|2\rangle+|3\rangle+|4\rangle+|5\rangle+|6\rangle+|7\rangle)$$

$$=\frac{1}{\sqrt{8}}(|000\rangle+|001\rangle+|101\rangle+|011\rangle+|100\rangle+|101\rangle+|110\rangle+|111\rangle)$$

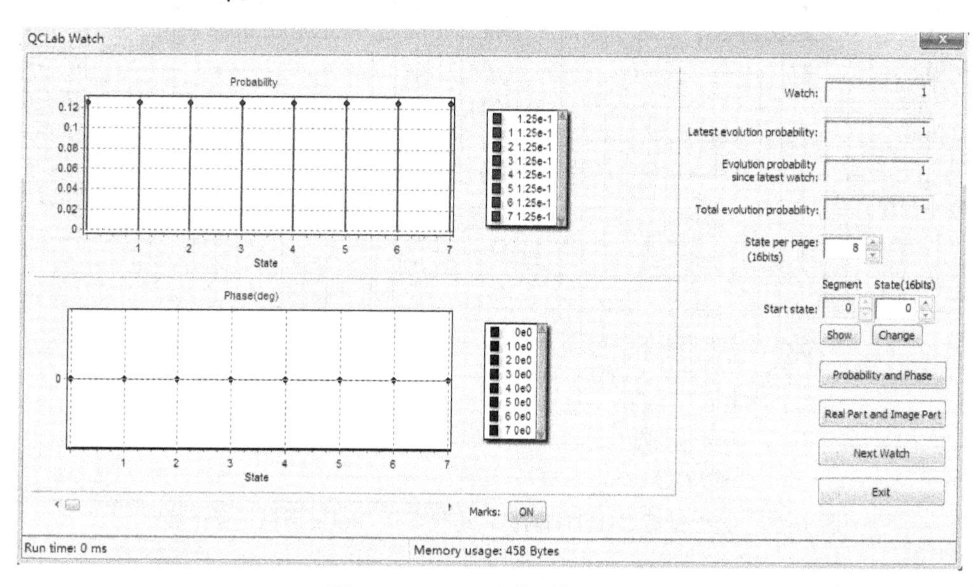

图 3－75　Watch1 位置的量子态

单击【Next Watch】得到图 3－76，Watch2 位置的量子态为$|0\rangle=|000\rangle$。

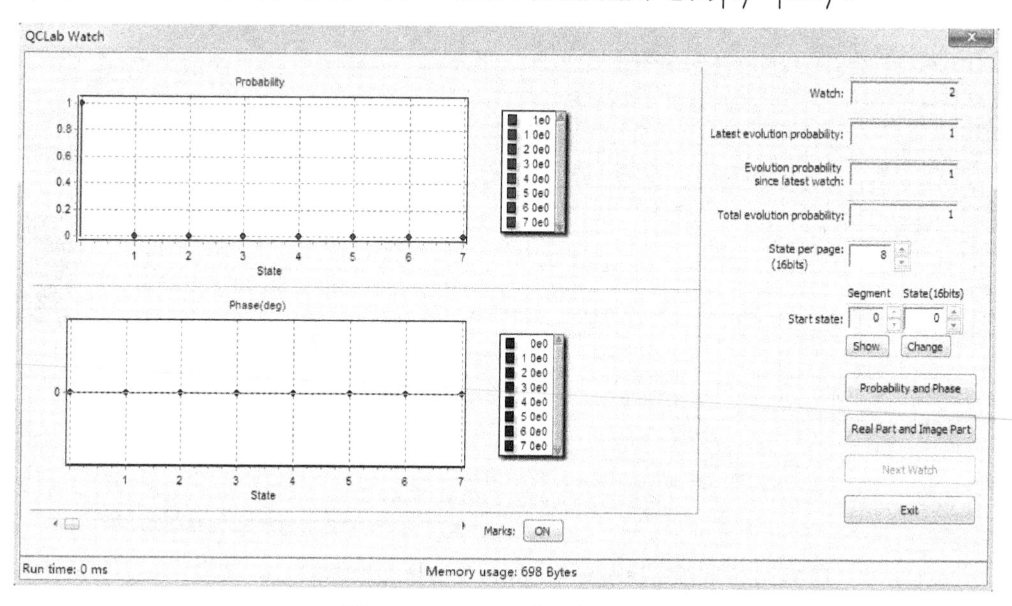

图 3－76　Watch2 位置的量子态

例 3－30　图 3－77 为搜索指标“1111111111”，迭代 1 次的 Grover 算法的量子线路。

（1）分析测量前基态$|q_{18}\cdots q_{11}q_{10}q_9\cdots q_0\rangle=|0\cdots011\cdots1\rangle=|2047\rangle$的复概率。

（2）分析对$q_9\cdots q_0$进行测量，测量结果均为 1 的概率，以及测量后的量子态。

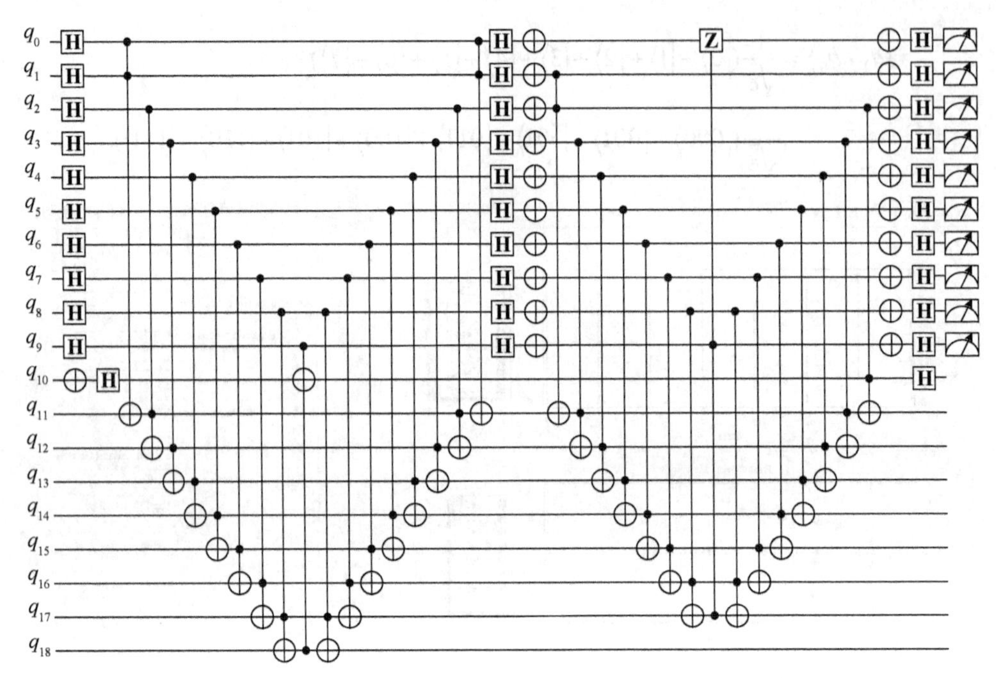

图 3－77 搜索指标“1111111111”，迭代 1 次 Grover 算法的量子线路

解：图 3－78 为用 QCLab 编辑器绘制完成的量子线路。

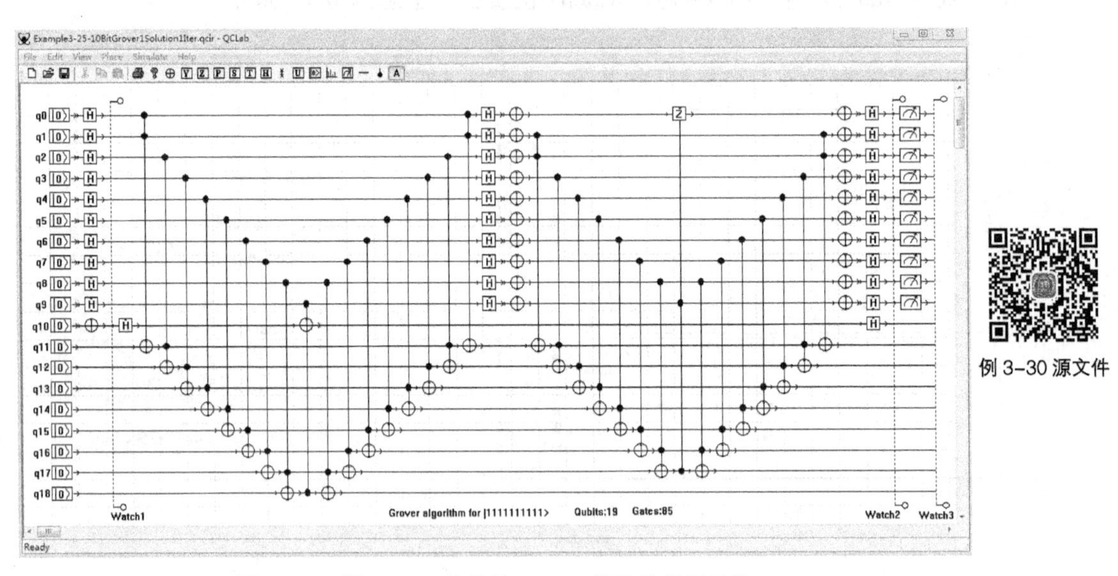

例 3-30 源文件

图 3－78 用 QCLab 编辑的 Grover 算法的量子线路

要求分析对 $q_9 \cdots q_0$ 进行测量，测量结果均为 1 的概率及测量后的量子态，所以在图 3－78 中最后放置了 10 个测量。将光标移动到某个测量上，高亮该元件，并选择【Properties】，打开如图 3－79 所示的测量属性对话框。

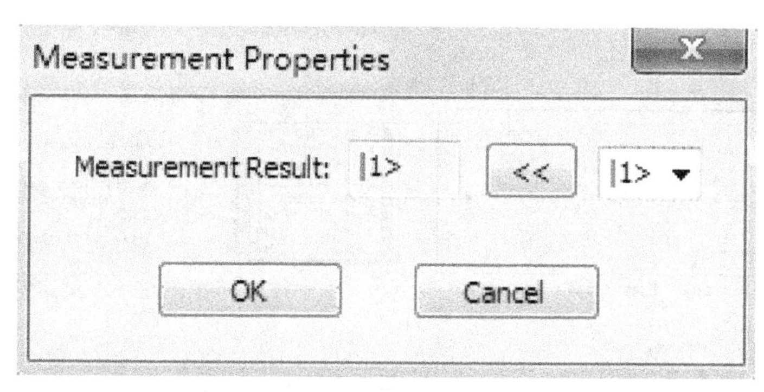

图 3-79　测量属性对话框

图 3-79 所示的测量属性对话框右侧的下拉列表中有 3 个选项：$|x\rangle$，$|0\rangle$，$|1\rangle$，这 3 个选项分别对应于不测量、测量结果为 0、测量结果为 1。根据分析要求，将对 $q_{10}q_9\cdots q_0$ 的测量全部选 $|1\rangle$。选择完成后单击【OK】按钮确认。

选择【Step】仿真方式，打开如图 3-80 所示的 Watch1 位置的观察窗口。如图 3-80 所示的量子线路有 19 个量子比特，共有 2^{19} 个基态。QCLab 采用分段显示方式，每段 16 个比特（65 536 个基态）。所以观察全部 2^{19} 个基态的复概率，需要分 8 段（从第 0 段到第 7 段）。图 3-80 为第 0 段的显示结果，通过设置显示段并观察结果可知其他段均为 0。

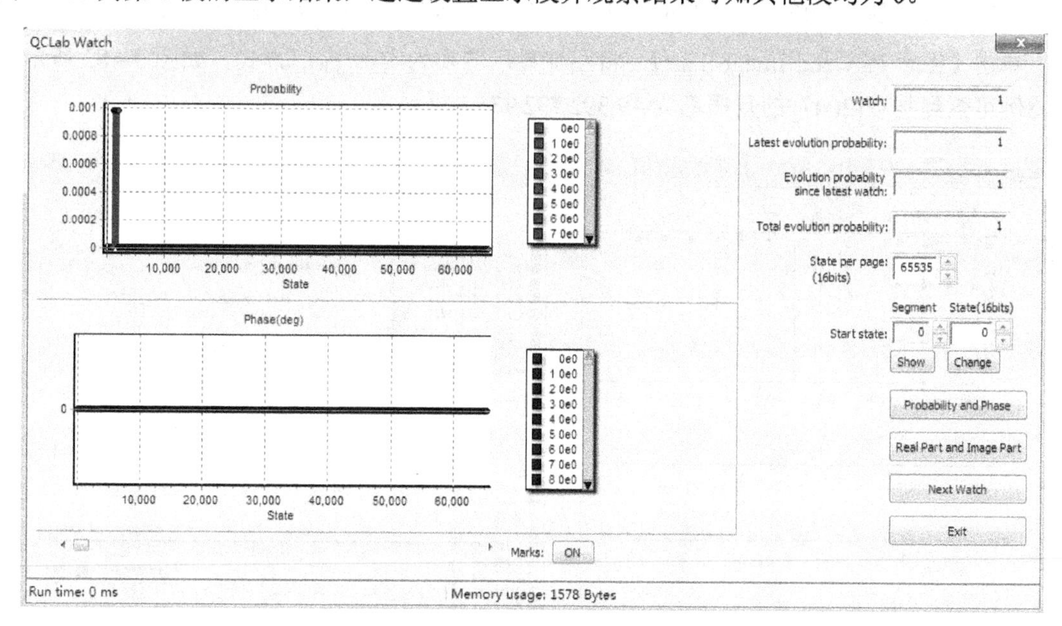

图 3-80　Watch1 位置的量子态

从图例给出的数据可知从 $|1024\rangle$ 到 $|2047\rangle$ 的复概率均为 $\sqrt{9.765\,625\times10^{-4}}$，其他基态复概率均为 0。

单击【Next Watch】，打开如图 3-81 所示的测量前 Watch2 位置的观察窗口。为了分析测量前基态 $|q_{18}\cdots q_{11}q_{10}q_9\cdots q_0\rangle=|0\cdots011\cdots1\rangle=|2047\rangle$ 的复概率，设置观察起点为 $|q_{18}\cdots q_{11}q_{10}q_9\cdots q_0\rangle=|2040\rangle$，设置每页显示 16 个基态，然后单击【Probability and Phase】，得到如图 3-81 所示的结果。

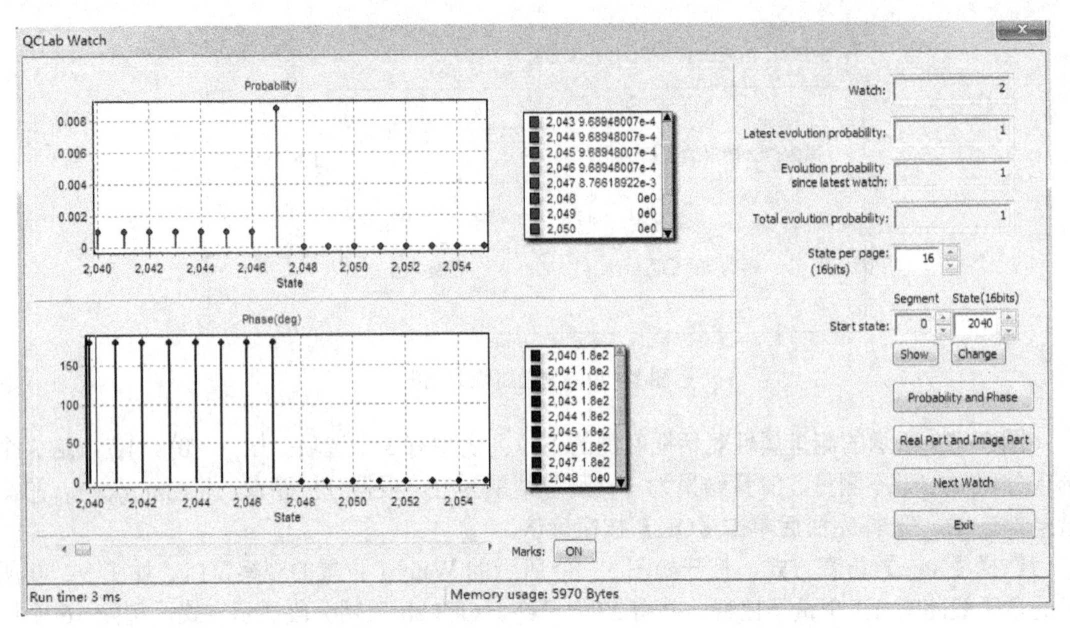

图 3－81 Watch2 位置的量子态（2 040～2 055）（概率/相位）

从图例可查到基态$|2047\rangle$的复概率为$\sqrt{8.766\,189\,2\times10^{-3}}\mathrm{e}^{\mathrm{i}\pi}\approx-9.392\,792\,96\times10^{-2}$。

单击【Real Part and Image Part】，将图标显示转换为实部/虚部方式，如图 3－82 所示。从图例可查到基态$|2047\rangle$的复概率为$-9.392\,792\,97\times10^{-2}$。

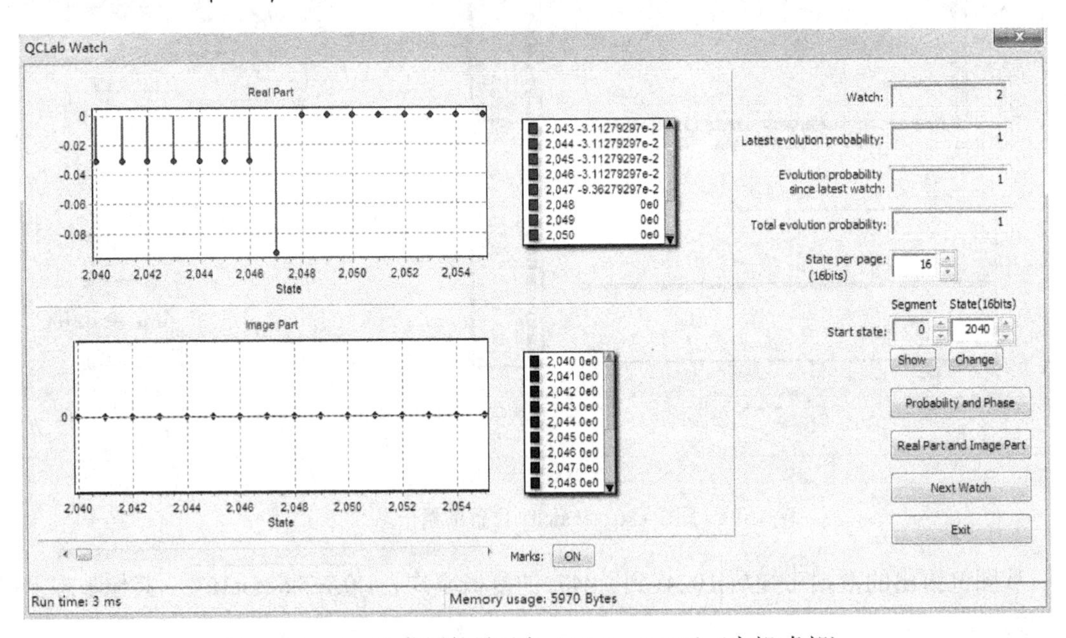

图 3－82 Watch2 位置的量子态（2 040～2 055）（实部/虚部）

单击【Next Watch】，打开如图 3－79 所示的测量前 Watch3 位置的观察窗口。设置观察起点为$|q_{18}\cdots q_{11}q_{10}q_9\cdots q_0\rangle=|2040\rangle$，设置每页显示 16 个基态，然后单击【Probability and Phase】，得到如图 3－83 所示的结果。

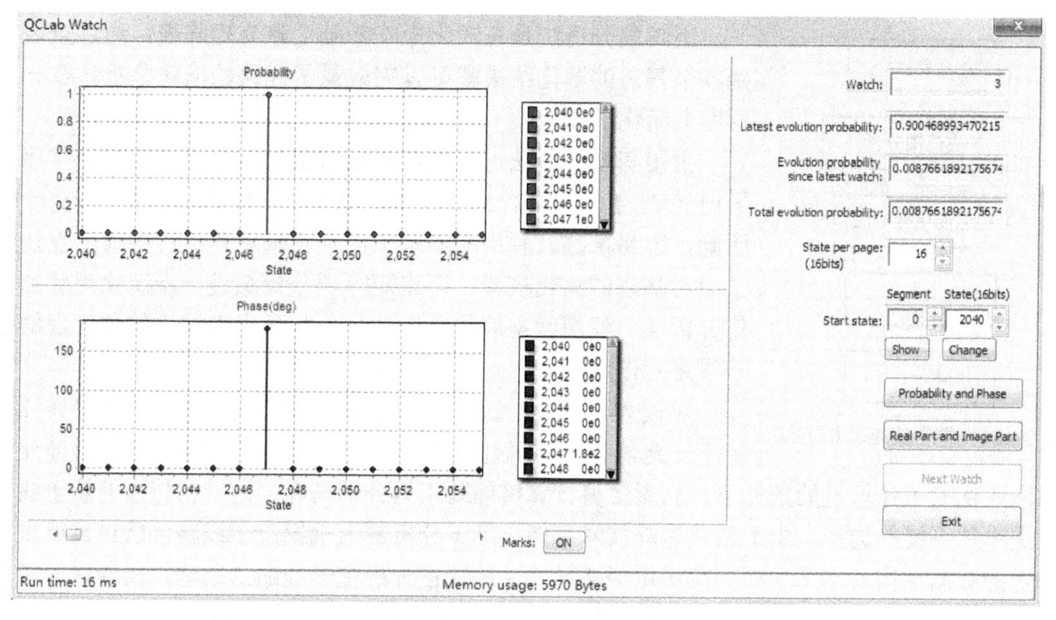

图 3－83　Watch3 位置的量子态（2 040～2 055）（概率/相位）

图 3－83 给出以下信息：

（1）测量后的量子态为$-|2047\rangle$，忽略全局相位因子后为$|2047\rangle$。

（2）由【Total evolution probability】编辑框给出的数据可知，从初态开始到测量完成得到$|2047\rangle$状态的概率为 0.876 6%。

（3）由【Evolution probability since latest watch】编辑框给出的数据可知，从 Watch2 到 Watch3，对 $q_{10}q_9\cdots q_0$ 进行测量，测量结果均为 1 的概率为 0.876 6%。

（4）由【Latest evolution probability】编辑框给出的数据可知，对 q_9 测量得到结果 1 的概率为 90%。

QCLab 演化顺序为从左向右。若同一垂直线上有多个演化装置，则按从上到下的顺序演化。

所以对 q_9 的测量操作是 Watch3 前的最近一次操作，即从 q_9 测量前的状态到完成测量并得到测量后的状态的概率为 90%。而从 Watch2 到 Watch3 之间通过了 10 个测量，从这 10 个测量前的状态到完成 10 个测量并得到测量后状态的概率为 0.876 6%。

3.6　小　结

小结.mp4

量子线路是描述量子系统的重要工具。掌握量子线路的演化规律及方法是更好地理解量子系统的基础。本章介绍了量子线路的 5 种基本分析方法，如图 3－84 所示。

矩阵分析法是基础。矩阵理论为研究量子线路提供了十分丰富的方法。量子线路的演化往往是研究量子线路的重要内容，即使是几个量子比特规模的量子线路，用矩阵分析法进行演化也会显得十分烦琐。

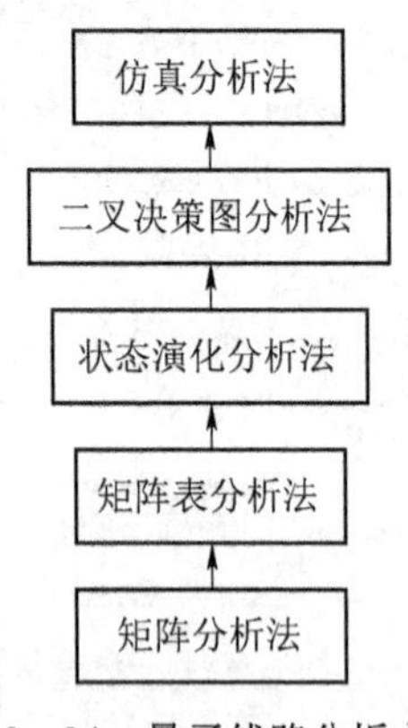

图 3-84　量子线路分析方法

矩阵表分析法是在演化矩阵基础上建立矩阵表，通过查表找到各个基态的演化结果就可以完成量子线路的演化分析，在一定程度上简化了分析。

由矩阵表分析法可以很容易地引出状态演化分析法。常用量子门（***X***、***Y***、***Z***、***P***、***S***、***T***、***H***、**SWAP**）对基态的演化规律十分明确，容易掌握。利用基本量子门及由基本量子门构成的受控量子门对基态的演化规律，可将矩阵表分析法进一步简化为状态演化分析法。使用状态演化分析法容易从量子态演化的角度理解量子线路的作用。

对较大规模量子线路的分析需要借助计算机。虽然经典计算机不一定能有效仿真任意结构和规模的量子线路，但在目前还缺乏商业化量子计算机的条件下，利用经典计算机辅助工具分析具有一定结构特点的量子线路还是一种不错的选择。由于稀疏矩阵技术可能无助于分析较大规模量子线路，所以需要采用特定的数据结构。本章主要介绍了用经典的二叉决策图分析量子线路的原理，需要深入了解这方面内容的读者，可参阅相关参考文献。

本章最后介绍了两个计算机仿真软件 QCircuit 和 QCLab，这两个软件是用于分析量子线路的十分方便的工具。QCircuit 建立在 MATLAB 平台之上，采用指令方式分析量子线路。QCLab 是基于 BDD 的专业仿真软件，提供的友好界面便于用图形方式编辑量子线路。

习　　题

3-1　如习题 3-1 图所示量子门，已知 $|q\rangle=\dfrac{|0\rangle-|1\rangle}{\sqrt{2}}$。用矩阵演化分析法求演化后的状态。

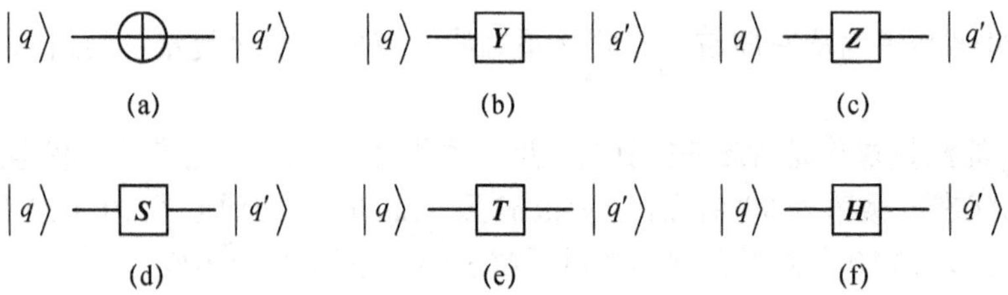

$|q\rangle$ —⊕— $|q'\rangle$　　$|q\rangle$ —[Y]— $|q'\rangle$　　$|q\rangle$ —[Z]— $|q'\rangle$

(a)　　(b)　　(c)

$|q\rangle$ —[S]— $|q'\rangle$　　$|q\rangle$ —[T]— $|q'\rangle$　　$|q\rangle$ —[H]— $|q'\rangle$

(d)　　(e)　　(f)

习题 3-1 图

3-2　如习题 3-2 图所示量子线路，且 $|\psi_0\rangle=|q_1q_0\rangle=\dfrac{|01\rangle-|10\rangle}{\sqrt{2}}$。用矩阵分析法求 $|\psi_1\rangle$。

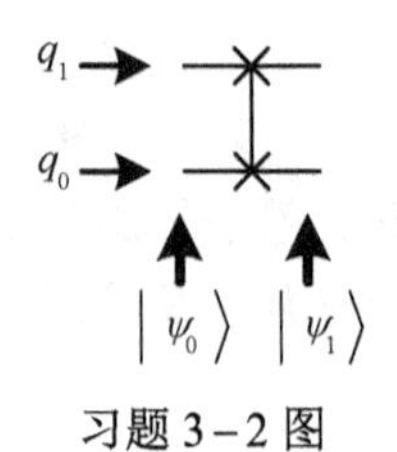

习题 3-2 图

3－3　如习题 3－3 图所示量子线路，量子态中量子比特排列顺序为 $q_1 \prec q_0$。用矩阵分析法求 $|\psi_0\rangle$ 分别为 $|\beta_{00}\rangle, |\beta_{01}\rangle, |\beta_{10}\rangle, |\beta_{11}\rangle$ 时的 $|\psi_1\rangle$ 和 $|\psi_2\rangle$。

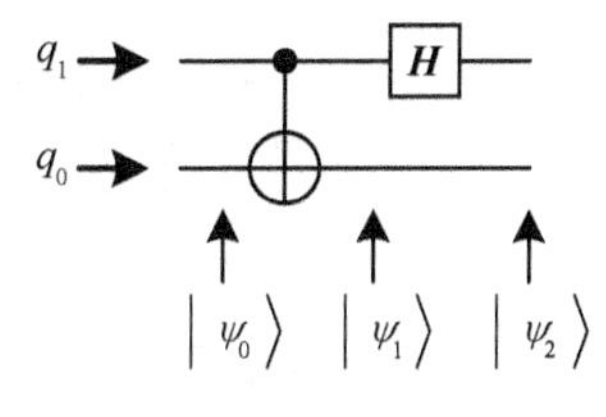

习题 3－3 图

3－4　用矩阵表分析法重做习题 3－1。

3－5　用矩阵表分析法重做习题 3－2。

3－6　用矩阵表分析法重做习题 3－3。

3－7　用状态演化分析法重做习题 3－1。

3－8　用状态演化分析法重做习题 3－2。

3－9　用状态演化分析法重做习题 3－3。

3－10　用状态演化分析法证明习题 3－10 图（a）和（b）等效。

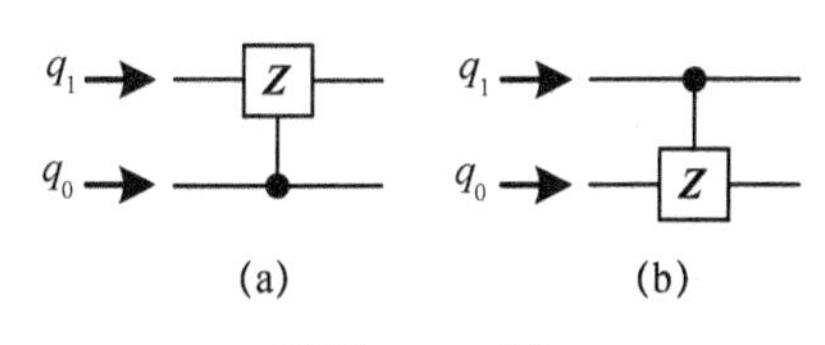

习题 3－10 图

3－11　用状态演化分析法证明习题图 3－11（a）和（b）等效。

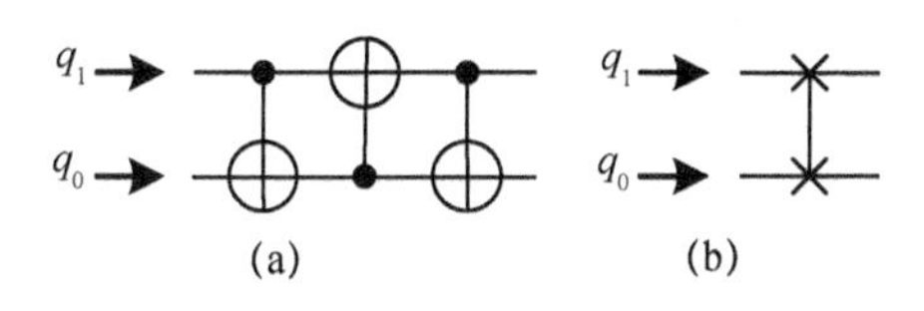

习题 3－11 图

3－12　用状态演化分析法证明习题图 3－12（a）和（b）等效。

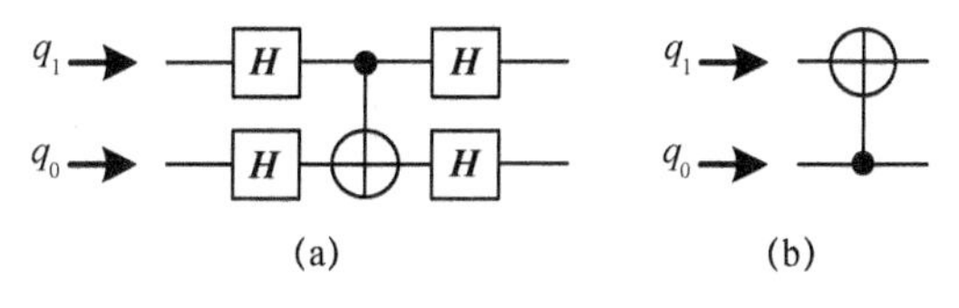

习题 3－12 图

3－13　如习题 3－13 图所示量子线路，量子态中量子比特排列顺序为 $q_2 \prec q_1 \prec q_0$。用状态演化分析法求 $|\psi_3\rangle$，并判断 $|\psi_3\rangle$ 是否为纠缠态。

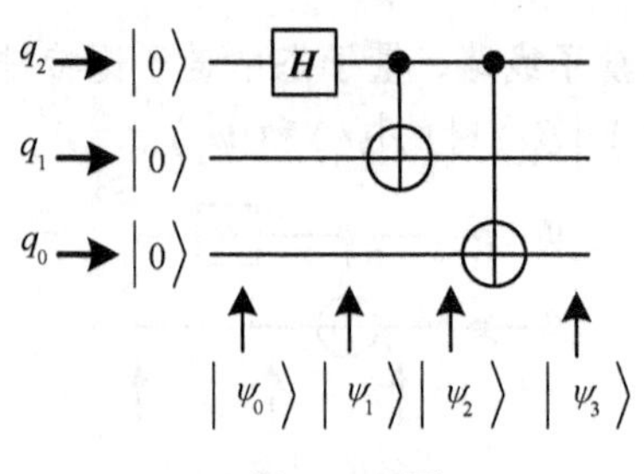

习题 3－13 图

3－14 如习题 3－14 图所示量子线路，量子态中量子比特排列顺序为 $q_1 \prec q_0$。

（1）用状态演化分析法求 $|\psi_2\rangle$。

（2）将 $|\psi_2\rangle$ 写成张量积形式，判断 q_1 和 q_0 演化后的状态。

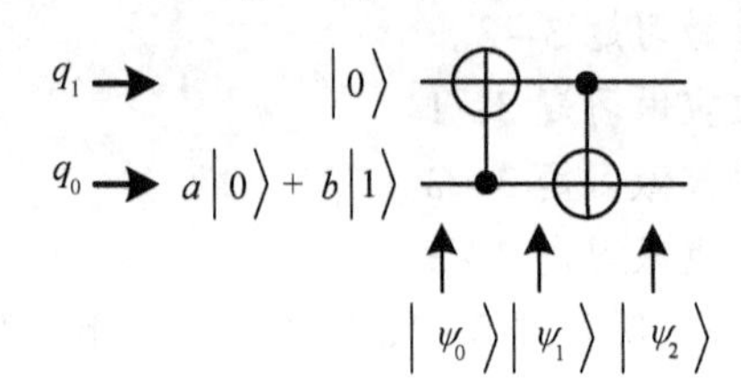

习题 3－14 图

3－15 如习题 3－15 图所示量子线路，量子态中量子比特排列顺序为 $q_1 \prec q_0$。

（1）用状态演化分析法求 $|\psi_3\rangle$。

（2）将 $|\psi_3\rangle$ 写成张量积形式，判断 q_1 和 q_0 演化后的状态。

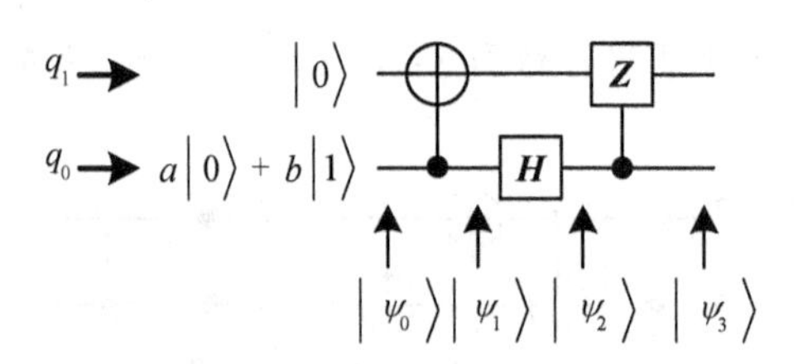

习题 3－15 图

3－16 如习题 3－16 图所示量子线路，量子态中量子比特排列顺序为 $q_1 \prec q_0$。

（1）用状态演化分析法求 $|\psi_3\rangle$。

（2）将 $|\psi_3\rangle$ 写成张量积形式，判断 q_1 和 q_0 演化后的状态。

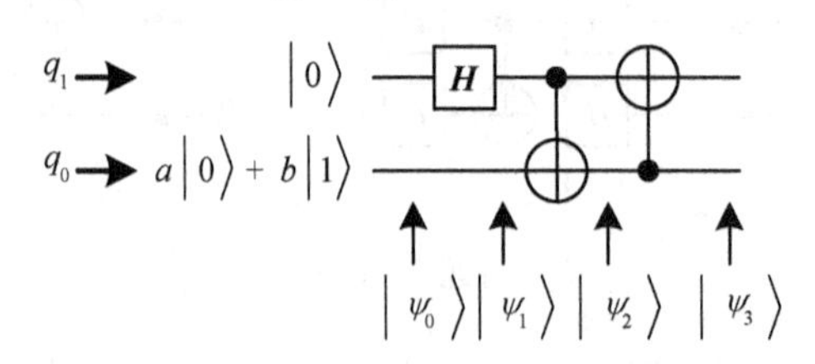

习题 3－16 图

3-17　如习题 3-17 图所示量子线路，量子态中量子比特排列顺序为 $q_2 \prec q_1 \prec q_0$。

（1）用状态演化分析法分析当 $|q_2q_1\rangle$ 初态为 $|00\rangle$, $|01\rangle$, $|10\rangle$, $|11\rangle$ 时 $|q_0\rangle$ 演化后的状态。

（2）若将 $|q_2q_1\rangle$ 初态作为参加逻辑运算的两个比特，$|q_0\rangle$ 演化后的状态作为逻辑运算结果，说明该量子线路完成何种逻辑运算。

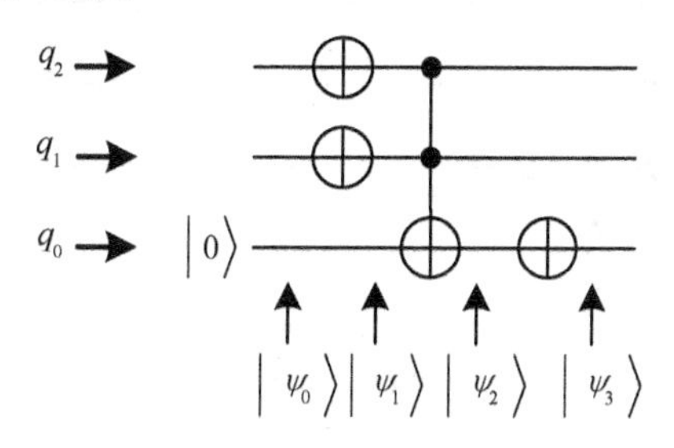

习题 3-17 图

3-18　量子线路的初态及演化后状态的 BDD 表示如习题 3-18 图所示。量子态中量子比特排列顺序为 $q_1 \prec q_2 \prec q_3$，写出 $|\psi_0\rangle$ 和 $|\psi_1\rangle$。

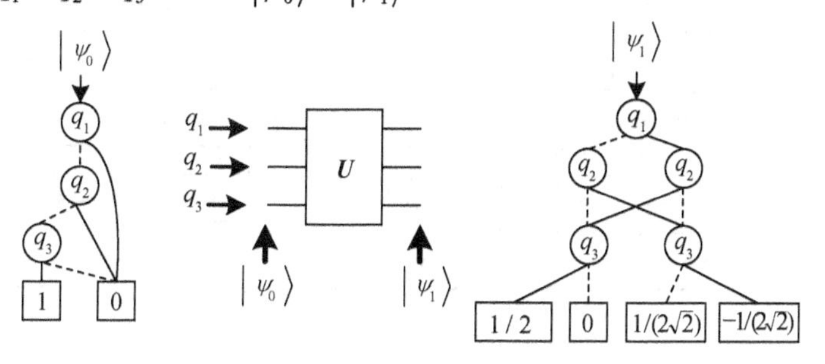

习题 3-18 图

3-19　用 QCircuit 仿真软件重做习题 3-1。

3-20　用 QCircuit 仿真软件重做习题 3-2。

3-21　用 QCircuit 仿真软件重做习题 3-3。

3-22　用 QCircuit 仿真软件重做习题 3-13。

3-23　用 QCLab 仿真软件重做习题 3-1。

3-24　用 QCLab 仿真软件重做习题 3-2。

3-25　用 QCLab 仿真软件重做习题 3-3。

3-26　用 QCLab 仿真软件重做习题 3-13。

3-27　如习题 3-27 图所示 2 比特量子傅里叶变换量子线路，量子态中量子比特排列顺序为 $q_1 \prec q_0$。分别用 QCircuit 和 QCLab 仿真软件分析当 $|\psi_0\rangle$ 为 $|00\rangle$, $|01\rangle$, $|10\rangle$, $|11\rangle$ 时的 $|\psi_1\rangle$。

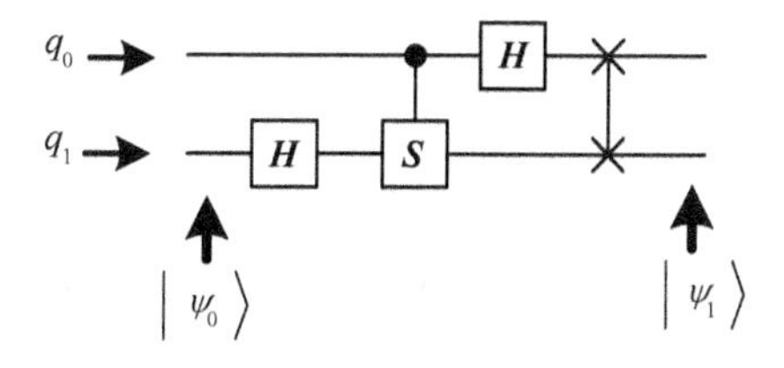

习题 3-27 图

3-28 如习题 3-28 图所示 3 比特量子傅里叶变换量子线路，量子态中量子比特排列顺序为 $q_2 \prec q_1 \prec q_0$。分别用 QCircuit 和 QCLab 仿真软件分析当 $|\psi_0\rangle$ 为 $|000\rangle$，$|001\rangle$，$|010\rangle$，$|011\rangle$，$|100\rangle$，$|101\rangle$，$|110\rangle$，$|111\rangle$ 时的 $|\psi_1\rangle$。

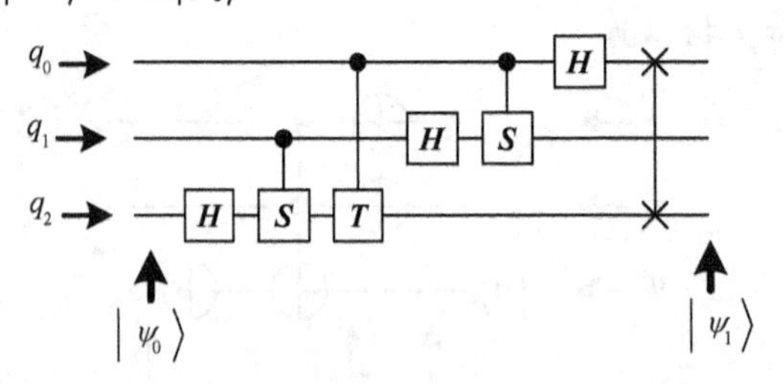

习题 3-28 图

3-29 如习题 3-29 图所示 4 比特全加器量子线路，用 QCircuit 和 QCLab 仿真软件验证该量子线路能否实现 4 比特全加器运算功能。

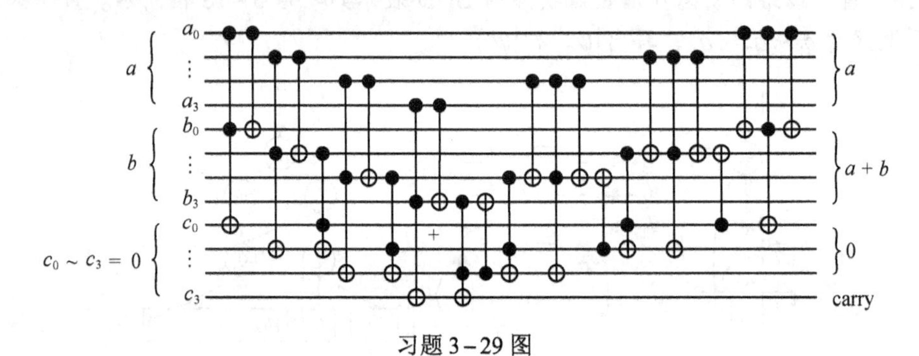

习题 3-29 图

第4章　通信量子线路

导读

提要　本章介绍利用量子态的纠缠性和不可克隆性等量子资源的通信量子线路，包括量子隐形传态、量子超密编码、量子纠缠交换、量子密钥分配。这些内容有助于加深理解量子资源，以及用量子线路研究量子通信的基本方法。

4.1　量子隐形传态

量子隐形传态.mp4

量子传态就是将未知量子比特的状态从发送方传输到接收方，而量子隐形传态（quantum teleportation）是在不传输量子比特本身的条件下将未知量子比特的状态从发送方传输到接收方。

若存在允许传输量子比特的量子信道，可以直接通过量子信道将量子比特从发送方传输到接收方实现量子态的传输，这种传输量子态的方法是通过传输量子比特实现的，可以看作是显形传态。量子隐形传态技术不需要使用量子信道，但允许使用经典信道传输经典信息，即量子隐形传态是利用经典信道传输经典比特的信息来实现量子比特信息传输的技术，由于实际上并未传输量子比特，所以称为量子隐形传态。

量子隐形传态的关键是传态，可以不必传输量子比特本身。设想一下，若接收方事先拥有某个量子比特，并能够利用发送方经过经典信道传输的经典信息将所拥有的量子比特的状态演化为发送方希望传输的量子态，便可实现量子隐形传态。为了实现这一目标，要求发送方也需要事先拥有某个量子比特（不是要传输的未知量子态的量子比特），而且要与接收方事先拥有的量子比特存在一定关联。

纠缠量子态是关联最为紧密的量子态，因为相互纠缠的两个量子比特的行为看上去和一个量子比特的行为完全一样。图4-1为利用贝尔态实现量子隐形传态的基本设想。

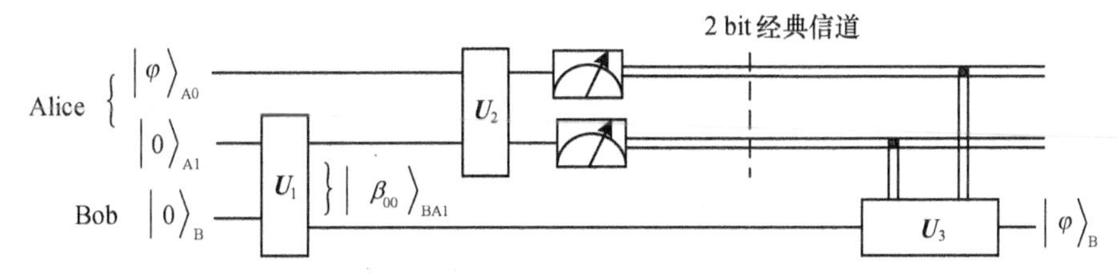

图4-1　利用贝尔态实现量子隐形传态的基本设想

设图4-1中的Alice为发送方，Bob为接收方，分别用下标A和B表示Alice和Bob拥有的量子比特。$|\varphi\rangle_{A0}$为Alice希望传输的量子态，$|0\rangle_{A1}$和$|0\rangle_{B}$分别为Alice和Bob事先拥有的两个量子比特的状态。

当Alice和Bob在一起时，用$\boldsymbol{U}_1$将$|0\rangle_{B}|0\rangle_{A1}$演化为贝尔态$|\beta_{00}\rangle_{BA1}$。这一步也可以由第三方制备贝尔态$|\beta_{00}\rangle$，然后通过量子信道分发给Alice和Bob。所以，即使Alice和Bob不曾

在一起，也可以各自拥有贝尔态$|\beta_{00}\rangle_{BA1}$中的一个量子比特。

当 Alice 希望给 Bob 传输某个未知量子态$|\varphi\rangle_{A0}$时，对自己拥有的贝尔态$|\beta_{00}\rangle_{BA1}$中的量子比特和未知量子态$|\varphi\rangle_{A0}$进行联合演化$\boldsymbol{U}_2$，演化后通过测量可得到 2 比特的经典信息。通过经典信道将该 2 比特经典信息传输给 Bob。Bob 用收到的 2 比特经典信息对自己拥有的贝尔态$|\beta_{00}\rangle_{BA1}$中的量子比特进行演化$\boldsymbol{U}_3$。若演化结果为$|\varphi\rangle_B=|\varphi\rangle_{A0}$，即可实现量子隐形传态。

1993 年，来自 4 个国家的 6 位科学家 C. H. Bennett，G. Brassard，C. Crépeau，R. Jozsa，A. Peres 和 W. K. Wootters 给出了如图 4-2（a）所示的量子隐形传态的实现方案。下面讨论图 4-2（a）是如何实现量子隐形传态的。因为只需考察最终演化结果，为了便于分析，利用推迟测量原理，将 Alice 的测量操作推迟到整个量子线路的末端，如图 4-2（b）所示。

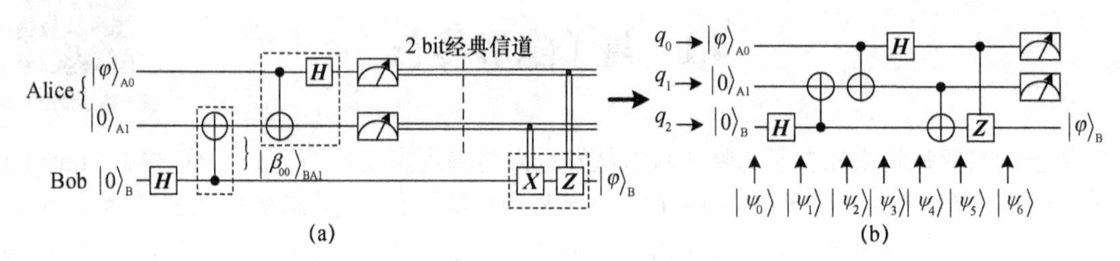

图 4-2　量子隐形传态量子线路

图 4-2 中的两个线路对 Bob 拥有的量子比特的演化过程是等价的。图 4-2（b）是为了分析方便而采用的量子线路，真正实现量子隐形传态的物理系统还是应该按照如图 4-2（a）所示的方案进行操作。

设$|\varphi\rangle_{A0}=\alpha|0\rangle+\beta|1\rangle$，量子态中量子比特从左到右的排列顺序为$q_2 \prec q_1 \prec q_0$。利用状态演化分析法，图 4-2（b）的演化过程如下：

$$|\psi_0\rangle=|0\rangle|0\rangle(\alpha|0\rangle+\beta|1\rangle)$$

$$|\psi_1\rangle=\frac{|0\rangle+|1\rangle}{\sqrt{2}}|0\rangle(\alpha|0\rangle+\beta|1\rangle)$$

$$=\frac{|0\rangle|0\rangle+|1\rangle|0\rangle}{\sqrt{2}}(\alpha|0\rangle+\beta|1\rangle)$$

$$|\psi_2\rangle=\frac{|0\rangle|0\rangle+|1\rangle|1\rangle}{\sqrt{2}}(\alpha|0\rangle+\beta|1\rangle)$$

$$=\frac{|0\rangle|0\rangle+|1\rangle|1\rangle}{\sqrt{2}}(\alpha|0\rangle)+\frac{|0\rangle|0\rangle+|1\rangle|1\rangle}{\sqrt{2}}(\beta|1\rangle)$$

$$|\psi_3\rangle=\frac{|0\rangle|0\rangle+|1\rangle|1\rangle}{\sqrt{2}}(\alpha|0\rangle)+\frac{|0\rangle|1\rangle+|1\rangle|0\rangle}{\sqrt{2}}(\beta|1\rangle)$$

$$|\psi_4\rangle=\frac{|0\rangle|0\rangle+|1\rangle|1\rangle}{\sqrt{2}}\left(\alpha\frac{|0\rangle+|1\rangle}{\sqrt{2}}\right)+\frac{|0\rangle|1\rangle+|1\rangle|0\rangle}{\sqrt{2}}\left(\beta\frac{|0\rangle-|1\rangle}{\sqrt{2}}\right)$$

$$=\frac{1}{2}[(\alpha|0\rangle+\beta|1\rangle)|0\rangle|0\rangle+(\alpha|0\rangle-\beta|1\rangle)|0\rangle|1\rangle+(\alpha|1\rangle+\beta|0\rangle)|1\rangle|0\rangle+(\alpha|1\rangle-\beta|0\rangle)|1\rangle|1\rangle]$$

$$|\psi_5\rangle = \frac{1}{2}[(\alpha|0\rangle + \beta|1\rangle)|0\rangle|0\rangle + (\alpha|0\rangle - \beta|1\rangle)|0\rangle|1\rangle + (\alpha|0\rangle + \beta|1\rangle)|1\rangle|0\rangle + (\alpha|0\rangle - \beta|1\rangle)|1\rangle|1\rangle]$$

$$\begin{aligned}|\psi_6\rangle &= \frac{1}{2}[(\alpha|0\rangle + \beta|1\rangle)|0\rangle|0\rangle + (\alpha|0\rangle + \beta|1\rangle)|0\rangle|1\rangle + (\alpha|0\rangle + \beta|1\rangle)|1\rangle|0\rangle + (\alpha|0\rangle + \beta|1\rangle)|1\rangle|1\rangle] \\ &= (\alpha|0\rangle + \beta|1\rangle)\frac{|0\rangle|0\rangle + |0\rangle|1\rangle + |1\rangle|0\rangle + |1\rangle|1\rangle}{2} \\ &= (\alpha|0\rangle + \beta|1\rangle)\frac{|0\rangle + |1\rangle}{\sqrt{2}}\frac{|0\rangle + |1\rangle}{\sqrt{2}}\end{aligned}$$

由$|\psi_6\rangle$可知量子初态$|0\rangle_{\mathrm{B}}$、$|0\rangle_{\mathrm{A1}}$和$|\varphi\rangle_{\mathrm{A0}}$分别演化为

$$\begin{cases}|0\rangle_{\mathrm{B}} \to \alpha|0\rangle + \beta|1\rangle \\ |0\rangle_{\mathrm{A1}} \to \dfrac{|0\rangle + |1\rangle}{\sqrt{2}} \\ |\varphi\rangle_{\mathrm{A0}} \to \dfrac{|0\rangle + |1\rangle}{\sqrt{2}}\end{cases} \tag{4-1}$$

Bob 事先拥有的量子比特演化为 Alice 希望传输的量子态$\alpha|0\rangle + \beta|1\rangle$，同时 Alice 希望传输的未知量子态$\alpha|0\rangle + \beta|1\rangle$演化为$\dfrac{|0\rangle + |1\rangle}{\sqrt{2}}$。

Alice 虽然没有使用量子信道将量子比特q_0传输给 Bob，但是 Bob 却成功将事先拥有的量子比特的状态演化为$\alpha|0\rangle + \beta|1\rangle$。

完成量子隐形传态后，Alice 拥有的量子比特q_0的状态由$\alpha|0\rangle + \beta|1\rangle$演化为$\dfrac{|0\rangle + |1\rangle}{\sqrt{2}}$，这与量子态不可克隆定理相吻合。下面通过一个实例演示量子隐形传态的效果。

例 4-1　设未知量子态为$\dfrac{|0\rangle - |1\rangle}{\sqrt{2}}$，试用 QCLab 验证如图 4-2 所示的演化结果。

解：用 QCLab 编辑的量子线路如图 4-3 所示。首先 Alice 用非门和 $\boldsymbol{H}$ 门制备一个假想的未知量子态$\dfrac{|0\rangle - |1\rangle}{\sqrt{2}}$，然后用如图 4-2（b）所示的原理构造量子隐形传态量子线路。由于已知q_0和q_1最终将演化为$\dfrac{|0\rangle + |1\rangle}{\sqrt{2}}$，用两个 $\boldsymbol{H}$ 门将其演化为$|0\rangle$，便于更好地观察演化结果。图 4-4 给出了仿真结果。

如图 4-4（a）所示，Watch 1 位置的量子态为

$$\begin{aligned}0.707\,106\,78(|0\rangle - |1\rangle) &= \frac{1}{\sqrt{2}}(|000\rangle - |001\rangle) \\ &= |00\rangle\frac{|0\rangle - |1\rangle}{\sqrt{2}}\end{aligned}$$

即制备了一个假想的未知量子态$\dfrac{|0\rangle - |1\rangle}{\sqrt{2}}$。

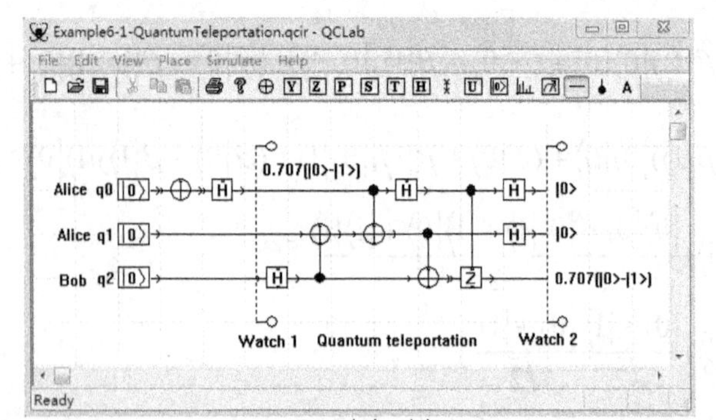

例 4-1 源文件

图 4-3　用 QCLab 编辑的传输 $\dfrac{|0\rangle-|1\rangle}{\sqrt{2}}$ 的量子隐形传态量子线路

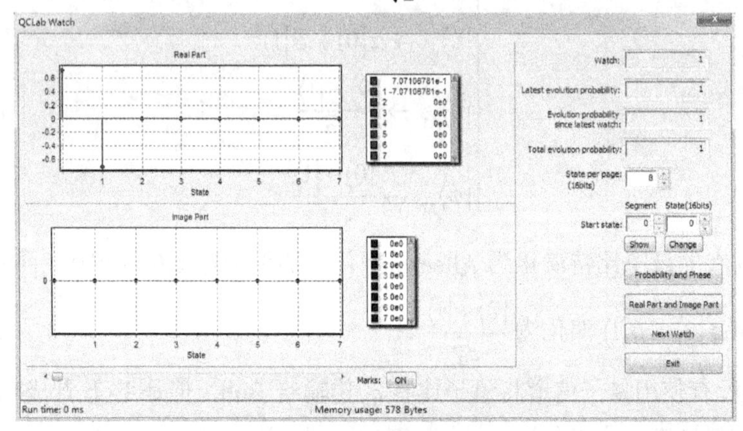

(a) Watch 1 位置的量子态

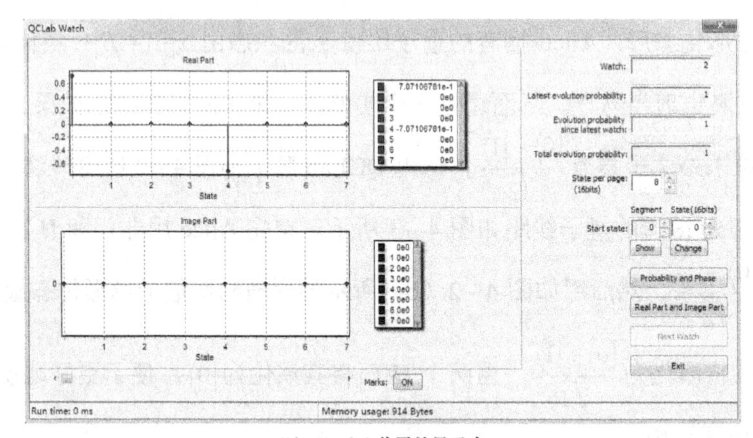

(b) Watch 2 位置的量子态

图 4-4　图 4-3 的仿真结果

如图 4-4（b）所示，Watch 2 位置的量子态为

$$0.707\,106\,78\,(|0\rangle-|4\rangle)=\frac{1}{\sqrt{2}}(|000\rangle-|100\rangle)$$

$$=\frac{|0\rangle-|1\rangle}{\sqrt{2}}|00\rangle$$

即完成了量子隐形传态。

图 4-5 为按照如图 4-2（a）所示的实际物理系统方案进行仿真的量子线路，其中两个测量设置为$|x\rangle$，表示按测量结果执行后续的受控演化。图 4-6 给出了仿真结果。

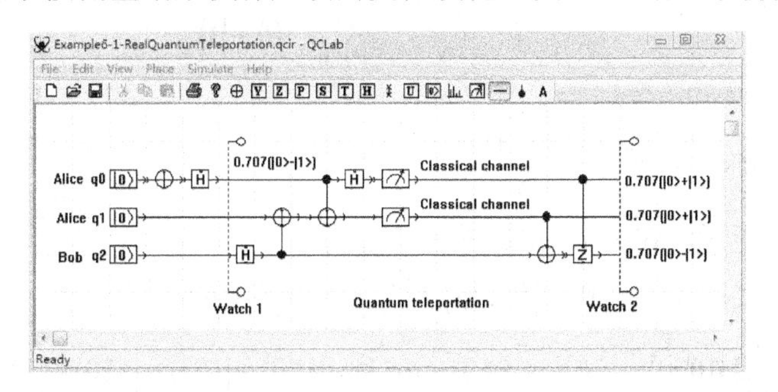

例 4-1 源文件

图 4-5　用 QCLab 编辑的按实际物理系统方案传输$\frac{|0\rangle-|1\rangle}{\sqrt{2}}$的量子隐形传态量子线路

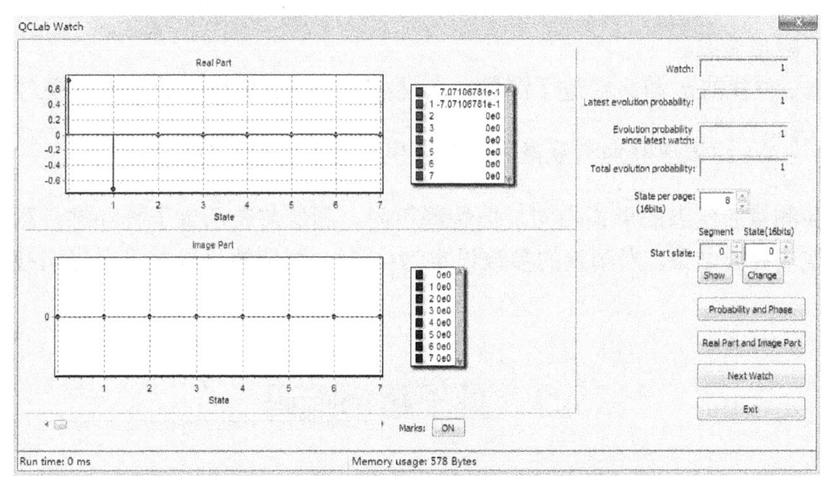

(a) Watch 1 位置的量子态

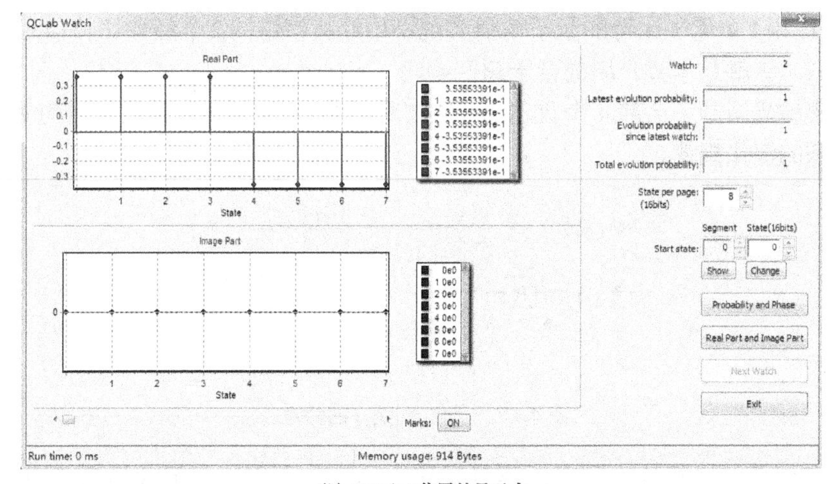

(b) Watch 2 位置的量子态

图 4-6　图 4-5 的仿真结果

如图 4－6（a）所示，Watch 1 位置的量子态为

$$0.707\,106\,78\,(|0\rangle - |1\rangle) = \frac{1}{\sqrt{2}}(|000\rangle - |001\rangle)$$
$$= |00\rangle \frac{|0\rangle - |1\rangle}{\sqrt{2}}$$

即制备了一个假想的未知量子态 $\frac{|0\rangle - |1\rangle}{\sqrt{2}}$。

如图 4－6（b）所示，Watch 2 位置的量子态为

$$0.353\,553\,39\,(|0\rangle + |1\rangle + |2\rangle + |3\rangle - |4\rangle - |5\rangle - |6\rangle - |7\rangle)$$
$$= \frac{1}{\sqrt{2^3}}(|000\rangle + |001\rangle + |010\rangle + |011\rangle - |100\rangle - |101\rangle - |110\rangle - |111\rangle)$$
$$= \frac{|0\rangle - |1\rangle}{\sqrt{2}} \frac{|0\rangle + |1\rangle}{\sqrt{2}} \frac{|0\rangle + |1\rangle}{\sqrt{2}}$$

即完成了量子隐形传态。

在 Watch 2 位置前 q_0 和 q_1 经过了测量，而且需要根据测量得到的经典结果对 q_2 执行受控演化，所以 $\frac{|0\rangle + |1\rangle}{\sqrt{2}}$ 应该理解为测量得到经典结果 0 和 1 的概率分别为 50%。

测量前和测量后状态的形式相同，但解释不同。测量前表示量子叠加态，测量后表示以一定概率出现的经典结果。当测量的参数设定为 $|x\rangle$ 时，测量的位置并不会影响被演化状态的形式。

4.2 量子超密编码

量子超密编码.mp4

既然用 2 比特经典信道可以实现不用量子信道的 1 个量子比特状态的传输，用对偶的方式设想，是否能用 1 个量子比特的量子信道实现不用经典信道的 2 个经典比特信息的传输呢？答案是肯定的。这就是本节介绍的量子超密编码（superdense coding）技术。

量子超密编码用到了全部 4 个贝尔态。通过对如图 4－7 所示的量子线路的演化过程，回顾一下贝尔态的演化规律。

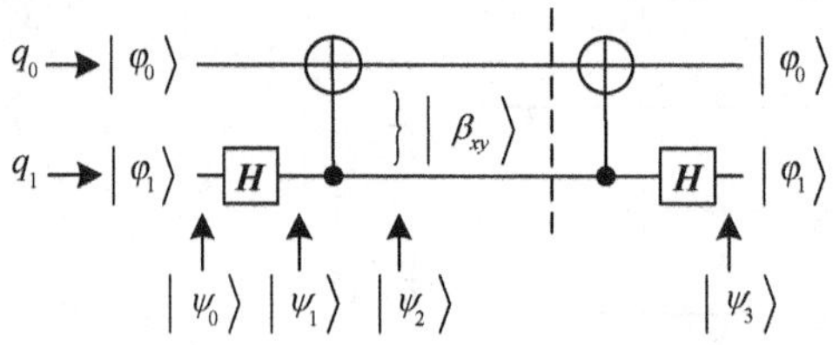

$q_0 \rightarrow |\varphi_0\rangle$ … $|\varphi_0\rangle$；$q_1 \rightarrow |\varphi_1\rangle$ … $|\varphi_1\rangle$；$|\beta_{xy}\rangle$；$|\psi_0\rangle$ $|\psi_1\rangle$ $|\psi_2\rangle$ $|\psi_3\rangle$

图 4－7　贝尔态 $|\beta_{xy}\rangle$ 的特点

设量子态中量子比特从左到右的排列顺序为 $q_1 \prec q_0$。用状态演化分析法分析当 $|\psi_0\rangle$ 为 $|00\rangle$，$|01\rangle$，$|10\rangle$，$|11\rangle$ 时的演化过程。

（1）当$|\psi_0\rangle=|00\rangle$时，

$$|\psi_1\rangle=\frac{|0\rangle+|1\rangle}{\sqrt{2}}|0\rangle$$
$$=\frac{|00\rangle+|10\rangle}{\sqrt{2}}$$
$$|\psi_2\rangle=\frac{|00\rangle+|11\rangle}{\sqrt{2}}$$
$$=|\beta_{00}\rangle$$

根据退计算原理可知

$$|\psi_3\rangle=|00\rangle$$

（2）当$|\psi_0\rangle=|01\rangle$时，

$$|\psi_1\rangle=\frac{|0\rangle+|1\rangle}{\sqrt{2}}|1\rangle$$
$$=\frac{|01\rangle+|11\rangle}{\sqrt{2}}$$
$$|\psi_2\rangle=\frac{|01\rangle+|10\rangle}{\sqrt{2}}$$
$$=|\beta_{01}\rangle$$

根据退计算原理可知

$$|\psi_3\rangle=|01\rangle$$

（3）当$|\psi_0\rangle=|10\rangle$时，

$$|\psi_1\rangle=\frac{|0\rangle-|1\rangle}{\sqrt{2}}|0\rangle$$
$$=\frac{|00\rangle-|10\rangle}{\sqrt{2}}$$
$$|\psi_2\rangle=\frac{|00\rangle-|11\rangle}{\sqrt{2}}$$
$$=|\beta_{10}\rangle$$

根据退计算原理可知

$$|\psi_3\rangle=|10\rangle$$

（4）当$|\psi_0\rangle=|11\rangle$时，

$$|\psi_1\rangle=\frac{|0\rangle-|1\rangle}{\sqrt{2}}|1\rangle$$
$$=\frac{|01\rangle-|11\rangle}{\sqrt{2}}$$

$$|\psi_2\rangle = \frac{|01\rangle - |10\rangle}{\sqrt{2}}$$
$$= |\beta_{11}\rangle$$

根据退计算原理可知

$$|\psi_3\rangle = |11\rangle$$

用图 4－7 中虚线左侧的量子线路可以将$|00\rangle$，$|01\rangle$，$|10\rangle$，$|11\rangle$分别演化为$|\beta_{00}\rangle$，$|\beta_{01}\rangle$，$|\beta_{10}\rangle$，$|\beta_{11}\rangle$。用图 4－7 中虚线右侧的量子线路可以将$|\beta_{00}\rangle$，$|\beta_{01}\rangle$，$|\beta_{10}\rangle$，$|\beta_{11}\rangle$分别演化为$|00\rangle$，$|01\rangle$，$|10\rangle$，$|11\rangle$。

图 4－8 为实现量子超密编码的基本设想。设图 4－8 中的 Alice 为发送方，Bob 为接收方，分别用下标 A 和 B 表示 Alice 和 Bob 拥有的量子比特。$|0\rangle_{A2}$和$|0\rangle_{A1}$为 Alice 待编码的量子比特初始状态，根据编码要求选择$\boldsymbol{U}_0$和$\boldsymbol{U}_1$为$\boldsymbol{X}$门或$\boldsymbol{I}$门，从而实现经典比特 00，01，10，11 的编码。$|0\rangle_{A0}$和$|0\rangle_B$分别为 Alice 和 Bob 事先拥有的两个量子比特的状态。

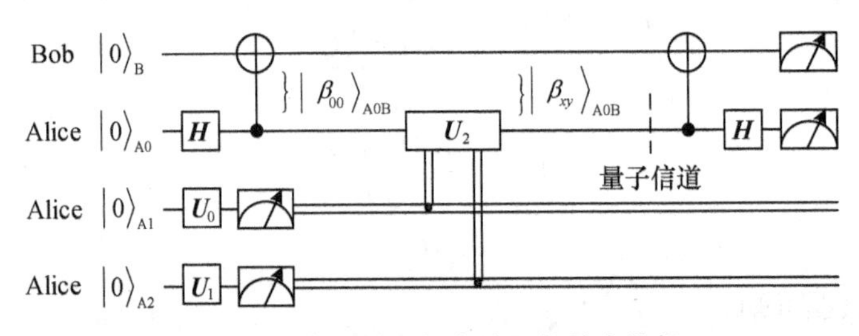

图 4－8 实现量子超密编码的基本设想

当 Alice 和 Bob 在一起时，用$\boldsymbol{H}$门和受控非门制备贝尔态$|\beta_{00}\rangle_{A0B}$。这一步也可以由第三方制备贝尔态$|\beta_{00}\rangle$，然后通过量子信道分发给 Alice 和 Bob。所以，即使 Alice 和 Bob 不在一起，也可以各自拥有$|\beta_{00}\rangle_{A0B}$贝尔态中的一个量子比特。

当 Alice 希望给 Bob 传输 2 比特经典信息 00，01，10 或 11 时，先对自己拥有的两个初态为$|0\rangle$的量子比特用$\boldsymbol{X}$门或$\boldsymbol{I}$门进行经典信息编码。

Alice用编码后的经典比特控制量子门$\boldsymbol{U}_2$对自己拥有的贝尔态$|\beta_{00}\rangle_{A0B}$中的量子比特进行演化。演化结果使$|\beta_{00}\rangle_{A0B}$演化为与经典编码比特相对应的$|\beta_{00}\rangle_{A0B}$，$|\beta_{01}\rangle_{A0B}$，$|\beta_{10}\rangle_{A0B}$或$|\beta_{11}\rangle_{A0B}$。Alice 通过量子信道将演化后的量子比特传输给 Bob。Bob 在收到 Alice 发送的量子比特后，将拥有与经典编码比特相对应的$|\beta_{00}\rangle_{A0B}$，$|\beta_{01}\rangle_{A0B}$，$|\beta_{10}\rangle_{A0B}$或$|\beta_{11}\rangle_{A0B}$贝尔态的两个量子比特。Bob 用受控非门和$\boldsymbol{H}$门恢复出 Alice 希望传输的 2 比特经典信息 00，01，10 或 11。

Bob 通过测量所拥有的两个量子比特，将以 100%的概率得到 Alice 希望传输的经典信息，从而仅用 1 个量子比特的量子信道实现 2 个经典比特信息的传输。

由于仅仅传输了 1 个量子比特就实现了 2 个经典比特信息的传输，所以称为量子超密编码。

实现如图 4－8 所示基本设想的关键是酉演化矩阵$\boldsymbol{U}_2$，该演化矩阵可用如图 4－9 所示的量子线路实现。

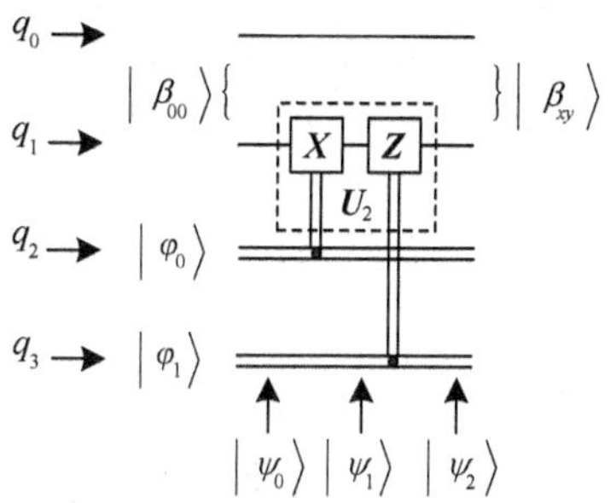

图 4-9　实现 $|\beta_{00}\rangle \to |\beta_{xy}\rangle$ 受控演化的量子线路

设量子态中量子比特从左到右的排列顺序为 $q_3 \prec q_2 \prec q_1 \prec q_0$。下面用状态演化分析法分析当图 4-9 中的 $|\psi_0\rangle$ 分别为 $|00\rangle|\beta_{00}\rangle$，$|01\rangle|\beta_{00}\rangle$，$|10\rangle|\beta_{00}\rangle$，$|11\rangle|\beta_{00}\rangle$ 时的演化结果。

（1）当 $|\psi_0\rangle = |00\rangle|\beta_{00}\rangle = |00\rangle\dfrac{|00\rangle+|11\rangle}{\sqrt{2}}$ 时，

$$|\psi_1\rangle = |00\rangle|\beta_{00}\rangle$$

$$|\psi_2\rangle = |00\rangle|\beta_{00}\rangle$$

（2）当 $|\psi_0\rangle = |01\rangle|\beta_{00}\rangle = |01\rangle\dfrac{|00\rangle+|11\rangle}{\sqrt{2}}$ 时，

$$|\psi_1\rangle = |01\rangle\frac{|10\rangle+|01\rangle}{\sqrt{2}}$$

$$|\psi_2\rangle = |01\rangle\frac{|01\rangle+|10\rangle}{\sqrt{2}}$$

$$= |01\rangle|\beta_{01}\rangle$$

（3）当 $|\psi_0\rangle = |10\rangle|\beta_{00}\rangle = |10\rangle\dfrac{|00\rangle+|11\rangle}{\sqrt{2}}$ 时，

$$|\psi_1\rangle = |10\rangle\frac{|00\rangle+|11\rangle}{\sqrt{2}}$$

$$|\psi_2\rangle = |10\rangle\frac{|00\rangle-|11\rangle}{\sqrt{2}}$$

$$= |10\rangle|\beta_{10}\rangle$$

（4）当 $|\psi_0\rangle = |11\rangle|\beta_{00}\rangle = |11\rangle\dfrac{|00\rangle+|11\rangle}{\sqrt{2}}$ 时，

$$|\psi_1\rangle = |11\rangle\frac{|10\rangle+|01\rangle}{\sqrt{2}}$$

$$|\psi_2\rangle = |11\rangle\frac{|01\rangle-|10\rangle}{\sqrt{2}}$$

$$= |11\rangle|\beta_{11}\rangle$$

图 4-9 可实现用两个经典比特作为控制将量子态$|\beta_{00}\rangle$演化为$|\beta_{00}\rangle$，$|\beta_{01}\rangle$，$|\beta_{10}\rangle$或$|\beta_{11}\rangle$。利用如图 4-9 所示的量子线路，可以将图 4-8 中的量子超密编码的基本设想细化为如图 4-10 所示的具体量子线路。1992 年 C. H. Bennett 和 S. J. Wiesner 给出了如图 4-10 所示的量子超密编码的实现方案。

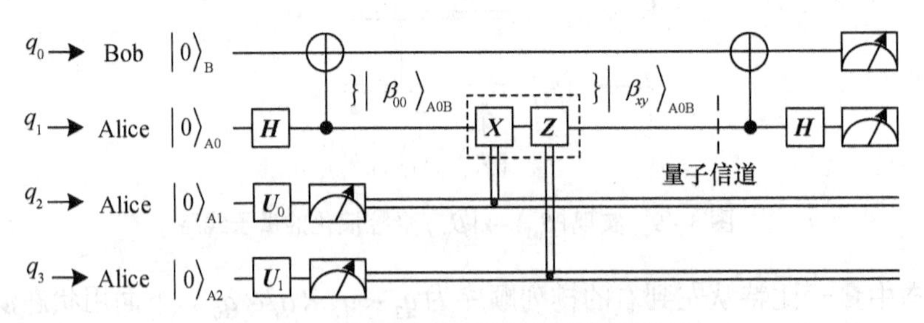

图 4-10　实现量子超密编码的量子线路

例 4-2　试用 QCLab 验证图 4-10 所实现的量子超密编码。

解：图 4-11 为用 QCLab 编辑的量子超密编码量子线路。

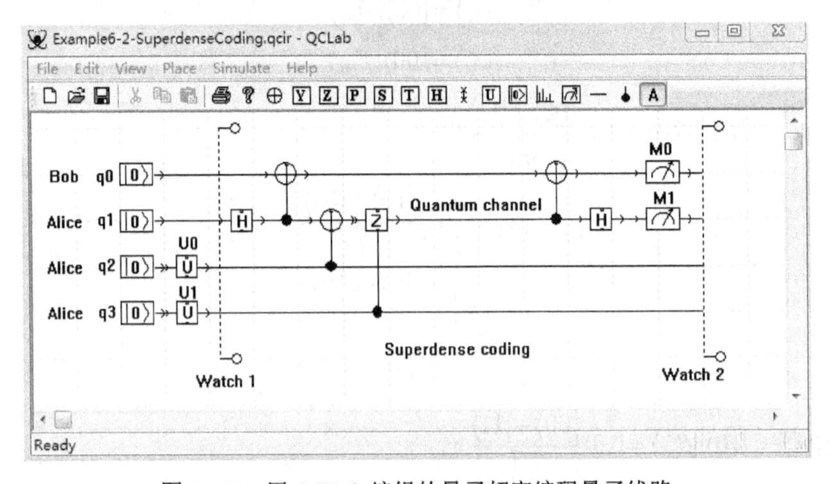

例 4-2 源文件

图 4-11　用 QCLab 编辑的量子超密编码量子线路

下面分别观察 Alice 发送 00，01，10，11 时的仿真结果。

（1）当$\boldsymbol{U}_1=\boldsymbol{U}_0=\boldsymbol{I}$时，相当于 Alice 的 2 比特经典编码为 00。当 Bob 收到 Alice 发送出的量子比特q_1后，将q_1与自己拥有的量子比特q_0进行联合演化，并观察测量q_1q_0结果为 00 的概率（测量$\boldsymbol{M}_1$和$\boldsymbol{M}_0$均设置为$|0\rangle$）。图 4-12 给出了 Watch 1 和 Watch 2 位置的仿真结果。

Watch 1 位置的量子态为

$$|0\rangle=|00\rangle|00\rangle$$

表示 Alice 的编码为 00。

Watch 2 位置的量子态为

$$|0\rangle=|00\rangle|00\rangle$$

$$\text{Total evolution probability}=1$$

表示 Bob 通过测量将以 100%的概率得到结果 00，且测量后量子态为$|0\rangle=|00\rangle|00\rangle$。

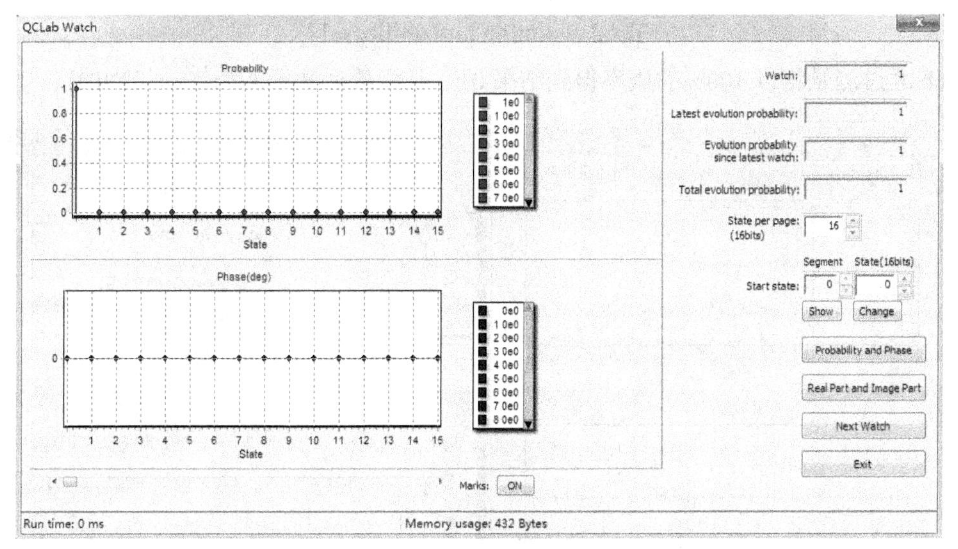

(a) Watch 1 位置的量子态

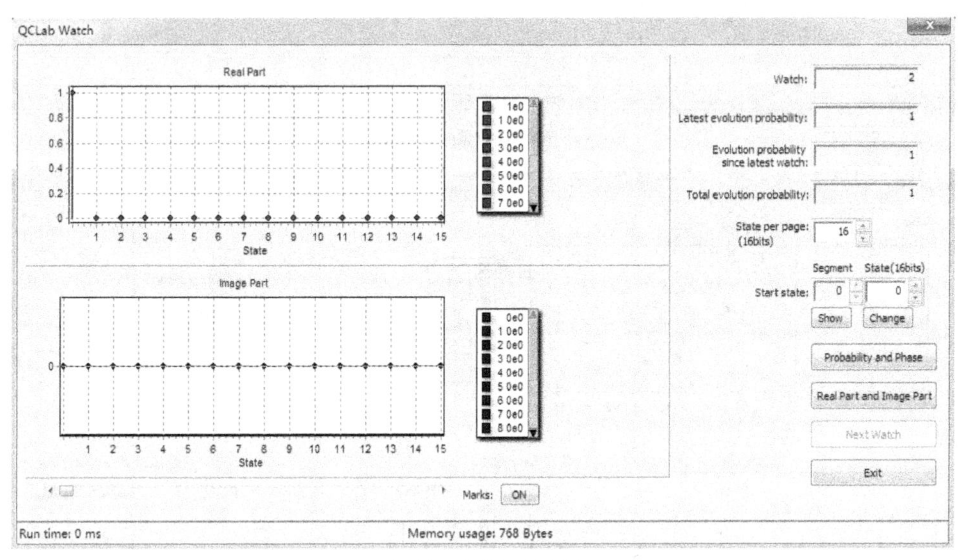

(b) Watch2 位置的量子态

图 4－12 Alice 发送 00 时 Bob 的测量结果

（2）当 $\boldsymbol{U}_1=\boldsymbol{I}$、$\boldsymbol{U}_0=\boldsymbol{X}$ 时，相当于 Alice 的 2 比特经典编码为 01。当 Bob 收到 Alice 发送出的量子比特 q_1 后，将 q_1 与自己拥有的量子比特 q_0 进行联合演化，并观察测量 q_1q_0 结果为 01 的概率（测量 $\boldsymbol{M}_1$ 设置为 $|0\rangle$，$\boldsymbol{M}_0$ 设置为 $|1\rangle$）。图 4－13 给出了 Watch 1 和 Watch 2 位置的仿真结果。

Watch 1 位置的量子态为

$$|4\rangle=|01\rangle|00\rangle$$

表示 Alice 的编码为 01。

Watch 2 位置的量子态为

$$|5\rangle=|01\rangle|01\rangle$$

$$\text{Total evolution probability} = 1$$

表示 Bob 通过测量将以 100%的概率得到结果 01，且测量后量子态为$|5\rangle = |01\rangle|01\rangle$。

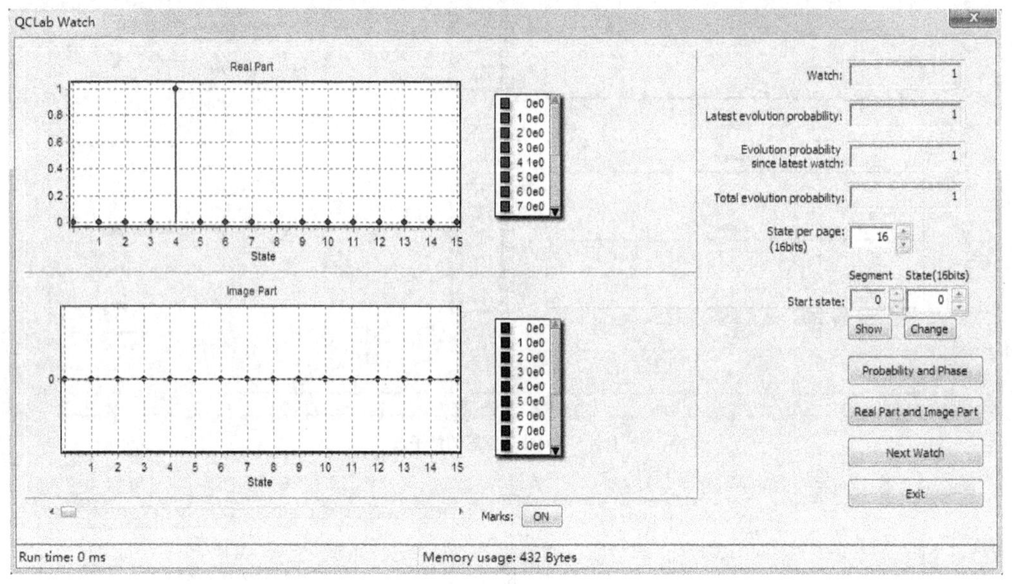

(a) Watch 1 位置的量子态

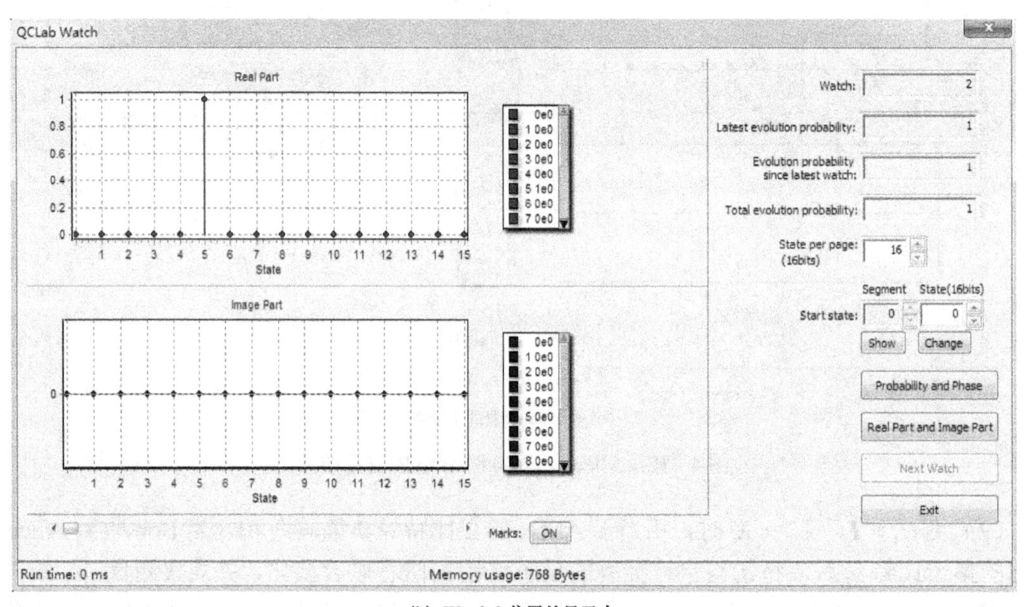

(b) Watch 2 位置的量子态

图 4-13　Alice 发送 01 时 Bob 的测量结果

（3）当$\boldsymbol{U}_1 = \boldsymbol{X}$、$\boldsymbol{U}_0 = \boldsymbol{I}$时，相当于 Alice 的 2 比特经典编码为 10。当 Bob 收到 Alice 发送出的量子比特q_1后，将q_1与自己拥有的量子比特q_0进行联合演化，并观察测量q_1q_0结果为 10 的概率（测量$\boldsymbol{M}_1$设置为$|1\rangle$，$\boldsymbol{M}_0$设置为$|0\rangle$）。图 4-14 给出了 Watch 1 和 Watch 2 位置的仿真结果。

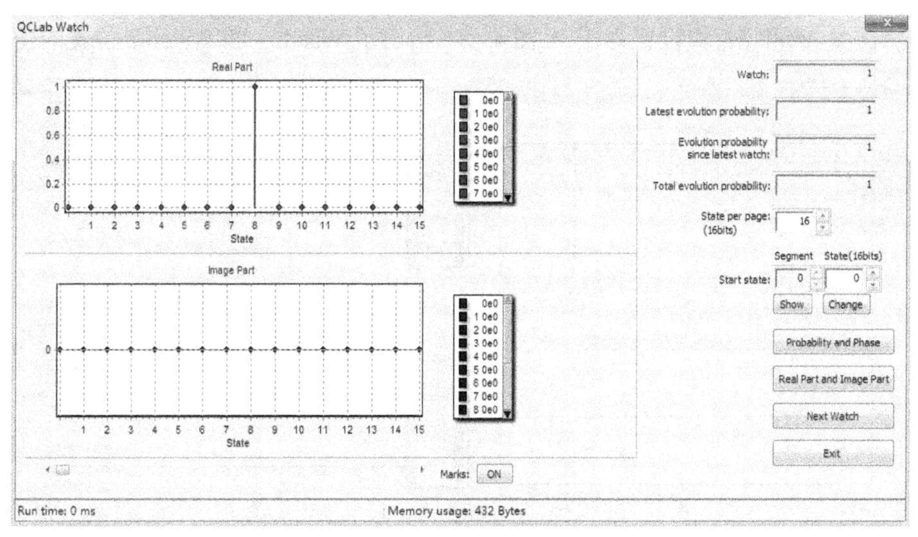

(a) Watch 1 位置的量子态

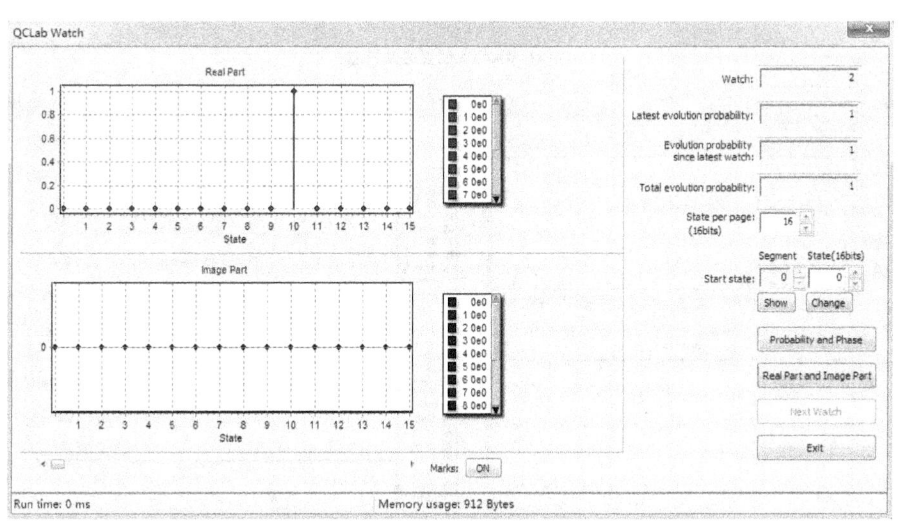

(b) Watch 2 位置的量子态

图 4－14　Alice 发送 10 时 Bob 的测量结果

Watch 1 位置的量子态为

$$|8\rangle=|10\rangle|00\rangle$$

表示 Alice 的编码为 10。

Watch 2 位置的量子态为

$$|10\rangle=|10\rangle|10\rangle$$

$$\text{Total evolution probability}=1$$

表示 Bob 通过测量将以 100%的概率得到结果 10，且测量后量子态为 $|10\rangle=|10\rangle|10\rangle$。

（4）当 $\boldsymbol{U}_1=\boldsymbol{U}_0=\boldsymbol{X}$ 时，相当于 Alice 的 2 比特经典编码为 11。当 Bob 收到 Alice 发送出的量子比特 q_1 后，将 q_1 与自己拥有的量子比特 q_0 进行联合演化，并观察测量 q_1q_0 结果为 11

的概率（将测量 $\boldsymbol{M}_1$ 和 $\boldsymbol{M}_0$ 均设置为$|1\rangle$）。图 4－15 给出了 Watch 1 和 Watch 2 位置的仿真结果。

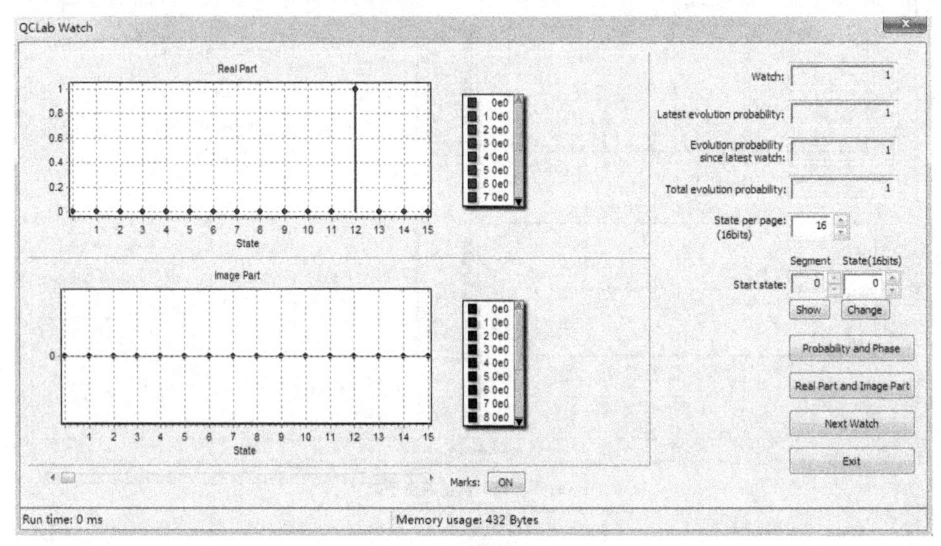

(a) Watch 1 位置的量子态

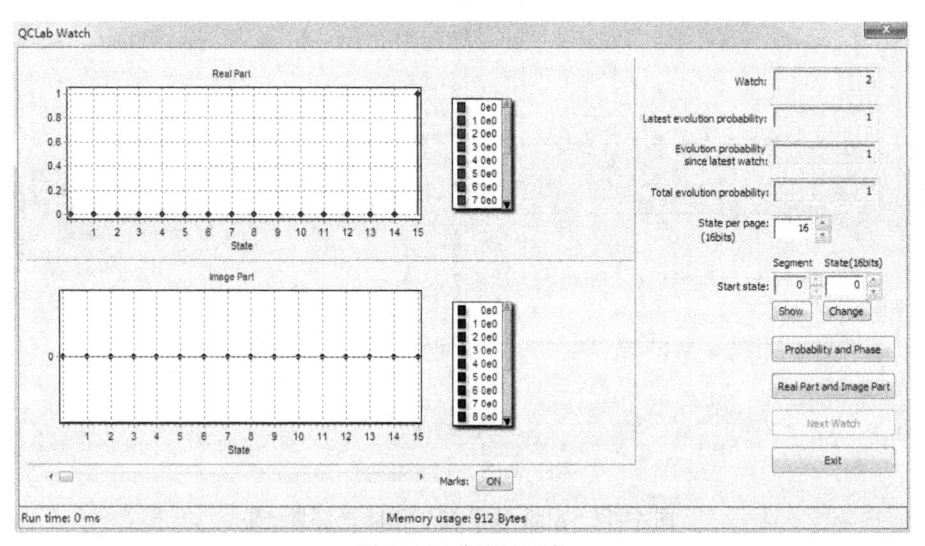

(b) Watch 2 位置的量子态

图 4－15 Alice 发送 11 时 Bob 的测量结果

Watch 1 位置的量子态为

$$|12\rangle=|11\rangle|00\rangle$$

表示 Alice 的编码为 11。

Watch 2 位置的量子态为

$$|15\rangle=|11\rangle|11\rangle$$

$$\text{Total evolution probability}=1$$

表示 Bob 通过测量将以 100%的概率得到结果 11，且测量后量子态为$|15\rangle=|11\rangle|11\rangle$。

4.3 量子纠缠交换

前两节给出的量子隐形传态和量子超密编码都是两用户点对点的通信，若需要构成量子通信网络实现多用户间的量子通信，可以仿照经典通信网络的交换技术。只要使通信双方能够共享一对贝尔态，双方就可以实现量子隐形传态或量子超密编码。

若要求所有通信用户彼此之间都事先共享一对贝尔态，显然是不经济的。解决的方法是采用量子纠缠交换中心的方式构成量子通信网，即：① 每个用户与交换中心共享一对贝尔态；② 当某两个用户需要进行量子通信时，用经典信道通知量子交换中心，量子交换中心采用量子隐形传态技术，动态地使通信双方共享一对贝尔态；③ 通信双方利用贝尔态完成相互之间的量子通信。

这里以如图 4－16 所示的包含两个用户的量子通信网络为例，解释量子纠缠交换。其中，C 代表量子纠缠交换中心，A 和 B 分别代表两个用户。实线表示所连接的双方间拥有一对量子纠缠态，即用户 A 和 B 分别与量子纠缠交换中心拥有一对量子纠缠态 $|\beta_{00}\rangle_{C1A}$ 和 $|\beta_{00}\rangle_{C2B}$。用户 A 和 B 可以利用与量子纠缠交换中心共享的量子纠缠态同量子纠缠交换中心进行量子隐形传态。虚线表示所连接的双方暂时未共同拥有一对量子纠缠态，但是希望彼此间能共享一对纠缠量子态 $|\beta_{00}\rangle_{AB}$，以便进行量子通信。

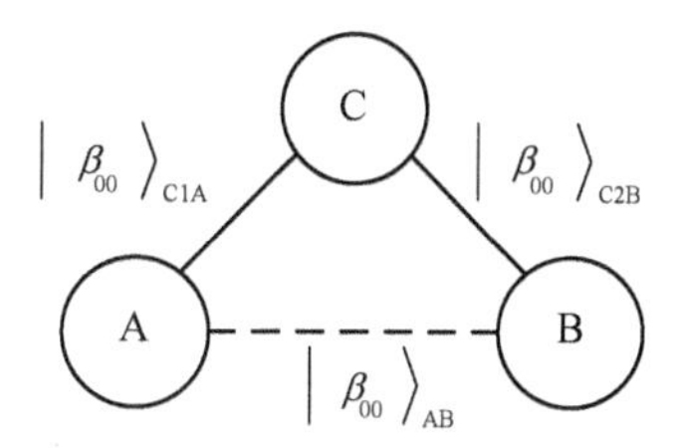

图 4－16 量子纠缠交换

图 4－17 为实现量子纠缠交换的基本设想。

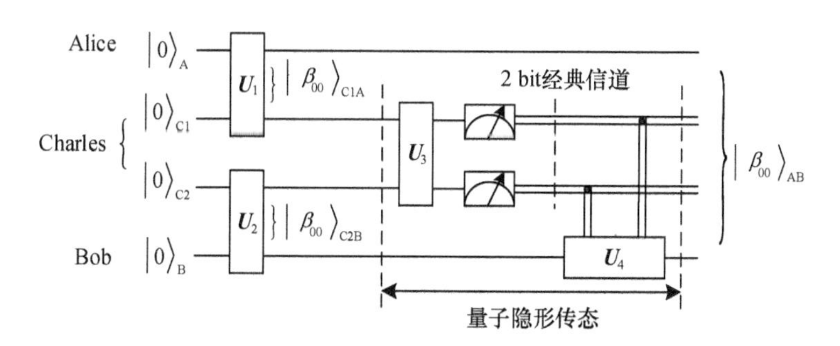

图 4－17 实现量子纠缠交换的基本设想

设图 4－17 中的 Charles 为量子纠缠交换中心，Alice 和 Bob 为量子通信网中的两个用户，分别用下标 A、B 和 C 表示 Alice、Bob 和 Charles 拥有的量子比特。Alice 和 Charles 通过 $\boldsymbol{U}_1$ 门演化共享一对贝尔态 $|\beta_{00}\rangle_{C1A}$。Bob 和 Charles 通过 $\boldsymbol{U}_2$ 门演化共享一对贝尔态 $|\beta_{00}\rangle_{C2B}$。也

可以由 Charles 先制备好两对贝尔态，然后通过量子信道分发给 Alice 和 Bob。

当 Bob 希望通过量子隐形传态或量子超密编码方式与 Alice 进行量子通信时，可以通过经典信道向 Charles 提出请求（图 4-17 未画出该部分）。Charles 利用量子隐形传态技术将自己拥有的与 Alice 共享量子纠缠态的量子比特状态传输给 Bob。图 4-17 中的 $\boldsymbol{U}_3$—2 个测量—2 bit 经典信道—$\boldsymbol{U}_4$ 过程，使 Bob 拥有的量子比特与 Alice 拥有的事先与 Charles 共享量子纠缠态的量子比特演化为与 Alice 拥有的量子的贝尔态 $|\beta_{00}\rangle_{AB}$。Alice 和 Bob 利用该纠缠态可实现彼此间的量子通信。

图 4-18 是实现图 4-17 中的量子纠缠交换方案的量子线路。下面采用状态演化分析法分析图 4-18（a）是如何实现量子纠缠交换的。因为只需考察最终演化结果，为了便于分析，利用推迟测量原理及隐含测量原理，将图 4-18（a）改画为图 4-18（b）。设量子态中量子比特从左到右的排列顺序为 $q_3 \prec q_2 \prec q_1 \prec q_0$。

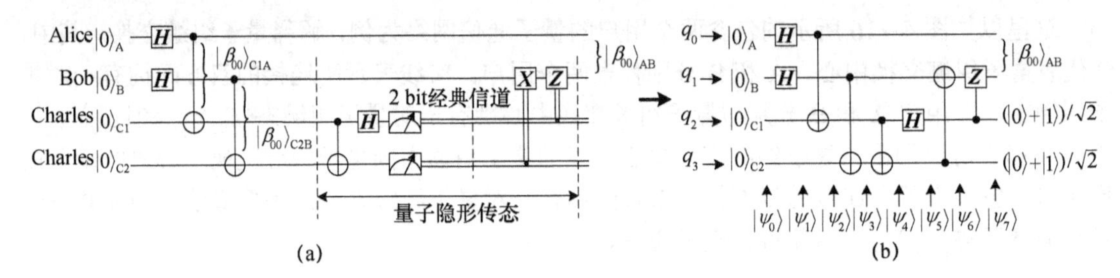

图 4-18　量子纠缠交换量子线路

$$|\psi_0\rangle = |0\rangle|0\rangle|0\rangle|0\rangle$$

$$|\psi_1\rangle = |0\rangle|0\rangle\frac{|0\rangle+|1\rangle}{\sqrt{2}}\frac{|0\rangle+|1\rangle}{\sqrt{2}}$$

$$= \frac{1}{2}\left[|0\rangle|0\rangle(|0\rangle+|1\rangle)|0\rangle + |0\rangle|0\rangle(|0\rangle+|1\rangle)|1\rangle\right]$$

$$|\psi_2\rangle = \frac{1}{2}\left[|0\rangle|0\rangle(|0\rangle+|1\rangle)|0\rangle + |0\rangle|1\rangle(|0\rangle+|1\rangle)|1\rangle\right]$$

$$= \frac{1}{2}(|0000\rangle+|0010\rangle+|0101\rangle+|0111\rangle)$$

$$|\psi_3\rangle = \frac{1}{2}\left[|0\rangle|0\rangle(|0\rangle+|1\rangle)|0\rangle + |0\rangle|1\rangle(|0\rangle+|1\rangle)|1\rangle\right]$$

$$= \frac{1}{2}(|0000\rangle+|1010\rangle+|0101\rangle+|1111\rangle)$$

此时，状态 $|\psi_3\rangle$ 表示构造了 q_3 与 q_1、 q_2 与 q_0 两对贝尔态。

$$|\psi_4\rangle = \frac{1}{2}(|0000\rangle+|1010\rangle+|1101\rangle+|0111\rangle)$$

$$|\psi_5\rangle = \frac{1}{2}\left(|0\rangle\frac{|0\rangle+|1\rangle}{\sqrt{2}}|00\rangle + |1\rangle\frac{|0\rangle+|1\rangle}{\sqrt{2}}|10\rangle + |1\rangle\frac{|0\rangle-|1\rangle}{\sqrt{2}}|01\rangle + |0\rangle\frac{|0\rangle-|1\rangle}{\sqrt{2}}|11\rangle\right)$$

$$|\psi_6\rangle=\frac{1}{2}\left(|0\rangle\frac{|0\rangle+|1\rangle}{\sqrt{2}}|00\rangle+|1\rangle\frac{|0\rangle+|1\rangle}{\sqrt{2}}|00\rangle+|1\rangle\frac{|0\rangle-|1\rangle}{\sqrt{2}}|11\rangle+|0\rangle\frac{|0\rangle-|1\rangle}{\sqrt{2}}|11\rangle\right)$$
$$=\frac{1}{2\sqrt{2}}(|0000\rangle+|0100\rangle+|1000\rangle+|1100\rangle+|0011\rangle-|0111\rangle+|1011\rangle-|1111\rangle)$$

$$|\psi_7\rangle=\frac{1}{2\sqrt{2}}(|0000\rangle+|0100\rangle+|1000\rangle+|1100\rangle+|0011\rangle+|0111\rangle+|1011\rangle+|1111\rangle)$$
$$=\frac{1}{2\sqrt{2}}(|00\rangle+|01\rangle+|10\rangle+|11\rangle)(|00\rangle+|11\rangle)$$
$$=\frac{|0\rangle+|1\rangle}{\sqrt{2}}\frac{|0\rangle+|1\rangle}{\sqrt{2}}\frac{|00\rangle+|11\rangle}{\sqrt{2}}$$

最终的演化结果表明，Alice 和 Bob 之间共享了一对处于纠缠态$|\beta_{00}\rangle$的量子比特，而原来 Alice 和 Bob 分别与 Charles 共享的处于纠缠态的量子比特均演化为$\frac{|0\rangle+|1\rangle}{\sqrt{2}}$。

例 4-3　设计一个利用量子纠缠交换技术实现 Alice 向 Bob 进行量子隐形传态的量子通信方案，并用 QCLab 验证 Alice 向 Bob 传输了假想的未知量子态$\frac{|0\rangle-|1\rangle}{\sqrt{2}}$的过程。

解：将量子纠缠交换方案与量子隐形传态方案组合可得到如图 4-19 所示的利用量子纠缠交换技术实现 Alice 向 Bob 进行量子隐形传态的量子通信方案。

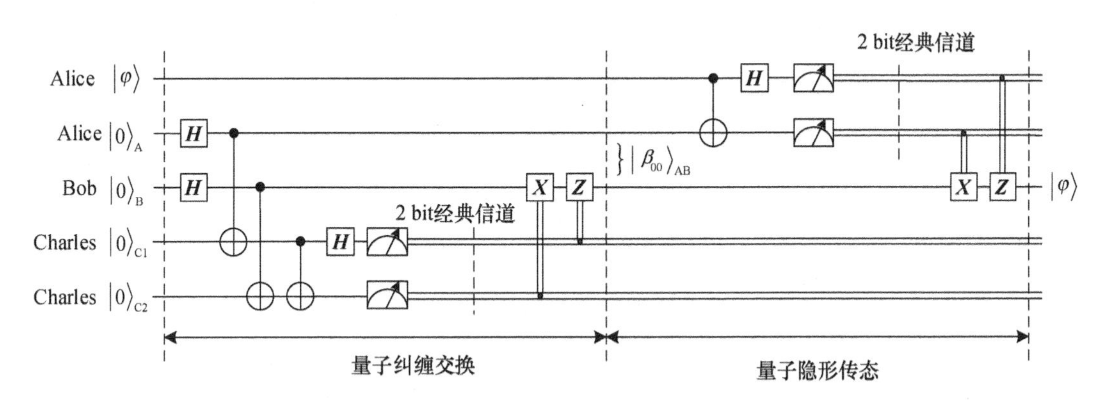

图 4-19　利用量子纠缠交换技术实现 Alice 向 Bob 进行量子隐形传态的量子通信方案

根据推迟测量原理及隐含测量原理将图 4-19 改画为方便仿真的图 4-20。将q_0初态设定为$|0\rangle$，然后经过非门和 ***H*** 门演化为假想的未知量子$\frac{|0\rangle-|1\rangle}{\sqrt{2}}$。图 4-20 的最后 4 个 ***H*** 门将q_0、q_1、q_3和q_4恢复为$|0\rangle$，便于观察演化结果。

图 4-21 是用 QCLab 编辑的仿真量子线路（对应图 4-20）。图 4-22 是在 Watch 1、Watch 2 和 Watch 3 位置的仿真结果。

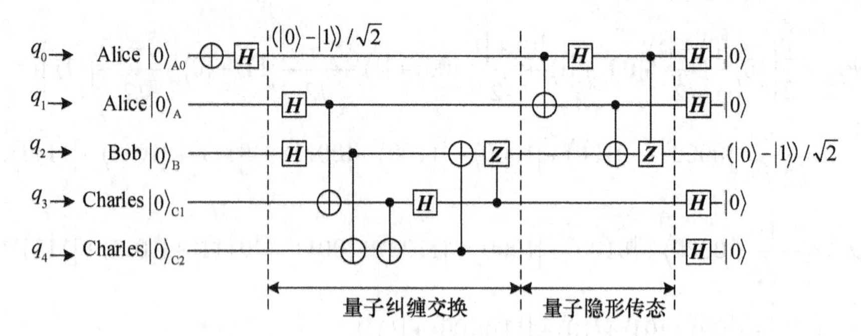

图 4-20 例 4-3 仿真方案

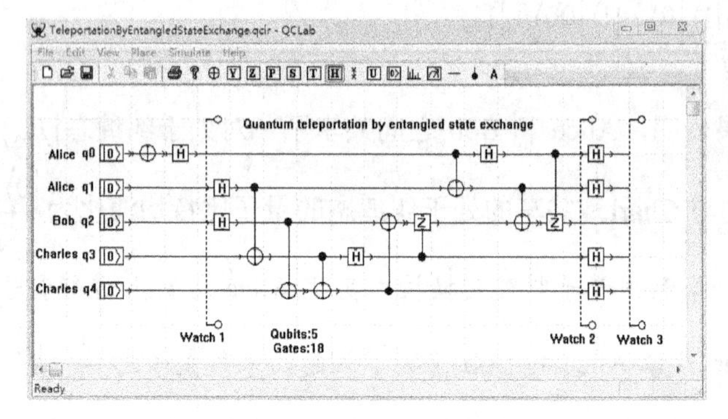

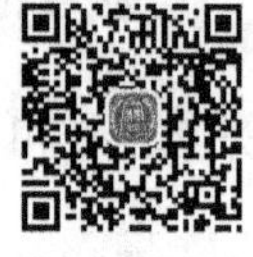

例 4-3 源文件

图 4-21 用 QCLab 编辑的仿真量子线路（对应图 4-20）

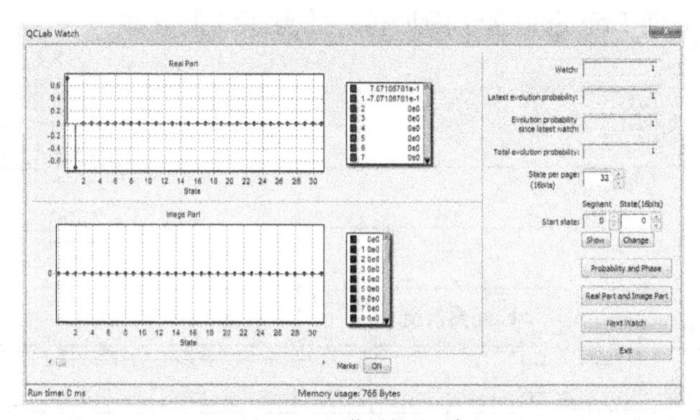

(a) Watch 1 位置的量子态

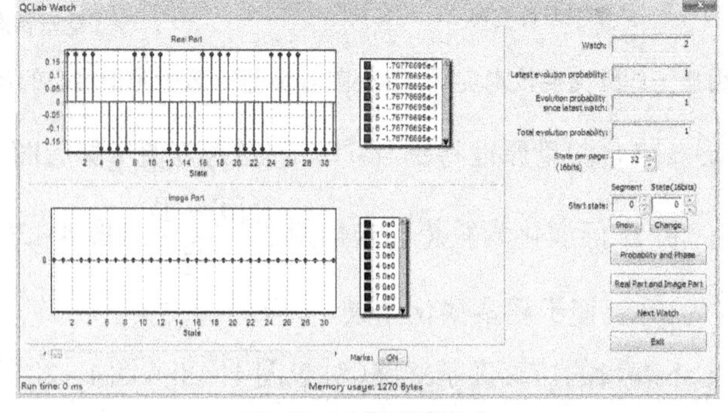

(b) Watch 2 位置的量子态

图 4-22 图 4-21 仿真结果

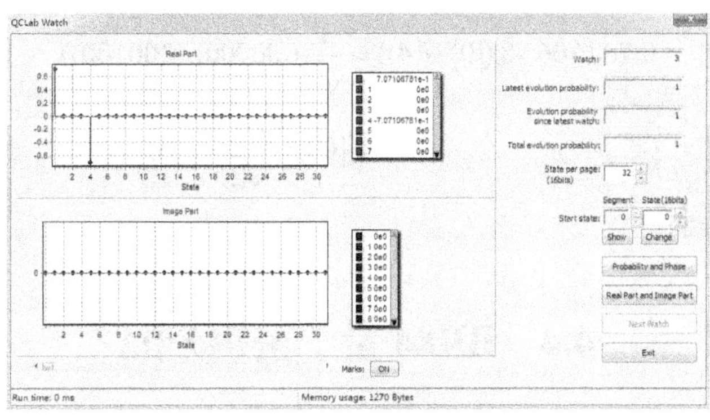

(c) Watch 3 位置的量子态

图 4－22　图 4－21 仿真结果（续）

如图 4－22（a）所示，Watch 1 位置的量子态为

$$0.707\,106\,78\,(|0\rangle-|1\rangle)=\frac{1}{\sqrt{2}}(|00000\rangle-|00001\rangle)$$

$$=|0000\rangle\frac{|0\rangle-|1\rangle}{\sqrt{2}}$$

即制备了一个假想的未知量子态 $\frac{|0\rangle-|1\rangle}{\sqrt{2}}$。

如图 4－22（b）所示，Watch 2 位置的量子态为

$$\begin{aligned}
&0.176\,776\,695\,(|0\rangle+|1\rangle+|2\rangle+|3\rangle-|4\rangle-|5\rangle-|6\rangle-|7\rangle+\\
&\quad|8\rangle+|9\rangle+|10\rangle+|11\rangle-|12\rangle-|13\rangle-|14\rangle-|15\rangle+\\
&\quad|16\rangle+|17\rangle+|18\rangle+|19\rangle-|20\rangle-|21\rangle-|22\rangle-|23\rangle+\\
&\quad|24\rangle+|25\rangle+|26\rangle+|27\rangle-|28\rangle-|29\rangle-|30\rangle-|31\rangle)\\
&=0.176\,776\,695\,(|00000\rangle+|00001\rangle+|00010\rangle+|00011\rangle-\\
&\quad|00100\rangle-|00101\rangle-|00110\rangle-|00111\rangle+\\
&\quad|01000\rangle+|01001\rangle+|01010\rangle+|01011\rangle-\\
&\quad|01100\rangle-|01101\rangle-|01110\rangle-|01111\rangle+\\
&\quad|10000\rangle+|10001\rangle+|10010\rangle+|10011\rangle-\\
&\quad|10100\rangle-|10101\rangle-|10110\rangle-|10111\rangle+\\
&\quad|11000\rangle+|11001\rangle+|11010\rangle+|11011\rangle-\\
&\quad|11100\rangle-|11101\rangle-|11110\rangle-|11111\rangle)\\
&=\frac{|0\rangle+|1\rangle}{\sqrt{2}}\frac{|0\rangle+|1\rangle}{\sqrt{2}}\frac{|0\rangle-|1\rangle}{\sqrt{2}}\frac{|0\rangle+|1\rangle}{\sqrt{2}}\frac{|0\rangle+|1\rangle}{\sqrt{2}}
\end{aligned}$$

如图 4－22（c）所示，Watch 3 位置的量子态为

$$0.707\,106\,78\left(|0\rangle - |4\rangle\right) = \frac{1}{\sqrt{2}}\left(|00000\rangle - |00100\rangle\right)$$

$$= |00\rangle \frac{|0\rangle - |1\rangle}{\sqrt{2}} |00\rangle$$

即完成了量子隐形传态。

BB84 量子密钥分配.mp4

4.4　BB84 量子密钥分配

为保障通信安全，需要采用保密措施。保密措施包括用加密密钥（key）进行加密（encryption）和用解密密钥进行解密（decryption）两个过程。加密过程是发送方用加密密钥将明文 x 转换为密文 $y = f(x)$ 后再发送给接收方。接收方接到密文 y 后，用解密密钥将密文恢复成明文，即 $x = f^{-1}(y)$。研究信息安全的学科称为密码学（cryptology）。加密和解密构成了加密系统，加密和解密方式决定了加密系统的安全性。

若加密密钥与解密密钥相同或实质上相同（从一个密钥可以很容易地推出另一个密钥），称为对称密钥密码体制（symmetric key cryptography）。对称密钥密码体制的加密密钥与解密密钥实质上相同，又称为单密钥密码体制（single key cryptography）。为了保障单密钥密码体制的安全性，密钥是不公开的，称为私钥密码体制（private key cryptography）。

若从一个密钥很难推出另一个密钥，称为非对称密钥密码体制（asymmetric key cryptography）。非对称密钥密码体制下很难从一个密钥推出另一个密钥，称为双密钥密码体制（dual key cryptography）。双密钥密码体制需要两个密钥才能完成，缺一不可。根据实际应用，可以公开其中某个密钥，称为公钥密码体制（public key cryptography）。公钥密码体制可实现数字签名（digital signature）和数字认证（digital authentication）。

1948 年，美国贝尔实验室 C. E. Shannon 的《通信的数学理论》一文用数学理论研究了密码系统，奠定了密码学的理论基础。该理论证明了私钥密码体制的一次便签（one time pad）密码的完善保密性，所谓一次便签就是密钥只使用一次。

一次便签密码的安全性主要取决于密钥本身的安全性，需要事先制备大量随机密钥，而且密钥保管也极不方便。

公钥密码体制是建立在计算复杂性基础上的一种加密系统，借用了近似单向函数的概念。近似单向函数的特点是若已知 x，可以很容易地计算出 $y = f(x)$，但反过来，若已知 y，计算 $x = f^{-1}(y)$ 需要大量计算资源，以致在当前计算水平条件下不可能有效计算。比如 RSA 密码方案就是建立在大数素因子分解基础上的。例如，已知两个大素数，可以很容易计算其乘积，但反过来将一个大数分解为两个素因数，基于目前经典计算资源条件，还不存在有效算法。

Shor 量子算法是一种求大整数因子的有效量子算法。在量子计算机上执行 Shor 量子算法可以轻易破解 RSA 密码。幸运的是，在 Shor 量子算法发现前还发现了量子加密方法。

量子加密是通信双方利用量子原理动态生成随机密钥，发送方利用该密钥对明文进行加密（如明文与密钥的逐位异或运算），然后将密文通过经典信道发送给接收方，接收方利用密钥进行解密（如密文与密钥的逐位异或运算），恢复明文。

量子加密方法对于较短的明文来讲与一次便签密码等价，对于较长明文可以采用重复使用密钥进行加密和解密，与一次便签密码近似等效。由于量子加密实际上是分配或生成密钥，所以称为量子密钥分配（quantum key distribution，QKD）。

量子密钥分配有两个主要特点：① 物理原理保障的动态随机密钥；② 物理原理保障的以足够高概率发现密钥分配过程中可能存在的窃听。所以称量子加密是由物理原理保障安全性的加密技术。

运算能力超强的量子计算机虽然可以轻易地破解基于数学难解问题生成的密钥，但却无法破解基于物理原理生成的密钥。量子密钥分配为量子信息时代的信息安全提供了根本保障。本节以量子线路为工具，介绍量子密钥分配原理及最早提出的 BB84 密钥分配协议。

随机密钥用到的随机二进制数可以用如图 4－23 所示的量子线路实现。

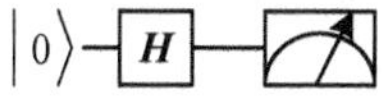

$|0\rangle$ —[H]—[测量]

图 4－23　随机二进制数发生器

图 4－23 中的初态 $|0\rangle$ 经过 $\boldsymbol{H}$ 门演化为 $\dfrac{|0\rangle+|1\rangle}{\sqrt{2}}$，测量将各以 50%的概率得到结果 0 和 1。该线路执行 100 次，可生成由 100 位二进制随机数构成的密钥。由于该随机密钥是基于量子系统的酉演化性质，所以称为物理原理保障的随机密钥。

假设 Alice 希望与 Bob 进行加密通信，Alice 可以将图 4－23 生成的随机密钥通过量子信道告诉 Bob，然后用该密钥完成加密通信。但是，非法窃听者 Eve 也可以很容易地从量子信道复制该密钥。

例 4－4　分析 Alice 采用如图 4－24（a）所示的量子信道直接将密钥发送给 Bob 时的演化结果。若窃听者 Eve 采用如图 4－24（b）所示的窃听方案，分析窃听效果。

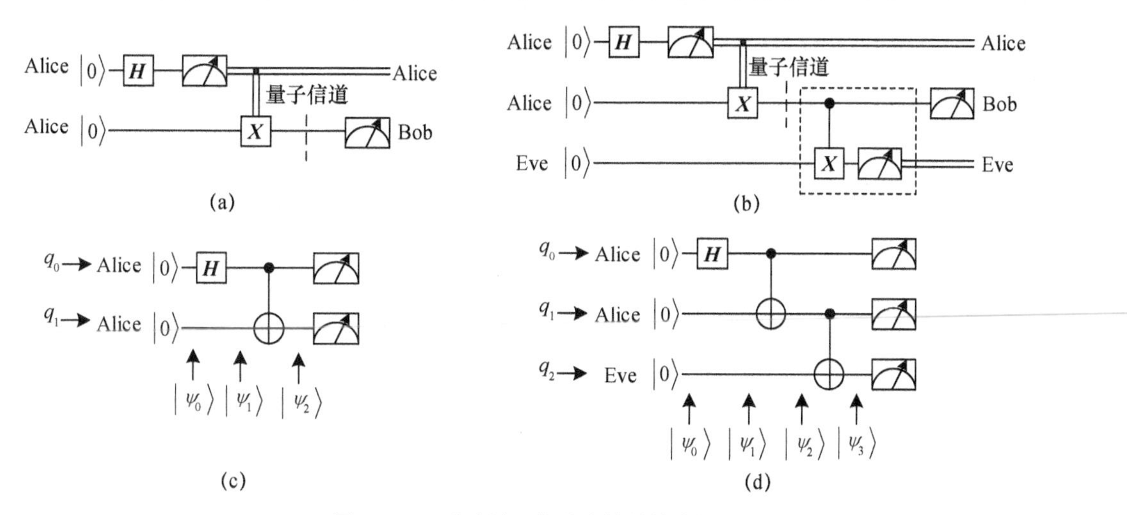

图 4－24　通过量子信道直接传输密钥

解：（1）利用推迟测量原理将图 4－24（a）改画为图 4－24（c）。

设量子态中量子比特从左到右的排列顺序为 $q_1 \prec q_0$，根据状态演化分析法可知图 4－24

（c）中从$|\psi_0\rangle$到$|\psi_2\rangle$的演化过程为$|00\rangle \to \frac{|00\rangle+|01\rangle}{\sqrt{2}} \to \frac{|00\rangle+|11\rangle}{\sqrt{2}}$。

若 Alice 测量结果为 0（概率为 50%），则 Bob 测量时将以 100%的概率得到 0；若 Alice 测量结果为 1（概率为 50%），则 Bob 测量时将以 100%的概率得到 1。Alice 和 Bob 的测量结果将以 100%概率相同。

（2）非法窃听的第三者 Eve 可以选择如图 4－24（b）所示的方法从量子信道中窃取密钥。利用推迟测量原理将图 4－24（b）改画为图 4－24（d）。

设量子态中量子比特从左到右的排列顺序为$q_2 \prec q_1 \prec q_0$，根据状态演化分析法可知图 4－24（d）中从$|\psi_0\rangle$到$|\psi_3\rangle$的演化过程为$|000\rangle \to \frac{|000\rangle+|001\rangle}{\sqrt{2}} \to \frac{|000\rangle+|011\rangle}{\sqrt{2}} \to \frac{|000\rangle+|111\rangle}{\sqrt{2}}$。即 Alice、Bob 和 Eve 的测量结果将以 100%的概率相同。

窃听者 Eve 可以采用如图 4－24（b）所示的量子方法窃取密钥，即用量子信道的量子比特控制 Eve 一个初态为$|0\rangle$的量子比特进行受控非门演化，然后进行测量。Eve 的测量结果与 Alice 和 Bob 的测量结果相同，从而在 Alice 和 Bob 不知晓的情况下成功窃取密钥。

例 4－4 说明通过量子信道直接传输随机密钥是不安全的。Eve 可以在 Alice 和 Bob 完全不知晓的情况下成功进行窃听。

若 Alice 将生成的随机密钥进行演化后再通过量子信道发送给 Bob，Bob 将收到的量子比特经过退计算后再测量，情况会如何？

例 4－5 （1）分析如图 4－25（a）所示的密钥经过 $\boldsymbol{H}$ 门演化后再传输时的演化过程。（2）假设 Eve 有一套与 Bob 相同的接收装置，并且还有一套与 Alice 相同的发送装置。Eve 先制备两个初态为$|0\rangle$的量子比特，如图 4－25（b）所示。用交换门从量子信道上窃得 Alice 发送的量子比特，用与 Bob 相同的接收装置处理所窃得的量子比特。Eve 根据测量结果再用与 Alice 相同的发送装置处理，并用交换门将处理后的量子比特返回到量子信道上。分析 Eve 采用如图 4－25（b）所示的窃听方案时的演化结果。

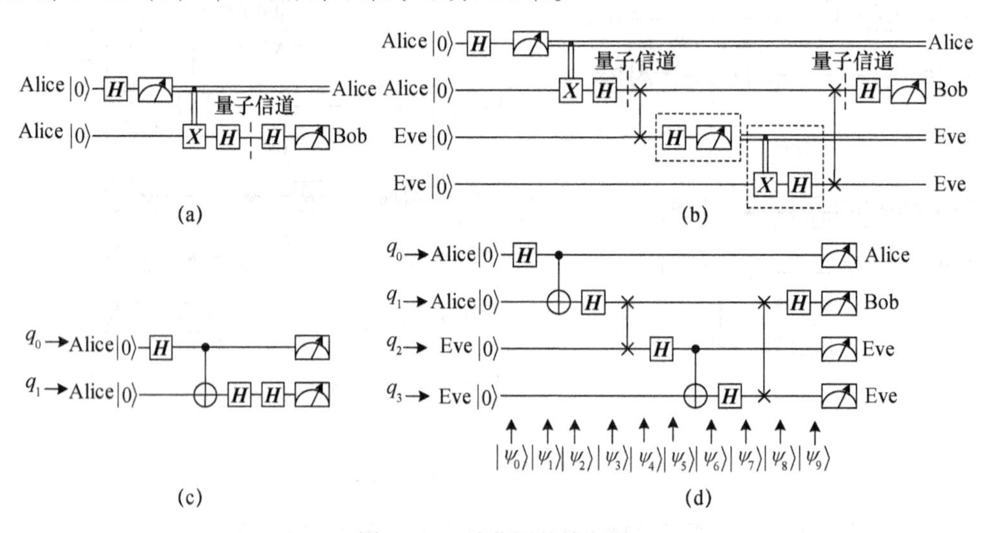

图 4－25　演化后传输密钥

解：（1）将图 4－25（a）改画为图 4－25（c）后可知演化结果与图 4－24（c）相同。

（2）利用推迟测量原理将图 4－25（b）改画为图 4－25（d）。

设量子态中量子比特从左到右的排列顺序为 $q_3 \prec q_2 \prec q_1 \prec q_0$。根据状态演化分析法可知图 4－25（d）从 $|\psi_0\rangle$ 到 $|\psi_9\rangle$ 的演化过程如下。

$$|\psi_0\rangle = |0000\rangle$$

$$|\psi_1\rangle = \frac{|0000\rangle + |0001\rangle}{\sqrt{2}}$$

$$|\psi_2\rangle = \frac{|0000\rangle + |0011\rangle}{\sqrt{2}}$$

$$|\psi_3\rangle = \frac{|0000\rangle + |0010\rangle + |0001\rangle - |0011\rangle}{2}$$

$$|\psi_4\rangle = \frac{|0000\rangle + |0100\rangle + |0001\rangle - |0101\rangle}{2}$$

$$|\psi_5\rangle = \frac{|0000\rangle + |0100\rangle + |0000\rangle - |0100\rangle + |0001\rangle + |0101\rangle - |0001\rangle + |0101\rangle}{2\sqrt{2}}$$

$$= \frac{|0000\rangle + |0101\rangle}{\sqrt{2}}$$

$$|\psi_6\rangle = \frac{|0000\rangle + |1101\rangle}{\sqrt{2}}$$

$$|\psi_7\rangle = \frac{|0000\rangle + |1000\rangle + |0101\rangle - |1101\rangle}{2}$$

$$|\psi_8\rangle = \frac{|0000\rangle + |1000\rangle + |0101\rangle - |1101\rangle}{2}$$

$$|\psi_9\rangle = \frac{|0000\rangle + |0010\rangle + |0000\rangle - |0010\rangle + |0101\rangle + |0111\rangle - |0101\rangle + |0111\rangle}{2\sqrt{2}}$$

$$= |0\rangle \frac{|000\rangle + |111\rangle}{\sqrt{2}}$$

由演化得到的 $|\psi_9\rangle$ 可知，Alice、Bob 和 Eve 的测量结果将以 100%的概率相同。所以当 Eve 采用如图 4－25（b）所示的窃听方案时，可以不被发现而成功窃得密钥。

图 4－26 是用 QCLab 编辑的 Eve 使用的如图 4－25(b)所示的窃听方案的仿真量子线路。

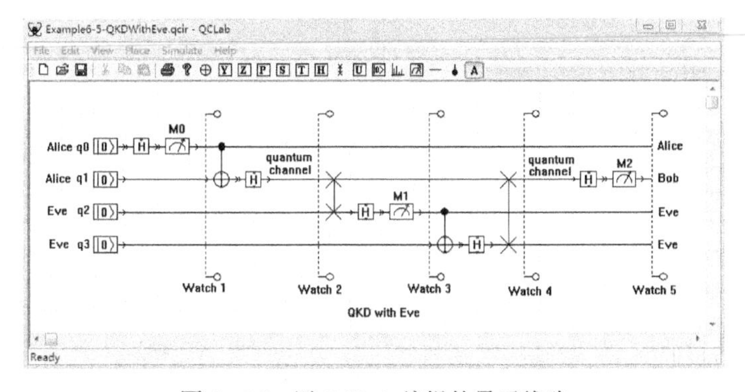

例 4-5 源文件

图 4－26　用 QCLab 编辑的量子线路

下面分析 Alice 发送 0，Bob 和 Eve 也收到 0 的过程。将测量 $\boldsymbol{M}_0$、$\boldsymbol{M}_1$ 和 $\boldsymbol{M}_2$ 均设定为 $|0\rangle$。仿真结果如图 4-27 所示。

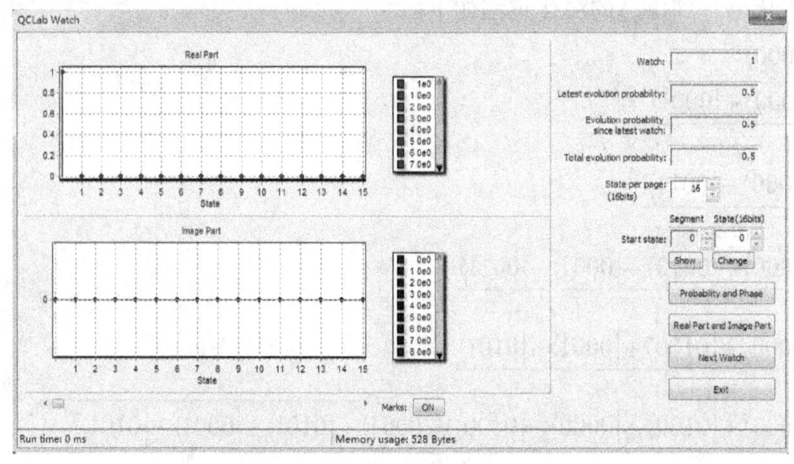

(a) Watch 1 位置的量子态

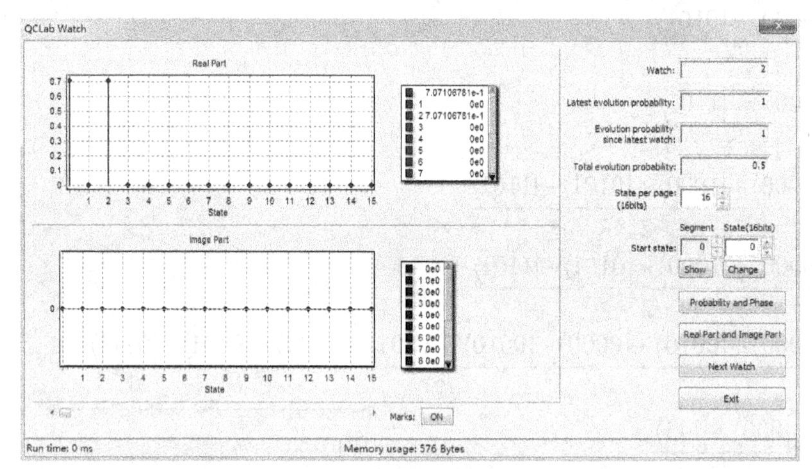

(b) Watch 2 位置的量子态

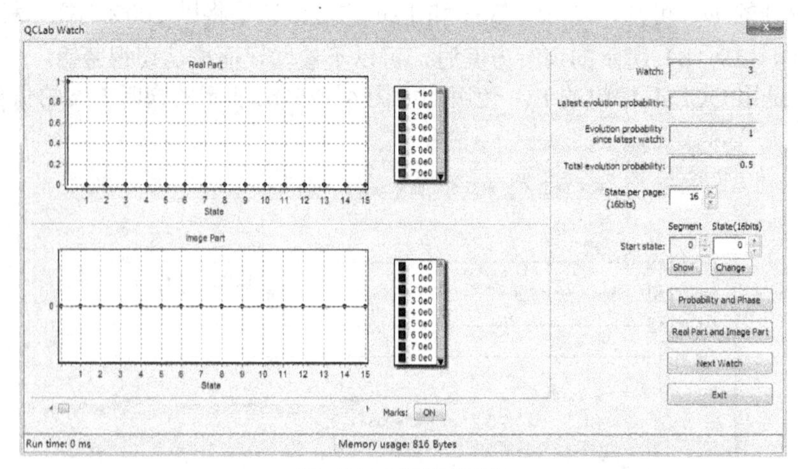

(c) Watch 3 位置的量子态

图 4-27　对图 4-26 中的量子线路进行仿真的结果

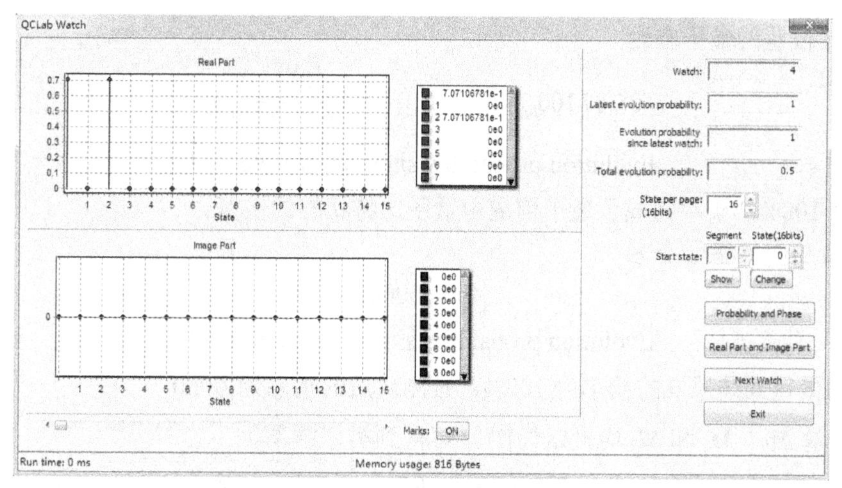

(d) Watch 4 位置的量子态

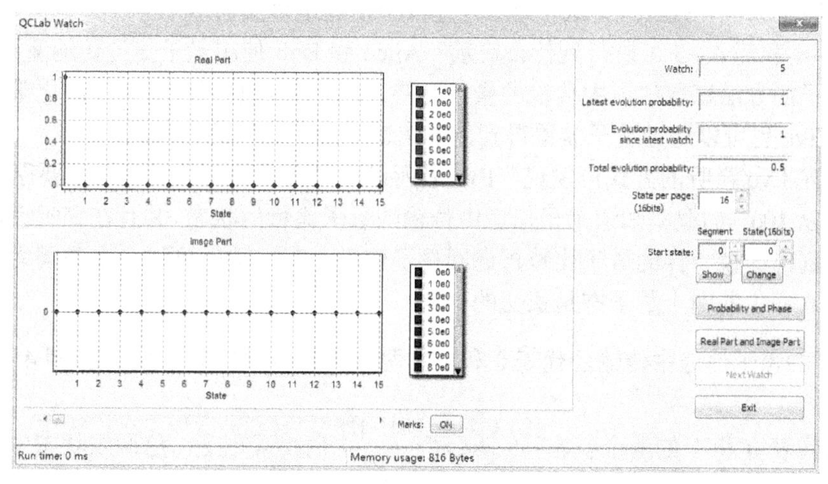

(e) Watch 5 位置的量子态

图 4－27　对图 4－26 中的量子线路进行仿真的结果（续）

Watch 1 位置的量子态为

$$|0\rangle = |0000\rangle$$

$$\text{Latest evolution probability} = 0.5$$

表明 Alice 测量得到结果 0 的概率为 50%，且测量后的状态为$|0000\rangle$。

Watch 2 位置的量子态为 Eve 从量子信道中窃取量子比特前的状态，即

$$0.707\,106\,78\,(|0\rangle + |2\rangle) = |00\rangle \frac{|0\rangle + |1\rangle}{\sqrt{2}} |0\rangle$$

Watch 3 位置的量子态为

$$|0\rangle = |0000\rangle$$

$$\text{Evolution probability since latest watch} = 1$$

表明 Eve 测量得到结果 0 的概率为 100%，且测量后的状态为$|0000\rangle$。

Watch 4 位置的量子态为

$$0.70710678(|0\rangle+|2\rangle)=|00\rangle\frac{|0\rangle+|1\rangle}{\sqrt{2}}|0\rangle$$

Evolution probability since latest watch = 1

表明 Eve 以 100%的概率完成了量子信道中量子比特状态的恢复。

Watch 5 位置的量子态为

$$|0\rangle=|0000\rangle$$

Evolution probability since latest watch = 1

表明 Bob 测量得到结果 0 的概率为 100%，且测量后的状态为$|0000\rangle$。

若将测量 $\boldsymbol{M}_0$、$\boldsymbol{M}_1$ 和 $\boldsymbol{M}_2$ 均设定为$|1\rangle$，可得到类似结果。

总之，Alice、Bob 和 Eve 测量得到相同结果的概率为 100%。测量结果和不存在 Eve 时的测量结果完全相同，Alice 和 Bob 无法判定量子信道是否被窃听。

从例 4-4 和例 4-5 可以得到什么启示？Alice 和 Bob 使用量子信道传输量子比特，Eve 也可以用量子的方法窃取信道中传输的量子比特。Alice 和 Bob 采用量子门演化量子信道中的量子比特，Eve 也可以通过量子装置得到量子信道中量子比特的信息。

仔细研究 Eve 窃听的方式可发现，Eve 之所以可以窃听而不被发现的主要原因是 Eve 可以通过测量以 100%的概率知道量子信道中传输的量子比特的状态，并且在窃听后还可以根据测量结果复制出一模一样的量子比特再送回量子信道。Eve 能做到这一点是因为，在信道中传输的表示 0 和 1 的两个量子态是正交的。

例 4-4 的量子信道中传输的代表 0 和 1 的两个状态$|0\rangle$和$|1\rangle$相互正交，例 4-5 的量子信道中传输的代表 0 和 1 的两个状态$\frac{|0\rangle+|1\rangle}{\sqrt{2}}$和$\frac{|0\rangle-|1\rangle}{\sqrt{2}}$也相互正交。这两组状态中的任意一组可以用于表示二维希尔伯特空间的任意单位向量，都可以作为二维希尔伯特空间的一个基。量子信道中若传输的是正交量子态，对窃听者 Eve 来讲没有本质区别。

相互正交的两个量子态可以用同一个量子装置进行复制，并根据测量结果复制出一个相同量子态，再送回量子信道，导致 Eve 可以在不被发现的前提下成功窃取密钥。

量子态不可克隆定理指出：**不可能通过某个酉演化对两个不相等的非正交态都进行复制。**

若在量子信道传输的表示 0 和 1 的两个量子态不正交，Eve 将无法根据测量结果以 100%的概率复制一模一样的量子态。Eve 只要对窃得的量子态进行了测量，就无法再以 100%的概率恢复测量前的量子态，Alice 和 Bob 也就有机会发现 Eve 的窃听行为。

用非正交态表示 0 和 1 的方法有很多，导致出现了不同的量子密钥分配协议。1984 年 C. H. Bennett 和 G. Brassard 首先提出了用两组相互非正交的量子态表示 0 和 1 的量子密钥分配协议，称为 BB84 协议。

BB84 协议以 50%的概率随机地用状态$|0\rangle$或$\frac{|0\rangle+|1\rangle}{\sqrt{2}}$表示 0，以 50%的概率随机地用状态$|1\rangle$或$\frac{|0\rangle-|1\rangle}{\sqrt{2}}$表示 1。窃听者 Eve 无法用同一装置以 100%的概率进行复制。量子信道中传输

的量子态的随机性是由物理原理保障的，窃听者 Eve 也无法通过选择不同装置以 100%的概率进行复制。

图 4－28 为 Alice 的发送方案，发送密钥的原理如下。

（1）Alice 对初态为$|0\rangle$的量子比特q_1进行 $\boldsymbol{H}$ 门演化，然后通过测量 $\boldsymbol{M}_1$ 得到随机数（0 和 1 的概率各为 50%）。该随机数为随机密钥中的某一位，为了叙述方便，这里简称为随机密钥。

（2）Alice 不直接将随机密钥送入量子信道，而是用随机密钥对初态为$|0\rangle$的量子比特q_1进行受控非门演化，得到随机密钥的副本。

（3）Alice 对初态为$|0\rangle$的量子比特q_0进行 $\boldsymbol{H}$ 门演化，然后通过测量 $\boldsymbol{M}_2$ 得到随机数。

（4）Alice 用从测量 $\boldsymbol{M}_2$ 得到的随机数对随机密钥副本进行受控 $\boldsymbol{H}$ 门演化。若随机密钥副本为 0，则以 50%的概率将其演化为状态$|0\rangle$或$\dfrac{|0\rangle+|1\rangle}{\sqrt{2}}$，然后将该量子状态送入量子信道。若随机密钥副本为 1，则以 50%的概率将其演化为状态$|1\rangle$或$\dfrac{|0\rangle-|1\rangle}{\sqrt{2}}$，然后将该量子状态送入量子信道。

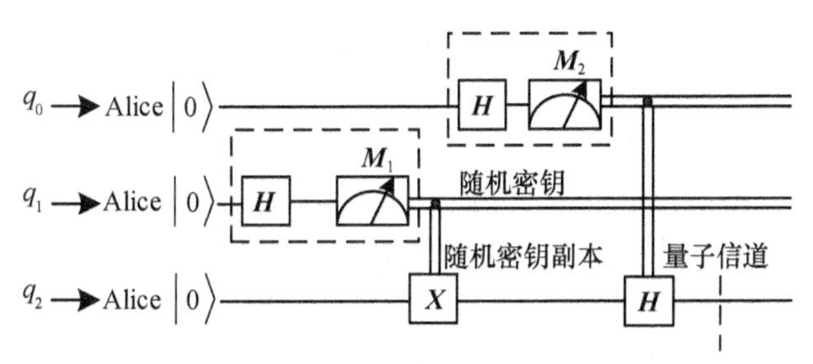

图 4－28　用状态$|0\rangle$或$\dfrac{|0\rangle+|1\rangle}{\sqrt{2}}$表示 0，用状态$|1\rangle$或$\dfrac{|0\rangle-|1\rangle}{\sqrt{2}}$表示 1 的量子线路

经过图 4－28 的演化，量子信道中表示 0 和 1 量子态的概率各为 50%。而且表示 0 的量子态$|0\rangle$或$\dfrac{|0\rangle+|1\rangle}{\sqrt{2}}$的概率各为 50%，表示 1 的量子态$|1\rangle$或$\dfrac{|0\rangle-|1\rangle}{\sqrt{2}}$的概率各为 50%。

依据量子态不可克隆定理，Eve 不可能以 100%的概率测量出全部 4 种量子态，即 Eve 不可能通过窃听量子信道以 100%的概率确定 Alice 的随机密钥。

Bob 同样也不可能通过量子信道以 100%的概率确定 Alice 的随机密钥。但通过以下方法，Bob 能以 50%的概率确定 Alice 的随机密钥。当 Alice 发送 200 个随机数时，Bob 大约可确定 100 个，而且 Alice 和 Bob 通过协议可以知道是哪 100 个随机数。

图 4－29 给出了包括 Bob 接收部分的无窃听的 BB84 协议量子线路。Bob 接收密钥的原理如下。

（1）Bob 对初态为$|0\rangle$的量子比特q_3进行 $\boldsymbol{H}$ 门演化，然后通过测量 $\boldsymbol{M}_3$ 得到随机数。

（2）Bob 用从测量 $\boldsymbol{M}_3$ 得到的随机数对从量子信道收到的量子比特q_2进行受控 $\boldsymbol{H}$ 门演化（是否进行 $\boldsymbol{H}$ 门演化的概率各为 50%），然后通过测量 $\boldsymbol{M}_4$ 得到测量结果。

当 Alice 的随机密钥为 0 时，Bob 从量子信道接收到的状态各以 50%的概率为$|0\rangle$或$\dfrac{|0\rangle+|1\rangle}{\sqrt{2}}$，而 Bob 是否对其进行 $\boldsymbol{H}$ 门演化的概率也各为 50%。

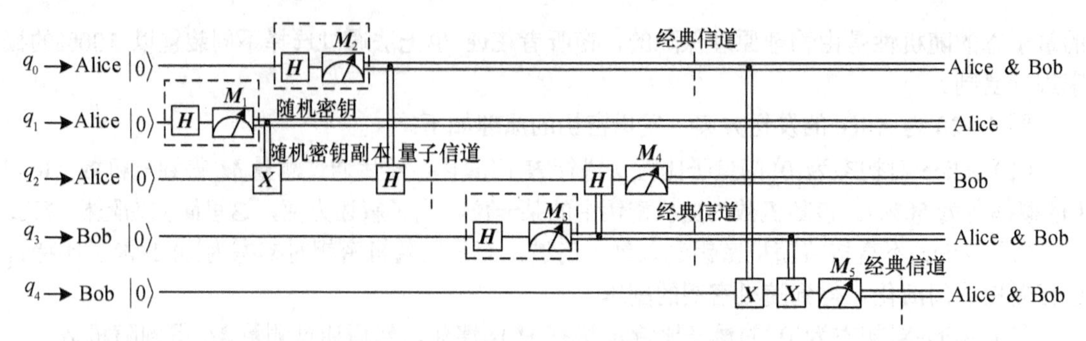

图 4-29 无窃听的 BB84 协议量子线路

若 Bob 接收的量子态为$|0\rangle$或$\frac{|0\rangle+|1\rangle}{\sqrt{2}}$，而 Bob 恰好未进行或进行了 $\boldsymbol{H}$ 门演化，则测量 $\boldsymbol{M}_4$ 将以 100%的概率得到结果 0，即 $\boldsymbol{M}_4$ 给出的测量结果以 100%的概率与 Alice 的随机密钥相同，这样的可能性为 50%。

同理，若 Bob 接收的量子态为$|1\rangle$或$\frac{|0\rangle-|1\rangle}{\sqrt{2}}$，而 Bob 恰好未进行或进行了 $\boldsymbol{H}$ 门演化，则测量 $\boldsymbol{M}_4$ 将以 100%的概率得到结果 1，即 $\boldsymbol{M}_4$ 给出的测量结果也以 100%的概率与 Alice 的随机密钥相同，这样的可能性也为 50%。

总之，Bob 从测量 $\boldsymbol{M}_4$ 得到的结果中有 50%的概率与 Alice 的随机密钥相同。若 Alice 发送由 200 个随机数构成的随机密钥，Bob 可知测量 $\boldsymbol{M}_4$ 给出的结果中大约有 100 个与 Alice 发送的随机密钥副本（或 $\boldsymbol{M}_1$ 测量得到的随机密钥）中的随机数相同。剩余的大约 100 个可能与 Alice 发送的随机密钥中的随机数相同，也可能不相同，相同与不相同的概率各为 50%，即大约有 50 个相同，50 个不相同。

（3）Bob 通过测量 $\boldsymbol{M}_4$ 得到的结果是否与 Alice 从测量 $\boldsymbol{M}_1$ 得到的随机密钥中的随机数相同，取决于测量 $\boldsymbol{M}_2$ 和 $\boldsymbol{M}_3$ 的测量结果是否相同。若测量 $\boldsymbol{M}_2$ 和 $\boldsymbol{M}_3$ 的测量结果相同，表明在量子信道两端或者都未进行 $\boldsymbol{H}$ 门演化，或者都进行了 $\boldsymbol{H}$ 门演化（$\boldsymbol{HH}=\boldsymbol{I}$），使 Bob 从测量 $\boldsymbol{M}_4$ 得到的随机数与 Alice 从测量 $\boldsymbol{M}_1$ 得到的随机数以 100%的概率相同。否则，Bob 从测量 $\boldsymbol{M}_4$ 得到的随机数与 Alice 从测量 $\boldsymbol{M}_1$ 得到的随机数仅以 50%的概率相同。

BB84 协议规定 Bob 进行测量 $\boldsymbol{M}_4$ 操作之后，Alice 和 Bob 在经典信道上公布测量 $\boldsymbol{M}_2$ 和 $\boldsymbol{M}_3$ 的测量结果，但不公布测量 $\boldsymbol{M}_1$ 和 $\boldsymbol{M}_4$ 的测量结果。Alice 和 Bob 通过经典信道对比测量 $\boldsymbol{M}_2$ 和 $\boldsymbol{M}_3$ 的测量结果。若比较结果相同，尽管不公布测量 $\boldsymbol{M}_1$ 和 $\boldsymbol{M}_4$ 的测量结果，也能以 100%的概率确定测量 $\boldsymbol{M}_1$ 和 $\boldsymbol{M}_4$ 的测量结果相同，双方可以将这些未公布 $\boldsymbol{M}_1$ 和 $\boldsymbol{M}_4$ 测量得到的随机数（同为 0 或 1，但与公布的 $\boldsymbol{M}_2$ 和 $\boldsymbol{M}_3$ 测量结果无关，即未公布的 $\boldsymbol{M}_1$ 和 $\boldsymbol{M}_4$ 测量结果与公布的 $\boldsymbol{M}_2$ 和 $\boldsymbol{M}_3$ 测量结果可能相同，也可能不同）作为密钥中的二进制数。若比较结果不相同，测量 $\boldsymbol{M}_1$ 和 $\boldsymbol{M}_4$ 的测量结果仅有 50%的概率相同，双方放弃这些随机数。

总之，Alice 和 Bob 通过在经典信道上公布并对比测量 $\boldsymbol{M}_2$ 和 $\boldsymbol{M}_3$ 的测量结果，就能以 100%的概率确定测量 $\boldsymbol{M}_1$ 和 $\boldsymbol{M}_4$ 给出的测量结果中哪些相同，哪些不相同。

由于 Alice 和 Bob 在 Bob 完成测量 $\boldsymbol{M}_4$ 操作后仅仅公布了测量 $\boldsymbol{M}_2$ 和 $\boldsymbol{M}_3$ 的测量结果，而未公布测量 $\boldsymbol{M}_1$ 和 $\boldsymbol{M}_4$ 的测量结果（测量结果为 0 和 1 的概率各为 50%），即使第三者从经典信道得到测量 $\boldsymbol{M}_2$ 和 $\boldsymbol{M}_3$ 的测量结果，也无法以 100%的概率得到测量 $\boldsymbol{M}_1$ 和 $\boldsymbol{M}_4$ 的测量结果。

BB84 协议规定的对比过程可用图 4-29 中的最后两个受控非门和测量 $\boldsymbol{M}_5$ 对初态为 $|0\rangle$ 的量子比特 q_4 进行操作来完成。当测量 $\boldsymbol{M}_5$ 的测量结果为 0 时，表示测量 $\boldsymbol{M}_2$ 和 $\boldsymbol{M}_3$ 的测量结果相同。当测量 $\boldsymbol{M}_5$ 的测量结果为 1 时，表示测量 $\boldsymbol{M}_2$ 和 $\boldsymbol{M}_4$ 的测量结果不相同。

对比操作相当于经典逻辑操作，量子比特 q_4 相当于经典比特。对比操作实际上可以由任何一方执行，Alice 和 Bob 只要知道对比结果即可，q_4 仅起到指示器的作用。由 Bob 操作 q_4，是为了叙述方便。

图 4-29 最左侧的人名表示初始量子态的所有者，最右侧人名表示演化结束后量子态的所有者。任何人可以拥有经过经典信道公布后的状态，图 4-29 用"Alice & Bob"表示。只有合法者拥有未公布的经典状态，用 Alice 或 Bob 表示。

Alice 拥有的 q_1 的状态从未在经典信道或量子信道上传输，除 Alice 外，任何人无法得到 q_1 的状态。

q_2 的状态经过量子信道从 Alice 传输给了 Bob，Alice 或 Bob 是合法拥有者。若 Eve 窃听，则需要从量子信道上窃取该量子态。由于量子信道中传输的是非正交态，Eve 的窃听行为必然干扰量子信道，导致该量子态发生变化，最终会影响 Bob 进行测量 $\boldsymbol{M}_4$ 操作后的结果。BB84 协议根据这种影响给出了是否存在窃听的判断准则。

在介绍利用 BB84 协议判断是否存在窃听的方法前，先用状态演化分析法对图 4-29 进行严格演化，分析在无窃听条件下 Alice 和 Bob 是如何完成密钥分配的。

为了简化分析，利用推迟测量原理和隐含测量原理将所有测量去掉。3 个随机数发生器用到的 $\boldsymbol{H}$ 门放在量子线路最左侧对齐后并行演化。改画后的量子线路如图 4-30 所示。

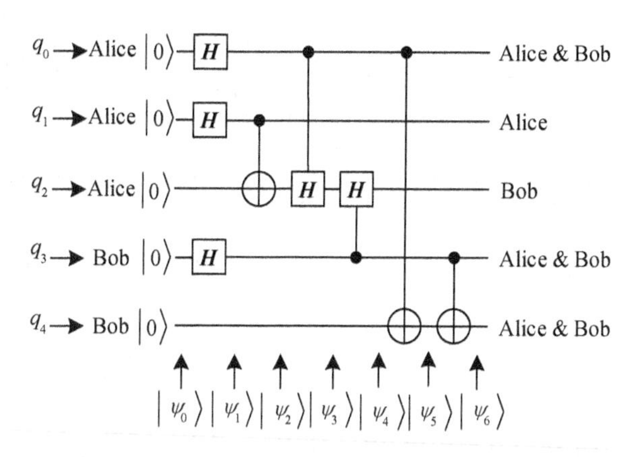

图 4-30 无窃听的 BB84 协议等效量子线路

设量子态中量子比特从左到右的排列顺序为 $q_4 \prec q_3 \prec q_2 \prec q_1 \prec q_0$。根据状态演化分析法可知图 4-30 中从 $|\psi_0\rangle$ 到 $|\psi_7\rangle$ 的演化过程如下。

$$|\psi_0\rangle = |00000\rangle$$

$$\begin{aligned}|\psi_1\rangle &= |0\rangle\frac{|0\rangle+|1\rangle}{\sqrt{2}}|0\rangle\frac{|0\rangle+|1\rangle}{\sqrt{2}}\frac{|0\rangle+|1\rangle}{\sqrt{2}}\\ &= |0\rangle\frac{|0\rangle+|1\rangle}{\sqrt{2}}\frac{|00\rangle+|01\rangle}{\sqrt{2}}\frac{|0\rangle+|1\rangle}{\sqrt{2}}\end{aligned}$$

$$
\begin{aligned}
|\psi_2\rangle &= |0\rangle \frac{|0\rangle+|1\rangle}{\sqrt{2}} \frac{|00\rangle+|11\rangle}{\sqrt{2}} \frac{|0\rangle+|1\rangle}{\sqrt{2}} \\
&= |0\rangle\left(\frac{|0\rangle+|1\rangle}{\sqrt{2}} \frac{|00\rangle+|11\rangle}{2}|0\rangle + \frac{|0\rangle+|1\rangle}{\sqrt{2}} \frac{|00\rangle+|11\rangle}{2}|1\rangle\right)
\end{aligned}
$$

$$
\begin{aligned}
|\psi_3\rangle &= |0\rangle\left(\frac{|0\rangle+|1\rangle}{\sqrt{2}} \frac{|00\rangle+|11\rangle}{2}|0\rangle + \frac{|0\rangle+|1\rangle}{\sqrt{2}} \frac{\frac{|0\rangle+|1\rangle}{\sqrt{2}}|0\rangle + \frac{|0\rangle-|1\rangle}{\sqrt{2}}|1\rangle}{2}|1\rangle\right) \\
&= |0\rangle\left(\frac{|0\rangle+|1\rangle}{\sqrt{2}} \frac{|00\rangle+|11\rangle}{2}|0\rangle + \frac{|0\rangle+|1\rangle}{\sqrt{2}} \frac{|00\rangle+|10\rangle+|01\rangle-|11\rangle}{2\sqrt{2}}|1\rangle\right) \\
&= |0\rangle\left[\frac{|0\rangle(|00\rangle+|11\rangle)+|1\rangle(|00\rangle+|11\rangle)}{2\sqrt{2}}|0\rangle + \right. \\
&\qquad \left. \frac{|0\rangle(|00\rangle+|10\rangle+|01\rangle-|11\rangle)}{4}|1\rangle + \frac{|1\rangle(|00\rangle+|10\rangle+|01\rangle-|11\rangle)}{4}|1\rangle\right]
\end{aligned}
$$

$$
\begin{aligned}
|\psi_4\rangle &= |0\rangle\left[\frac{|0\rangle(|00\rangle+|11\rangle)+|1\rangle\left(\frac{|0\rangle+|1\rangle}{\sqrt{2}}|0\rangle + \frac{|0\rangle-|1\rangle}{\sqrt{2}}|1\rangle\right)}{2\sqrt{2}}|0\rangle + \right. \\
&\qquad \frac{|0\rangle(|00\rangle+|10\rangle+|01\rangle-|11\rangle)}{4}|1\rangle + \\
&\qquad \left. \frac{|1\rangle\left(\frac{|0\rangle+|1\rangle}{\sqrt{2}}|0\rangle + \frac{|0\rangle-|1\rangle}{\sqrt{2}}|0\rangle + \frac{|0\rangle+|1\rangle}{\sqrt{2}}|1\rangle - \frac{|0\rangle-|1\rangle}{\sqrt{2}}|1\rangle\right)}{4}|1\rangle\right] \\
&= \frac{|0\rangle|0\rangle(|00\rangle+|11\rangle)}{2\sqrt{2}}|0\rangle + \frac{|0\rangle|1\rangle(|00\rangle+|10\rangle+|01\rangle-|11\rangle)}{4}|0\rangle + \\
&\qquad \frac{|0\rangle|0\rangle(|00\rangle+|10\rangle+|01\rangle-|11\rangle)}{4}|1\rangle + \frac{|0\rangle|1\rangle(|00\rangle+|11\rangle)}{2\sqrt{2}}|1\rangle
\end{aligned}
$$

$$
\begin{aligned}
|\psi_5\rangle &= \frac{|0\rangle|0\rangle(|00\rangle+|11\rangle)}{2\sqrt{2}}|0\rangle + \frac{|0\rangle|1\rangle(|00\rangle+|10\rangle+|01\rangle-|11\rangle)}{4}|0\rangle + \\
&\qquad \frac{|1\rangle|0\rangle(|00\rangle+|10\rangle+|01\rangle-|11\rangle)}{4}|1\rangle + \frac{|1\rangle|1\rangle(|00\rangle+|11\rangle)}{2\sqrt{2}}|1\rangle
\end{aligned}
$$

$$
\begin{aligned}
|\psi_6\rangle &= \frac{|0\rangle|0\rangle(|00\rangle+|11\rangle)}{2\sqrt{2}}|0\rangle + \frac{|1\rangle|1\rangle(|00\rangle+|10\rangle+|01\rangle-|11\rangle)}{4}|0\rangle + \\
&\qquad \frac{|1\rangle|0\rangle(|00\rangle+|10\rangle+|01\rangle-|11\rangle)}{4}|1\rangle + \frac{|0\rangle|1\rangle(|00\rangle+|11\rangle)}{2\sqrt{2}}|1\rangle \\
&= \frac{1}{2\sqrt{2}}|0\rangle[|0\rangle(|00\rangle+|11\rangle)|0\rangle+|1\rangle(|00\rangle+|11\rangle)|1\rangle] + \\
&\qquad \frac{1}{4}|1\rangle[|0\rangle(|00\rangle+|01\rangle+|10\rangle-|11\rangle)|1\rangle+|1\rangle(|00\rangle+|01\rangle+|10\rangle-|11\rangle)|0\rangle]
\end{aligned}
$$

从$|\psi_6\rangle$可得到以下结论。

（1）$|\psi_6\rangle$中的$\frac{1}{2\sqrt{2}}|0\rangle[|0\rangle(|00\rangle+|11\rangle)|0\rangle+|1\rangle(|00\rangle+|11\rangle)|1\rangle]$表明当测量指示器$q_4$的结果为 0 时，测量$q_0$和$q_3$的结果或为 00，或为 11，总之以 100%的概率相同；测量q_1和q_2的结果或为 00，或为 11，总之也以 100%的概率相同，测量q_1和q_2的结果可以作为密钥。发生这种情况的概率为$4\left(\frac{1}{2\sqrt{2}}\right)^2=50\%$。

（2）$|\psi_6\rangle$剩余项表明当测量指示器q_4的结果为 1 时，测量q_0和q_3的结果或为 01，或为 10，总之以 100%的概率不相同；测量q_1和q_2的结果为 00、01、10、11 之一，可能相等，也可能不相等。发生这种情况的概率为$8\left(\frac{1}{4}\right)^2=50\%$。

由此可知，采用如图 4－29 所示的量子线路描述的 BB84 协议建立密钥中的某一位时成功和失败的概率各为 50%。例如，Alice 产生的 200 个随机二进制数中大约有 100 个可作为密钥。

例 4－6　用 QCLab 对如图 4－29 所示的量子线路进行以下分析：

（1）将全部测量设置为$|x\rangle$，观察最终演化状态；

（2）分析测量$\boldsymbol{M}_5$给出测量结果为 0 的概率及测量后的坍缩状态；

（3）分析测量$\boldsymbol{M}_5$给出测量结果为 1 的概率及测量后的坍缩状态；

（4）分析测量$\boldsymbol{M}_5$给出测量结果为 0，且 Alice 的测量$\boldsymbol{M}_1$与 Bob 的测量$\boldsymbol{M}_4$的结果均为 0 的概率，以及测量后的坍缩状态；

（5）分析测量$\boldsymbol{M}_5$给出测量结果为 0，且 Alice 的测量$\boldsymbol{M}_1$与 Bob 的测量$\boldsymbol{M}_4$的结果均为 1 的概率，以及测量后的坍缩状态。

解：用 QCLab 编辑的量子线路如图 4－31 所示。

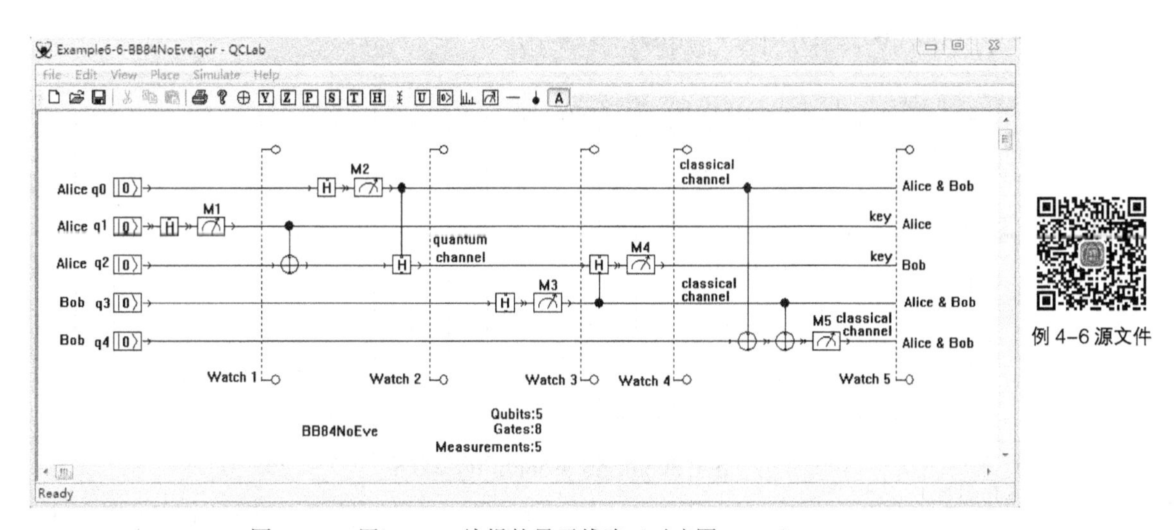

图 4－31　用 QCLab 编辑的量子线路（对应图 4－29）

（1）将全部测量设置为$|x\rangle$，Watch 5 位置的量子态如图 4－32 所示。

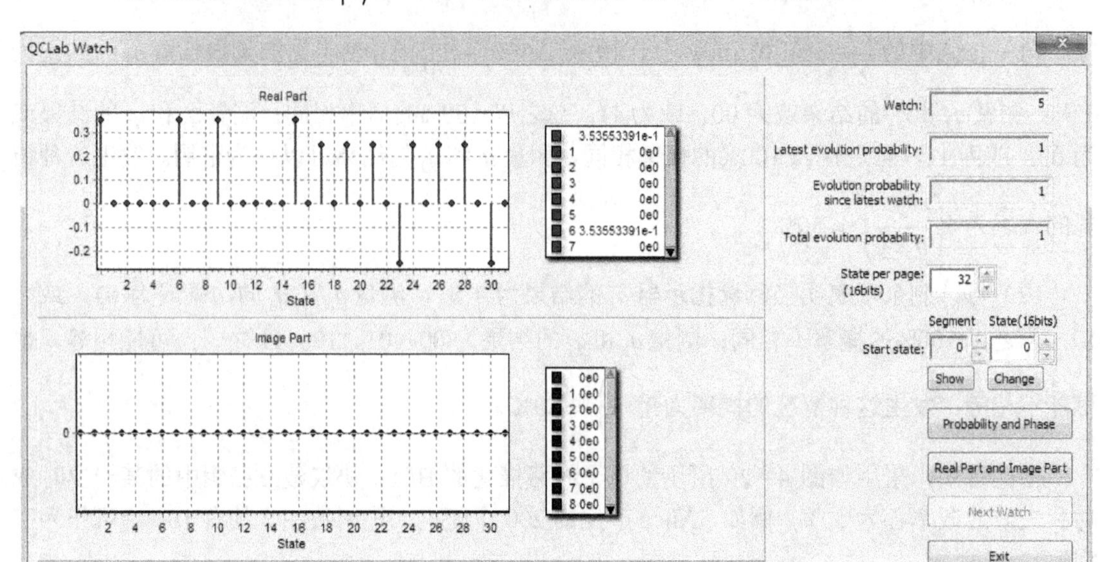

图 4－32　Watch 5 位置的量子态（将全部测量设置为$|x\rangle$）

Watch 5 位置的量子态为

$$0.353\,553\,39(|0\rangle+|6\rangle+|9\rangle+|15\rangle)+0.25(|17\rangle+|19\rangle+|21\rangle-|23\rangle+|24\rangle+|26\rangle+|28\rangle-|30\rangle$$

$$=\frac{1}{2\sqrt{2}}(|00000\rangle+|00110\rangle+|01001\rangle+|01111\rangle)+$$

$$\frac{1}{4}(|10001\rangle+|10011\rangle+|10101\rangle-|10111\rangle+|11000\rangle+|11010\rangle+|11100\rangle-|11110\rangle)$$

$$=\frac{1}{2\sqrt{2}}|0\rangle[|0\rangle(|00\rangle+|11\rangle)|0\rangle+|1\rangle(|00\rangle+|11\rangle)|1\rangle]+$$

$$\frac{1}{4}|1\rangle[|0\rangle(|00\rangle+|01\rangle+|10\rangle-|11\rangle)|1\rangle+|1\rangle(|00\rangle+|01\rangle+|10\rangle-|11\rangle)|0\rangle]$$

（2）将测量$\boldsymbol{M}_5$设置为$|0\rangle$，其他测量设置为$|x\rangle$，量子态将坍缩为 Watch 5 位置的量子态，如图 4－33 所示。Watch 5 位置的量子态为

$$0.5(|0\rangle+|6\rangle+|9\rangle+|15\rangle)$$

$$=\frac{1}{2}(|00000\rangle+|00110\rangle+|01001\rangle+|01111\rangle)$$

$$=\frac{1}{2}|0\rangle[|0\rangle(|00\rangle+|11\rangle)|0\rangle+|1\rangle(|00\rangle+|11\rangle)|1\rangle]$$

$$\text{Total evolution probability}=0.5$$

表明测量$\boldsymbol{M}_5$得到结果 0 的概率为 50%，即 Alice 和 Bob 在经典信道上公布的测量结果相同的概率为 50%。

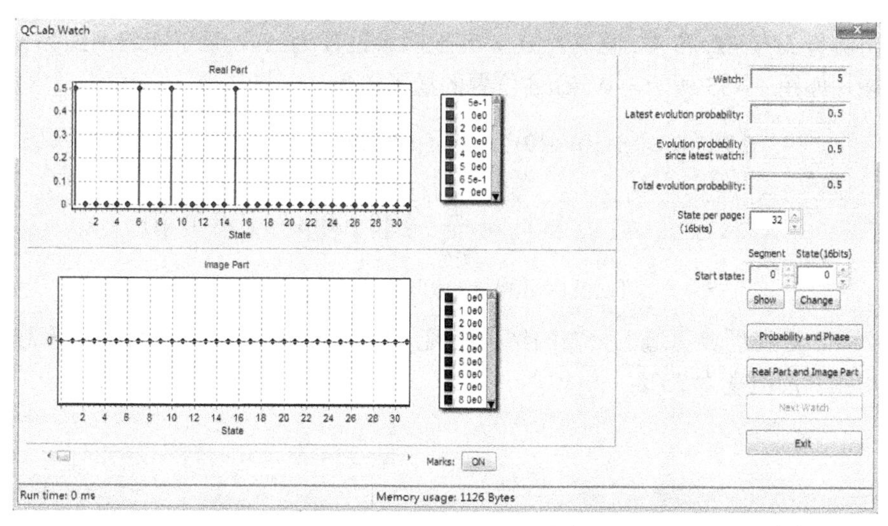

图 4-33 Watch 5 位置的量子态（将 $\boldsymbol{M}_5$ 设置为 $|0\rangle$，其他测量设置为 $|x\rangle$）

（3）将测量 $\boldsymbol{M}_5$ 设置为 $|1\rangle$，其他测量设置为 $|x\rangle$，量子态将坍缩为 Watch 5 位置的量子态，如图 4-34 所示。Watch 5 位置的量子态为

$$
\begin{aligned}
& 0.353\,553\,39(|17\rangle+|19\rangle+|21\rangle-|23\rangle+|24\rangle+|26\rangle+|28\rangle-|30\rangle) \\
& =\frac{1}{2\sqrt{2}}(|10001\rangle+|10011\rangle+|10101\rangle-|10111\rangle+|11000\rangle+|11010\rangle+|11100\rangle-|11110\rangle) \\
& =\frac{1}{2\sqrt{2}}|1\rangle[|0\rangle(|00\rangle+|01\rangle+|10\rangle-|11\rangle)|1\rangle+|1\rangle(|00\rangle+|01\rangle+|10\rangle-|11\rangle)|0\rangle]
\end{aligned}
$$

$$
\text{Total evolution probability}=0.5
$$

表明测量 $\boldsymbol{M}_5$ 得到结果 1 的概率为 50%，即 Alice 和 Bob 在经典信道上公布的测量结果不相同的概率为 50%。

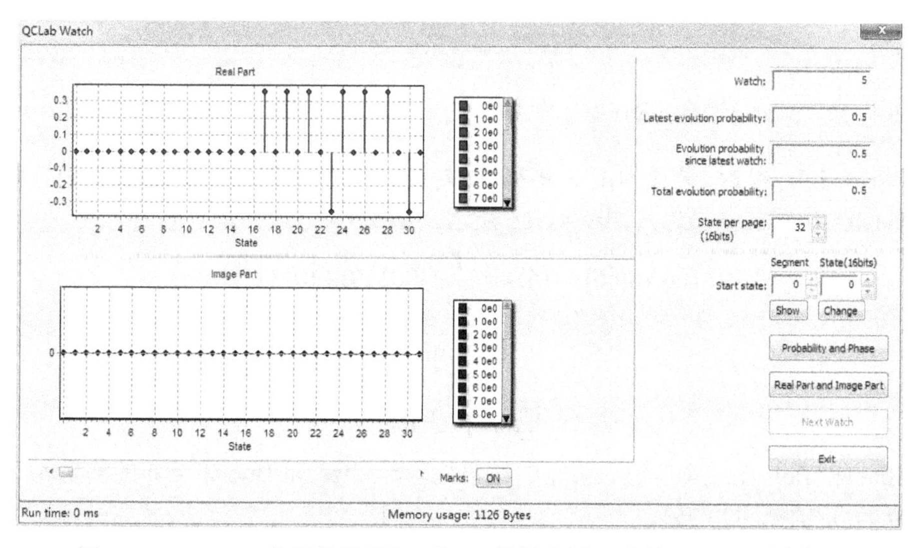

图 4-34 Watch 5 位置的量子态（将 $\boldsymbol{M}_5$ 设置为 $|1\rangle$，其他测量设置为 $|x\rangle$）

（4）将测量 $\boldsymbol{M}_1$、$\boldsymbol{M}_4$ 和 $\boldsymbol{M}_5$ 设置为 $|0\rangle$，其他测量设置为 $|x\rangle$，量子态将坍缩为 Watch 6 位置的量子态，如图 4－35 所示。Watch 5 位置的量子态为

$$0.707\,106\,78(|0\rangle+|9\rangle)=\frac{1}{\sqrt{2}}(|00000\rangle+|01001\rangle)$$

$$=\frac{1}{\sqrt{2}}|0\rangle(|0\rangle|00\rangle|0\rangle+|1\rangle|00\rangle)|1\rangle$$

Total evolution probability = 0.25

表明 Alice 和 Bob 在经典信道上公布的结果相同，且 Alice 和 Bob 未公布的测量 $\boldsymbol{M}_1$ 和 $\boldsymbol{M}_4$ 的测量结果均为 0 的概率为 25%。

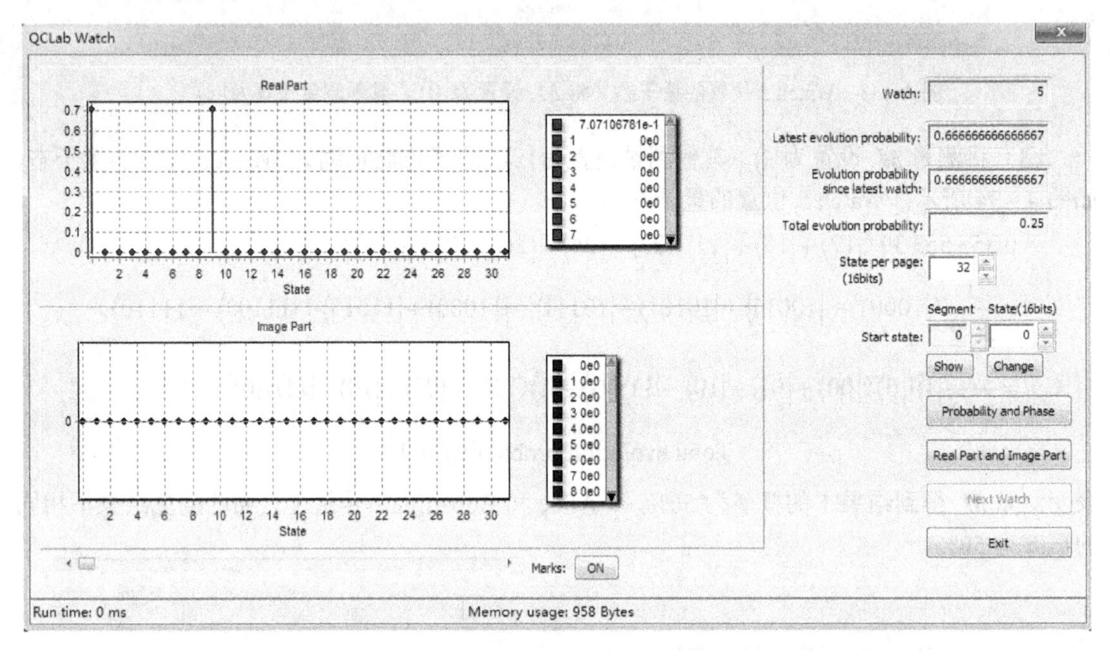

图 4－35　Watch 5 位置的量子态（将 $\boldsymbol{M}_1$、$\boldsymbol{M}_4$ 和 $\boldsymbol{M}_5$ 设置为 $|0\rangle$，其他测量设置为 $|x\rangle$）

（5）将测量 $\boldsymbol{M}_1$ 和 $\boldsymbol{M}_4$ 设置为 $|1\rangle$，将测量 $\boldsymbol{M}_5$ 设置 $|0\rangle$，将其他测量设置为 $|x\rangle$，量子态将坍缩为 Watch 5 位置的量子态，如图 4－36 所示。Watch 5 位置的量子态为

$$0.707\,106\,78(|6\rangle+|15\rangle)=\frac{1}{\sqrt{2}}(|00110\rangle+|01111\rangle)$$

$$=\frac{1}{\sqrt{2}}|0\rangle(|0\rangle|11\rangle|0\rangle+|1\rangle|11\rangle|1\rangle)$$

Total evolution probability = 0.25

表明若 Alice 和 Bob 在经典信道上公布的结果相同，Alice 和 Bob 未公布的测量 $\boldsymbol{M}_1$ 和 $\boldsymbol{M}_4$ 的测量结果均为 1 的概率为 25%。

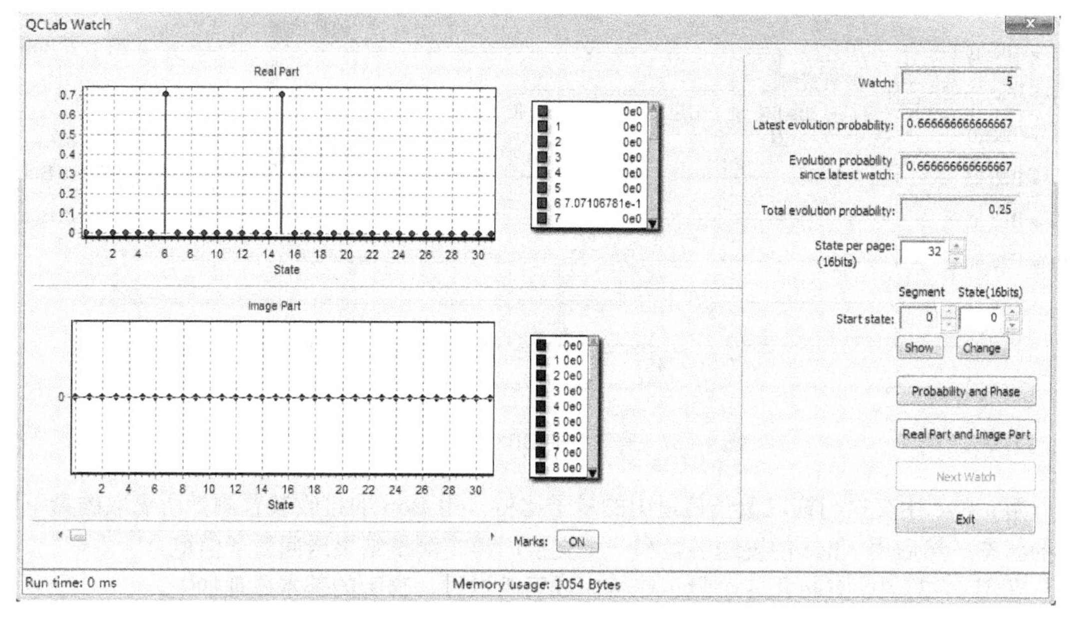

图4-36 Watch 5位置的量子态（将M_1、M_4设置为$|1\rangle$，M_5设置为$|0\rangle$，其他测量设置为$|x\rangle$）

BB84协议对探测是否存在窃听的原理基于量子态不可克隆定理。当窃听者从量子信道窃取量子态后，只有通过测量才可能获取量子态的信息。

由于测量后量子态将坍缩，而量子态不可克隆定理使窃听者无法复制一个与原来量子态完全相同的量子态，必定导致量子信道中传输的量子态受到干扰。

当Bob接收并测量受干扰的量子态时，即使Alice和Bob在经典信道上公开的测量M_2和M_3的测量结果相同，也不能以100%的概率保证Alice和Bob不公布的测量M_1和M_4的测量结果相同。Alice和Bob可以从不公开的测量M_1和M_4的测量结果中选择部分结果在经典信道上公布，比较当测量M_2和M_3的测量结果相同时，测量M_1和M_4的测量结果是否相同。若不相同，表明存在窃听者（假设量子信道是无噪声的理想信道），则放弃本次密钥分配的结果，重新进行密钥分配。当然，若比较结果全部相同，也可能存在窃听者。但是，只要用来检验是否存在窃听的比特量足够多，若存在窃听者，则发现窃听者的概率会足够大，以致存在窃听而不被发现的可能性几乎为0。

将BB84协议要点归纳如下。

（1）设Alice和Bob需要n个随机比特的密钥。Alice和Bob利用$4(n+\delta)$次如图4-29所示的量子线路，可以确定$2n$个备选比特。由于每个比特有50%的概率成为备选比特，利用$4(n+\delta)$次如图4-29所示的量子线路的目的是确保能得到$2n$个备选比特。

（2）Alice和Bob从得到的$2n$个备选比特中随机选取n个比特在经典信道上进行比较。若比较结果全部相同，将剩余的n个比特作为密钥使用。若存在不相同的比特（假设量子信道是无噪声的理想信道），放弃本次密钥分配过程，重新进行过程（1）。

例4-7 假设Eve拥有Bob的接收装置和Alice的发送装置。Eve用如图4-37所示的从量子信道窃取密钥的量子线路，分析窃听原理及Eve成功窃取密钥的概率。

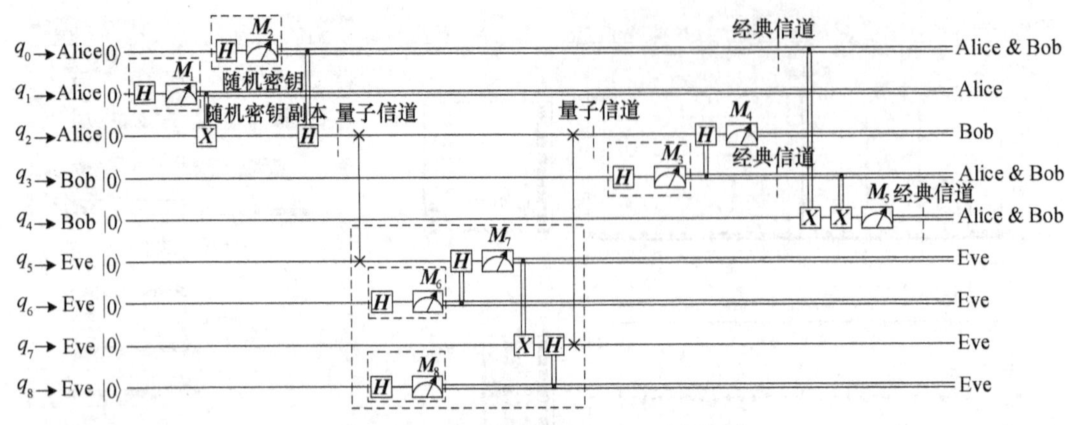

图 4-37 有窃听的 BB84 协议量子线路

解：Eve 用交换门窃取量子信道中的量子比特，用 Bob 的接收装置测量所窃取的量子比特的状态，然后用 Alice 的发送装置和一个交换门再将测量结果送回量子信道。

在图 4-37 中，Eve 用 4 个量子比特完成窃听过程，窃听的基本原理如下。

（1）Eve 首先用交换门将量子信道中的量子比特与初态为$|0\rangle$的量子比特q_5进行交换，窃得量子信道中传输的量子比特。

（2）Eve 用与 Bob 相同的接收装置测量所窃取的量子比特，即用测量$\boldsymbol{M}_6$产生的随机数对窃取的量子比特进行受控$\boldsymbol{H}$门演化，然后通过测量$\boldsymbol{M}_7$得到测量结果。由于此时 Bob 还未收到量子信道传输的量子比特，Bob 自然也不可能在经典信道上公布测量$\boldsymbol{M}_3$的测量结果（BB84 协议规定 Alice 和 Bob 在全部随机数传输完成后再公布测量$\boldsymbol{M}_2$和$\boldsymbol{M}_3$的测量结果），所以 Eve 只好认为测量$\boldsymbol{M}_7$得到的测量结果就是 Alice 发送的随机密钥。

（3）Eve 用与 Alice 相同的发送装置发送测量$\boldsymbol{M}_7$得到的测量结果，即首先用测量$\boldsymbol{M}_7$得到的测量结果对初态为$|0\rangle$的量子比特q_7进行受控非门演化，然后用测量$\boldsymbol{M}_8$产生的随机数进行受控$\boldsymbol{H}$门演化，最后通过交换门将演化后的量子比特送回量子信道，完成全部窃听过程。

图 4-38 是用 QCLab 编辑的量子线路。

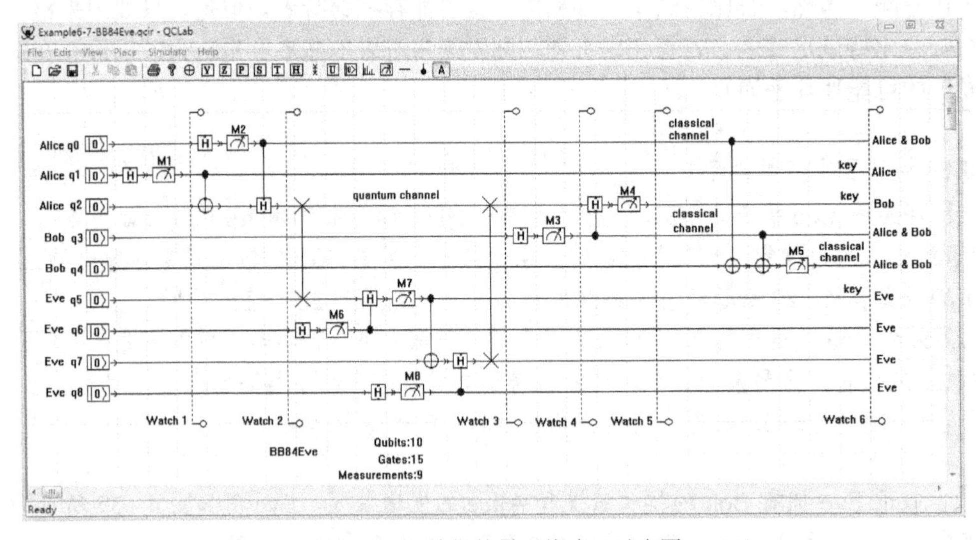

图 4-38 用 QCLab 编辑的量子线路（对应图 4-37）

例 4-7 源文件

图 4－39 给出了将全部测量设置为$|x\rangle$时 Watch 6 位置的量子态。

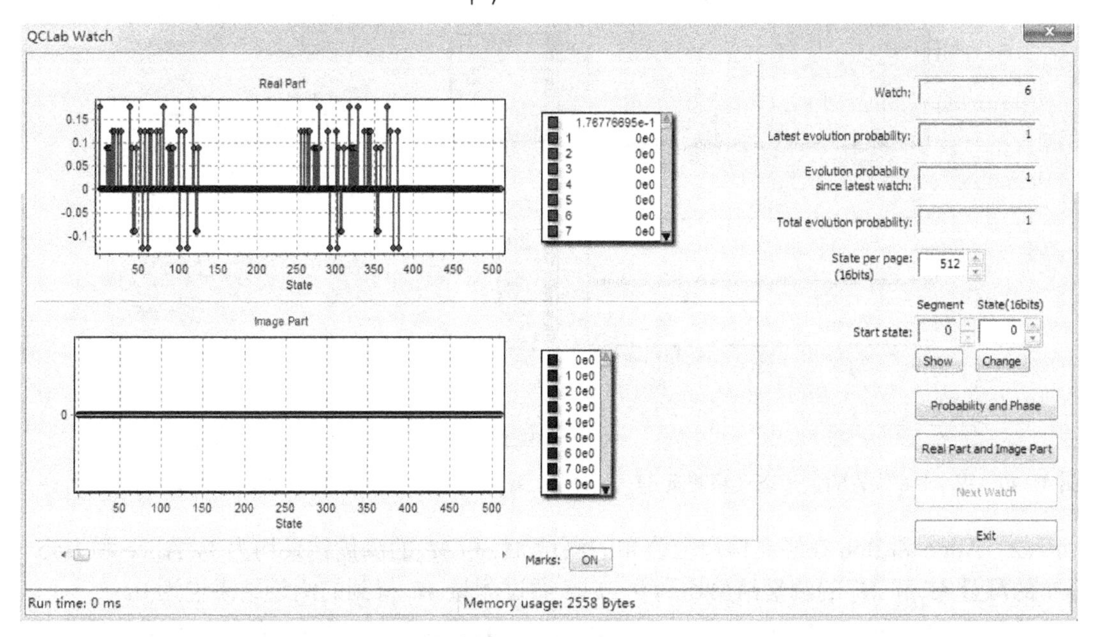

图 4－39　Watch 6 位置的量子态（将全部测量设置为$|x\rangle$）

在以下 4 种情况下 Eve 可成功窃取密钥而未被 Alice 和 Bob 发现：① Alice 和 Bob 在经典信道上公布的测量 $\boldsymbol{M}_2$ 和 $\boldsymbol{M}_3$ 的测量结果均为 0，Alice 和 Bob 未公布的测量 $\boldsymbol{M}_1$ 和 $\boldsymbol{M}_4$ 的测量结果均为 0，Eve 通过测量 $\boldsymbol{M}_7$ 得到的测量结果也为 0；② Alice 和 Bob 在经典信道上公布的测量 $\boldsymbol{M}_2$ 和 $\boldsymbol{M}_3$ 的测量结果均为 1，Alice 和 Bob 未公布的测量 $\boldsymbol{M}_1$ 和 $\boldsymbol{M}_4$ 的测量结果均为 0，Eve 通过测量 $\boldsymbol{M}_7$ 得到的测量结果也为 0；③ Alice 和 Bob 在经典信道上公布的测量 $\boldsymbol{M}_2$ 和 $\boldsymbol{M}_3$ 的测量结果均为 0，Alice 和 Bob 未公布的测量 $\boldsymbol{M}_1$ 和 $\boldsymbol{M}_4$ 的测量结果均为 1，Eve 通过测量 $\boldsymbol{M}_7$ 得到的测量结果也为 1；④ Alice 和 Bob 在经典信道上公布的测量 $\boldsymbol{M}_2$ 和 $\boldsymbol{M}_3$ 的测量结果均为 1，Alice 和 Bob 未公布的测量 $\boldsymbol{M}_1$ 和 $\boldsymbol{M}_4$ 的测量结果均为 1，Eve 通过测量 $\boldsymbol{M}_7$ 得到的测量结果也为 1。下面分析 Eve 在这 4 种情况下成功窃取密钥的概率。

（1）Alice 和 Bob 在经典信道上公布的测量 $\boldsymbol{M}_2$ 和 $\boldsymbol{M}_3$ 的测量结果均为 0，Alice 和 Bob 未公布的测量 $\boldsymbol{M}_1$ 和 $\boldsymbol{M}_4$ 的测量结果均为 0。Eve 通过测量 $\boldsymbol{M}_7$ 得到的测量结果也为 0。

将测量 $\boldsymbol{M}_1$、$\boldsymbol{M}_2$、$\boldsymbol{M}_3$、$\boldsymbol{M}_4$ 和 $\boldsymbol{M}_7$ 设定为$|0\rangle$，其他测量设定为$|x\rangle$，Watch 6 位置的量子态如图 4－40 所示。

Watch 6 位置的量子态为

$$\begin{aligned}&0.666\,666\,667|0\rangle+0.471\,404\,52|64\rangle+0.471\,404\,52|256\rangle+0.333\,333\,333|320\rangle\\&=0.666\,666\,667|000000000\rangle+\\&\quad 0.471\,404\,52(|001000000\rangle+|100000000\rangle)+\\&\quad 0.333\,333\,333|101000000\rangle\end{aligned}$$

$$\text{Total evolution probability}=0.070\,312\,5$$

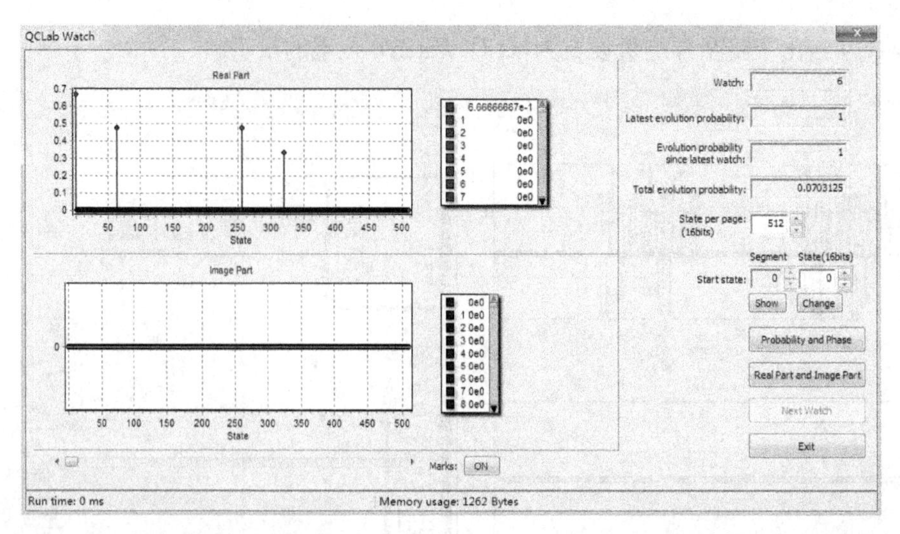

图 4-40　Watch 6 位置的量子态（将测量 $\boldsymbol{M}_1$、$\boldsymbol{M}_2$、$\boldsymbol{M}_3$、$\boldsymbol{M}_4$ 和 $\boldsymbol{M}_7$ 设置为 $|0\rangle$，其他测量设定为 $|x\rangle$）

（2）Alice 和 Bob 在经典信道上公布的测量 $\boldsymbol{M}_2$ 和 $\boldsymbol{M}_3$ 的测量结果均为 1，Alice 和 Bob 未公布的测量 $\boldsymbol{M}_1$ 和 $\boldsymbol{M}_4$ 的测量结果均为 0。Eve 通过测量 $\boldsymbol{M}_7$ 得到的测量结果也为 0。

将测量 $\boldsymbol{M}_1$、$\boldsymbol{M}_4$ 和 $\boldsymbol{M}_7$ 设定为 $|0\rangle$，测量 $\boldsymbol{M}_2$ 和 $\boldsymbol{M}_3$ 设定为 $|1\rangle$，其他测量设定为 $|x\rangle$，Watch 6 位置的量子态如图 4-41 所示。

Watch 6 位置的量子态为

$$\begin{aligned}
&0.333\,333\,333|9\rangle + 0.471\,404\,52(|73\rangle + |265\rangle) + 0.666\,666\,667|329\rangle \\
&= 0.333\,333\,333|000001001\rangle + \\
&\quad 0.471\,404\,52(|001001001\rangle + |100001001\rangle) + \\
&\quad 0.666\,666\,667|101001001\rangle
\end{aligned}$$

$$\text{Total evolution probability} = 0.070\,312\,5$$

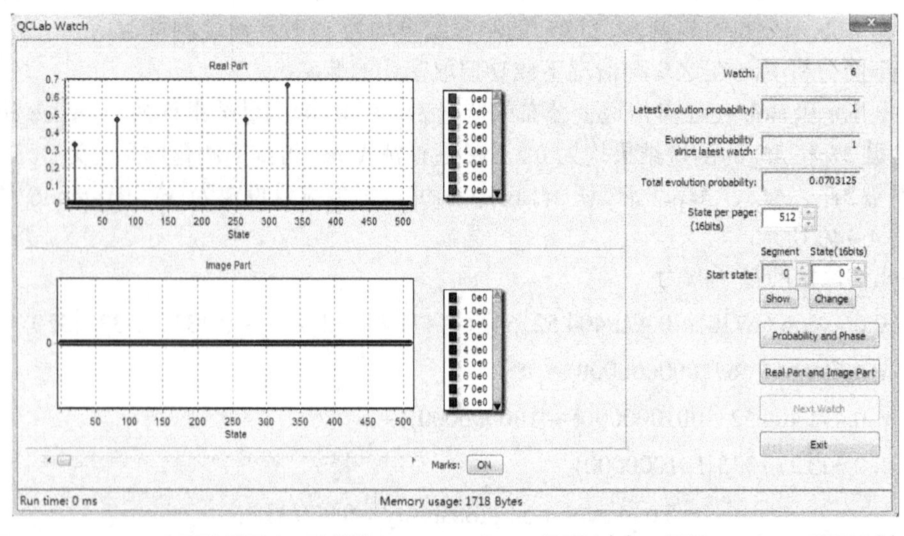

图 4-41　Watch 6 位置的量子态（将测量 $\boldsymbol{M}_1$、$\boldsymbol{M}_4$ 和 $\boldsymbol{M}_7$ 设置为 $|0\rangle$，测量 $\boldsymbol{M}_2$ 和 $\boldsymbol{M}_3$ 设置为 $|1\rangle$，其他测量设定为 $|x\rangle$）

（3）Alice 和 Bob 在经典信道上公布的测量 $\boldsymbol{M}_2$ 和 $\boldsymbol{M}_3$ 的测量结果均为 0，Alice 和 Bob 未公布的测量 $\boldsymbol{M}_1$ 和 $\boldsymbol{M}_4$ 的测量结果均为 1。Eve 通过测量 $\boldsymbol{M}_7$ 得到的测量结果也为 1。

将测量 $\boldsymbol{M}_1$、$\boldsymbol{M}_4$ 和 $\boldsymbol{M}_7$ 设定为 $|1\rangle$，测量 $\boldsymbol{M}_2$ 和 $\boldsymbol{M}_3$ 设定为 $|0\rangle$，其他测量设定为 $|x\rangle$，Watch 6 位置的量子态如图 4－42 所示。

Watch 6 位置的量子态为

$$
\begin{aligned}
&0.666\,666\,667|38\rangle-0.471\,404\,52(|102\rangle+|294\rangle)+0.333\,333\,333|358\rangle\\
&=0.666\,666\,667|000100110\rangle-\\
&\quad 0.471\,404\,52(|001100110\rangle+|100100110\rangle)+\\
&\quad 0.333\,333\,333|101100110\rangle
\end{aligned}
$$

$$\text{Total evolution probability}=0.070\,312\,5$$

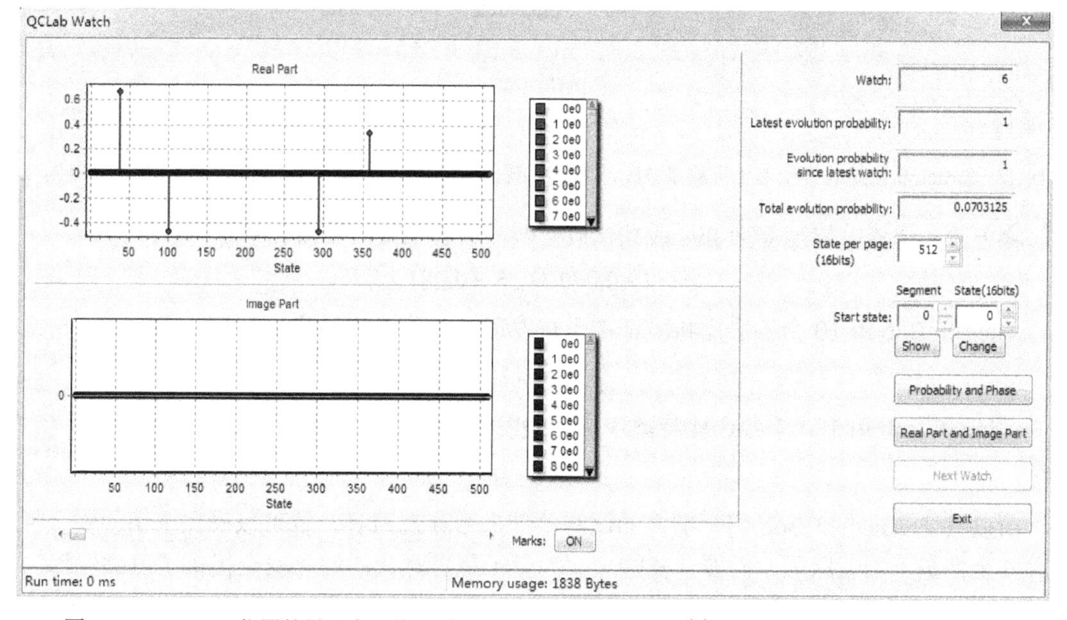

图 4－42　Watch 6 位置的量子态（将测量 $\boldsymbol{M}_1$、$\boldsymbol{M}_4$ 和 $\boldsymbol{M}_7$ 设定为 $|1\rangle$，测量 $\boldsymbol{M}_2$ 和 $\boldsymbol{M}_3$ 设定为 $|0\rangle$，其他测量设定为 $|x\rangle$）

（4）Alice 和 Bob 在经典信道上公布的测量 $\boldsymbol{M}_2$ 和 $\boldsymbol{M}_3$ 的测量结果均为 1，Alice 和 Bob 未公布的测量 $\boldsymbol{M}_1$ 和 $\boldsymbol{M}_4$ 的测量结果均为 1。Eve 通过测量 $\boldsymbol{M}_7$ 得到的测量结果也为 1。

将测量 $\boldsymbol{M}_1$、$\boldsymbol{M}_2$、$\boldsymbol{M}_3$、$\boldsymbol{M}_4$ 和 $\boldsymbol{M}_7$ 设定为 $|1\rangle$，其他测量设定为 $|x\rangle$，Watch 6 位置的量子态如图 4－43 所示。

Watch 6 位置的量子态为

$$
\begin{aligned}
&0.333\,333\,333|47\rangle-0.471\,404\,52(|111\rangle+|303\rangle)+0.666\,666\,667|367\rangle\\
&=0.333\,333\,333|000101111\rangle-\\
&\quad 0.471\,404\,52(|001101111\rangle+|100101111\rangle)+\\
&\quad 0.666\,666\,667|101101111\rangle
\end{aligned}
$$

$$\text{Total evolution probability}=0.070\,312\,5$$

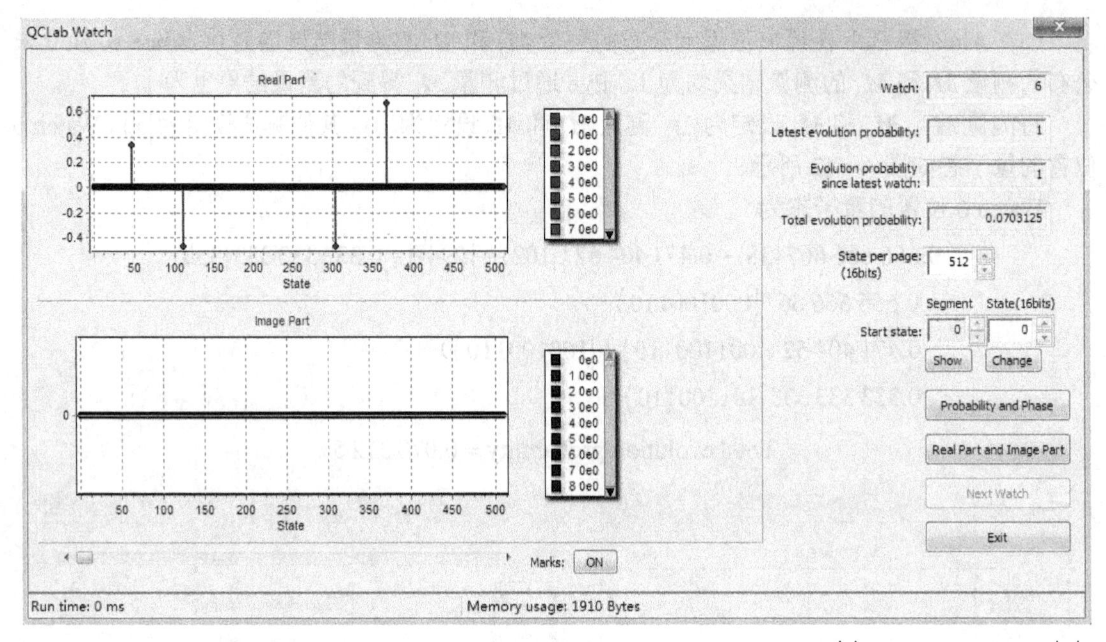

图 4−43 Watch 6 位置的量子态（将测量 $\boldsymbol{M}_1$、$\boldsymbol{M}_2$、$\boldsymbol{M}_3$、$\boldsymbol{M}_4$ 和 $\boldsymbol{M}_7$ 均设定为 $|1\rangle$，其他测量设定为 $|x\rangle$）

将上述 4 个概率相加得到 Eve 成功窃取密钥而未被 Alice 和 Bob 发现的概率为

$$p = 4 \times 0.070\,312\,5 = 0.281\,25$$

Alice 和 Bob 用 10 个备选比特验证都无法发现 Eve 成功窃取密钥的概率为

$$p^{10} \approx 3 \times 10^{-6}$$

Alice 和 Bob 用 100 个备选比特验证都无法发现 Eve 成功窃取密钥的概率为

$$p^{100} \approx 8 \times 10^{-56}$$

所以只要 Alice 和 Bob 用足够多的比特验证是否存在窃听，就可以确保密钥的安全性。这种安全性基于物理原理，而非计算能力，为量子信息时代的信息安全提供了可靠保障。

4.5 B92 量子密钥分配

B92 量子密钥分配.mp4

BB84 协议采用了 $\begin{cases}|0\rangle \\ |1\rangle\end{cases}$ 和 $\begin{cases}\dfrac{|0\rangle+|1\rangle}{\sqrt{2}} \\ \dfrac{|0\rangle-|1\rangle}{\sqrt{2}}\end{cases}$ 这两对互不正交的量子态，随机用 $|0\rangle$ 或 $\dfrac{|0\rangle+|1\rangle}{\sqrt{2}}$ 表示 0，随机用 $|1\rangle$ 或 $\dfrac{|0\rangle-|1\rangle}{\sqrt{2}}$ 表示 1。由于 $|0\rangle$ 和 $\dfrac{|0\rangle+|1\rangle}{\sqrt{2}}$ 这组量子态本身也互不相交，直接用 $|0\rangle$ 和 $\dfrac{|0\rangle+|1\rangle}{\sqrt{2}}$ 表示 0 和 1，同样也可以防止窃听者窃取密钥。

1992 年，C. H. Bennett 给出了用$|0\rangle$和$\frac{|0\rangle+|1\rangle}{\sqrt{2}}$表示 0 和 1 的量子密钥分配协议，该协议称为 B92 协议。

图 4－44 为 Alice 的发送方案，发送密钥的原理如下。

（1）Alice 对初态为$|0\rangle$的量子比特q_0进行$\boldsymbol{H}$门演化，然后通过测量$\boldsymbol{M}_1$得到随机数，并将该随机数作为随机密钥（0 和 1 的概率各为 50%）。

（2）Alice 用从测量$\boldsymbol{M}_1$得到的随机密钥对初态为$|0\rangle$的量子比特q_1进行受控$\boldsymbol{H}$门演化。若随机密钥为 0，则不进行演化状态，仍然保持状态$|0\rangle$；若随机密钥为 1，则通过$\boldsymbol{H}$门演化为$\frac{|0\rangle+|1\rangle}{\sqrt{2}}$，然后将该量子态送入量子信道。

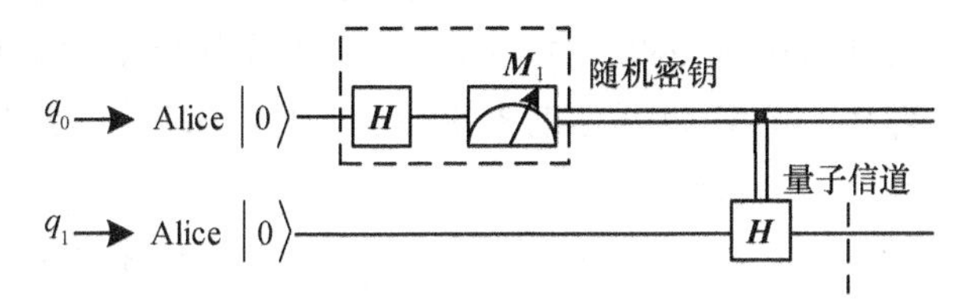

图 4－44 用状态$|0\rangle$表示 0，用状态$\frac{|0\rangle+|1\rangle}{\sqrt{2}}$表示 1 的量子线路

经过图 4－44 的演化，量子信道中表示 0 和 1 量子态的概率各为 50%。且表示 0 的量子态为$|0\rangle$，表示 1 的量子态为$\frac{|0\rangle+|1\rangle}{\sqrt{2}}$。

依据量子态不可克隆定理，Eve 不可能以 100%的概率复制这两种量子态，即 Eve 不可能通过窃听量子信道以 100%的概率确定 Alice 的随机密钥。

Bob 同样也不可能通过量子信道以 100%的概率确定 Alice 的随机密钥。但通过以下方法，Bob 将以 25%的概率确定 Alice 的随机密钥。例如，当 Alice 发送 200 个随机数时，Bob 大约可确定 50 个，而且 Alice 和 Bob 通过协议可以知道是哪 50 个数。

图 4－45 给出了包括 Bob 接收部分的无窃听 B92 协议的量子线路。Bob 接收密钥的原理如下。

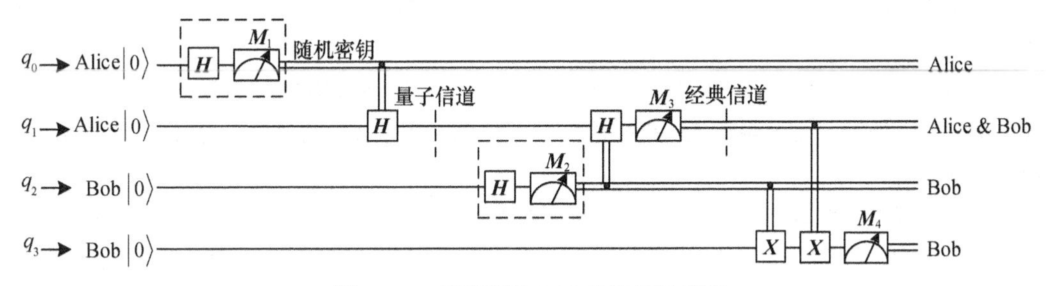

图 4－45 无窃听的 B92 协议量子线路

（1）Bob 对初态为$|0\rangle$的量子比特q_2进行$\boldsymbol{H}$门演化，然后通过测量$\boldsymbol{M}_2$得到随机数。

（2）Bob 用从测量$\boldsymbol{M}_2$得到的随机数对从量子信道收到的量子比特q_1进行受控$\boldsymbol{H}$门演化

（是否进行 $\boldsymbol{H}$ 门演化的概率各为 50%），然后通过测量 M_3 得到测量结果。

当 Alice 的随机密钥为 0 时，Bob 从量子信道接收到的量子态为 $|0\rangle$。Bob 是否对其进行 $\boldsymbol{H}$ 门演化的概率各为 50%。若 Bob 未进行 $\boldsymbol{H}$ 门演化，即测量 M_2 的测量结果为 0，则测量 M_3 的测量结果以 100%的概率为 0。若 Bob 进行 $\boldsymbol{H}$ 门演化，即测量 M_2 的测量结果为 1，则测量 M_3 的测量结果各以 50%的概率为 0 和 1。注意：在 Alice 发送随机密钥 0 时，只有当 Bob 进行 $\boldsymbol{H}$ 门演化（M_2 测量为 1，与 Alice 发送的密钥相反），Bob 的 M_3 测量才有可能与 Alice 发送的密钥不相同，即有可能为 1，否则不可能为 1。

当 Alice 的随机密钥为 1 时，Bob 从量子信道接收到的状态为 $\frac{|0\rangle+|1\rangle}{\sqrt{2}}$。Bob 是否对其进行 $\boldsymbol{H}$ 门演化的概率各为 50%。若 Bob 未进行 $\boldsymbol{H}$ 门演化，即测量 M_2 的测量结果为 0，则测量 M_3 的测量结果各以 50%的概率为 0 和 1。若 Bob 进行 $\boldsymbol{H}$ 门演化，测量 M_2 的测量结果为 1，测量 M_3 的测量结果以 100%的概率为 0。注意：在 Alice 发送随机密钥 1 时，当 Bob 未进行 $\boldsymbol{H}$ 门演化（M_2 测量结果为 0，与 Alice 发送的密钥相反）时，Bob 的 M_3 测量结果可能与 Alice 发送的密钥相同，即可能为 1，否则一定不为 1。

将测量 M_1 的测量结果为 0 或 1 时，测量 M_2 和 M_3 的测量结果归纳在表 4-1 中。

表 4-1　图 4-45 中测量 M_1、M_2 和 M_3 的测量结果

Alice	Bob	
M_1	M_2	M_3
0（50%）	0（25%）	0（25%）
	1（25%）	0（12.5%）
		1（12.5%）
1（50%）	0（25%）	0（12.5%）
		1（12.5%）
	1（25%）	0（25%）

分析表 4-1 可知：① 若测量 M_3 的测量结果为 1，测量 M_2 的测量结果为 1，测量 M_1 的测量结果必为 0；② 若测量 M_3 的测量结果为 1，测量 M_2 的测量结果为 0，测量 M_1 的测量结果必为 1。

结论是：当测量 M_3 的测量结果为 1 时，测量 M_2 的测量结果必为测量 M_1 的测量结果（Alice 的密钥）的非。而当测量 M_3 的测量结果为 0 时，测量 M_2 的测量结果不一定是测量 M_1 的测量结果的非。

由于测量 M_1 的测量结果为 0 或 1 的概率均为 50%，所以测量 M_3 的测量结果为 1 的概率为 25%。若 Alice 传输 200 个随机数，Bob 大约可以确定其中的 50 个，这 50 个随机数可以用作密钥。到底是哪 50 个随机数，可以用以下介绍的 B92 协议确定。

将上述判断方法用图 4-45 中的最后两个受控非门和测量 M_4 表示。当测量 M_3 的测量结果为 1 时，测量 M_4 的测量结果必与 Alice 的随机数相同。

测量 M_4 的测量结果是否就是 Alice 的密钥，取决于测量 M_3 的测量结果。Bob 可以通过

经典信道公布测量 $\boldsymbol{M}_3$ 的测量结果（但不公布测量 $\boldsymbol{M}_4$ 的测量结果），告诉 Alice 将公布的结果为 1 的随机数作为密钥，将公布的结果为 0 的随机数放弃。

下面用状态演化分析法对图 4－45 进行严格演化，分析在无窃听条件下 Alice 和 Bob 是如何完成密钥分配的。

为了简化分析，利用推迟测量原理和隐含测量原理将所有测量去掉，将两个随机数发生器用到的 $\boldsymbol{H}$ 门放在量子线路最左侧，对齐后并行演化，改画后的量子线路如图 4－46 所示。

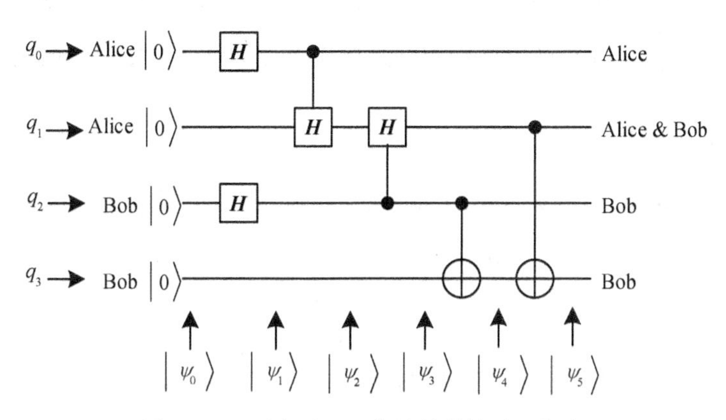

图 4－46　无窃听 B92 协议的等效量子线路

设量子态中量子比特从左到右的排列顺序为 $q_3 \prec q_2 \prec q_1 \prec q_0$。用状态演化分析法可知图 4－46 中从 $|\psi_0\rangle$ 到 $|\psi_5\rangle$ 的演化过程如下。

$$|\psi_0\rangle = |0000\rangle$$

$$|\psi_1\rangle = |0\rangle\frac{|0\rangle+|1\rangle}{\sqrt{2}}|0\rangle\frac{|0\rangle+|1\rangle}{\sqrt{2}}$$

$$= |0\rangle\frac{|0\rangle+|1\rangle}{\sqrt{2}}\frac{|00\rangle+|01\rangle}{\sqrt{2}}$$

$$|\psi_2\rangle = |0\rangle\frac{|0\rangle+|1\rangle}{\sqrt{2}}\frac{|00\rangle+\frac{|0\rangle+|1\rangle}{\sqrt{2}}|1\rangle}{\sqrt{2}}$$

$$= |0\rangle\frac{|0\rangle+|1\rangle}{\sqrt{2}}\frac{\sqrt{2}|00\rangle+|01\rangle+|11\rangle}{2}$$

$$= |0\rangle\frac{\sqrt{2}|000\rangle+|001\rangle+|011\rangle+\sqrt{2}|100\rangle+|101\rangle+|111\rangle}{2\sqrt{2}}$$

$$|\psi_3\rangle = |0\rangle\frac{\sqrt{2}|000\rangle+|001\rangle+|011\rangle+\sqrt{2}|1\rangle\frac{|0\rangle+|1\rangle}{\sqrt{2}}|0\rangle+|1\rangle\frac{|0\rangle+|1\rangle}{\sqrt{2}}|1\rangle+|1\rangle\frac{|0\rangle-|1\rangle}{\sqrt{2}}|1\rangle}{2\sqrt{2}}$$

$$= \frac{1}{2\sqrt{2}}(\sqrt{2}|0000\rangle+|0001\rangle+|0011\rangle+|0100\rangle+\sqrt{2}|0101\rangle+|0110\rangle)$$

$$|\psi_4\rangle = \frac{1}{2\sqrt{2}}(\sqrt{2}|0000\rangle+|0001\rangle+|0011\rangle+|1100\rangle+\sqrt{2}|1101\rangle+|1110\rangle)$$

$$
\begin{aligned}
|\psi_5\rangle &= \frac{1}{2\sqrt{2}}(\sqrt{2}|0000\rangle + |0001\rangle + |1011\rangle + |1100\rangle + \sqrt{2}|1101\rangle + |0110\rangle) \\
&= \frac{1}{2\sqrt{2}}(\sqrt{2}|0000\rangle + |0001\rangle + |1100\rangle + \sqrt{2}|1101\rangle) + \frac{1}{2\sqrt{2}}(|0110\rangle + |1011\rangle)
\end{aligned}
$$

从$|\psi_5\rangle$可得到以下结论。

（1）$|\psi_5\rangle$中的$\frac{1}{2\sqrt{2}}(|0110\rangle+|1011\rangle)$表明当测量$q_1$的结果为 1 时，测量$q_0$和$q_3$的结果或为 00，或为 11，总之以 100%的概率相同。测量q_0和q_3的结果可以作为密钥。发生这种情况的概率为$2\times\left(\frac{1}{2\sqrt{2}}\right)^2=25\%$。

（2）$|\psi_5\rangle$的剩余项表明当测量q_1的结果为 0 时，测量q_0和q_3的结果为 00、01、10、11 之一。发生这种情况的概率为$2\times\left(\frac{1}{2}\right)^2+2\times\left(\frac{1}{2\sqrt{2}}\right)^2=75\%$。

由此可知，当采用如图 4－45 所示的量子线路描述的 B92 协议建立密钥中的某一位时，成功的概率为 25%，失败的概率为 75%。例如，Alice 产生的 400 个随机二进制数中，大约有 100 个可作为密钥。

例 4－8 用 QCLab 对图 4－45 中的量子线路进行以下分析：

（1）将全部测量设置为$|x\rangle$，观察最终演化状态；

（2）分析测量M_3给出测量结果为 1 的概率及测量后的坍缩状态；

（3）分析测量M_3给出测量结果为 0 的概率及测量后的坍缩状态；

（4）分析测量M_3给出的测量结果为 1，且 Alice 的测量M_1与 Bob 的测量M_4的测量结果均为 0 的概率，以及测量后的坍缩状态；

（5）分析测量M_3给出测量结果为 1，且 Alice 的测量M_1与 Bob 的测量M_4的测量结果均为 1 的概率，以及测量后的坍缩状态。

解：用 QCLab 编辑图 4－45 中的量子线路，结果如图 4－47 所示。

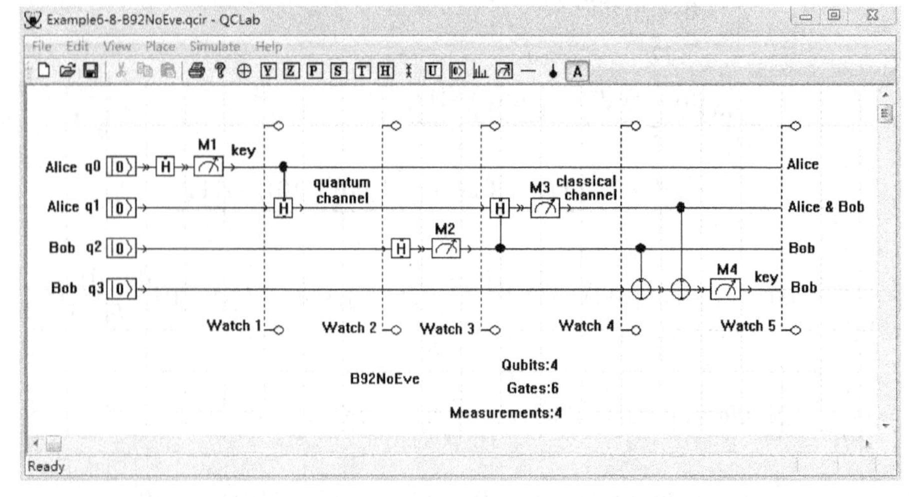

例 4-8 源文件

图 4－47 用 QCLab 编辑图 4－45 中的量子线路

（1）将全部测量设置为$|x\rangle$。Watch 5 位置的量子态如图 4－48 所示。

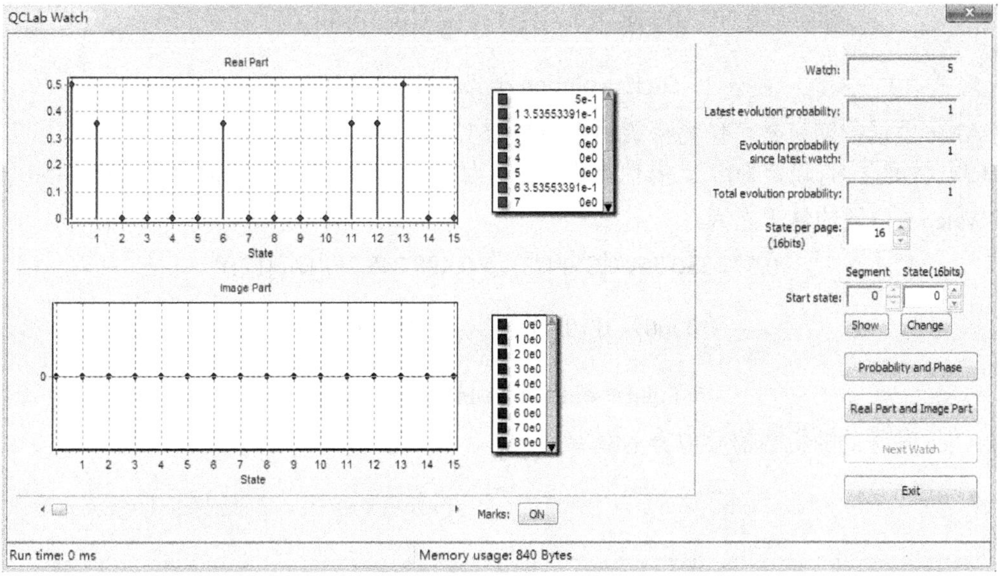

图 4－48　Watch 5 位置的量子态（将全部测量设置为$|x\rangle$）

Watch 5 位置的量子态为

$$
\begin{aligned}
&0.5(|0\rangle+|13\rangle)+0.353\,553\,39(|1\rangle+|6\rangle+|11\rangle+|12\rangle) \\
&=\frac{1}{2}(|0000\rangle+|1101\rangle)+\frac{1}{2\sqrt{2}}(|0001\rangle+|0110\rangle+|1011\rangle+|1100\rangle)
\end{aligned}
$$

（2）将测量 $\boldsymbol{M}_3$ 设定为$|1\rangle$，其他测量均设定为$|x\rangle$。Watch 5 位置的量子态如图 4－49 所示。

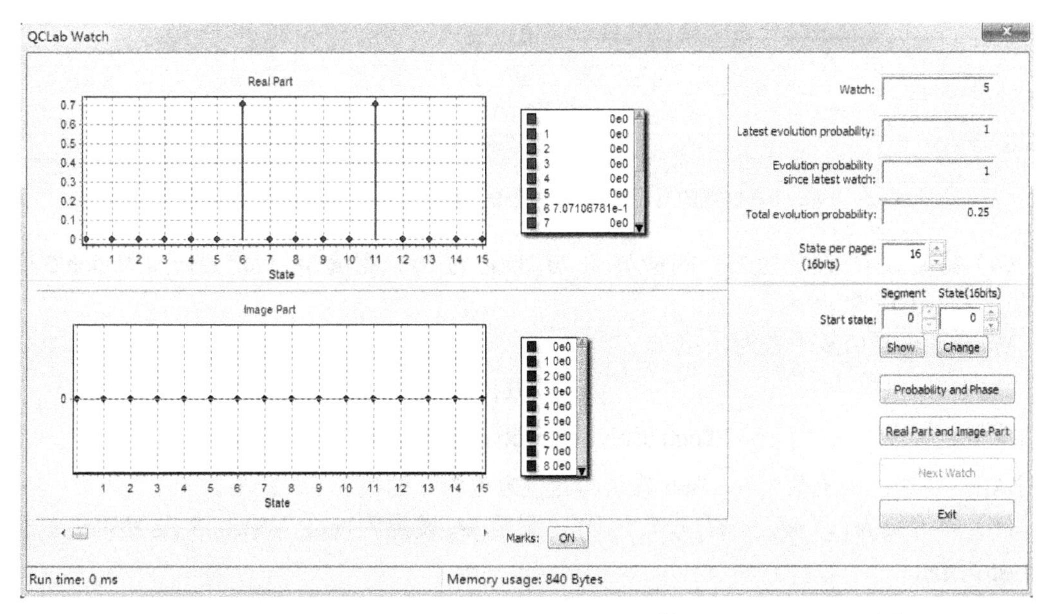

图 4－49　Watch 5 位置的量子态（将测量 $\boldsymbol{M}_3$ 设定为$|1\rangle$，其他测量设置为$|x\rangle$）

Watch 5 位置的量子态为

$$0.707\,106\,78(|6\rangle+|11\rangle)=\frac{1}{\sqrt{2}}(|0110\rangle+|1011\rangle)$$

$$\text{Total evolution probability}=0.25$$

表明 Alice 发送的随机数可作为密钥的概率为 25%。

（3）将测量 $\boldsymbol{M}_3$ 设定为 $|0\rangle$，其他测量均设定为 $|x\rangle$。Watch 5 位置的量子态如图 4－50 所示。

Watch 5 位置的量子态为

$$0.577\,350\,269(|0\rangle+|13\rangle)+0.408\,248\,29(|1\rangle+|12\rangle)$$

$$=\frac{1}{\sqrt{3}}(|0000\rangle+|1101\rangle)+\frac{1}{\sqrt{6}}(|0001\rangle+|1100\rangle)$$

$$\text{Total evolution probability}=0.75$$

表明 Alice 发送的随机数需要放弃的概率为 75%。

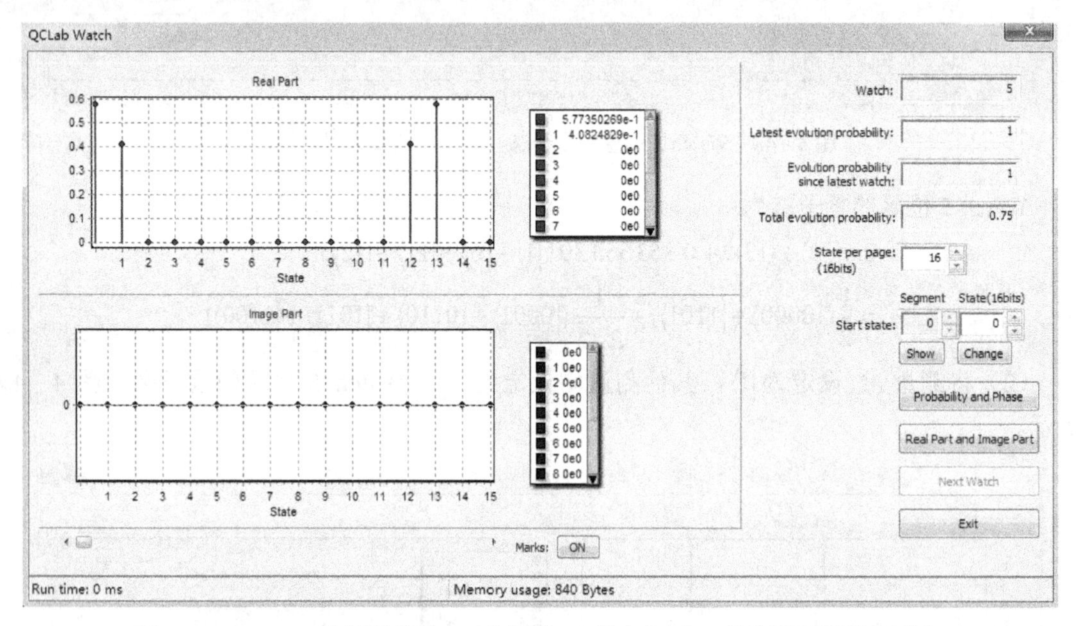

图 4－50　Watch 5 位置的量子态（将测量 $\boldsymbol{M}_3$ 设定为 $|0\rangle$，其他测量设置为 $|x\rangle$）

（4）将测量 $\boldsymbol{M}_3$ 设定为 $|1\rangle$，测量 $\boldsymbol{M}_1$ 和 $\boldsymbol{M}_4$ 设定为 $|0\rangle$，测量 $\boldsymbol{M}_2$ 设定为 $|x\rangle$。Watch 5 位置的量子态如图 4－51 所示。

Watch 5 位置的量子态为

$$|6\rangle=|0110\rangle$$

$$\text{Total evolution probability}=0.125$$

表明 Alice 发送的随机数为 0、Bob 确认的随机数也为 0 的概率为 12.5%。

（5）将测量 $\boldsymbol{M}_1$、$\boldsymbol{M}_3$ 和 $\boldsymbol{M}_4$ 设定为 $|1\rangle$，测量 $\boldsymbol{M}_2$ 设定为 $|x\rangle$。Watch 5 位置的量子态如图 4－52 所示。

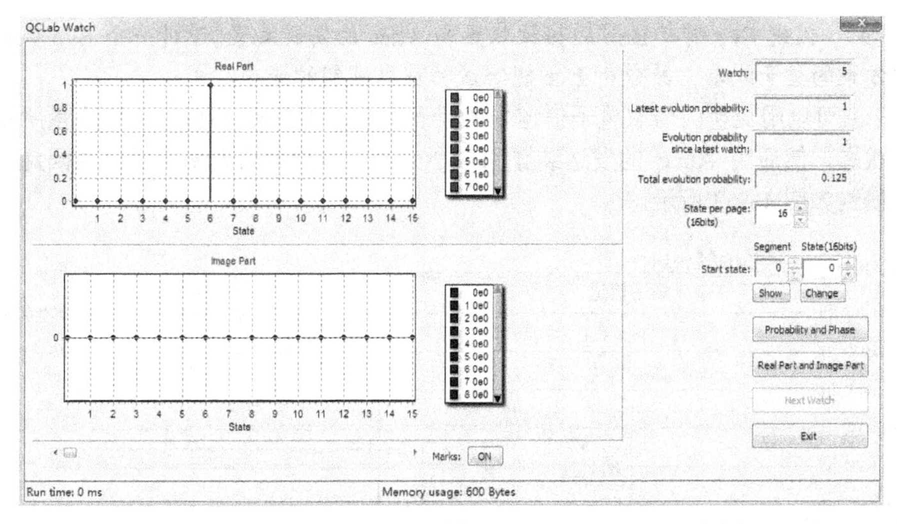

图 4－51　Watch 5 位置的量子态（将测量 $\boldsymbol{M}_3$ 设定为 $|1\rangle$，测量 $\boldsymbol{M}_1$ 和 $\boldsymbol{M}_4$ 设定为 $|0\rangle$，测量 $\boldsymbol{M}_2$ 设定为 $|x\rangle$）

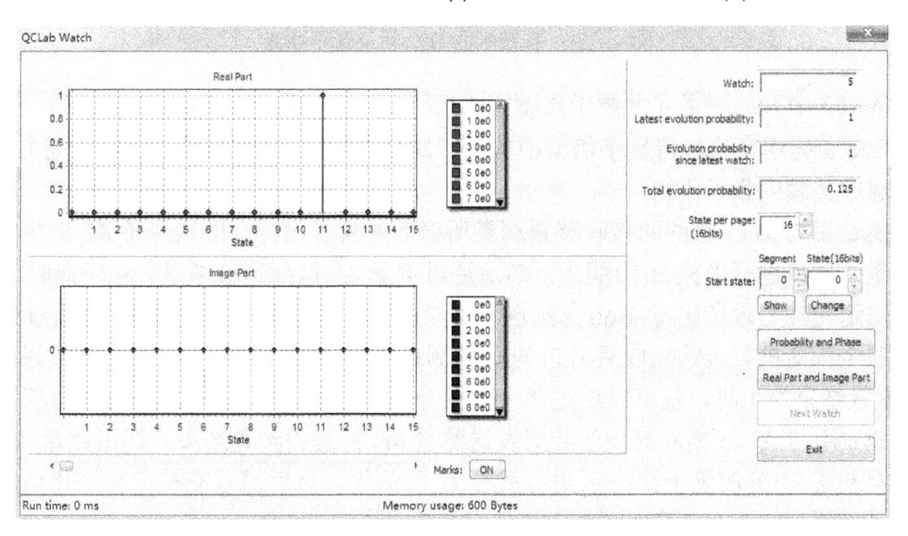

图 4－52　Watch 5 位置的量子态（将测量 $\boldsymbol{M}_1$、$\boldsymbol{M}_3$ 和 $\boldsymbol{M}_4$ 设定为 $|1\rangle$，测量 $\boldsymbol{M}_2$ 设定为 $|x\rangle$）

Watch 5 位置的量子态为

$$|11\rangle = |1011\rangle$$

$$\text{Total evolution probability} = 0.125$$

表明 Alice 发送的随机数为 1、Bob 确认的随机数也为 1 的概率为 12.5%。

将 B92 协议要点归纳如下。

（1）设 Alice 和 Bob 需要 n 个随机比特的密钥。Alice 和 Bob 利用 $8(n+\delta)$ 次如图 4－45 所示的量子线路，可以确定 $2n$ 个备选比特。

（2）Alice 和 Bob 从得到的 $2n$ 个备选比特中随机选取 n 个比特在经典信道上进行比较。若比较结果全部相同，将剩余的 n 个比特作为密钥使用。若存在不相同的比特（假设量子信道是无噪声的理想信道），放弃本次密钥分配过程，然后重新进行过程（1）。

例 4-9 假设 Eve 拥有 Bob 的接收装置和 Alice 的发送装置。设计一个 Eve 从量子信道窃取密钥方案的量子线路，并分析 Eve 能够成功获取密钥的概率。

解：Eve 可以用交换门窃取量子信道中的量子比特，用 Bob 的接收装置测量所窃取的量子比特的状态，然后用 Alice 的发送装置和一个交换门将测量结果演化后再送回量子信道。具体量子线路如图 4-53 所示。

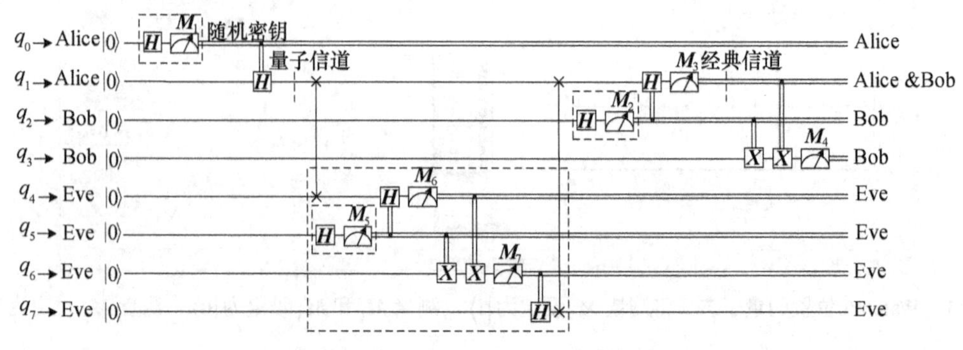

图 4-53 有窃听的 B92 协议量子线路

在图 4-53 中 Eve 用了 4 个量子比特完成窃听过程，窃听的基本原理如下。

（1）Eve 首先用交换门将量子信道中的量子比特与初态为$|0\rangle$的量子比特 q_4 进行交换，窃得量子信道中传输的量子比特。

（2）Eve 用与 Bob 相同的接收装置测量所窃取的量子比特。即用测量 $\boldsymbol{M}_5$ 产生的随机数对窃取的量子比特进行受控 $\boldsymbol{H}$ 门演化，然后通过测量 $\boldsymbol{M}_6$ 得到测量结果。由于此时 Bob 还未收到量子信道传输的量子比特，Bob 自然也不可能在经典信道上公布测量 $\boldsymbol{M}_3$ 的测量结果（B92 协议规定在全部随机数传输完成后 Bob 再公布测量 $\boldsymbol{M}_3$ 的测量结果），所以 Eve 只好认为当测量 $\boldsymbol{M}_6$ 的测量结果为 1 时，就可以通过两个受控非门和测量 $\boldsymbol{M}_7$ 得到 Alice 发送的随机密钥。

（3）Eve 用与 Alice 相同的发送装置发送测量 $\boldsymbol{M}_7$ 得到的测量结果。即用测量 $\boldsymbol{M}_7$ 得到的测量结果对初态为$|0\rangle$的量子比特 q_7 进行受控 $\boldsymbol{H}$ 门演化，然后通过交换门将演化后的量子比特送回量子信道，完成全部窃听过程。

用 QCLab 编辑图 4-53 中的量子线路，结果如图 4-54 所示。

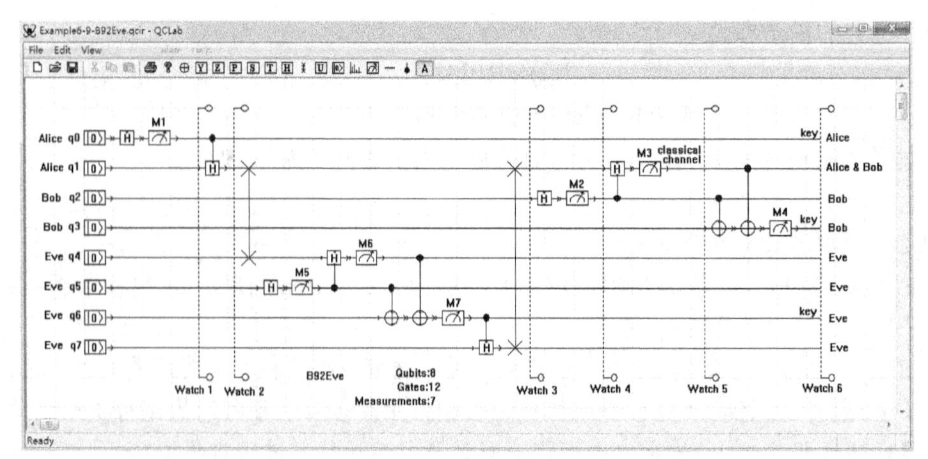

图 4-54 用 QCLab 编辑图 4-53 中的量子线路

例 4-9 源文件

图 4－55 给出了将全部测量设置为 $|x\rangle$ 时 Watch 6 位置的量子态。

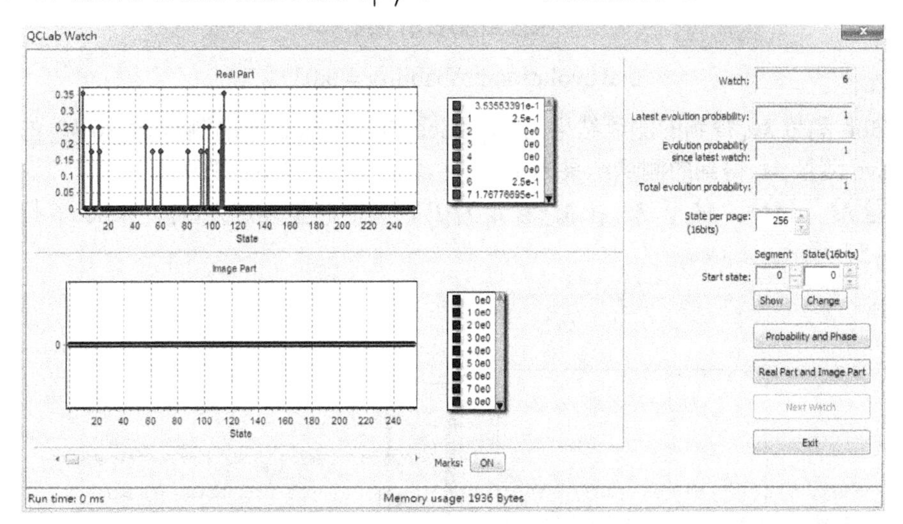

图 4－55　Watch 6 位置的量子态（将全部测量设置为 $|x\rangle$）

在以下两种情况下，Eve 可能成功窃取密钥而未被 Alice 和 Bob 发现：① Bob 测量 $\boldsymbol{M}_3$ 得到的测量结果为 1，Alice 和 Bob 未公布的测量 $\boldsymbol{M}_1$ 和 $\boldsymbol{M}_4$ 的测量结果均为 0，Eve 测量 $\boldsymbol{M}_6$ 得到的测量结果为 1，Eve 测量 $\boldsymbol{M}_7$ 的测量结果为 0；② Bob 测量 $\boldsymbol{M}_3$ 得到的测量结果为 1，Alice 和 Bob 未公布的测量 $\boldsymbol{M}_1$ 和 $\boldsymbol{M}_4$ 的测量结果均为 1，Eve 测量 $\boldsymbol{M}_6$ 得到的测量结果为 1，Eve 测量 $\boldsymbol{M}_7$ 得到的测量结果为 1。下面分析 Eve 在这两种情况下成功窃取密钥的概率。

（1）Bob 测量 $\boldsymbol{M}_3$ 得到的测量结果为 1。Alice 和 Bob 未公布的测量 $\boldsymbol{M}_1$ 和 $\boldsymbol{M}_4$ 的测量结果均为 0。Eve 测量 $\boldsymbol{M}_6$ 得到的测量结果为 1，Eve 测量 $\boldsymbol{M}_7$ 得到的测量结果为 0。

将测量 $\boldsymbol{M}_3$ 和 $\boldsymbol{M}_6$ 设定为 $|1\rangle$，测量 $\boldsymbol{M}_1$、$\boldsymbol{M}_4$ 和 $\boldsymbol{M}_7$ 设定为 $|0\rangle$，其他测量设定为 $|x\rangle$，Watch 6 位置的量子态如图 4－56 所示。

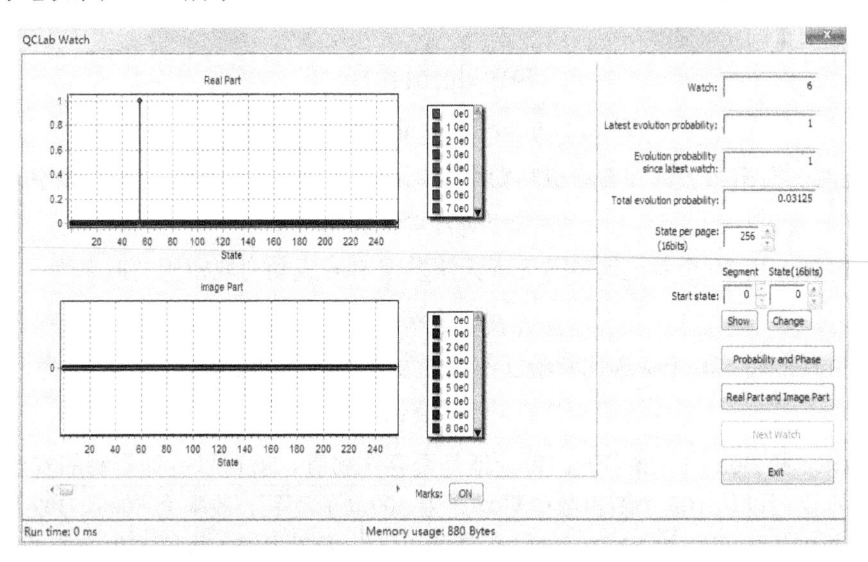

图 4－56　Watch 6 位置的量子态（将测量 $\boldsymbol{M}_3$ 和 $\boldsymbol{M}_6$ 设定为 $|1\rangle$，测量 $\boldsymbol{M}_1$、$\boldsymbol{M}_4$ 和 $\boldsymbol{M}_7$ 设定为 $|0\rangle$，其他测量设定为 $|x\rangle$）

Watch 6 位置的量子态为

$$|54\rangle = |00110110\rangle$$

$$\text{Total evolution probability} = 0.031\,25$$

（2）Bob 测量 $\boldsymbol{M}_3$ 得到的测量结果为 1，Alice 和 Bob 未公布的测量 $\boldsymbol{M}_1$ 和 $\boldsymbol{M}_4$ 的测量结果均为 1。Eve 测量 $\boldsymbol{M}_6$ 得到的测量结果为 1，Eve 测量 $\boldsymbol{M}_7$ 的测量结果为 1。

将测量 $\boldsymbol{M}_1$、$\boldsymbol{M}_3$、$\boldsymbol{M}_4$、$\boldsymbol{M}_6$ 和 $\boldsymbol{M}_7$ 设定为 $|1\rangle$，其他测量设定为 $|x\rangle$，Watch 6 位置的量子态如图 4－57 所示。

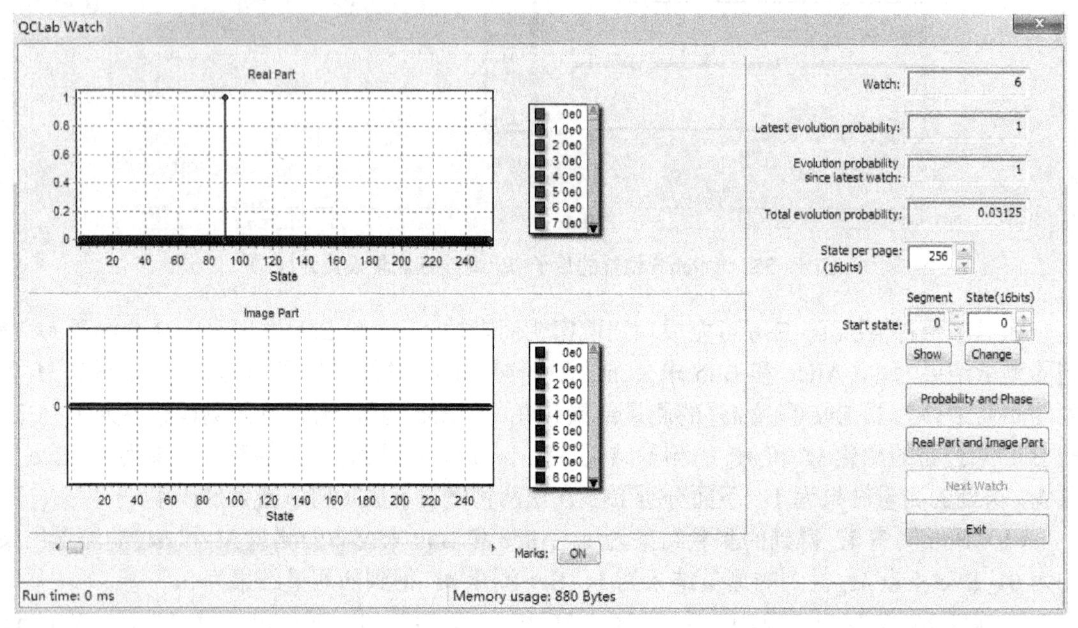

图 4－57　Watch 6 位置的量子态（将测量 $\boldsymbol{M}_1$、$\boldsymbol{M}_3$、$\boldsymbol{M}_4$、$\boldsymbol{M}_6$ 和 $\boldsymbol{M}_7$ 设定为 $|1\rangle$，其他测量设定为 $|x\rangle$）

Watch 6 位置的量子态为

$$|91\rangle = |01011011\rangle$$

$$\text{Total evolution probability} = 0.031\,25$$

将上述两个概率相加得到 Eve 成功窃取密钥而未被 Alice 和 Bob 发现的概率为

$$p = 2 \times 0.031\,25 = 0.062\,5$$

Alice 和 Bob 用 10 个备选比特验证都无法发现 Eve 成功窃取密钥的概率为

$$p^{10} \approx 9 \times 10^{-13}$$

Alice 和 Bob 用 100 个备选比特验证都无法发现 Eve 成功窃取密钥的概率为

$$p^{100} \approx 4 \times 10^{-121}$$

所以只要 Alice 和 Bob 用足够多的比特验证是否存在窃听，就可以确保密钥的安全性。

BB84 协议可以从 100 个随机数中平均产生 50 bit 的密钥，效率为 50%。B92 协议可以从 100 个随机数中平均产生 25 bit 的密钥，效率为 25%。所以 BB84 协议产生密钥的效率是 B92 协议产生密钥的效率的 2 倍。

对于 BB84 协议，Eve 若采用如图 4－37 所示的策略窃听密钥，成功窃听到一个随机数的概率为 28.125%。对于 B92 协议，Eve 若采用如图 4－53 所示的策略窃听密钥，成功窃听到一个随机数的概率为 6.25%。B92 协议的安全性是 BB84 协议安全性的 4 倍左右。

BB84 和 B92 协议涉及量子态的区分性。若信道中表示 0 和 1 的量子态是正交的，相当于经典态，经典态能够以 100%的概率区分，也能够以 100%的概率克隆。若信道中表示 0 和 1 的量子态是非正交的，与经典态不同，非正交态不可能以 100%的概率区分。其中某个量子态总可以分解出一个与另一个量子态平行的分量，不能以 100%的概率克隆。

非正交态虽然不能以 100%的概率区分，但可以在概率意义上区分。

例如，对量子信道中出现概率各为 50%的 $|0\rangle$ 和 $\frac{|0\rangle+|1\rangle}{\sqrt{2}}$ 的量子态进行测量时，可能会得到结果 0，也可能会得到结果 1。若测量结果为 0，只能说量子信道中的量子态有 50%的可能性为 $|0\rangle$，有 50%的可能性为 $\frac{|0\rangle+|1\rangle}{\sqrt{2}}$。若测量结果为 1，可以说量子信道的量子态以 100%的概率为 $\frac{|0\rangle+|1\rangle}{\sqrt{2}}$。

非正交态可以在概率意义上加以区分，表明可以在概率意义上进行克隆。

BB84 和 B92 协议，一方面利用非正交态不可能以 100%的概率区分，使 Eve 无法以 100%的概率进行克隆；另一方面利用概率意义上可区分性，通过巧妙设计，根据已知概率通过对比的方式构造密钥，而且当存在窃听带来干扰时，这种已知概率会发生变化，为发现窃听提供可能。

上述分析均是在理想量子信道和理想经典信道条件下的分析，对于有噪声的干扰信道，会给判断是否存在窃听带来误差，解决的方法是采用信道编码纠错技术。经典信道编码技术已十分成熟，量子信道编码技术涉及有关量子信息论的知识，感兴趣的读者可参阅相关参考资料。

4.6　小　　结

小结.mp4

本章介绍的通信量子线路的重点是量子态的纠缠及量子态的不可克隆性等量子资源的应用。

量子隐形传态和量子超密编码是利用量子纠缠及量子纠缠的非定域性实现的。量子纠缠是量子系统的重要资源，利用量子纠缠交换可构成量子通信网络。这些基本技术有着广泛的应用前景。

BB84 和 B92 协议用量子的思考方式巧妙地运用了量子态不可克隆性质。一方面，利用非正交态不可克隆的事实防止通过复制的方法进行窃听；另一方面，利用非正交在概率意义上可区分的事实，使通信双方通过测量能够在概率意义上挑出相互匹配的随机二进制数，同时由于窃听必然带来信道干扰，使通信双方通过经典信道根据无窃听和有窃听给测量结果带来的影响判断量子信道的安全性，从而保障密钥的安全性。

习　题

4-1　用 QCircuit 或 QCLab 分析利用量子隐形传态技术传输$|0\rangle$，$|1\rangle$，$|\beta_{xy}\rangle$的过程。

4-2　分析当 Alice 采用量子超密编码向 Bob 发送 00，01，10，11 时，Bob 从量子信道中收到的量子比特与其拥有的量子比特所构成的贝尔态。

4-3　设计一个如习题 4-3 图要求的纠缠交换量子线路。首先在 A 与 C，B1 与 C，B2 与 C 之间建立纠缠态，C 为交换中心，然后 A 通过 C 与 B1 或 B2 建立纠缠量子态。

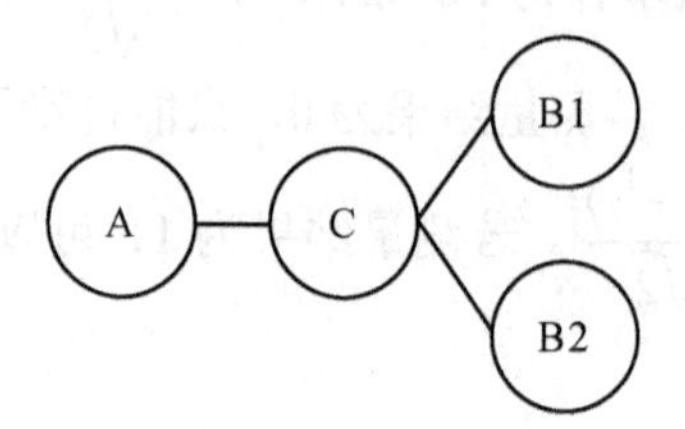

习题 4-3 图

4-4　有窃听的 BB84 协议量子线路如图 4-37 所示。在不要求 Eve 一定以 100%的概率成功窃听的条件下，分析 Alice 和 Bob 通过检查未发现 Eve 窃听的概率。

4-5　无窃听的 BB84 协议量子线路如图 4-29 所示。如习题 4-5 表所示，Alice 发送了 12 个量子比特，已知 $\boldsymbol{M}_1$，$\boldsymbol{M}_2$，$\boldsymbol{M}_3$，$\boldsymbol{M}_4$ 的测量结果，确定 $\boldsymbol{M}_5$ 的测量结果、秘钥序号及秘钥。

习题 4-5 表

序号	1	2	3	4	5	6	7	8	9	10	11	12
$\boldsymbol{M}_1$	1	0	0	1	0	1	0	1	0	1	1	0
$\boldsymbol{M}_2$	1	1	0	0	1	1	0	1	1	0	1	1
$\boldsymbol{M}_3$	0	1	0	0	0	1	1	0	0	1	1	1
$\boldsymbol{M}_4$	0	0	0	1	1	1	0	0	1	1	1	0

4-6　有窃听的 B92 协议量子线路如图 4-53 所示。在不要求 Eve 一定以 100%的概率成功窃听的条件下，分析 Alice 和 Bob 通过检查未发现 Eve 窃听的概率，以及此时 Eve 成功窃听的概率。

4-7　无窃听的 B92 协议量子线路如图 4-45 所示。如习题 4-7 表所示，Alice 发送了 12 个量子比特，已知 $\boldsymbol{M}_1$，$\boldsymbol{M}_2$，$\boldsymbol{M}_3$ 的测量结果，确定 $\boldsymbol{M}_4$ 的测量结果、秘钥序号及秘钥。

习题 4-7 表

序号	1	2	3	4	5	6	7	8	9	10	11	12
$\boldsymbol{M}_1$	1	0	0	1	0	1	0	1	0	1	1	0
$\boldsymbol{M}_2$	1	1	0	1	1	0	0	0	1	1	0	0
$\boldsymbol{M}_3$	0	1	0	0	0	1	0	0	0	0	1	1

参 考 文 献

[1] 同济大学数学教研室. 工程数学：线性代数. 北京：人民教育出版社，1982.

[2] 张杰. 线性代数. 北京：机械工业出版社，2006.

[3] HORN R A, JOHNSON C R. 矩阵分析. 杨奇，译. 北京：机械工业出版社，2005.

[4] 方保镕，周继东，李医民. 矩阵论. 北京：清华大学出版社，2004.

[5] 张贤科，许甫华. 高等代数学. 北京：清华大学出版社，2004.

[6] 胡冠章，王殿军. 应用近世代数. 北京：清华大学出版社，2006.

[7] 黑，沃尔特斯. 新量子世界. 雷奕安，译. 长沙：湖南科学技术出版社，2005.

[8] 喀兴林. 量子力学与原子世界. 太原：山西科技出版社，2000.

[9] DIRAC P A M. The principles of quantum mechanics. Oxford: Oxford University Press，1958.

[10] NIELSEN M A, CHUANG I L. Quantum computation and quantum information. Cambridge : Cambridge University Press, 2000.

[11] DEUTSCH D. Quantum computational networks//Proceedings of the royal society of London, 1989, 425: 73 – 90.

[12] LANDAUER R. Irreversibility and heat generation in the computing process. Ibm journal of research & development, 1961, 5: 183.

[13] BENNETT C H. Logical reversibility of computation. Ibm journal of research & development,1973,17(6):525 – 532.

[14] BARENCO A, BENNETT C H, CLEVE R, et al. Elementary gates for quantum computation. Physical review A, 1995, 52: 3457 – 3467.

[15] FEYNMAN R P. Simulating physics with computers. International journal of theoretical physics,1982, 21: 467 – 488.

[16] TOFFOLI T. Reversible computing// Proceedings of the 7th Colloquium on Automata, Languages and Programming. London, 1980: 632 – 644.

[17] FREDKIN E, TOFFOLI T. Conservative logic. International journal of theoretical physics, 1982,21(3/4): 219 – 253.

[18] WOOTTERS W K, ZUREK W H. A single quantum cannot be cloned. Nature, 1982, 299: 802 – 803.

[19] MASLOV D, DUECK G W, MILLER D M. Toffoli network synthesis with templates. IEEE transactions on computer-aided design of integrated circuits and systems, 2005, 24(6): 807 – 817.

[20] MILLER D M, MASLOV D, DUECK G W. A transformation based algorithm for reversible logic synthesis//Design Automation Conference IEEE, 2003: 318–323.

[21] SHENDE V V, PRASAD A K, MARKOV I L, et al. Reversible logic circuit synthesis//

IEEE/ACM International Conference on ACM, 2002.
[22] RECK M, ZEILINGER A, BERNSTEIN H J, et al. Experimental realization of any discrete unitary operator. Phys. Rev. Lett., 1994, 73(1): 58 – 63.
[23] DIVINCERNZO D P. Two-bit gates are universal for quantum computation. Phys. Rev. A, 1995, 51(2):1015 – 1022.
[24] GRIFFITHS R B, NIU C S. Semiclassical Fourier transform for quantum computation. Phys. Rev. Lett., 1996, 76(17): 3228 – 3231.
[25] 闫石. 数字电子技术. 北京：高等教育出版社，2006.
[26] 严蔚敏，吴伟民. 数据结构：C 语言版. 北京：清华大学出版社，2007.
[27] WEISS M A. Data structures and algorithm analysis in C++. America: Pearson Education Inc., 2006.
[28] KNUTH D E. The art of computer programming: fundamental algorithms. New Jersey: Addison Wesley Publishing Company, Inc., 1973.
[29] MEINEL C, THEOBALD T. Algorithms and data structures in VLSI design/OBDD foundations and applications. Berlin Heidelberg: Springer-Verlag, 1998.
[30] 古天龙，徐周波. 有序二叉决策图及其应用. 北京：科学出版社，2009.
[31] LEE C Y. Representation of switching circuits by binary-decision programs. Bell system technical journal, 1959, 38(4): 985-999.
[32] AKERS S B. Binary decision diagrams. IEEE Transactions on computers, 1978, 27(6): 509 – 516.
[33] BRYANT R E. Graph-based algorithms for boolean function manipulation. IEEE transactions on computers, 1986, 35(8): 677 – 691.
[34] BRACE K S, RUDELL R L, BRANT R E. Efficient implement of a BDD package//27th ACM/IEEE Design Automation Conference, 1990: 40 – 45.
[35] BAHAR R I, FROHM E A, GAONA C M, et al. Algebraic decision diagrams and their applications// Proc. IEEE/ACM ICCAD, 1993:188 – 191.
[36] VIAMONTES G F. Efficient quantum circuits simulation//A dissertation submitted in partial fulfillment of the requirements for the degree of Doctor of Philosophy (Computer Science and Engineering) in the University of Michigan, 2007.
[37] VIAMONTES G F, MARKOV I L, HAYES J P. Quantum circuit simulation. London: Springer, 2009.
[38] OBENL K M, DESPAIN A M. A parallel quantum computer simulator. High performance computing, 1998.
[39] JOZSA R, LINDEN N. On the role of entanglement in quantum computational speed-up. arXiv：quant-ph/0201143, 2002.
[40] SHI Y Y, DUAN L M, VIDAL G. Classical simulation of quantum many-body systems with a tree tensor network. Phys. Rev. A, 2006, 74: 022320.
[41] MARKOV I L, SHI Y. Simulating quantum computation by contracting tensor networks. SIAM J. Computing, 2008, 38(3): 963 – 981.

[42] VIDAL G. Efficient classical simulation of slightly entangled quantum computations. Phys. Rev. Lett., 2003, 91:147902.

[43] JOZSA R. On the simulation of quantum circuits. arXiv：quantum-ph/060316v1, 2006.

[44] AMINIAN M, SAEEDI M, ZAMANI M S ,et al. FPGA-based circuit model emulation of quantum algorithms. IEEE computer society annual symposium on VLSI, 2008: 399 – 404.

[45] 薛希玲，陈汉武，刘志昊，等. 量子线路仿真的分治算法. 电子学报，2010(2)：38.

[46] 陈雄，陈汉武，刘志昊，等. 基于状态向量表示的快速量子仿真算法. 电子学报，2011.

[47] 周日贵. 量子信息处理技术及算法设计. 北京：科学出版社，2013.

[48] BENNETT C H, WIESNER S J. Communication via one- and two-particle operators on Einstein-Podolsky-Rosen states. Phys. Rev. Lett., 1992, 69(20): 2881 – 2884.

[49] BENNETT C H, BRASSARD G, CREPEAU C, et al. Teleporting an unknown quantum state via dual classical and EPR channels. Phys. Rev. Lett., 1993,70: 1895 – 1899.

[50] SHANNON C E. A mathematical theory of communication. Bell systems technical journal, 1948, 27(3): 379 – 423.

[51] BENNETT C H, BRASSARD G. Quantum cryptography: public key distribution and coin tossing//Proceedings of IEEE International Conference on Computers, Systems and Signal, 1984.

[52] BENNETT C H. Quantum cryptography using any two nonorthogonal states. Phys. Rev. Lett., 1992, 68(21): 3121 – 3124.

[53] GISIN N, RIBORDY G, TITTEL W, et al. Quantum cryptography. Reviews of modern physics, 2002(74): 145 – 195.

[54] SERGIENKO A V. Quantum communications and cryptography. Boca Raton: CRC Press, 2006.

[55] KOLLMITZER C, PIVK M. Applied quantum cryptography. Berlin Heidelberg: Springer-Verlag,2010.